广视角·全方位·多品种

权威·前沿·原创

皮书系列为
"十二五"国家重点图书出版规划项目

U0205937

气候变化绿皮书
GREEN BOOK OF
CLIMATE CHANGE

应对气候变化报告
（2014）

ANNUAL REPORT ON ACTIONS TO ADDRESS
CLIMATE CHANGE (2014)

科学认知与政治争锋
Scientific Understanding and Political Debates

主　　编／王伟光　郑国光
副　主　编／潘家华　巢清尘　王　谋
执行副主编／胡国权

社会科学文献出版社
SOCIAL SCIENCES ACADEMIC PRESS (CHINA)

图书在版编目（CIP）数据

应对气候变化报告.2014，科学认知与政治争锋/王伟光，
郑国光主编.—北京：社会科学文献出版社，2014.11
（气候变化绿皮书）
ISBN 978 - 7 - 5097 - 6524 - 1

Ⅰ.①应⋯ Ⅱ.①王⋯ ②郑⋯ Ⅲ.①气候变化 - 研究
报告 - 世界 - 2014 Ⅳ.①P467

中国版本图书馆 CIP 数据核字（2014）第 216133 号

气候变化绿皮书

应对气候变化报告（2014）

—— 科学认知与政治争锋

主　　编 / 王伟光　郑国光
副 主 编 / 潘家华　巢清尘　王　谋
执行副主编 / 胡国权

出 版 人 / 谢寿光
项目统筹 / 周　丽　蔡莎莎
责任编辑 / 冯咏梅

出　　版 / 社会科学文献出版社·经济与管理出版中心（010）59367226
　　　　　　地址：北京市北三环中路甲 29 号院华龙大厦　邮编：100029
　　　　　　网址：www. ssap. com. cn
发　　行 / 市场营销中心（010）59367081　59367090
　　　　　　读者服务中心（010）59367028
印　　装 / 北京季蜂印刷有限公司

规　　格 / 开　本：787mm × 1092mm　1/16
　　　　　　印　张：27.25　字　数：408 千字
版　　次 / 2014 年 11 月第 1 版　2014 年 11 月第 1 次印刷
书　　号 / ISBN 978 - 7 - 5097 - 6524 - 1
定　　价 / 98.00 元

皮书序列号 / B - 2009 - 122

本书由"中国社会科学院－中国气象局气候变化经济学模拟联合实验室"组织编写。

本书由国家社会科学基金项目"2020 年后国际气候制度谈判政治博弈及我国谈判战略与主要问题立场研究"（编号：12CGJ023）、中国清洁发展机制基金项目"气候变局下中国角色被转换：定位、调整与策略研究"（编号：2012034）和中国气象局气候变化专项项目《气候变化绿皮书》编印出版课题（编号：CCSF201442）资助出版。

同时感谢国家科技支撑计划"IPCC 第五次评估对我国应对气候变化战略的影响"课题（编号：2012BAC20B05）、中国清洁发展机制基金"IPCC 第五次评估报告第一、第二工作组报告、综合报告及清单工作组报告支撑研究"课题（编号：2013024）、国家社科基金（编号：13AZD077）、国家自然科学基金（编号：71273275）、中国清洁发展机制基金（编号：2013070），以及中国社会科学院国家973 项目后期研究课题（编号：2010CB955701）联合资助。

气候变化绿皮书编撰委员会

主要编撰者简介

王伟光　中国社会科学院院长、党组书记、学部主席团主席。哲学博士、博士生导师、教授，中国社会科学院学部委员。曾任中央党校副校长、中国社会科学院常务副院长。中国共产党第十七届中央候补委员、第十八届中央委员。中国辩证唯物主义研究会会长，马克思主义理论研究和建设工程咨询委员会委员、首席专家。荣获国务院颁发的"做出突出贡献的中国博士学位获得者"荣誉称号，享受政府特殊津贴。长期从事马克思主义理论和哲学、中国特色社会主义重大理论与现实问题的研究。

郑国光　中国气象局党组书记、局长，理学博士，研究员，北京大学兼职教授、博士研究生导师。1994 年获得加拿大多伦多大学物理系博士学位。中国共产党第十七次、第十八次全国代表大会代表，第十八届中央纪律检查委员会委员，中国人民政治协商会议第十一届全国委员会委员，国家气候委员会主任委员，全球气候观测系统中国委员会（CGOS）主席，全国人工影响天气协调会议协调人，国家应对气候变化及节能减排工作领导小组成员兼应对气候变化领导小组办公室副主任，国务院大气污染防治领导小组成员，世界气象组织（WMO）中国常任代表，WMO 执行理事会成员，政府间气候变化专门委员会（IPCC）中国代表，政府间全球气候服务委员会（IBCS）成员，联合国秘书长全球可持续性高级别小组（GSP）成员。长期从事云物理、人工影响天气和气象事业发展战略研究。

潘家华　中国社会科学院城市发展与环境研究所所长，研究员，博士研究生导师。研究领域为世界经济、气候变化经济学、城市发展、能源与环境政策等。担任国家气候变化专家委员会委员，国家外交政策咨询委员会委员，中国城市经济学会副会长，中国生态经济学会副会长，政府间气候变化专门委员会（IPCC）第三次、第四次和第五次评估报告核心撰稿专家，先后发表学术（会议）论文 200 余篇，撰写专著 4 部，译著 1 部，主编大型国际综合评估报告和论文集 8 部；获中国社会科学院优秀成果一等奖（2004 年），二等奖（2002 年），孙冶方经济学奖（2011 年）。

巢清尘 国家气候中心副主任，研究员级高级工程师，理学博士。研究领域为海气相互作用、气候变化政策。长期作为中国代表团成员参加《联合国气候变化框架公约》（UNFCCC）和政府间气候变化专门委员会（IPCC）工作。第三次国家气候变化评估报告编写专家组副组长和主要作者。《气候变化研究进展》《中国城市与环境研究》编委，全国气候与气候变化标准化技术委员会副主任委员、中国绿色碳汇基金会专家组成员、中国气候传播项目中心专家委员会委员、中国气象学会气候变化与低碳发展委员会委员等。国家科技支撑计划、中国清洁发展机制项目负责人。发表核心学术论文 30 余篇，出版气候变化方面专著 6 本。

王　谋 中国社会科学院城市发展与环境研究所副研究员，理学博士。长期从事气候、环境演化与可持续发展研究，研究领域包括环境演化、环境经济学、国际气候制度设计以及能源环境政策等。先后在美国、德国、澳大利亚、丹麦、韩国、泰国、波兰、墨西哥、联合国环境规划署、亚洲开发银行等国家和国际机构举办的国际论坛及会议上就 2012 年后国际气候制度、国际碳市场等内容做大会报告。近年来主持和参与国家 973 项目课题、国家科技支撑计划课题、国家社科基金项目、CDM 基金项目、中欧、中丹等国际合作项目等 20 余个，参与编写专著 10 余部（其中 3 部为副主编），发表论文 20 余篇。研究成果获省部级二等奖四次，三等奖三次。

摘　要

2014 年德班平台开启了正式谈判进程，国际气候治理进程由此进入快速发展期。包括年底将要召开的利马缔约方大会，都将为 2015 年达成气候协议做积极准备。

作为发展中大国，中国一直积极参与国际气候治理进程，不仅在气候谈判中展现建设性姿态，国内也开展了很多卓有成效的减排行动。尽管如此，由于经济、排放总量较大，中国在国际气候谈判进程中，面临越来越大的压力，压力产生的原因是部分国家对中国参与国际气候治理的角色界定超出了中国的能力。根据中国目前的经济社会发展水平，中国的发展中国家定位在完成工业化、城市化进程之前难以动摇。然而，国际上有一些观点不考虑中国的发展需求和历史排放权益，忽视人均指标水平，仅以经济、排放、贸易等总量指标，片面强调中国的大国责任，认为在国际气候治理中中国应当像发达国家那样承担减排、提供资金等义务。这种不顾他国发展权益、不切实际的要求与公约规定的发展中国家的责任与义务，产生了较大的分歧，分歧背后意味着责任和义务的巨大差异。中国作为发展中国家积极参与国际气候治理，体现了责任和担当，但国际气候协议对中国的要求需要切合实际，体现公正，与中国的发展水平相适应。中国通过连续的"五年计划"的规划和实施，实现了显著的减排效果，也得到了国际社会的认可。国际社会尊重中国的发展权益与自身定位，中国才有能力、有条件为国际气候治理做出更大贡献。本书第一部分"总报告"系统论述了中国发展中国家定位的理由和意义，并从公平的视角探讨了中国的责任与贡献。

关于德班平台的谈判，虽然有部分国家认为，其核心成果只应该包含各国的减排目标，是一个全球减排协议，但更多的国家尤其是发展中国家坚持认为，德班平台谈判应该平衡地对待减缓、适应、资金、技术、透明度、能力建

设等关键议题。发达国家履行提供资金和技术支持义务的诚意和程度，是发展中国家能否开展以及如何开展适应和减缓行动、实现减排目标的前提。在这些国家的大力推动下，德班平台工作组开始安排按不同议题展开磋商。本书第二部分"联合国气候变化谈判进程"对德班平台下开展磋商的主要议题进行了梳理，反映了目前不同议题的谈判进展和不同国家、集团的谈判立场。联合国首脑峰会是 2014 年国际社会应对气候变化的一个重要节点，也是联合国秘书长为促成 2015 年国际气候协议开展的一次重要的全球政治动员。包括中国在内的 125 个国家的领导人出席了会议，本书第二部分也专门安排文章介绍会议情况及意义。

为推动国际社会科学认识气候变化问题，一些国际组织、科研机构和专家学者开展了大量的工作。其中 IPCC（政府间气候变化专门委员会）的评估报告，基于大量最新的科学文献和更多的证据，对全球和区域的气候变化事实、气候变化影响、适应和脆弱性以及气候变化减缓进行了全面评估。第五次评估报告于 2013 年 9 月底发布了第一工作组报告，2014 年 3 月和 4 月相继发布了第二和第三工作组报告。报告是国际社会认识和应对气候变化的重要科学依据，也将对 2020 年后国际气候制度的谈判产生重要影响。本书第三部分"科学认识与进展"系统解读了 IPCC 三个工作组的研究报告，突出介绍了三个工作组报告的关键结论，分析了 IPCC 报告对我国参与国际气候制度构建以及开展国内行动的意义。此外，本书第三部分还介绍了 2014 年 2 月正式发布的IPCC 湿地清单指南的情况，以及"未来地球"科学研究计划在我国的实施进展。

IPCC 第五次评估报告再次警示了全球增温的趋势，提出全球温室气体容量的限制，要求对全球及各国温室气体排放进行约束。中国是排放大国，中国的减排行动和目标、温室气体的排放峰值，受到国际社会的高度关注。作为正处于城市化、工业化进程中的发展中国家，基于经济发展惯性，中国温室气体排放逐年上升是合理的，也是必然的。尚不完善的温室气体排放统计体系及计算方法和未来经济社会发展的不确定性，使得包括中国在内的发展中国家，很难预估 2020 年后的温室气体排放总量，更难以做出量化的减排目标承诺。于是，国际社会集中关注中国什么时候能实现排放峰值，如何采取措施尽快实现峰值。从发达国家的发展经验来看，实现排放峰值与国家发展水平紧密相关。本书第四部分"中国的碳排放峰值"，从工业化进程、城市化进程、人口发展趋势、能源发展与利用以及居民消费趋势等不同角度，分析中国的发展现状与趋势，探讨排放峰值的时间和幅度，以综合、系统、全面的方式，展现未来影响我国温室气体排放的主要因素及发展趋势，并预估我国排放峰值出现的时间段为2025～2035年。

　　本书第五部分"研究专论"围绕水资源及安全、碳市场、土地利用、适应气候变化战略、气候变化与人体健康、气候变化公众意识等方面，介绍了国际和国内应对气候变化的相关行动，以及研究机构和社会公众开展的实践活动。本书最后还收录了2013年世界各地与中国社会经济及能源、碳排放等相关数据，以及全球和中国气候灾害历史统计资料，供读者参考。

　　关键词：国际气候治理进程　定位与被定位　IPCC　排放峰值

Abstract

The UN Climate Change Conference in Warsaw mandated countries to reach an international climate change agreement in Paris, in 2015, which will come into force from 2020. It also resulted in the Durban Platform for Enhanced Action (ADP) that will form the basis for the ongoing negations. With these important progresses, the international climate governance has entered a new era of fast development. And as a part of this development, the 20th Conference of Parties (COP 20) in Lima by the end of this year is expected to set a solid ground for the draft text of the 2015 new climate change agreement.

China, as a large developing country, has been actively participating in the process of international climate governance. It not only demonstrated a constructive gesture in international climate negotiations, but also took substantial and effective measures to cut greenhouse gas (GHG) domestically. However, despite its great effort, China is confronting an increasing pressure in climate negotiations. The pressure comes from the fact that China is the 2nd largest economy in the world and inevitably has a high volume of total GHG emissions. With this, a few countries questioned China's role and position in global climate governance. Based on China's current stage of economic and social development, it cannot change its inherent nature as a developing country until it accomplishes industrialisation and urbanisation. The countries that claimed China should take on as much as responsibilities as developed countries to cut emissions and provide funding ignored the fact that China needs to develop to lift more than 1700 million people out of poverty and the people in China also have historical emission rights. These countries shouldn't emphasize the total volume of China's economy, emissions and trade, and yet choose to ignore China's per capita volume of these indicators. There is a huge difference between this unjust positioning of China's role and the Conventions' definition on "developing country". And this difference will result in a huge difference in climate responsibilities and obligations. China's participation in international climate governance reflects its responsibilities and obligations as a developing country. International climate change agreement should take into account of the different development levels and status quo of its Parties, as well as showcase the principle of equity. Through China's Five-Year Plans and their implementations, China has achieved substantial progress in cutting GHG emissions, which has been recognized globally. With the respect and recognition of the international community on China's right to develop and its corresponding role as a developing country, China can become more capable to contribute more for the international climate governance. The first section in the book, 'Positioning and being positioned: China's role in participating in international climate negotiations', systematically analyses the reasons and meanings of China's position as a developing country, and discusses China's corresponding responsibilities and obligations from an equity perspective.

In terms of negotiations under the Durban Platform, a few countries believe that its core outcome is a global mitigation protocol that contains only Parties' mitigation target, while there are more countries, in particular developing countries, insist that negotiations under the Durban Platform should keep balance among different key issues, which include mitigation, adaptation, finance, technology, transparency and capacity building. The sincerity and willingness of developed countries to fulfil their obligations by providing financial and technology supports are the preconditions for developing countries to take actions on mitigation and adaptation and achieve mitigation targets. With the efforts of these developing countries, Durban Platform established different working groups to discuss different key issues. The second section of this book, 'The development of United Nations (UN) climate change negotiations', analyses main issues that are discussed under the Durban Platform and discusses negotiation progresses of different key issues and positions of different countries and groups. The UN Climate Change Summit that will be held later this year could be a significant turning point of the global effort in addressing climate change. It is an important global political mobilization for the 2015 climate change agreement. Political leaders from different countries including China will attend the conference and make commitments. The second section of this book will also introduce the preparations, expected outcome and purpose of this Summit.

International organisations, scientific institutes, and scientists have done a lot of work to promote the scientific understanding of climate change issues in the

international community. The assessment reports of IPCC (Intergovernmental Panel on Climate Change), which employed numerous most recent scientific findings and evidences, have an overall assessment of global and regional climate change data, impacts, adaptation, vulnerability, and mitigation. The Fifth IPCC Report released the reports of the first working group in September, 2013, and then released the reports of the second and third working groups in March and April, 2014, respectively. The Report is a significant scientific basis for international community to understand and address climate change. It will also have an important impact on the post-2020 climate change negotiation and the UN Climate Change Summit in September. The third section of this book, 'Scientific understanding and progress,' systematically explains reports of these three working groups and highlights key conclusions of the reports. It also analyses China's participation in building the international climate regime. In addition, this section also introduces IPCC guidelines for wetland inventories that have been issued in February this year, as well as the scientific research project, Future Earth.

The Fifth IPCC Report once again warns the world about the trend of global warming. It suggests putting a cap on the global GHG capacity, and requires all countries to curb GHG emissions.

As a big emitter, China's mitigation target, actions and GHG emission peak attract global attention. Currently, China is in the process of industrialisation and urbanisation. And as China moves up the trajectory of economic development, it is inevitable for the world to witness a gradual growth of China's GHG emissions. Due to the unsatisfactory statistic system and calculating methodologies of GHG emissions, as well as the uncertainty of future economic and social development, many developing countries, including China, could hardly forecast their post-2020 total GHG emissions, let alone providing a quantified mitigation objective. As such, the international community is keeping a close eye on when China will reach its emission peak and what actions will China take to reach the peak. Based on the experience of developed countries, there is a close link between emission peak and the level of development. The fourth section of this book, 'Emission peak in China', analyses the development stage of China and its future trend and discusses the potential timeframe and scope of China to reach its emission peak. It looks into the trend of China's industrialisation, urbanisation, population growth, energy development and consumption, and employs a holistic and systematic approach to show the main factors and developmental trend of China's GHG emission. It also projects that emission peak of China may occur between 2025 to 2035.

The fifth section of this book, 'Special Research Topics', introduces the actions that have been taken globally and domestically to address climate change and the efforts that have been practiced by research institutions and the public. The special topics cover: water resource and security, carbon market, land coverage and utilisation, climate change adaptation strategy, climate change and human health with environmental synergy, public awareness of climate change, synergy control of GHG emissions, haze surveillance mechanism and analysis, shale gas development and low carbon city development.

The last section of this book collects the 2013 data of population, economy, energy and carbon dioxide emission in main countries, regions and cities, as well as data of global and Chinese meteorological disaster and loss, which will provide a reference for the readers.

Keywords: International Climate Governance Process; Positioning and Being Positioned; IPCC; Emission Peak

前　言

　　2014 年联合国气候谈判德班平台工作组，在经历了长达两年的圆桌会议（非正式）磋商后，转入正式谈判进程，标志着联合国气候谈判进入了加速时期，为达成 2015 年国际气候协议展开积极准备。

　　然而，开局并不平坦，已经结束的圆桌会议并没有化解分歧，各方诉求迥异。在如何理解"共同但有区别的责任"原则、减排模式和目标、资金来源及治理以及未来协议的法律形式等问题上，缔约方各持己见；在提交贡献的信息格式以及各国减排目标是否需要开展事先审评和调整等具体问题上分歧较大。推进国际气候谈判，打破谈判僵局，需要注入新的能量，进一步凝聚政治共识。

　　IPCC 第五次评估报告三个工作组报告 2014 年已全部发布，标志着国际社会在科学认知、适应和减缓气候变化问题上，迈出了更加理性的一步。IPCC 第五次评估报告再次警示了地球继续升温的形势及未来可能面临的风险，探讨了气候安全视角下，到 21 世纪末地球可以容纳的排放空间，并且提出了 2℃温控目标下全球长期减排的路径。这个空间是有限的，支撑不了全球不加约束的发展方式，更难以容纳各国按需索要的排放额度。因此，构建未来国际气候制度尤为重要，它是关乎全球经济社会发展与环境、气候安全的顶层设计，是国际社会应对气候变化的指引，也是各国开展减排活动的外部动力和监督机制。

　　2013 年华沙气候大会已经明确了达成 2020 年后国际气候制度的时间表和路线图，2015 年巴黎气候大会也因为有达成协议的预期而受到高度关注。而 2014 年，即将在秘鲁首都利马召开的第 20 届缔约方大会将为达成 2015 年国际气候协议开展紧锣密鼓的准备工作。为凝聚政治共识，推动谈判，构建未来气候制度，联合国开展了规模、级别不等的斡旋。其中，联合国秘书长潘基

文召集并推动的联合国气候变化首脑峰会规格最高，也最引人关注。回首2009年哥本哈根气候会议之前，也召开了一次联合国气候变化首脑峰会。时任我国国家主席胡锦涛参加会议并提出了我国2020年的减排目标构想，美欧等国元首也在会议上做出了减排承诺。各国元首的承诺，之后都反映在其国家减排方案中，对谈判起到了关键性的推动作用。2014年联合国气候峰会，是联合国秘书长为凝聚政治共识，推进2015年达成协议召开的第二次全球气候峰会。各国首脑就2020年后的国际气候制度安排展开对话、探讨方案、提出承诺，为达成2015年气候协议提供强大的政治动能。

作为发展中国家，我国一直建设性地参与国际气候制度构建，积极探索经济社会与环境、气候安全的协同发展方式，组织开展了有显示度并卓有成效的减排工作，体现了排放大国的责任和担当。但随着经济总量和排放总量的上升，国际社会对我国参与国际气候谈判的预期也有不断加码之势，超出了中国现阶段作为发展中国家的实际能力，要求我国像发达国家那样承担减排和提供资金的义务，与我国作为发展中国家所应承担的责任和义务产生了巨大差异。公平，是构建国际制度的基本原则。从排放公平角度，我国人均历史累积二氧化碳排放仅100吨左右，与发达国家600～1000吨的人均历史累积排放相距甚远；从发展公平角度，我国6600美元的人均GDP与发达国家人均GDP 30000美元以上有很大差距，减贫与经济发展依然是主要任务。因此，当前和今后一段时期内我国发展中国家的地位难以改变，在国际合作中承担责任和义务也将与发展中国家的国情和实际能力相对应。我国将继续推动城市化、工业化发展进程，向低碳发展模式转型，实现经济发展、气候安全、环境保护的协同。

继2009年推出第一部气候变化绿皮书《应对气候变化报告（2009）：通向哥本哈根》后，到2013年已连续出版了5部。2014年围绕国际气候治理进程，编撰《应对气候变化报告（2014）：科学认知与政治争锋》。本书集气候变化科学研究、气候外交与谈判、应对气候变化政策行动以及气候变化经济学分析于一体，由长期从事气候变化科学评估、应对气候变化经济政策分析以及直接参与国际气候谈判的资深专家撰稿，全面介绍华沙会议以来全球应对气候变化的最新进展，深入分析中国应对气候变化的行动和成效，特别围绕中国的排放峰值等热点问题展开讨论，向公众和国际社会展现中国应对气候变化取得的成绩、面临的困难和挑战，为寻求公平有效的国际气候治理构架和符合国情的应对气候变化决策提出一些可供参考的思路和建议。

王伟光 郑国光

2014 年 9 月

目录

GⅢ 科学认识与进展

GⅣ 中国的碳排放峰值

GⅤ 研究专论

Gr Ⅵ　附录

皮书数据库阅读 **使用指南**

CONTENTS

Ⅾ Ⅰ   General Report

Ⅾ Ⅱ   United Nations Climate Change Negotiations Process

Ⅷ III   Scientific Understanding and Process

Ⅳ IV   CO$_2$ Emission Peak in China

Ⅴ V   Special Research Topics

G VI Appendix

总 报 告

General Report

G.1

中国参与国际气候谈判定位与被定位[*]

——公平地认识中国的责任和贡献

总报告编写组[**]

摘　要：

根据2013年华沙气候会议决议授权，2015年联合国气候谈判巴黎会议将就2020年后的国际气候制度达成协议，并为达成协议规划了路线图。作为发展中大国，中国一直积极参与国际气候治理进程，不仅在气候谈判中展现建设性姿态，还在国内开展了很多卓有成效的减排行动。尽管如此，但由于经济体量和排

* 基金项目：国家社科基金（12CGJ023）、CDMF（1112097、2012034、2013070）、中国社会科学院973项目后期研究课题（2010CB955701）。

** 总报告编写组成员包括潘家华、王谋、陈迎、张莹、严晓琴，由王谋执笔。潘家华，中国社会科学院城市发展与环境研究所所长，研究员，博士生导师；王谋，博士，中国社会科学院城市发展与环境研究所副研究员，长期从事国际气候制度、环境治理、低碳发展等相关问题研究；陈迎，中国社科院城市发展与环境研究所可持续发展经济学研究室主任，研究员，硕士生导师；张莹，博士，中国社会科学院城市发展与环境研究所副研究员；严晓琴，《中国城市与环境研究》期刊英文编辑。

放总量较大，中国在国际气候谈判进程中，面临越来越大的压力，压力产生的原因是对中国参与国际气候治理的角色的界定。根据我国目前经济、人口、国际分工等现状以及对未来发展趋势的分析，经济总量将稳步增长，工业化和城市化进程都还需要约20~25年的时间才能完成，人口在这一期间仍将缓慢增长，发展中国家定位在完成工业化、城市化进程之前不会动摇。然而，一些国家忽略中国的发展需求和历史排放权益，忽视人均指标水平，仅以经济、排放、贸易等总量指标，人为放大责任，拔高预期，在国际气候治理中要求中国像发达国家那样承担减排、提供资金等义务。这种忽略发展权益、不切实际的定位与我国所坚持的发展中国家的定位之间产生了较大的分歧，分歧背后意味着责任和义务的巨大差异。中国作为发展中国家参与国际气候治理，体现了责任和担当，但不应该承担超越中国发展水平的责任和义务。关于中国的定位与被定位的博弈还将持续，"公平"在不同利益的驱使下，也可能产生不公平的解释。气候变化是历史排放导致的环境问题、地球上的每个自然人排放权益均等应该是解释气候公平的原点，也是界定各国排放责任的起点。中国通过连续的"五年计划"的规划和实施，实现了显著的减排效果，这一点全球共知。只有国际社会尊重中国的发展权益与自身定位，中国才有能力、有条件为国际气候治理做出更大贡献。

关键词：

气候变化　　国际治理　　公平　　定位

国际气候谈判在多哈会议以后进入了一个新的阶段，各国谈判主要聚焦于落实巴厘谈判成果与构建未来国际气候协议。世界各国的谈判焦点和利益诉求与其国内的自然环境、社会经济、政治格局等息息相关。国内环境的改变随时影响着各国的谈判关切与谈判策略，影响国际气候治理的格局。只有对国际气候的新格局以及新格局下各方关注的焦点和诉求有清楚的认识和正确的分析，才能够更加清晰地界定中国的角色与地位，促进国内社会经济的可持续发展。

一　谈判授权的转换：从巴厘路线图到德班平台

多哈会议为巴厘路线图谈判授权（以下简称"巴厘授权"）画上了句号，同时也开启了德班平台谈判进程，形成了包括《京都议定书》第二承诺期在内的一揽子成果。虽然国际气候谈判从巴厘授权下的双轨谈判转换到德班平台的一轨进程，巴厘路线图谈判中的一些主要的利益交锋并未消失，各缔约方在新的平台下积极寻求适当的方式来反映诉求，保障其自身利益。发达国家希望利用谈判授权转换的契机，要求发展中国家承担更多的减排、出资等责任，进一步打破《京都议定书》下的责任分担模式，在形式上达成对所有国家统一适用的国家减排模式。而发展中国家普遍认为，德班平台的谈判，尽管形式上与巴厘路线图谈判有区别，但应坚持共同但有区别的责任的原则，对发达国家和发展中国家在未来协议中的减排、出资、技术转让等问题区别对待。可以看出，德班平台下缔约方的利益诉求和谈判关切实际上并没有发生大的调整，分歧依旧。但在新的平台上，各方实现谈判诉求的方式和途径可能会有所调整。

二　国际气候谈判面临的关键分歧

自巴厘路线图谈判以来，国际气候谈判虽然几乎以每年召开4次谈判会议的高频度连续进行，但取得的突破性进展有限，发达国家包括减排目标、资金和技术支持等在内的承诺甚至出现弱化的趋势。相比《京都议定书》第一承诺期、巴厘路线图的谈判，谈判中的关键分歧呈现增加的趋势，而产生分歧的利益主体的格局也更趋复杂，有传统的南北集团的矛盾，也有南北界限模糊后不同集团利益的矛盾，致使国际气候谈判在复杂的利益格局下要达成谈判共识困难重重。总的来看，构建未来国际气候制度面临的关键分歧主要有以下几个方面。

1. 在谈判"原则"问题理解上的分歧

德班平台工作组由公约缔约方大会授权开展未来国际气候制度谈判，因此，德班平台谈判应该遵循公约的相关原则和法律条文。而在对公约原则，尤其是对"共同但有区别的责任和义务"原则的理解上，缔约方却存在很大的分歧。发展中国家普遍认为，发达国家对于全球气候变暖负有不可推卸的历史责任，未来国际气候制度在减排、适应、资金、技术等方面对发达国家和发展中国家应进行责任区分。发达国家不仅应该提出大幅度的温室气体总量减排目标，还应当向发展中国家提供资金援助和技术转让的支持，帮助发展中国家提高应对气候变化的能力；发展中国家应对气候变化要与经济社会发展协同进行，但首要任务仍然是消除贫困和实现经济发展。发达国家则提出，在全球经济快速发展的背景下，应当动态地解释"共同但有区别的责任和义务"原则，其目的是让发展中国家承担更多的减排责任以减轻自身的减排压力。部分发达国家甚至要求与发展中国家展开对等减排，这是在事实上否定"共区"原则。如何解释"共同但有区别的责任和义务"原则，如何利用"共区"原则指导谈判进程，缔约方尚无共识。

2. 进一步完善巴厘路线图谈判建立的多个合作机制的分歧

多哈会议结束了巴厘路线图的谈判，并在《京都议定书》第二承诺期以及减排、适应、技术、资金等谈判议题上达成了多个国际合作机制。这些国际机制的落实和执行，是未来国际气候谈判各方相互信任的政治基础，也是实现巴厘路线图谈判缔约方的减排承诺或减排行动目标的制度保障。目前看来，缔约方在国际合作机制上存在较大分歧。巴厘路线图所形成的国际合作机制在资金、工作机制等方面都需要进一步完善。如何创建资金来源渠道保障资金的稳定供给、如何进行机构建设和人员配备、如何开展相关业务等问题都需要进一步谈判细化。发展中国家在谈判中指出，落实和高效运行已经达成的国际合作机制是发展中国家开展减排行动的先决条件，但若不能进一步细化合作机制相关内容，国际合作无法真正展开。而发达国家为减轻自身责任，借口相关问题已经在巴厘授权中谈判完结，不愿意继续细化合作机制的谈判。而缔约方在合作机制问题上的立场分歧，事实上使得相关机制无法得到真正有效的执行。

3. 减排目标和减排模式的分歧

在未来国际气候协议的减排目标和减排模式上，缔约方存在明显的分歧。美国、加拿大等"伞形国家"希望各国基于自身社会经济情况和国内的政治意愿提出各自的减排目标，建立定期审评机制对各国减排目标的落实情况进行监督。欧盟、小岛国联盟则极力提倡实行具有法律约束力的参照实现2℃升温目标的国际减排模式，要求所有缔约方实施大幅度的温室气体减排计划，制定雄心勃勃的减排目标，并通过国际、国内法律约束的形式来保障减排目标的实现。广大发展中国家通过自身多年的发展实践认识到，在目前的技术条件下，经济社会发展必然意味着温室气体排放的增加，即便采用低碳发展的方式，温室气体排放的增量也不可避免，只是增加的幅度会相对减少。因此，发展中国家依据"共同但有区别的责任和义务"原则，根据自身发展水平和条件，提出差异化的减排行动目标，保障未来经济社会发展所必需的排放空间。

4. 资金问题上的分歧

在巴厘路线图谈判中，发展中国家在发达国家提供资金援助和技术支持的前提下做出减排行动目标承诺。然而，在实际执行中，发达国家所提供的符合新的、额外的资金要求的履约资金与其当时的承诺相差很大。哥本哈根协议提出，2010～2012年3年，发达国家需要向发展中国家提供300亿美元的资金支持，作为快速启动资金，帮助发展中国家应对气候变化。根据快速启动资金官网上的数据统计结果，按照新的和额外的标准衡量发达国家所提供的快速启动资金，发达国家仅兑现了36亿美元的承诺①，而发达国家通过重复计算和歪曲统计标准，宣称已经履行了承诺，实现了向发展中国家提供300亿美元的资金支持。发达国家一方面借口资金问题已经在巴厘授权下谈判结束，不愿意在德班平台上对资金问题开展进一步的谈判，逃避供资义务；另一方面，又利用发展中国家的资金援助诉求，通过所谓的创新机制为发展中国家分组，支持部分发展相对落后的发展中国家向其他发展中国家提出资金援助要求，以满足其扩大资金来源、保障资金供给的诉求，同时减轻发达国家自身的供资压力。

---

① 张雯、王谋、连蕙珊：《气候公约快速启动资金实现进展与发达国家环境履约新动向》，《生态经济》2013年第3期。

发展中国家在资金问题上立场的分歧，导致资金问题的谈判更加困难和错综复杂。资金问题涉及各方切身利益，也是国际气候谈判中的关键问题，包括资金来源、资金规模、资金使用等谈判，都需要缔约方在"共同但有区别的责任和义务"原则的共识下展现诚意，相互尊重底线，发扬妥协精神。

5. 未来协议法律形式问题上的分歧

未来国际气候制度的法律形式，绝不仅仅是一个形式问题。在巴厘路线图谈判进程中，法律形式问题主要讨论巴厘行动计划下长期合作行动工作组决议文件的法律效力；在德班平台谈判进程中，2015年国际气候协议的法律形式问题也是谈判的焦点问题之一。中印等发展中国家则认为，应该先完成协议内容的谈判，再明确协议的法律形式，2020年后发展中国家经济社会发展状况和排放情况从目前来看都具有很大的不确定性，因此不宜预先决定未来成果的法律形式。而有一些缔约方，包括欧盟、小岛国联盟等，认为2015年国际气候协议应该是具有法律约束力的国际法文件，缔约方提出的减排目标应该通过国际、国内相关立法程序进行约束。缔约方在2015年国际气候协议的法律形式问题上的分歧还会继续，法律形式问题也将伴随德班平台谈判的始终。

三　中国的发展需求与自身定位

作为发展中国家，中国参与未来的国际气候制度构建，既需要体现大国的国际责任和担当，更需要维护作为发展中国家减少国内贫困、发展经济社会的权益。中国历史排放少，当前和未来一段时间都需要一些增量排放空间，保障经济社会的发展。

1. 未来的经济发展展望

经过多年的经济高速增长，2013年中国的GDP总量达到568845亿元。按照2013年底汇率折算①，当年GDP水平约为9.33万亿美元，约为美国同年GDP水平（16.8万亿美元）的55.5%，经济总量居全球第二位，比位居第三

---

① 2013年底人民币兑换美元的汇率为6.0969。

的日本高出大约90%。展望中国未来的经济发展趋势，大部分研究仍倾向于预计在经济惯性驱使下，尽管中国当前及未来的经济增速将逐渐放缓，但同发达国家相比，增长速度仍非常可观。按照2010年不变价计值，我国人均GDP将继续快速增长，到2020年将提高到5.4万元左右，到2050年将增加到18.77万元，相当于2010年水平的6.3倍。预计到2050年，年均增长速度将稳步降至3%左右，2050年时中国的GDP水平将达到258万亿元（2010年不变价水平）[1]。

2. 人口缓慢增长，人口红利消失，老龄化问题将日益突出

第六次人口普查数据显示，截至2010年底，我国大陆总人口为13.40亿人，2000～2010年，我国新增人口7390万人，增长率为5.84‰，人口增长率持续下降。从地区分布特点来看，中国东部地区人口比重上升，而其余地区的人口比重均呈下降趋势，其中西部地区下降幅度最大。东部地区人口占总人口的比重约为37.89%，中部地区占26.76%，西部地区占27.04%，东北地区占8.22%。联合国经济和社会事务部人口司发布的《世界人口展望》报告预测[2]，到2030年，中国的人口总规模将达到14.6亿人左右，接近人口峰值，随后总人口缓慢下降；到2050年，我国人口总规模将降至14.1亿人左右。有研究指出，我国已经迎来了"刘易斯拐点"，拐点的出现预示着人口红利将逐渐消失，老龄化问题将日益突出，人口峰值出现后，老年抚养比和总抚养比都还将显著上升，人口的经济负担加重[3]。

3. 快速城镇化进程还将持续

根据中国国家统计局发布的最新统计数据，2013年，我国城镇人口总数达到7.31亿人，城镇化率达到53.73%[4]，相较于1978年17.92%的城镇化率，在30多年间，城镇化率提高了接近2倍。这样的数字表明，中国目前处于城镇化高速发展阶段。同时，根据目前的发展趋势可以展望，在未来

① 中国社会科学院课题组 IFs 模型研究结论。

② Department for Economic and Social Affairs, United Nations (DESA, UN): "World Population Prospects, The 2012 Revision", New York: DESA, UN. 2012.

③ 蔡昉：《比较型视角理解"刘易斯拐点"：未来中国结构转型"新红利"》，《21世纪经济报道》2011年1月1日，第004版。

④ 《中华人民共和国 2012 年国民经济和社会发展统计公报》。

一段时间内，还将有大量的农村人口进入城市，城镇化率水平的提高趋势在未来20年甚至更长的时间内还将继续。社科院城环所建立的城镇化预测模型模拟结果显示，在2015年之前，中国仍处于城镇化的加速阶段，但2015年左右高速城镇化过程将结束，在此期间城镇化率平均每年提高1个百分点左右，到2030年达到68%左右。2030年以后，城镇化的速度将进一步放缓。到2050年，我国的整体城镇化率水平可达到78.8%左右。结合人口预测结果，到2050年时，我国的城市人口总数将达到10.3亿人左右，农村地区人口总数将仅为2.18亿人①。由于我国疆域辽阔，区域间发展存在一定的不平衡，因此各主要区域间的城镇化速度存在着较大差异。到2050年，东部省份整体的城镇化率将达到87.25%，西部地区尽管初始的城镇化率水平较低，但是增长速度较快，在2050年将达到79.3%。从目前的发展趋势看，如果没有进一步的政策因素刺激，未来中部和东北的城镇化水平将低于全国平均水平，到2050年将分别达到77.87%和75.69%。

4. 2030年左右完成工业化进程

工业革命推动了世界范围内的大规模城市化进程，而在人口向城市集聚的过程中，又进一步推动技术进步和经济增长。同时人口集聚和知识创新，又推动了技术进步和经济增长。从发达国家的发展经验来看，当它们进入后工业时代，第三产业逐渐成为经济发展和吸引人口集聚的主要动力。因此产业结构和城市化水平是相互影响的。我国2013年三次产业增加值占GDP的比重分别为10%、43.9%和46.1%。与1990年的水平相比，第一产业比重降低了约17个百分点，第二产业和第三产业比重分别提高了2.5个和14.6个百分点。总体来看，20多年来，中国产业结构调整的特征主要为第一产业比重持续下降，第二产业的支柱地位继续得到巩固，第三产业的份额则明显提高。在城市化进程中，由于人口与其他生产要素逐步从农村向城市地区转移，因此在生产方式上的具体表现是产业结构的大规模调整。伴随城市化水平的进一步提高，未来我国产业结构将进一步调整，中国社会科学院工业经济课题组预测，2020年前后中国将基本实现工业化，在2030年中国将完成工业化进程。从产业结构

① 该预测没有考虑二胎政策。

整体趋势来看，在 2030 年前，第一、第二产业比重将持续下降，第三产业比重将持续上升。其中，2020 年前，第三产业将逐渐接替第二产业成为推动经济增长的主要力量。到 2020 年，第一产业的比重将下降到 6.0%，第三产业的比重将超过第二产业升至 47.7%，人均 GDP 达到 7640 美元（2008 年美元价），城市化率达到 57%，中国基本实现工业化；2021~2030 年，第一、第二产业比重还将进一步下降，第三产业比重继续上升，并在 2024 年超过 50%。2030 年，第一产业比重下降到 5.1%，第二产业比重下降到 40.9%，第三产业比重将达到 54.0%，人均 GDP 达到 13000 美元（2008 年美元价），城市化率达到 68%，中国将完成工业化进程①。

5. 世界工厂地位还将延续

在对中国排放的分析研究中，有观点认为我国排放总量大，与中国作为"世界工厂"的国际分工地位有关。中国是出口大国，事实上承担了大量的国际转移排放。发达国家通过国际分工协作将高排放的制造业转移到中国，既促进了中国经济的发展，也将工业过程的污染和排放留给中国。近年来，国内也有一些研究揭示了中国出口商品的碳排放效应。陈迎等估算了 1997~2006 年中国进出口贸易的"内涵能源"，指出我国出口商品消耗了当年接近 30% 的能源消费，是我国碳排放总量的重要贡献因素②。全球金融危机后，中国进出口水平显著下滑。但是 2010 年以来，中国外贸进出口呈现复苏态势，发展势头良好。贸易平衡状态得以持续改善，贸易伙伴和主要贸易产品保持基本稳定。同其他社会经济关键指标不同，对外贸易受外部环境的影响相对较大，不确定性因素较多，因此很难准确预测未来进出口的变化趋势，但是在《2050 中国能源和碳排放报告之四：中国进出口贸易与经济、能源关系及对策研究》中，研究者考虑了两种情景：出口占 GDP 的比重从 2011 年或 2021 年开始下降，并据此预测出中国直至 2050 年的贸易总量和结构。根据预测，无论在哪种情景下，中国未来的进出口总额仍将保持稳定增长态势，顺差规模仍将不断扩

---

① 李平、江飞涛、王宏伟、巩书心：《2030 年中国社会经济情景预测——兼论未来中国工业经济发展前景》，《宏观经济研究》2011 年第 6 期。

② 陈迎、潘家华、谢来辉：《中国外贸进出口商品中的内涵能源及其政策含义》，《经济研究》2008 年第 7 期。

大，但是在前一种情景下，未来出口占 GDP 的比重将降至 28.5% 左右，而在后一种情景中，该比重为 34.6%。

6. 发展中国家定位仍将延续

从对影响中国未来排放的主要社会经济因素的预测来看，人口将继续增长，到 2030 年左右达到 14.6 亿人；城市化率 2030 年约为 68%；产业结构中，第二产业比重到 2030 年继续下降到 40.9%，第三产业上升到 54.0%。根据国际能源署的预测，2030 年中国能源消费量占全世界的比重将达到 22.3%，接近美国（14.3%）和欧盟（10.7%）的总和①。从这些预测结果可以看出，目前中国社会经济高速发展的态势在短期内不会出现逆转趋势。到 2030 年，社会经济仍将高速发展。2030 年后，中国将完成工业化进程，基本步入中等发达国家阶段，发展速度将逐渐趋缓，排放峰值也可能在 2030 年之后的一段时间内出现。从国际比较来看②，随着经济高速发展，中国综合国力将逐步增强，到 2030 年左右将可能与美国的综合国力相当，而同期的单位 GDP 能耗仍大幅度高于欧盟、美国，这也说明即便到了 2030 年，中国生产技术水平与先进水平相比仍有差距，产业结构还需继续调整。2030 年前，我国发展中国家的地位仍将延续。

四 中国面临角色被定位

构建未来国际气候制度的谈判进程中，部分国家出于不同的目的，不客观地看待中国的发展水平，刻意模糊或者忽视中国的发展中国家身份，要求中国像发达国家那样承担减排责任和义务。这样的预期，造成了中国被定位与自身定位之间的巨大差距，致使在谈判的一些关键问题上产生分歧。部分国家对中国的定位与中国自身的定位不符，有一些原因，但尚不足以构成中国需要转换参与国际气候治理发展中国家定位的理由。

中国的经济发展与温室气体排放引起全球关注。改革开放以来，中国经济

---

① 《决胜发展模式转型》，http：//www.yndtjj.com/news1_15030_6.html。
② 社科院课题组 IFs 模型研究结论。

社会快速发展，经济总量和国际贸易总量占全球的份额大幅上升。据世界银行的统计，2010 年中国 GDP 已经超过日本成为全球第二大经济体。同时，也是全球领先的能源消费和二氧化碳排放大国。从经济体量上来看，中国经济总量从 1971 年占全球 1% 左右提升到 2013 年 12%。美国的经济总量仍是世界第一，但其占全球的比重已经从 1971 年的 30% 下降到 2013 年的 22.43%。中国的经济发达地区，如上海、北京等地，人均地区生产总值已经接近高收入国家人均水平。从能源消费情况看，中国 2000 年左右的能源消费总量不及美国的 50%，2013 年已经超过美国近 26%，占到全球总量的 22.4%。美国能源消费总量占全球的比例，从 2001 年的 24.2% 下降到 2012 年的 17.80%[①]。2000 年以来，中国能源生产和消费的差距在不断拉大，消费大于生产导致中国对国际能源进口的依赖增强。2013 年中国进口石油 3.22 亿吨，进口煤炭 3.3 亿吨[②]。从温室气体排放趋势来看，中国 1971 年化石能源燃烧排放的 CO_2 占全球总量的 5.7%；1990 年，这个比例提高到了 10.7%。2006 年，据国际机构统计，中国成为全球最大的 CO_2 排放国，2013 年中国 CO_2 排放占全球的比重已经达到 27.14%，第二排放大国美国占全球比重下降到 16.9%。印度的 CO_2 排放总量近年来有所上升，但增速相对缓慢，2013 年占全球总量的 5.5%[③]。

中国对外投资和对外援助已经具有一定规模。一般来讲，人均 GDP 达到 4000 美元被认为是一个国家对外投资快速增长的起点。2013 年中国人均 GDP 接近 6700 美元，在国内生产要素成本增加和海外市场扩张需求的推动下，中国海外投资活动逐年增长。根据商务部 2013 年 9 月发布的统计公报[④]，2012 年，尽管全球外国直接投资流出流量较上年下降 17%，但中国对外直接投资首次达到 878 亿美元的历史新高，同比增长 17.6%，成为世界领先的对外投资国之一。截至 2012 年底，中国 1.6 万家境内投资者在国外设立直接投资企

① IEA，"CO_2 Emission Highlight from Fossil Fuel Combustion"，International Energy Agency，Paris：at exchange-rates，2013.

② 中华人民共和国国家统计局：《中华人民共和国 2013 年国民经济和社会发展统计公报》，2014 年 2 月 24 日，http://www.gov.cn/gzdt/2014-02/24/content_2619733.htm。

③ IEA，"CO_2 Emission Highlight from Fossil Fuel Combustion"，International Energy Agency，Paris：at exchange-rates，2013.

④ 中国人民共和国商务部：《2012 年度中国对外直接投资统计公报》，中国统计出版社，2013.

业近 2.2 万家，分布在全球 179 个国家和地区；中国对外直接投资覆盖了国民经济所有行业类别，其中存量超过 100 亿美元的行业有租赁和商务服务业、金融业、采矿业、批发和零售业、制造业、交通运输业/仓储和邮政业、建筑业，上述 7 个行业累计投资存量 4913 亿美元，占中国对外直接投资存量总额的 92.4%。2012 年底，中国对外直接投资累计达到 5319.4 亿美元，尽管只相当于美国对外投资存量的 10.2%、英国的 29.4%、德国的 34.4%、法国的 35.5%、日本的 50.4%，但增长较快。2013 年，中国对外直接投资流量创下 1078.4 亿美元的历史新高，同比增长 22.8%。

大国身份日渐明确，发展中国家定位面临"被转换"。随着中国等新兴经济体国家经济社会的快速发展，世界经济格局也发生了一些显著变化。因此，一些国家出于不同的利益诉求，对中国等新兴经济体国家参与国际事务的角色定位发生了改变，要求包括中国在内的新兴经济体国家承担更多的国际责任和义务。这样的认识也传导到国际气候谈判的进程中，使中国面临参与国际气候制度构建的身份定位"被转换"的困境。中国在气候谈判进程中面临的压力既来自发达国家，也来自发展中国家。从发达国家来看，"冷战"结束后美国、日本等发达国家依然将中国视作竞争对手。美国对中国的大国定位一直延续并不断强化，谈判中甚至希望捆绑中国、印度等发展中大国，开展对等减排，其他发达国家也希望借助德班平台形式上的单轨谈判方式，推进全球统一的责任分担体系，进一步模糊发达国家和发展中国家有区别的责任。从发展中国家来看，部分发展中国家在发达国家的支持下，也对我国的发展中国家地位提出了质疑。在国际气候谈判中，一些发展中国家为了获得更多的资金援助，拓展资金来源渠道，也将矛头指向包括中国在内的排放大国，要求这些国家承担更多的减排和出资责任。这些情况反映出，在国际进程中无论中国是否希望对发展中国家的身份定位进行调整，中国都可能面临"被定位"或者身份定位被调整，并因此被要求承担更多的国际责任和义务。

差距明显，责任需界定。中国在国际事务包括国际气候治理进程中的话语权仍然非常有限，远未上升到主导国际进程的地位。中国国土面积大，人口基数大，从一些总量指标来看，全球领先很正常。在更能反映经济社会发展水平的人均指标和质量指标上，中国的排名却非常靠后。根据 UNDP（联合国开发计划署）2014 年公布的人类发展指数（HDI），中国排名仅居全球第 91 位，低于处于"中等收入陷阱"的拉美国家古巴（排名第 44 位）、墨西哥（排名第 71 位）和巴西（排名第 79 位）。国际社会往往刻意强调中国的总量指标，忽略人均和质量指标，进而形成误导。客观来看，在经济全球化的背景下，中国的经济取得了长足发展，基础设施水平和国家治理能力均发生了显著变化。但西方国家依然主导着国际社会的话语权，中国是全球铁矿石、原油等大宗物品的进口大国，也是日用品、家用电器等产品主要的制造国和出口国，但我国在定价机制上仍然缺乏话语权或话语权非常有限。世界的主要媒体和主流文化构筑的话语体系仍然为发达国家所主导，我国引领国际进程的道路艰巨而漫长。

五　公平地认识中国的责任

减缓气候变化的公平问题，一直是影响达成国际气候制度协定的根本性问题。遵循什么样的公平原则，从而在不同缔约方进行减排义务分担或温室气体排放权分配，是解决减缓气候变化公平问题的关键。而对于应该遵循什么样的公平原则，国际社会还难以达成共识。

1. 公平的人均排放权是公平原则的重要内涵

基本出发点是，排放权是人权的组成部分，每个人应享有平等的权利来利用作为全球公共资源的大气资源。基于人均排放的方法也有很多不同的具体分配方案，有的方案在现实时点上讨论人均排放权的平等分配，但由于与现实排放的巨大差异而无法实现。有的方案则从现实出发，逐步与人均排放目标趋同，从而在未来某个时点上实现人均排放的平等分配。这种方案符合发达国家占用全球温室气体排放容量完成工业化进程后向低碳经济回归的发展规律，但从公平的角度来看，这种方案默认了历史、现实以及未来相当长时期内实现趋同过程中的不公平，严重制约了仍处于工业化发展阶段的发展中国家的排放空间，在这样的条件下要完成工业化进程，发展中国家必然要付出更大的代价，花费更长的时间。

2. 需要考虑历史责任和未来需求的全过程的公平

对公平原则的理解，应包含三个方面的内容。第一，公平的主体是人。伦理学上公平的本意指的是人与人之间的"人际公平"，而不是国与国之间的"国际公平"，公平原则保障的应该是人的基本需求。以化石能源为基础的能源体系还未彻底改变，个人在衣、食、住、行、用上的消费需要消耗能源，社会的正常运转所必需的公共消费也需要消耗能源，因此，温室气体排放权是保障人生存和发展的基本人权的重要组成部分。第二，公平原则应该将满足人的基本需求作为优先目标。国家应该制定相应的政策措施，以保障人的基本需求，同时遏制奢侈浪费，鼓励形成可持续发展消费的社会风尚。无论是发达国家还是发展中国家，都有这种责任。地球的资源是有限的，每个人都有义务将个人的"碳足迹"控制在一个合理的范围之内。只有每个人都建立可持续的消费模式，才能更有效地利用有限的资源为全人类创造美好的生活。第三，公平原则既要考虑历史，更要着眼未来。在充分尊重历史事实、强调发达国家历史责任的前提下，更要着眼于未来。发达国家已经完成了工业化进程，对未来排放空间的需求十分有限；而发展中国家仍处于工业化进程当中，社会需求尚未得到满足，追求公平应该更多着眼于未来，在保障发展中国家人民基本需求的前提下促进低碳发展。

3. 人均历史累积排放是重要测度

人均历史累积排放是将历史上一段时期内每个国家累积的碳排放量求和除以该国当前人口数，因为当前人口事实上继承了该国历史发展的所有文化成就与基础设施建设的积累。根据世界资源研究所 CAIT 数据库资料计算，发达国家人均历史累积排放普遍很高，美国、英国、德国均超过人均 1000 吨 CO_2 排放，分别为 1159 吨/人、1107 吨/人、1208 吨/人，加拿大 808 吨/人，欧盟 27 国 647 吨/人，而发展中国家一般不超过 100 吨/人，中国 104 吨/人处于发展中国家中间水平，印度仅为 29 吨/人。气候变化是由历史排放的 CO_2 造成的，从各国人均历史累积排放，可以看出各国在应对气候变化的国际合作中历史责任的大小。按照中国社科院碳预算方案计算，美国历史实际排放是其历史权利的 4.27 倍，即使是能源效率高的日本，1971 年人均年排放量也达 7.26 吨 CO_2，超出人均预算两倍。

4. 公平认识中国的责任

据 IEA 统计，我国自 2006 年以来二氧化碳排放居全球首位，世界银行各国 GDP 统计也显示，2010 年中国 GDP 总量超过日本，成为第二大经济体。排放和经济数据的显著增长，使中国在国际谈判中的角色备受关注，中国所应承担义务的国际预期，也随着排放和经济总量数据的上升而膨胀。根据第六次人口普查结果，我国人口总量超过 13.71 亿[①]，按 2011 年贫困标准[②]，目前尚有 1.28 亿贫困人口[③]，2013 年人均 GDP 约 6700 美元，仅位列发展中国家的中游水平[④]。因此，从排放公平角度，我国人均历史累积排放仅 100 吨左右，与发达国家 600~1000 吨的人均历史累积排放相差甚远；从发展公平角度，我国 6700 美元的人均 GDP 与发达国家人均 GDP 超过 30000 美元有很大差距，减贫与经济发展依然是主要任务。从这一视角来看待我国在国际合作应对气候变化进程中的责任问题，我国都不应该承担超出发展中国家角色的责任和义务。但在未来工业化、城市化发展进程中，需要采用新的规划和技术，尽量以低排放的模式实现经济增长和社会发展。

六　中国的行动与贡献

作为发展中国家，即便在无须承担减排义务的情况下，我国也在积极开展减缓和应对气候变化的相关工作，并以积极的姿态参与全球气候治理进程，为保障全球气候、环境安全开展行动、做出贡献。

1. 国内行动成效显著

中国在开展国内减排行动、实现低碳发展方面开展了积极行动，也产生很好的成效和示范效应。十八大提出，面对资源约束趋紧、环境污染严重、生态退化的严峻形势，必须树立尊重自然、顺应自然、保护自然的生态文明

---

① 《中国内地总人口达 1339724852，10 年增加 7390 万》，http：//www.chinanews.com/gn/2011/04-28/3004044.shtml。

② 农村居民家庭人均纯收入 2300 元人民币/年。

③ 《中科院报告：中国还有 1.28 亿贫困人口》，http：//www.chinanews.com/gn/2012/03-12/3737442.shtml。

④ IMF, International Monetary Fund, http：//www.imf.org/external/np/sec/pr/2014/pr14388.htm。

理念，把生态文明建设放在突出地位，融入经济建设、政治建设、文化建设、社会建设各方面和全过程，纳入建设中国特色社会主义"五位一体"总体布局，着力推进绿色发展、循环发展、低碳发展，进一步提升了应对气候变化在中国经济社会发展全局中的战略地位[①]。此后，国家相继发布应对气候变化规划、适应气候变化战略、战略性新兴产业发展规划、天然气发展规划、工业领域应对气候变化行动方案、建筑节能专项规划等实现经济转型、促进绿色低碳发展的政策和纲领性的发展规划文件。在能源、建筑、交通等领域取得了良好的实施效果。2013年，中国一次能源消费总量为37.5亿吨标准煤。其中，煤炭占一次能源消费总量的比重持续下降，非化石能源占一次能源消费总量的比重有所提升。风能和太阳能发展迅猛；全国城镇新建建筑执行节能强制性标准的基本达到100%，累计建成节能建筑面积69亿平方米，形成年节能能力约6500万吨标准煤，相当于少排放 CO_2 约1.5亿吨；2013年与2005年相比，中国碳排放强度下降28.5%，相当于减少排放二氧化碳25亿吨[②]。

2. 建设性参与国际治理进程

应对气候变化，控制温室气体排放在某种程度上有可能限制发展空间，影响各国的经济利益。但是应对气候变化也可能带来新技术、产业的发展机遇，从而创造新的经济增长点，其产生的减排效果，也可能大幅增进环境福利。我国处于经济社会快速发展阶段，积极参与气候变化国际治理、减少温室气体排放，可能会增加发展成本，放缓经济发展步伐，但是，利用国际合作、经验，促进国内转变发展方式以及调整经济、产业和能源结构等方面的贡献无疑是积极的，在改善国内自然环境以及国际外交环境方面也有积极意义。因此，我国积极参与国际气候治理对保护全球环境、促进国内可持续发展都有利。我国事实上也是积极参与了与气候问题相关的国际治理进程，不仅在联合国气候变化

---

① 胡锦涛：《坚定不移沿着中国特色社会主义道路前进　为全面建成小康社会而奋斗——在中国共产党第十八次全国代表大会上的报告》，新华网，http：//www. xj. xinhuanet. com/2012 – 11/ 19/c_ 113722546. htm。

② 《张高丽出席联合国气候峰会并发表讲话》，新华网，http：//news. xinhuanet. com/word/2014_ 09/24/c_ 1112598574. htm。

框架公约的谈判中体现建设性姿态，也积极派员参与公约外的各项国际进程，如千年发展目标论坛、经济大国能源与气候论坛、国际民用航空组织、国际海事组织以及联合国秘书长气候变化融资高级咨询组等合作机制，并明确国内的主管部门和机构。

3. 响应峰会号召积极筹备

在国际社会协同应对气候变化的进程中，2014 年将会成为又一个历史性的时点。为了推动国际气候谈判取得突破性进展，促进各国达成共识并开展有效行动，达成一份积极有雄心的 2015 年国际减排协议，联合国秘书长潘基文邀请全球 125 个国家和地区的领导人参加 9 月在联合国总部举行的各国元首气候峰会。潘基文表示，2014 年联合国气候峰会旨在提升气候变化问题的重要性，使国际社会采取更新、更坚实的措施，减少温室气体排放。峰会的参与者不仅包括各国元首，还包括商业界、金融界和非政府组织等方面的人士。在 2009 年哥本哈根会议之前，也召开了一次联合国首脑峰会，就应对气候变化问题凝聚全球政治共识，时任我国国家主席胡锦涛同志参加会议并提出"2020 年单位国内生产总值二氧化碳排放比 2005 年有显著下降、非化石能源占一次能源消费比重达到 15% 左右、森林面积比 2005 年增加 4000万公顷，森林蓄积量比 2005 年增加 13 亿立方米"等目标，这些目标之后反映在我国参加哥本哈根会议的官方承诺中。2014 年联合国峰会，是联合国秘书长为凝聚政治共识、推进 2015 年达成协议召开的第二次全球气候峰会，各国元首就 2020 年后的国际气候制度安排展开对话。由于事关 2020 年后应对气候变化工作的总体安排，我国高度重视此次峰会的筹备工作。从减排、适应、资金、技术、能力建设等多个方面，从工业化、城市化、能源消费等不同角度开展 2020 年后我国社会经济发展阶段特征和行动能力的研究和探讨，张高丽副总理出席了峰会，宣扬了中国应对气候变化取得的显著成绩，表达了中国将继续积极行动的政治意愿。

4. 2015 气候协议与中国贡献

2014 年底在秘鲁首都利马举行的联合国气候变化公约第 20 次缔约方大会，将是通往 2015 年气候协议的重要节点。按照第 19 次缔约方大会华沙会议达成的共识，将于 2015 年在巴黎举行的第 21 次缔约方大会上做出 2020 年后国际气候制度的基本安排，并要求各方在 2014 年利马会议上形成提交贡献的信息格式，2015 年第一季度提交贡献内容。作为过渡性会议，2014 年底的利马会议无疑是一次非常艰难的会议，缔约方将为 2015 年达成一揽子协议准备谈判筹码，而不会在利马会议轻言妥协。明确贡献的信息格式，可能成为利马会议的重要成果。关于贡献的信息格式缔约方的立场和期许尚存差距。部分国家希望贡献的信息格式，只包括各方的减排目标；而大多数发展中国家则要求贡献的信息格式，不仅包括减排目标，同时还需要考虑帮助实现减排目标的资金和技术支持以及适应、能力建设等诸多方面，强调贡献与获得支持的均衡性。利马会议只是针对贡献的信息格式开展讨论，而不涉及贡献的具体内容，达成共识是可能的，包含减缓、适应、资金、技术等德班平台主要要素的贡献格式形成共识的可能性更大。欧盟相对于 1990 年减排 40% 的目标已经相对明确，也会以更为正式的方式提出。外界对中美贡献的预期，随着欧盟目标的清晰也将愈加强烈。中国的贡献可能包含什么内容，又将以什么形式提出，国际社会已经形成了一些猜测。基于前文对中国社会经济发展、排放需求和自身定位的分析，2015 年气候协议中中国贡献的出发点，仍将立足于发展中国家。作为尚不成熟、不稳定的发展中经济体，中国难以进行未来排放需求空间的精确判断，因此总量减排和总量控制目标都将难以提出，更大力度的相对减排目标的可能性更大。关于中国的排放峰值，是一个争议很大但也是国际社会希望中国尽早明确的问题。从目前的研究成果来看，中国的工业化与城市化进程、人口的峰值、能源需求和能源结构的调整以及居民能源消费的基本稳定都指向了一个大致统一的时间范围，即 2025~2035 年，当这些导致能源消费和温室气体排放的因素逐步达到峰值或者稳定的时候，中国的排放峰值才可能实现。可以据此判断，即便中国政府以积极建设性的姿态提出排放峰值，峰值年也可能介于 2025~2030 年之间。关于资金问题，部分国家对 2020 年后中国成为供资主体寄予期望，张高丽副总理在峰会讲话中也表示中国将建立气候变化南南合作基金，帮助其他发展中国家应对气候变化。但作为发展中国家，中国在 2015 年气候协议下的资金贡献应该会与其发展中国家的定位和责任义务相符。中国的贡献也希望能得到国际社会在适应、资金、技术、能力建设上的支持，这些支持的力度可以提高实现贡献的效果，也可以促成减排峰值的提前实现。2015 年气候协议中，对中国的任何超出发展中国家定位的预期，不仅缺乏现实基础，甚至会触及信任基础，延缓谈判进程。国际气候治理，需要在公平的基础上相互尊重国情、相互理解和相互信任，通过齐心协作、互通有无实现经济发展与保护气候、环境的共赢。

联合国气候变化谈判进程

United Nations Climate Change Negotiations Process

G.2

联合国气候谈判中的
减缓问题谈判进展[*]

高　翔[**]

摘　要：

《联合国气候变化框架公约》第19次缔约方会议决定启动"国家自主决定贡献"的准备工作，基本上确认了各国"自下而上"自主提出减缓目标的规则。从科学的角度看，这一规则不利于实现政府间气候变化专门委员会最新评估报告对全球减缓提出的要求，但从政治上看，这一规则有利于吸引全球各国的广泛、平等参与。然而从全球治理机制的角度看，这一规则并不完全符合"共同但有区别的责任"原则的要求，将可能弱化既有的

[*] 本文受科技部"十二五"国家科技支撑计划项目"气候变化谈判关键议题的支撑技术研究"（编号：2012BAC20B04）资助。

[**] 高翔，博士，国家发展和改革委员会能源研究所副研究员，主要研究方向为能源、环境与气候变化政策，国际气候政治问题。

国际气候机制。拟于 2015 年达成的新协议正朝着共同目标和各自努力的方向发展。

关键词：

气候变化　国际谈判　减缓　国际规则

《联合国气候变化框架公约》（以下简称"公约"）的目标是"将大气中温室气体的浓度稳定在防止气候系统受到危险的人为干扰的水平上"，因此可以说减缓人类活动导致的温室气体排放，是公约的核心任务。然而与有力度的减缓相伴随的必然是经济社会发展模式的转变以及相应的成本和代价。缺乏对发展模式能实现低碳转型的信心，决定了国际社会在谁应该承担多大的减缓责任方面进行了持久斗争，即便达成如《京都议定书》（以下简称"议定书"）一样的成果，其实施效果也未能尽如人意①。2011 年底公约暨议定书缔约方会议在南非德班举行，决定启动"德班加强行动平台问题特设工作组"（以下简称"德班平台"）谈判，旨在"拟订一项公约之下对所有缔约方适用的议定书、另一法律文书或某种有法律约束力的议定结果"②，其中减缓问题作为核心内容之一，其争论还将持续。

一　气候变化科学对减缓的要求

公约自 1992 年达成以来，国际社会一直就什么是"防止气候系统受到危险的人为干扰的水平"以及需要将温室气体排放控制在什么程度争论不休。

---

① IPCC, Introductory Chapter. In: *Climate Change* 2014: *Mitigation of Climate Change. Contribution of Working Group III to the Fifth Assessment Report of the Intergovernmental Panel on Climate Change*, Cambridge, United Kingdom and New York, NY, USA: Cambridge University Press, 2014. IPCC, International Cooperation: Agreements and Instruments. In: *Climate Change* 2014: *Mitigation of Climate Change. Contribution of Working Group III to the Fifth Assessment Report of the Intergovernmental Panel on Climate Change*, Cambridge, United Kingdom and New York, NY, USA: Cambridge University Press, 2014.

② UNFCCC, Establishment of an Ad Hoc Working Group on the Durban Platform for Enhanced Action. Decision 1/CP. 17, 2011.

按照科学发现，温室气体排放会改变地球大气中的温室气体浓度，进而由于其温室效应而改变地表温度，对地球的自然生态系统和人类社会产生可能是危险的影响。然而这条逻辑链上的定量关系一直不清楚，这给科学决策如何应对、如何控制温室气体排放带来了困难。

为此，政府间气候变化专门委员会（IPCC）自 1988 年建立以来，陆续推出了五次评估报告，旨在揭示气候变化及其科学应对问题，为建立和深化国际应对气候变化机制、采取应对行动提供科学基础。在第四次评估报告的影响下，国际社会于 2010 年底在墨西哥坎昆举行的公约暨议定书缔约方会议上同意将"与工业化前水平相比的全球平均气温上升幅度维持在 2℃ 以下"[1] 作为全球共同努力的长期目标。最新的第五次评估报告于 2013～2014 年陆续发布，其中对全球减缓气候变化的行动提出了新的认识。

2013 年发布的 IPCC 第一工作组报告[2]指出，人类活动导致了 20 世纪 50 年代以来一半以上的全球变暖，这一结论的可能性在 95% 以上；要把升温幅度控制在 2℃（与 1861～1880 年相比）以下，对应 66%、50% 和 33% 概率，全球温室气体排放空间分别可能为 10000 亿、12100 亿和 15700 亿吨碳，但是已有 5150 亿吨碳在 2011 年前就被排放到大气中，这就基本为 2012 年以后的排放划定了许可空间，即对应相应的概率，2012～2100 年的 88 年间全球允许的温室气体排放空间分别为 4850 亿、6950 亿和 10550 亿吨碳。在 66% 的概率下，按照 2001～2010 年，全球年均排放 468 亿吨 CO_2e[3] 温室气体的保守估计计算，余下的排放空间最多在 38 年内就将被用尽，这给减缓问题提出了严峻挑战。

① UNFCCC, The Cancun Agreements: Outcome of the work of the Ad Hoc Working Group on Long-term Cooperative Action under the Convention. Decision 1/CP. 16, 2010.

② IPCC, Summary for Policymakers. In: *Climate Change* 2013: *The Physical Science Basis. Contribution of Working Group I to the Fifth Assessment Report of the Intergovernmental Panel on Climate Change* (Stocker, T. F., D. Qin, G. – K. Plattner, M. Tignor, S. K. Allen, J. Boschung, A. Nauels, Y. Xia, V. Bex and P. M. Midgley (eds.). Cambridge, United Kingdom and New York, NY, USA: Cambridge University Press, 2013, p15, p25, p10, 2013.

③ IPCC 报告中使用的计量单位是"碳"，与减缓政策中常说的温室气体当量 CO_2e 的换算关系是 1 吨碳相当于 3.667 吨温室气体当量 CO_2e。

二 "德班平台"谈判难以提高 2020 年前减排力度

"德班平台"谈判分为两个工作渠道（Work Stream），其中第一渠道谈判围绕拟于 2015 年达成并于 2020 年开始实施的协议，第二渠道谈判围绕提高 2020 年前各国的减排力度问题。

自 2007 年达成"巴厘岛行动计划"以来，全球各国围绕 2020 年前的减排等问题开展了长期的谈判。2010 年达成的"坎昆协议"① 基本确定了发达国家承诺全经济范围量化减排指标，以及发展中国家在发达国家支持下开展国家适当减缓行动的模式。在 2012 年底的多哈会议上，议定书第二承诺期修订案得到通过，作为缔约方的发达国家除了要实现其在"坎昆协议"下的减排指标外，还应当承担在议定书下的减排义务，两者既有联系又有区别②，但无论是在"坎昆协议"下，还是在议定书下，发达国家所承诺的减排指标都远远低于国际预期，因此"德班平台"开启了第二工作渠道的谈判，旨在提高各国，尤其是发达国家 2020 年前的减排力度。

从谈判立场看，发展中国家在谈判中要求作为议定书缔约方的发达国家提高减排力度，不是议定书缔约方的发达国家做出可比的减排努力；在获得发达国家更大力度的资金、技术、能力建设支持的前提下，发展中国家也适当提高减缓力度。而发达国家则要求排放大国、经济大国都要提高减排力度，还提出提高行业标准、开展城市减排合作、加大在淘汰 HFCs 等温室气体方面的合作等，企图将减排义务转嫁给发展中大国。从谈判组织看，第二工作渠道的谈判以论坛的形式为主，无论是缔约方之间的非正式磋商，还是设定若干主题的技术专家会议（Technical Expert Meeting），这种形式与传统的谈判有很大的区别。由于谈判并不提出也不基于具体的案文，难以将谈判过程与最终结果挂钩，因此各方的交流缺乏针对性，难以预见最终结果。第二渠道的谈判或许能达成一些协议，强调全球共同提高减缓努力程度的重要性和可能的努力方向，

---

① 玻利维亚在缔约方会议上对此公开提出正式反对。

② 高翔、王文涛：《〈京都议定书〉第二承诺期与第一承诺期的差异辨析》，《国际展望》2013 年第 4 期。

但无论如何，由于立场分歧无法弥合，"德班平台"谈判难以强制性地提高2020年前减排力度。

三 "德班平台"谈判将确认由各国自主设定减缓目标

自从"德班平台"谈判启动以来，主要谈判方都就谈判预期成果提出了设想。这些设想中有一些带有理想化的成分，但多数考虑到了国际政治经济和气候变化谈判进展的现实，基本上肯定了一条"自下而上"的减缓目标设定规则。

所谓"自下而上"主要是指由各国根据其能力和意愿自行提出减缓的目标或行动承诺，与议定书或欧盟内部式地先确立整体目标，再按照一定标准和规则分解落实到各国的"自上而下"模式相对应。

例如，欧盟在2012年首次"德班平台"提案中，就提出所有国家都要做出有法律约束力的减排承诺，这些承诺可以是"光谱"式的，随后又进一步解释说"光谱"意味着各国提出的承诺类型可以是绝对减排目标、相对减排目标、碳中性、相对基准年的减排或是偏离"照常发展情景"，能够反映不同的国情；之后又对不同的减缓承诺类型提出了相应的信息报告要求。但欧盟同时还强调要将"自上而下"与"自下而上"相结合，充分考虑实现2℃目标的科学要求，各国根据国情、责任、能力、发展需求，共同朝向2℃目标努力，形成"国家自主决定承诺＋国际统一规则＋2℃力度评估"的规则①。美

---

① EU, Submission by Denmark and the European Commission on behalf of the European Union and its Member States: Establishment of an Ad Hoc Working Group on the Durban Platform for Enhanced Action. http://unfccc.int/resource/docs/2012/adp1/eng/misc03.pdf; EU. 2013a. Submission by Ireland and the European Commission on behalf of the European Union and its Member States: Implementation of all the elements of decision 1/CP.17, (a) Matters related to paragraphs 2 to 6; (ADP). http://unfccc.int/files/documentation/submissions_from_parties/adp/application/pdf/adp_eu_workstream_1_20130301.pdf; EU. 2013b. Submission by Lithuania and the European Commission on behalf of the European Union and its Member States: The scope, design and structure of the 2015 agreement. http://unfccc.int/files/documentation/submissions_from_parties/adp/application/pdf/adp_eu_workstream_1_design_of_2015_agreement_20130916.pdf; EU. 2014. Submission by Greece and the European Commission on behalf of the European Union and its Member States: The 2015 Agreement: priorities for 2014. http://unfccc.int/files/bodies/application/pdf/el-02-28-eu_adp_ws1_submission.pdf.

国在其提案中也表示，新的谈判成果要使各国都"自下而上"，根据国情和各自能力做出"光谱"式的减排贡献，并自行选择相关实施措施，但也强调要制定相应的规则，确定各国提出减排贡献的内容要求，而不能任意决定①。

在 2013 年底波兰华沙举行的公约暨议定书缔约方会议上，各国同意启动"国家自主决定贡献"（Intended Nationally Determined Contributions）的准备工作②，基本上是对上述"自下而上"减缓目标设定模式的确认。

四　减缓目标设定规则的演变及其对公约原则的影响

从国际机制的角度看，原则和规则是一个国际机制不可分割的两大要素：一个完善的国际机制中，必然是原则指导规则，而规则体现原则；原则承载了国际社会对某一问题的价值判断，而原则的实现有赖于规则的制定和实施；原则和规则其中一个的变化有可能影响到另一个，甚至颠覆国际机制本身③。

纵观 20 多年来，公约体系下国别减缓目标设定规则发生了多次演变，这反映了国际社会对各国国情变化的认知，也是国际政治经济博弈的结果。与公约下谈判表现出来的进展缓慢不同，这些演变对全球气候变化治理机制的影响是深远的。

公约确定了全球气候变化治理机制的原则，包括公平原则，共同但有区别的责任和各自能力原则，预防原则，成本有效原则，可持续发展原则和应对气候变化与国际经济、贸易体系协调原则。这些原则反映了当时国际社会试图整合经济发展和环境治理的两个关切，为此后具体规则的制定确立了标准。其

---

①　USA. 2013a. ADP Workstream 1：2015 Agreement-Submission of the United States of America. http：// unfccc. int/files/documentation/submissions _ from _ parties/adp/application/pdf/adp _ usa _ workstream_ 1_ 20130312. pdf；USA. 2013b. Advancing the work of the ADP-Submission of the United States of America. http：//unfccc. int/files/documentation/submissions _ from _ parties/adp/ application/pdf/adp_ usa_ workstream_ 1_ 20131017. pdf；USA. 2014. U. S. Submission on Elements of the 2015 Agreement. http：//unfccc. int/files/documentation/submissions _ from _ parties/adp/ application/pdf/u. s. _ submission_ on_ elements_ of_ the_ 2105_ agreement. pdf.

②　UNFCCC. 2013. Further advancing the Durban Platform. Decision 1/CP. 19.

③　薄燕、高翔：《原则与规则：全球气候变化治理机制的变迁》，《世界经济与政治》2014 年第 2 期。

中，"共同但有区别的责任和各自能力原则"在此后的国际气候变化谈判中具有了中心地位①，也成为谈判和争论的焦点。应该说，这个原则的提出对于全球气候变化机制的创立和运作具有重要意义。它反映了全球气候变化问题的科学本质对发达国家承担历史责任的要求②，实现了正义和实质性平等，使"不对称责任"合法化，对于吸引国家参与并维持国际气候合作，提高国际气候机制的公正性、有效性、合法性、普遍性具有重要意义。

公约机制下的减缓目标设定规则体系虽然要求所有缔约方都应该承担减缓气候变化问题的责任，但突出的特点是为不同类型的国家规定了不同性质和不同程度的义务。

1992年达成的公约，仅对缔约方的减缓责任进行了原则性规定。公约第4条规定了所有缔约方都应当制定、执行、公布和经常地更新国家减缓措施，并且要求发达国家提供带头减缓气候变化，发展中国家在考虑经济和社会发展、消除贫困以及发达国家有关资金和技术转让的前提下履行减缓义务。公约的原则性规定虽然没有给出任何具体目标的规定数值，但是充分体现了"共同但有区别的责任和各自能力原则"和不对称的承诺特征：发达国家无条件、率先开展减缓气候变化的行动；发展中国家的减缓行动既有确保和促进可持续发展的国内前提条件，还有获得发达国家资金和技术转让支持的国际前提条件。

1997年达成的议定书确立了发达国家和发展中国家减缓行动的不对称承诺规则。议定书采取一种"自上而下"的方式，为附件一缔约方规定了具有约束力的减排目标和时间表，但是附件一各个国家承担数量不同的减排承诺。非附件一缔约方是否要做出类似承诺被留到未来讨论。2012年的联合国气候变化多哈会议上，缔约方会议决定议定书延长至第二承诺期，即从2013年1月1日起至2020年12月31日止，包括欧盟国家在内的38个发

---

① Rajamani L.，"The changing fortunes of differential treatment in the evolution of international environmental law"，*International Affairs*，88，2012，pp. 605 – 623；何建坤、滕飞、刘滨：《在公平原则下积极推进全球应对气候变化进程》，《清华大学学报》（哲学社会科学版）2009年第24（6）期。

② UNFCCC. 2010. The Cancun Agreements：Outcome of the work of the Ad Hoc Working Group on Long-term Cooperative Action under the Convention. Decision 1/CP. 16.

达国家和集团缔约方对议定书第二承诺期的减排指标做出了量化减排承诺，但是议定书仍未对发展中国家的量化减排目标进行安排。发展中国家在联合国气候变化谈判中，之所以坚持议定书所确立的框架和规则，就是因为议定书集中地体现了不对称的承诺规则，体现了公约"共同但有区别的责任和各自能力"原则。

"哥本哈根协议－坎昆协议"开启了发达国家和发展中国家共同"自下而上"做出减缓承诺的新规则。2009年达成的"哥本哈根协议"虽然不具有法律效力，但是其提出了发达国家和发展中国家共同做出减缓承诺的规定，并在2010年达成的"坎昆协议"中得到了确认。根据这一规定，除土耳其外，公约全部42个附件一缔约方和哈萨克斯坦，作为发达国家缔约方提交了2020年全经济范围量化减排目标承诺，其中欧盟所有成员国作为一个整体提交；152个非附件一缔约方中，有48个缔约方提交了2020年国家适当减缓行动承诺①。尽管在这一规则中仍区分了发达国家的全经济范围量化减排目标及其行动和发展中国家的适当减缓行动的不同性质，但是从减缓目标的确定规则来看，已经趋同为"自下而上"的自主提出，削弱了不对称的承诺规则。

总的来说，公约体系下发达国家和发展中国家不同的减缓责任和义务以及相应的国别减缓目标确定规则，体现了公约原则。发达国家和发展中国家做出不对称的承诺，是因为其在引起气候变化的责任、经济社会发展阶段、应对气候变化的能力这些方面的不对称，体现了公平和共同但有区别的责任和各自能力原则。"哥本哈根协议－坎昆协议"建立的新规则，仍然体现了这些原则的要求，但强化了所有国家共同的减缓责任。然而由于发达国家和发展中国家在引起气候变化的责任、经济社会发展阶段、应对气候变化的能力这些方面的巨大差距并未发生根本性改变，因此所有国家"自下而上"做出减缓承诺，并且在承诺的性质上趋同，是对公平和共同但有区别的责任原则的弱化。"德班

---

① UNFCCC. 2011. Compilation of economy-wide emission reduction targets to be implemented by Parties included in Annex I to the Convention. FCCC/SB/2011/INF. 1/Rev. 1；UNFCCC. 2011. Compilation of information on nationally appropriate mitigation actions to be implemented by Parties not included in Annex I to the Convention. FCCC/AWGLCA/2011/INF. 1.

平台"谈判很有可能建立的各国"自下而上"提出"光谱"式减排承诺的模式，进一步模糊了发达国家和发展中国家不对称的承诺规则，发达国家与发展中国家的共同但有区别的责任，已经演变为各国与各国共同但有区别的责任，这将是对"共同但有区别的责任"原则的重新解读。如果这一核心原则被赋予了新的含义，则整个公约机制就发生了重大变化。

五 主要缔约方可能的减缓目标

在 2009 年主要国家提出 2020 年减缓承诺后，许多国家都开始着手研究其中长期减缓战略和目标，如欧盟在 2011 年发布了"构建 2050 年具有竞争力的低碳经济路线图"①，对中长期低碳发展的路径进行了规划，美国也在《2009年美国清洁能源与安全法》和《2010 年美国能源法》② 中设想了 2050 年前的排放控制目标。在 2013 年底华沙会议上，各国决定争取在 2015 年第一季度提出关于 2020 年后的"国家自主决定贡献"。尽管这一概念的内涵尚不明确，但减缓目标无疑将是其中的重要内容。

欧盟委员会在 2013 年发布了《"2030 年气候与能源政策框架"绿皮书》③。在广泛征求意见后，欧盟委员会将《"2020～2030 气候与能源政策框架"通讯》④ 提交给了欧洲议会和欧盟理事会等机构。通讯进一步肯定了2030 年温室气体减排 40% 的目标，并指出如果国际社会需要达成更高力度的减排协议，欧盟只能通过使用国际碳市场机制来提高目标；相应的，欧盟需要制定具有法律约束力的可再生能源发展目标，使 2030 年可再生能源在欧盟能源消费中的比重不低于 27%；同时，欧盟需要将节能目标提高到 25% 左右。

---

① European Commission, A Roadmap for Moving to a Competitive Low Carbon Economy in 2050. COM (2011) 112 final, 2011.

② American Clean Energy and Security Act of 2009, The 111th Congress HR. 3036. EH. ; American Power Act of 2010. The 111th Congress Discussion draft, May 12, 2010.

③ European Commission, Green Paper: A 2030 Framework for Climate and Energy Policies. COM (2013) 169 final, 2013.

④ European Commission, Communication from the Commission to the European Parliament, the Council, the European Economic and Social Committee and the Committee of the Regions: A Policy Framework for Climate and Energy in the Period from 2020 to 2030. COM (2014) 15 final, 2014.

欧洲议会对欧盟委员会的这一通讯进行了审议,对通讯中没有给出有力度的政策目标、行动方案和成员国行动目标表示关注①。欧洲议会要求欧盟及其成员国设定具有法律约束力的温室气体减排、节能和可再生能源目标,其中欧盟应当将2030年温室气体比1990年减排至少40%、节能40%,可再生能源在终端能耗中的占比至少达30%作为目标。从这一形势看,欧盟的"国家自主决定贡献"很可能将以2030年作为目标年,其温室气体减排幅度将比1990年下降40%,并且这一目标将通过欧盟自身完成,不使用欧盟以外碳市场机制产生的减排量。

美国在最终未获得通过的《2009年美国清洁能源与安全法》和《2010年美国能源法》中,计划设定2030年和2050年全国温室气体减排目标分别为比2005年下降42%和83%。最近发布的《气候变化对美国的影响:第三次国家气候评估》报告②认为,美国能源部门③的CO_2排放在未来25年间有望保持基本不变,而能源部门的CO_2排放量占到美国全年温室气体排放量的94%④。这表明,美国要在2020~2030年实现大幅度温室气体减排,必须加大减缓气候变化的政策力度。同时应当看到尽管各种技术发展的潜力为美国的减排提供了可能性,但能源部门的CO_2排放将是相对困难的领域。为此,美国环保署在2014年6月宣布了一项"清洁发电计划"⑤,旨在使全美国发电行业2030年的碳排放比2005年减少30%。这项看似雄心勃勃的计划,实际上很难大幅度提高美国的减排力度。美国发电的全口径温室气体排放仅占到全国排放量的

---

① European Parliament, European Parliament resolution of 5 February 2014 on a 2030 framework for climate and energy policies (2013/2135 (INI)). Text adopted: P7_ TA (2014) 0094.

② Melillo, Jerry M. , Terese (T. C.) Richmond, and Gary W. Yohe (eds.) for the U. S. Global Change Research Program. 2014. Climate change impacts in the United States: The third national climate assessment. Washington D. C. : U. S. Government Printing Office.

③ 包括电力和热力生产、工业、交通、商业、民用等与能源利用相关的排放。

④ UNFCCC, National Inventory Submissions 2013. http: //unfccc. int/national_ reports/annex_ i_ ghg_ inventories/national_ inventories_ submissions/items/7383. php 2014 - 05 - 28. 根据上述数据库数据计算。

⑤ U. S. Environmental Protection Agency, Carbon Pollution Guidelines for Existing Power Plants: Emission Guidelines for Greenhouse Gas Emissions From Existing Stationary Sources: Electric Utility Generating Units. https: //www. federalregister. gov/articles/2014/06/18/2014 – 13726/carbon-pollution-emission-guidelines-for-existing-stationary-sources-electric-utility-generating 2014 - 07 - 13.

37%，基于美国能源信息署的情景分析①，在考虑上述"清洁发电计划"的情况下，美国 2030 年排放量将比 2005 年下降约 22%，仅比 2020 年提高了 5 个百分点。从这一形势看，美国原本在气候立法进程中提出的减排目标将很难实现，在"德班平台"谈判中提出的"国家自主决定贡献"不会有很大的减排力度。

六　问题与挑战

气候变化是全球各国面临的共同问题，也是人类协调环境与发展的共同挑战。在减缓气候变化问题上，国际社会 20 多年的探索取得了成功的经验，但也揭示出亟待解决的问题，其核心是如何平衡政治参与度与环境有效性。

作为全球性问题，联合国以其广泛的覆盖面和平等协商的议事规则，成为最核心的合作渠道。然而联合国体系下通过近 200 个主权国家谈判的决策方式，其效率广受诟病。在减缓气候变化和对经济社会发展的影响方面都存在很大不确定性，而且在低碳发展并没有现成的、有效的路径的情况下，任何一个国家都不会主动承担潜在的负担，这导致在减缓问题上一直达不成有力度的全球协议。

而从环境的角度出发，如果按照科学要求，各国必须将其排放量限制在特定的范围内。IPCC 已经给出了全球允许的排放空间，要确保全球排放控制在这一范围之内，最理想的方案就是对这一空间进行分配。欧盟坚持认为全球采取"自上而下"的模式才能有效解决温室气体排放的外部性问题，所以即便欧盟在"德班平台"的提案中和华沙会议上接受了"自下而上"的模式，但并不忘记对"国家自主决定贡献"添加各种信息报告要求和格式，并要建立动态评估机制，迫使一些国家提高减排目标。但是一方面，从欧盟向其成员国分配 2020 年减排目标、我国向各省（自治区、直辖市）分配节能和碳排放强度下降目标的经验看，这种纯粹的"自上而下"的减缓目标设定模式并不容易，其中存在多方的博弈和妥协。联合国并不是凌驾于主权国家之上的机制，

---

① U. S. Energy Information Administration, "Annual Energy Outlook 2014", http：//www.eia.gov/forecasts/aeo/ 2014－07－13.

更加难以为各个主权国家设定减排目标，这也从20多年来的联合国气候变化谈判进程中得到印证：即便是议定书附件B对发达国家减排目标的规定，也不是基于一个总体目标通过向各国分配而得，而是先有了发达国家愿意承诺的指标，再加总而得。另一方面，由于IPCC给出的排放空间具有很大的数值范围和不同的实现概率，以哪一个数值作为基础进行排放空间分配尚无法确定；而且以一个确定的数值为目标，采用什么样的方法对其进行分配，各国显然各有理解，难以达成一致，不具有可操作性；对一个国家而言，不同的减缓目标意味着不同的成本投入，这不仅是个别减缓项目的成本，还而是关系到整个国家资源利用、发展道路的问题，任何国家都很难接受让别人安排自己的发展道路。

总的来说，当前在政治上，国际气候谈判基本上已经确定了"自下而上"自主提出减缓贡献的模式，但在科学上，IPCC的结论要求推行"自上而下"的减缓目标设定模式，这两者在减缓力度上存在较大差距。尽管在国际谈判中有欧盟等方面的推动，但如何弥补这一差距，使国际机制既照顾到政治上的广泛参与，又满足科学上的力度要求，将是"德班平台"谈判乃至国际社会后续仍需要解决的问题和面临的挑战。

G.3

2015 气候协议适应谈判的进展[*]

马 欣 李玉娥 何霄嘉[**]

摘 要：

本文回顾近年来与气候变化议题相关的国际决议及谈判进展，综述了发展中国家和发达国家对"2015 气候协议"的利益诉求和建议，对适应议题谈判走向进行了初步分析：一是强化现有机制的职能，加强机制间履行职能的协调；二是要求发达国家切实履行提供资金和技术的义务，而全球适应目标和加强损失与危害应对的关键问题涉及利益复杂，难以预判。

关键词：

气候协议 适应 谈判 进展

气候变化已经对自然生态系统和经济社会发展产生了全方位的严重影响，预计这种冲击将持续相当长的时间，甚至带来突然的和不可逆转的严重后果[①]。

---

* 本文受科技部"十二五"国家科技支撑计划项目"气候变化谈判关键议题的支撑技术研究"（编号：2012BAC20B04）资助。

** 马欣，男，博士，副研究员，职于中国农业科学院农业环境与可持续发展研究所气候变化室，主要开展《联合国气候变化框架公约》适应领域的国际谈判对策、气候变化对农业的影响评估与适应、地质封存 CO_2 泄漏的环境影响评估等方面研究工作；李玉娥，女，中国农业科学院研究员，主要研究方向为：农业温室气体排放、吸收及对气候变化的反馈作用，国家履行有关国际环境公约的政策研究，气候变化对我国农业经济综合影响评估等；何霄嘉，女，博士，职于中国 21 世纪议程管理中心全球环境处。

① IPCC, *Climate Change 2007: Impact, Adaptation and Vulnerability, Contribution of Working Group II to the Fourth Assessment Report of the Intergovernmental Panel on Climate Change*, Cambridge, United Kingdom and New York, NY, USA: Cambridge Press, 2007. 国家发展和改革委员会. 中国应对气候变化国家方案 [R/OL]. 2007 [2013 - 08 - 12]. http://www.ccchina.gov.cn/WebSite/CCChina/UpFile/File189.pdf; UNFCCC. Bali action plan (Decision 1/CP.13) [R/OL]. 2007 [2013 - 08 - 12]. http://unfccc.int/resource/docs/2007/cop13/eng/06a01.pdf#page=3.

适应气候变化引起各国政府和科学家的高度重视，在《联合国气候变化框架公约》（以下简称"公约"）谈判中适应气候变化一直是广大发展中国家关注的重点①。

一 适应气候变化谈判进展

近几年适应议题谈判取得了较为明显的进展，建立了相关的机制和进程，强化了公约下适应气候变化工作的协调与整合。

1. 建立了适应协调国际机制

公约第十六次缔约方大会（COP16）建立了适应委员会，其职能包括：提出公约下需要开展的适应行动，评估适应行动存在的差距与需求，加强与公约下的相关工作计划、机构、资金机制等之间的联系，促进公约内外合作开展适应行动等。COP16 还建立了帮助发展中国家制定和实施国家适应计划的进程，编制国家适应计划的资金分别来源于最不发达国家基金和气候变化特别基金②。COP19 建立了华沙气候变化损失与危害国际机制并建立执行委员会，其职能包括了解和熟悉风险管理方法，加强利益相关方之间的对话与协调，促进相关行动和资金、技术以及能力建设的支持，寻求解决气候变化造成的损失与危害的方法③。

2. 增强了适应资金的可预测性

在 COP15 上发达国家集体承诺，在 2010～2012 年通过国际机构提供接近 300 亿美元的新的和额外的资金，均衡分配以支持减缓与适应气候变化。发达国家承诺共同调动资金，到 2020 年达到 1000 亿美元/年的目标，以解决发展中国家的问题。决定在公约下设立绿色气候资金并在绿色气候基金下设置了适

① 苏伟、吕学都、孙国顺：《未来联合国气候变化谈判的核心内容及前景展望——"巴厘路线图"解读》，《气候变化研究进展》2008 年第 1 期。
② UNFCCC. The Cancun Agreements（Decision 1/CP. 16）: outcome of the work of the ad hoc working group on long-term cooperative action under the convention［R/OL］. 2010［2013 - 08 - 15］. http：//unfccc. int/resource/docs/2010/cop16/eng/07a01. pdf#page = 2.
③ ［3］UNFCCC. Warsaw international mechanism for loss and damage associated with climate change impacts（Decision 2/CP. 19）［R/OL］. 2014［2014 - 01 - 31］. http：//unfccc. int/resource/docs/2013/cop19/eng/10a01. pdf#page = 6.

应供资窗口，大部分新的多边适应资金应当通过绿色气候基金提供，绿色气候基金将用以支付有关活动的全额和增量成本，以扶持和资助发展中国家加强适应行动。在 COP16 至 COP18 的相关决定中都重申要同等对待减缓与适应气候变化，均衡分配资金支持适应与减缓①。

3. 建立了技术研发、应用与转让国际机制

为了公约的全面实施，COP16 建立了减缓和适应气候变化的技术机制以促进技术的开发和转让。技术机制包括技术执行委员会、气候变化技术中心和网络两部分②，明确了公约下优先考虑的领域，包括提高发展中国家自身的技术研发和示范能力，为实施适应和减缓行动部署软技术和硬技术，加强国家创新体系和技术创新中心建设，制定和实施减缓及适应国家技术计划，并明确了技术执行委员会、气候变化技术中心和网络的职能。

二 2015 气候协议适应谈判立场解读

1. 各方在适应气候变化方面存在基本共识

2015 气候协议进入实质性谈判阶段，各方在适应气候变化方面存在某些共识，包括：①适应气候变化应是 2015 年气候协议中的重要组成部分；②同等对待减缓和适应气候变化；③将适应气候变化纳入国家发展计划；④大幅度的减缓行动意味着降低适应成本。这些共识对继续在公约下推动与适应气候变化相关的行动、帮助发展中国家制定适应气候变化行动计划、增加对适应气候变化的资金支持有重要的作用。

2. 发展中国家在适应气候变化方面提出了新的建议

发展中国家的共同立场是要求发达国家提供新的、额外的和可预测的资金，以帮助发展中国家实施长期适应气候变化计划；要求简化资金申请和批准

---

① UNFCCC. Launching the green climate fund (Decision3/CP. 17) ［R/OL］. 2011 ［2013 – 08 – 15］. http：//unfccc. int/resource/docs/2011/cop17/eng/09a01. pdf#page =55.

② UNFCCC. The Cancun Agreements (Decision 1/CP. 16)：outcome of the work of the ad hoc working group on long-term cooperative action under the convention ［R/OL］. 2010 ［2013 – 08 – 15］. http：//unfccc. int/resource/docs/2010/cop16/eng/07a01. pdf#page =2.

的程序，确定适应行动的具体融资渠道等；需要全面解决知识产权问题以及技术转移和开发的壁垒问题，促进适应气候变化技术的转让；提出建立适应气候变化的评审机制，要对适应行动进行监控和评估，以及对支持的适应行动进行报告和评审。非洲集团提出全球适应目标和定量评估适应需求与适应成本的方法，认为 2015 气候协议中缔约方承诺的减排努力决定了未来的温升情景，温升程度进而决定了气候变化影响与适应成本。因此，要基于减排努力、温升情景、气候变化影响、对资金技术支持的需求等事先确定全球适应目标。小岛屿国家联盟提出适应已经不能完全消除的气候变化造成的不利影响，要求确定减排、适应与损失、危害之间的定量关系并在 2015 气候协议中包含损失与危害条款。针对非洲和小岛屿国家联盟的要求，一些排放量相对较高、经济较发达的发展中国家表示 2015 气候协议的制定应遵循公约"共同但有区别的责任和义务"原则，全球适应目标、应对损失与危害等应与发达国家温室气体排放的历史责任和其减排力度挂钩，发展中国家是气候变化的受害者，适应气候变化是发展中国家的额外负担，不能为发展中国家设定额外的资金义务。

3. 发达国家在适应气候变化方面的立场

发达国家为了避免在适应气候变化方面的出资义务，提出 2015 气候协议应该建立在公约中的现有机制上，促进公约内外的合作与协同作用。发达国家提出适应气候变化是各国保证其可持续发展和消除贫困必须开展的工作，应将适应纳入国家和行业发展规划之中。另外，适应气候变化不具有全球效益，适应气候变化是各国自己的责任。发达国家提出不同地区有各自的适应需求并采取不同的适应行动，其他非气候因素在很大程度上影响适应成本，反对制定全球适应目标和在 2015 协议中设立应对损失与危害的条款。

三　2015 气候协议适应议题的走向分析

虽然在公约下建立了相关的机制和安排，形成了相关决定，但由于发达国家提供的资金和技术支持与实际需求相差甚远，谈判中发展中国家要求发达国家履行公约义务，支持发展中国家提高适应能力、开展适应行动的基本格局仍然未变。

1. 强化现有机制的职能，加强机制间履行职能的协调

强化适应委员会以及损失与危害机制的职能，特别考虑最不发达国家和小岛屿国家的急迫需求，支持发展中国家开展气候变化风险评估、制定国家适应气候变化计划、实施适应气候变化和减灾防灾措施，将气候变化对发展中国家的不利影响降至最低。加强与绿色气候基金的协调，稳定并增加绿色气候基金下适应资金分配的比例，

2. 要求发达国家切实履行提供资金和技术的义务

尽管在适应气候变化方面的谈判取得进展，但发展中国家在实施适应气候变化的行动方面仍存在资金缺口大、国家适应能力低下的问题，以及在技术研发、推广和使用方面存在知识产权、经济社会、政策法规、机构、信息等限制因素，造成难以利用现有的机制有效地开展适应气候变化的行动，提高适应气候变化的能力。因此要求发达国家履行在资金、技术和能力建设方面的承诺以支持发展中国家实施适应气候变化项目、计划、政策、国家适应计划和适应行动等。

3. 关键问题涉及利益复杂，难以预判

非洲集团和小岛屿国家联盟作为受气候变化影响最脆弱的两个集团提出的建立全球适应目标和加强应对损失与危害的建议对发达国家减排、出资支持适应气候变化造成了很大的舆论和可能的经济压力，也避免了 2015 气候协议重点放在减排方面。但全球适应目标将减排力度、温升情景和适应成本、损失与危害作为因果关系，均强调减少温室气体排放是避免气候变化及其危害和适应的关键措施。将全球适应目标和损失与危害问题引入 2015 气候协议的谈判是一把双刃剑，一方面迫使发达国家增大减排力度并出资适应气候变化，另一方面给排放量快速增加的新兴发展中大国在未来减排和被要求出资适应气候变化和补偿损失与危害方面带来一定的压力。关键问题涉及各方利益，预计谈判中的博弈激烈，结果难以预判。

联合国气候谈判资金问题
履约现状及谈判进展*

张雯 潘寻**

摘 要:

资金议题是《联合国气候变化框架公约》（以下简称"公约"）谈判的焦点之一，是串联应对气候变化行动的纽带，也是国际环境治理的重要议题。本文综述了公约资金议题最新谈判进展，基于各发达国家缔约方提供的最新官方数据和各国际研究机构相关研究，对发达国家承诺的2009~2012年300亿美元快速启动资金的到位情况进行了系统分析，揭示了公约下资金履约中存在的问题、发达国家履行供资义务的现实特点，并对未来资金履约前景和走向提出了预测。

关键词:

快速启动资金 资金履约 长期资金

一 前言

近年来全球极端气候事件频发，国际社会对气候问题的关注持续升温。自联合国气候变化哥本哈根会议以来，气候变化问题一直受到各方的高度关注，

---

* 本文受科技部"十二五"国家科技支撑计划项目"气候变化谈判关键议题的支撑技术研究"（编号：2012BAC20B04）、2013CDM赠款基金资金课题（编号：2013023）、环保部百名人才工程课题资助。

** 张雯，环境保护部对外合作中心，高级工程师，博士，研究领域为气候变化公约资金机制、环境公约履约资金机制与环境国际合作；潘寻，环境保护部对外合作中心，工程师，博士，主要研究方向为气候变化公约资金机制。

世界各国的高级别国家领导人均在不同场合就气候变化问题阐述自身观点，强调问题的紧迫性和全球协作的重要性。特别是 2014 年，联合国还拟举行气候变化领导人峰会。气候变化仍将是未来一段时间全球政治、发展议程的热点问题。

资金问题一直是公约谈判进程中的焦点问题之一，是发展中国家的核心关切。公约明确规定发达国家缔约方应提供新的、额外的资金，用于支持发展中国家缔约方履约发生的全额或增量成本；发展中国家的履约力度取决于发达国家履行提供资金和技术支持义务的程度。这也是公约"共同但有区别的责任和义务"原则的具体体现。但多年来，公约谈判中很少提出明确的供资目标，也很少讨论发达国家到底为发展中国家提供了多少履约资金，更缺少量化的资金履约情况核查。

哥本哈根会议上，发达国家承诺在 2010～2012 年提供 300 亿美元快速启动资金，以及到 2020 年动员 1000 亿美元的量化资金，其后分别在坎昆会议和德班会议上重申了上述目标。这是发达国家第一次做出包含明确出资规模的供资承诺，因此在坎昆协议使上述两个资金承诺成为公约谈判的正式内容和成果后，如何落实发达国家承诺的 300 亿美元快速启动资金立即成为谈判中的焦点问题之一，300 亿美元资金承诺是否透明落实成为发展中国家检验发达国家是否具有出资意愿的试金石，也是建立发达国家与发展中国家互信的关键。目前执行期已结束，各方均希望了解快速启动资金的执行情况到底如何，特别是广大发展中国家，对未来公约的资金履约机制抱有极大期望。但目前无论是公约相关附属机构、国际组织还是科研机构，很少对各国提交的资金数据进行分析总结。

二　发达国家履行公约供资义务现状

快速启动资金的承诺期已经结束，从提出时的信心百倍，到结束时的草草收尾，其历程可谓困难重重。发达国家表示已经超额履行了快速启动资金，但社会各界对发达国家的说法提出质疑，特别是认为发达国家的计算方法违背了"新的、额外的"原则，其中真正按照公约要求的资金性质兑现的资金数目少之又少[①]。

---

① 张雯、王谋、连蕙珊：《气候公约快速启动资金实现进展与发达国家环境履约新动向》，《生态经济》2013 年第 3 期。

根据公约官方网站上发布的各国提交的快速启动资金执行情况最新数据①，整理得到澳大利亚、法国、德国、日本、挪威、瑞典、英国、美国和欧盟等出资国家或地区公布的快速启动资金的最初承诺供资额、政府已审批或落实的资金额，以及资金用途和支付渠道等信息（见表1）。截至2012年底，发达国家声明对快速启动资金的总承诺为339亿美元②。按照发达国家提交给公约的数据，在尚未考虑资金是否为公约要求的"新的、额外的"公共资金性质的前提下，不考虑资金来源，通过政府审批或已落实的资金为280亿美元③。多数国家已落实资金额均少于承诺额，仅冰岛（100万美元）、美国（75亿美元）按时完成承诺额，列支敦士登（100万美元）超额完成承诺额。若综合考虑资金来源和性质是否符合公约要求、报告信息是否透明属实、发展中国家是否切实拿到"真金白银"等因素，真正的兑现率要大打折扣。

表1　发达国家履行快速启动资金供资承诺完成情况一览

缔约方	承诺供资(百万)		已审批或落实（百万美元）	资金用途	新的、额外的资金性质定义	支付渠道及其他信息(百万原始货币)
	美元	原始币种				
欧委会	189	€150	126	主要用于适应、减缓和REDD+	未定义	共计规划9亿欧元支持发展中国家气候相关行动,其中1.5亿欧元为快速启动资金
欧盟成员国单独供资						
比利时	189	€150	75	主要用于适应、双边能力建设和可持续森林管理	哥本哈根会议后落实的ODA	支付渠道为最不发达国家基金,全球环境基金可持续森林管理项目;气候变化特别基金,投资企业
丹麦	203	DKK1200	52	减缓52%,适应48%	ODA高于GNI0.8%的资金为额外的	—
芬兰	138	€110	19	适应39.4%,减缓49.9%,REDD+10.7%	ODA和2009年后的供资均为新的	双边渠道52.8%,包括非洲、尼泊尔、印尼;多边渠道47.2%

①　UNFCCC, "Finance portal for climate change：Fast-start finance". Retrieved from http：// unfccc. int/pls/apex/f? p=116：13：4497118034125415, 2011.

②　Fast Start Finance Contributing Countries, http：//www. faststartfinance. org/content/contributing-countries, 2012.

③　World Resources Institute, Summary of Developed Country Fast-start Climate Finance Pledges, 2012.

续表

缔约方	承诺供资(百万)		已审批或落实(百万美元)	资金用途	新的、额外的资金性质定义	支付渠道及其他信息(百万原始货币)
	美元	原始币种				
法国	1585	€ 1260	1057	适应 11%,减缓 45%,REDD + 20%;截至 2011 年 11 月未用资金:24%	ODA	清洁技术基金 16%,全球环境基金 10%,法国全球环境基金 5%,法国发展机构 69%
德国	1585	€ 1260	1412	适应占 1/3	2009 年以后的气候资金;排放许可拍卖收益(占其资金 1/3);	通过德国双边开发合作机构、多边基金(气候变化投资基金、清洁技术基金、适应基金、气候变化特别基金等)和德国环境部国际气候行动实
爱尔兰	159	€ 100	29	—	—	—
卢森堡	11	€ 9	4	适应和 REDD +	现有 ODA 超出 GDP1% 的部分	
马耳他	1	€ 1	0	—	—	—
荷兰	390	€ 310	132	绝大多数为减缓	现有 ODA 超出 GDP1% 的部分	
葡萄牙	45	€ 36	12	均摊适应减缓	—	—
斯洛文尼亚	10	€ 8	1	能效项目	—	—
西班牙	472	€ 375	296	REDD 20%,适应至少占 45%	额外于 2009 年前的承诺	多边渠道:适应基金、全球环境基金、非洲可持续林业基金、气候变化特别基金、气候变化投资基金、欧盟地中海投资伙伴基金
瑞典	1007	€ 800	357	—	占 GNI 1% 的 ODA	—
英国	2380	£ 1500	1682	均摊减缓和减缓	包含英首相 2007 年供资世行的 £430;均为援助预算和 ODA;致力于将气候因素主流化到所有援助项目	双边为投资总额为 £44,多边投资总额为 £906,主要通过气候投资基金、刚果盆地森林基金和全球环境基金

续表

缔约方	承诺供资(百万)		已审批或落实(百万美元)	资金用途	新的、额外的资金性质定义	支付渠道及其他信息(百万原始货币)
	美元	原始币种				
其他13欧盟成员	696	—	519	—	—	—
EU总计承诺	9060	€ 7200	5776	—	绝大部分为已有项目渠道,主要为ODA	多双边渠道均等,多边主要通过气候变化投资基金、全球环境基金、适应基金、最不发达国家基金、气候变化特殊基金
澳大利亚	619	AUD 599	582	适应52%,减缓48%,小岛屿国家得到1/3资金,最不发达国家得到1/4资金	援助预算的一部分	双边渠道为国际气候变化适应倡议(ICCAI)、国际森林碳倡议(IFCI)、气候变化伙伴关系;多边为世行市场能力建设伙伴关系项目、拓展清洁能源项目、最不发达国家基金、清洁技术基金、全球环境基金等
加拿大	1217	CAD 1200	989	主要用于清洁能源、适应、森林和农业领域	额外于哥本哈根会议之前的供资承诺	支付渠道为森林碳伙伴基金、气候投资基金、泛美发展银行美洲私营部门投资、国际金融机构、最不发达国家基金、全球环境基金、国际发展研究中心
冰岛	1	MYM1	$1	主要用于适应、减缓、能力建设,重视性别主流化	额外于已有发展援助	支付渠道为最不发达国家基金,双边合作、妇女代表基金等
日本	15000	$ 15000	13200	资助重点为气候脆弱国家	包括2008年"冷却地球伙伴项目"未来5年承诺供资	支付渠道包括日本国际合作机构、日本国际合作银行、多边机构(亚洲清洁能源基金、气候投资基金)、出口投资保险机构、新能源发展组织等
列支敦士登	1	CHF 1	2	适应和减缓	2010年发展援助预算,及政府引入快速启动资金预算CHF0.7	多采用双边项目形式
新西兰	72	NZD 89	42	50%资金用于小岛屿国家	援助预算的增长部分	多采用双边渠道,此外为多边气候变化基金和项目

续表

缔约方	承诺供资(百万)		已审批或落实(百万美元)	资金用途	新的、额外的资金性质定义	支付渠道及其他信息(百万原始货币)
	美元	原始币种				
挪威	1000	$1000	382	大多用于减缓	ODA 超出 GNI 的 0.7% 的部分	—
瑞士	147	CHF140	108	主要用于适应、能源与森林	额外于以往 ODA,从 2009 年 GNI 的 0.47% 增加到 2015 年 GNI 的 0.5% 的增长部分	—
美国	7500	$7500	7500	主要用于清洁能源、可持续土地利用和适应	自 2009 年起气候援助增长 4 倍	支付渠道为国会援助拨款、发展基金、出口信贷机构、多边机构(气候投资基金、全球环境基金、最不发达国家基金、气候变化特别基金)
总计	33921	—	28063	—	—	—

由于缺乏统一的资金报告格式,目前各国的快速启动资金报告内容普遍缺乏透明度[①]。发达国家在快速启动资金执行情况报告的内容方面差异很大,各国报告在出资金额、来源、实现渠道、拨款年度、受援国项目信息与受援资金、报告维度与深度方面各不相同,使得报告数据无法进行横向比较,此外有些国家各年度汇报数据还存在相互矛盾,因此公约下对其进行测量与核查的难度极大。例如,2012 年仅澳大利亚、冰岛和加拿大提供了向发展中国家支付资金的信息。

以美国为例,美国在 2011 年底提交的报告中指出[②],其 2010 财年落实了 17 亿美元的快速启动资金,而其次年提交的报告这一数字改为 20 亿美元,报告中未对这 3 亿美元的差异进行说明。美国曾在 2010 年的报告中制定了未来

---

① Ciplet, D., Roberts, J. T., Stadelmann, M., Huq, S. &Chandani, A., "Scoring fast-start climate finance: Leaders and laggards in transparency", IIED Briefing, 2011.

② U. S. Department of States, "Meeting the fast start commitment: US climate finance in fiscal year 2011", http://www.state.gov/documents/organization/177661.pdf, 2012.

两年编写快速启动资金报告的具体方法，如在受益国层面汇报快速启动资金的来源、数量、受援助的活动等，但其接下来提交的报告并未按此方法编制。再来看一下欧盟，欧盟委员会与欧盟成员国作为平等的主体向快速启动资金出资，承诺提供 72 亿欧元。资金来自欧盟委员会及各成员国的国家预算，并以国家层面的决定作为资金分配的基础①。各成员国基于自愿出资，未制定任何分配标准，不预先判断未来全球气候融资的成本分摊情况。2010 年欧盟报告其在该财年动员了 23.4 亿欧元，而其次年的报告将这一数字改为 22.6 亿欧元，且未对资金差异进行说明。

如果按照发展中国家对快速启动资金性质的要求，即 2009 年后发达国家提供的额外于现有资金渠道、官方发展援助资金（ODA）以外的政府公共资金，对各国提交的快速启动资金数据进行核算，则发达国家资金承诺兑现率非常低。有学者通过研究发现，发达国家集团承诺快速启动资金共计 339 亿美元，在其报告中已落实的 280 亿美元，多与现有多边基金、官方发展援助等资金渠道赠款重复计算，支持本国私营部门或企业的投资资金或发放的贷款，与不同来源的数据间存在差异，仅有 27 亿美元为新的、额外的政府公共资金。另有研究机构推测，发达国家实际兑现的气候资金数量不到最初承诺额的25%。若到 2020 年达到 1000 亿美元的资金承诺也如法炮制的话，公约未来的资金履约前景堪忧。

还以美国为例，在其报告的 2010 财年落实的 17 亿美元资金中，国会核准13 亿美元，主要通过双边机构（US Agency for International Development）和多边基金（气候投资基金、全球环境基金、最不发达国家基金、气候变化特别基金、森林碳合作基金）落实，这其中包含了较大规模对气候投资基金提供的贷款。另外 4 亿美元投资给了海外私人投资公司 OPIC 和美国进出口银行。2011 财年美国落实的 31 亿美元中有 13 亿美元为发展融资与出口信贷机构投资，这部分资金按照发展中国家对资金性质的定义，不能算入快速启动资金。分析美国对全球环境基金第五增资期（2010 年 7 月~2014 年 6 月）的出资情况可以看出，其在报告数据上存在重复计算、数据矛盾等问题。在全球环境基

① European Union.（2010）. EU fast start finance-interim report.

金业务中，气候变化领域占其总业务资金的30%，因此任何国家对全球环境基金的资金支持，落实在气候变化领域应相应减少。根据全球环境基金财务报告①，截至2012年底，美国在已拖欠历史承诺资金1.51亿美元未偿还的情况下，在第五增资期捐资承诺的5.75亿美元中，仅落实3.81亿美元（气候变化领域为1.14亿美元），截至2014年6月增资期满时，也仅落实4.62亿美元（气候变化领域为1.38亿美元）。而美国在其报告中称2010~2012年对全球环境基金提供资金1.49亿美元。按照发展中国家对资金性质的定义，对全球环境基金的供资为已有的固定资金渠道，并已在公约下有专门的汇报渠道，因此不应算入快速启动资金。

按照公约要求，发达国家提供的气候资金应均衡分配于发展中国家的适应行动和减缓行动中。总体来看，快速启动资金大多用于减缓行动②，适应行动很少获得资金支持。以2011财年美国报告落实的31亿美元为例，发展融资与出口信贷机构投资部分均为减缓行动用途；国会核准的18亿美元中，5.63亿美元用于适应，12.8亿美元用于减缓，用于适应与减缓行动的资金量分别占该年度总资金的18.16%与88.84%，分配极不均衡。

三 发达国家履行公约的机制有待加强

虽然快速启动资金的落实是近年来气候变化谈判中的热点与焦点问题之一，但目前，无论是公约秘书处、公约下常设机构或工作组，还是各大国际机构与研究院所都很少对快速启动资金的履行情况进行系统评估，主要原因还是公约下的资金治理体制还不够完善，汇报机制还未实现标准化③。因此，无论在公约谈判中或是公众宣传方面，还是以各国为主体进行阐述或宣传，都缺少适当的监督核查与评价体系，很难确保公平公正，资金履约存在各种不足。

---

① Prepared by the Trustee, GEF trust fund financial report. GEF/C. 44/Inf. 08. May, 2013.

② Fransen, T. , Nakhooda, S. &Stasio, K. (2012). "The US fast start finance contribution". Working paper, World Resource Institute, ODI.

③ UNFCCC, COP18 Decision on "Common tabular format for the UNFCCC biennial reporting guidelines for developed country Parties", 2012.

第一，缺少标准，难以量化比较。缺少报告内容、报告格式、报告范围等相关标准化要求，发达国家按照各自喜好和优势自由选择提交报告的语言、内容、形式和统计口径，给整体统计发达国家的出资情况造成困难。如不同国家在表述"出资"时使用了含义不同的词语，如 disburse、channel、mobilize、allocate、raise、implement、provide 等，这些词在出资方式上，含义不清。美国、欧盟将资金划分为减缓、适应；而日本、澳大利亚、挪威还包括了减缓和适应的混合项；加拿大、瑞士、冰岛还将清洁能源、森林与农业、能力建设等各列作一类，无法准确计算用于减缓和适应的资金比例。美国、澳大利亚等以财年统计，各国财年截止月份不同；日本、新西兰、瑞士等国家则以自然年计。此外，不同国家对资金使用情况的报告深度差别很大，有的直接对点到受援国的具体项目，有的仅提供资金量，连受援国信息都没有。

第二，资金透明度低。各国报告普遍存在同一项目不同汇报渠道数据不一致，同一国家不同报告对同一年资金落实量数据不一致等数据模糊、渠道不清问题①。这导致发达国家在报告中声称的援助情况与发展中国家接受的实际情况存在差距，部分款项连受资助方也不知情。例如，澳大利亚在报告中称其对"国际气候变化适应行动"出资 2.62 亿美元，但该项目网站显示 2008~2009 年项目规模为 1.5 亿美元，此后澳大利亚政府继续为该项目投资 1.78 亿美元，合计 3.28 亿美元；美国在 2011 年称其在 2010 年共落实出资 17 亿美元，2012 年时又称 2010 年的出资总额为 20 亿美元。欧盟在 2011 年称其在 2010 年落实出资 23.4 亿欧元，2012 年又称 2010 年落实出资 22.6 亿欧元。

第三，资金性质定义各不同，额外性弱。按照公约规定，发达国家应向发展中国家提供"新的、额外的、充足的、可预见的、可持续的"资金支持。但是在发达国家提供的资金落实情况报告中，多为将原有发展援助资金改贴气候标签，重复"计算"出快速启动资金，而非真正为快速启动资金专项出资。大多数发达国家界定"只要是 2009 年后国家向发展中国家进行援助的资金即为额外"，甚至将其他非气候变化领域的援助资金加上气候变化关键词或概念

① Mulugetta, Yacob et al., "Fast-start finance: Lessons for long-term climate finance under the UNFCCC." Working Paper. United Nations Economic Commission for Africa. December, 2011.

后，算入快速启动资金。除此之外，多边机构的贷款资金，对本国企业、进出口银行的投资等也算入快速启动资金。可以说发达国家基本上是通过坐在桌子前面算账，大部分快速启动资金就到位了，几乎没有伸手掏腰包。

第四，资金市场性强。资金来源问题一直是气候变化资金谈判中的重点和焦点。发达国家和发展中国家在这个问题上存在较大分歧。特别是在私营部门和市场资金作用问题上，发达国家在各种场合和渠道大力宣扬私营与市场，弱化政府公共资金。过去两年，美国的海外私人投资公司（OPIC）和美国进出口银行通过贷款、贷款担保和保险的形式筹资 17 亿美元帮助发展中国家部署清洁技术。这部分资金不符合快速启动资金"公共资金"的要求，但迎合了目前发达国家在气候变化公约谈判下的立场，美国认为私人部门的投资和创新性融资是应对气候变化的重要资金来源，所以将其算入快速启动资金。

第五，资金平衡性差。发达国家应将快速启动资金平衡地用于适应和减缓行动。但过去两年中，发达国家的资金分配严重失衡，适应资金严重不足，挪威、美国、日本、加拿大的减缓资金甚至约占其总出资额的 90%。发达国家未能向资金需求量最多、挑战最大的适应领域投入足够资金。

综合各国快速启动资金报告和已有机构对快速启动资金落实情况的评述，可以看出履约资金承诺容易，但真正按要求落实存在难度。由于无法核实发达国家快速启动资金落实的具体情况，无论是公约秘书处、国际社会，还是发展中国家均很难监督与约束发达国家履行 300 亿美元快速启动资金的承诺。因此，公约下发达国家履行出资责任的自觉性、报告的透明性亟待提高①；公约下相关的机制建设需尽快完善。特别是在近两年的气候变化公约谈判中，资金问题仍是 2020 年后气候变化国际合作制度的重要内容，在德班平台关于 2020 年后强化行动安排的谈判中，资金问题仍将是广大发展中国家的核心诉求。各方应在磋商中呼吁切实加强履约资金的监测、核查和报告机制，进一步规范资金机制，汲取快速启动资金实施的经验，更好地维护发展中国家的利益，促进公平。

---

① Stasio, Kirsten, "Seven Elements Developed Countries should Include in Their 'Fast-start' Climate Finance Reports", *News Story*, Washington, D. C.: World Resources Institute, April 3, 2011.

从根源来讲，资金履约现状不如意可归因为客观与主观两方面三个原因。第一个也是最重要的原因是大多数发达国家在政治层面、主观意识上就不愿意出资。发展中国家，尤其是发展中大国近年来经济发展迅猛，增速逐年提高，各方面的履约能力也在全面提高。发达国家认为比较发达的发展中国家获得国际援助资金的能力强，多边机制下的出资多为这些国家所用，因此宁愿在双边机制中有针对性地以小数额的资金赢得最不发达国家和小岛屿国家的认同，也不愿在多边机制中出资。第二个原因是 21 世纪初开始，老牌发达资本主义国家普遍遭遇了金融危机，经济萧条，国内失业率高，自身经济复苏还需要大量投入，因此在国家做决策的时候也面临政治层面和普遍民众方面的不同意见。最近两年，美国等国的经济开始回暖，国内有关环境的政策也很受重视，但是出资的问题依然还是难题。这就归结到了第三个原因。在发达国家经济复苏的过程中，希望借公约谈判这个平台打开国际、受援国市场，发展本国私营部门。这是较快恢复国内经济比较有效的措施之一。发达国家凭借其在气候谈判中制定国际"游戏规则"方面的强势，希望利用公约相关机制，以气候融资机制为杠杆，重新搞活并进一步拓展其在传统上有优势的私营部门的海外市场，实现经济效益的最大化。

在接下来的公约谈判中，从中期到长期还需要多方督促发达国家切实履行资金承诺。在 2012 年的多哈会议中，就中期资金安排提出了"发达国家 2013～2015 年间平均出资规模至少达到 2010～2012 年快速启动资金年均水平"的目标；长期资金目标为切实落实到 2020 年 1000 亿美元的长期资金承诺[1]。尽快地将 300 亿美元快速启动资金实施过程中出现的问题、经验和教训很好地总结、吸收到公约相关磋商谈判中去，在此基础上研究如何建立健全相关的体制机制，敦促发达国家按照公约要求落实 2020 年前履约资金，同时监督其切实履行到 2020 年 1000 亿美元的长期资金承诺，这样才能避免一方面"只见数字账不见资金入"的资金履约现状，另一方面发展中国家才能真正地利用资金开展相关的履约活动，阻击气候变化。下一步各方需要主要关注如何落实资金

---

① UNFCCC, Report of the Conference of the Parties on Its Eighteenth Session (2012), Addendum, Part Two: Action Taken by the Conference of the Parties at Its Eighteenth Session, FCCC/CP/2012/8/Add. 3.

安排，包括尽快为绿色气候基金注资、有效发挥资金审评监测制度的作用等，同时在德班平台下继续就 2020 年后资金进行谈判。希望这 300 亿美元快速启动资金的实施总结能促使今后的气候变化公约资金履约符合公约要求，满足发展中国家需求，既能核查又很透明。

四　气候变化资金议题主要分歧与谈判进展

2013 年底召开的华沙会议被视为一次实施的会议，主要任务是落实"巴厘路线图"谈判成果、兑现既有的谈判承诺，为推动未来应对气候变化制度安排奠定政治基础。其中，如何敦促发达国家落实资金支持、损失与损害补偿机制、推进德班平台谈判是此次会议的三大焦点问题，也是发展中国家的核心关切。

在资金问题上，会议取得一定成果：在绿色气候基金问题上，其基本制度构架几近完成，会议敦促基金董事会尽快启动初始筹资进程，并呼吁发达国家实现对基金的大规模和及时捐资，确保基金具有足够的初始资金。相关机制安排为推动绿色气候基金注资和运转奠定了基础，但未设定明确具体的额度和出资安排。在资金规模问题上，敦促发达国家继续提高公共资金出资规模，但未能明确中期资金量化目标及具体的出资路线安排。在提高资金透明度方面，要求发达国家从 2014 年到 2020 年每两年报告一次如何提高气候资金规模的战略和方法，决定通过资金双年度部长级对话、研讨会、资金常设委员会评估等形式对发达国家出资情况进行监督。在资金用途方面，呼吁发达国家将大部分公共资金用于适应活动；重申大部分新的、用于适应的多边资金通过绿色气候基金提供。在资金常设委员会工作方面，要求其就包括私营部门资金在内的各种资金来源进行技术分析，并对开展长期适应和减缓活动所需资金量进行评估。此外，会议还对以下问题进行讨论：进一步落实气候资金相关机制安排，决定自 2014 年到 2020 年间召开双年度部长级对话；责成秘书处在每次 COP 会议期间组织召开研讨会，组织各方就如何改善政策环境、加强发展中国家能力建设及其项目需求等进行讨论。

2011 年德班会议上，在公约下设立了一个新的附属机构——德班增强行动平台工作组（以下简称"德班平台"），启动在公约下制定包含所有缔约方在内的一个新议定书或法律文件及法律成果的工作，最迟不晚于 2015 年完成工作，成果须于 2020 年开始生效和实施。德班平台已于 2012 年正式开始多方磋商。在多哈会议上，德班平台下资金问题的讨论也非常激烈。发达国家希望在德班平台下集中讨论 2015 年协议涉及的 2020 年后的资金问题，包括 2015 年协议如何体现气候资金对 2020 年后行动的支持和 2020 年后资金机制如何安排。发展中国家强调资金问题是达成 2015 年协议的关键要素，落实 2020 年前资金同等重要，要求发达国家既要落实 2020 年前的资金，又要在 1000 亿美元基础上加大对发展中国家的资金支持，并为此制定清晰的路线图。此外，新协议中需要有专门的资金章节，包含发达国家对发展中国家新的、额外的、充足的、可预见的、可持续的公共资金支持，包括整体和国别的资金承诺目标，在法律约束力上与减缓、适应等其他章节等同。

尽管华沙会议取得一定进展，但发达国家的期望与发展中国家在资金问题上的诉求仍存在很大差距，特别是在发达国家落实资金支持的问题上，是否落实、如何落实、落实得是否透明都是关键。发展中国家认为，发达国家切实履行资金支持承诺是各方采取强化行动的基础，也是达成 2015 年协议的必要条件。发达国家应为兑现到 2020 年每年动员 1000 亿美元的长期资金承诺制定清晰的路线图和时间表，主要通过公共资金渠道为发展中国家提供新的、额外的、充足的、可预见的、可持续的资金支持。发达国家认为其已在哥本哈根会议上就资金问题做出了承诺，但由于国内体制等原因不能设定未来具体量化出资目标。它们认为公共资金有限，应依靠撬动私营部门资金对发展中国家进行低碳绿色投资，同时发展中国家应创造良好的投资环境；要对发展中国家使用资金的绩效进行评估，以此作为是否出资的重要标准。此外，随着世界经济格局的变化与调整，还要求发达国家之外的其他国家也适时承担出资责任。

建议增加一些对资金来源不足的分析，如公共资金和撬动私有资金问题、发达国家的主观意愿和面临金融危机等。

G.5

联合国气候谈判中的技术
转让问题谈判进展[*]

王 灿 蒋佳妮[**]

摘 要:

> 技术开发与转让是气候变化谈判的重要议题。坎昆气候大会以来,气候技术谈判已在框架行动、技术机制建立等程序性事宜上取得了持续的进展,但技术谈判在实质性推动技术开发与转让行动方面进展甚微。德班平台谈判下,技术机制的内部治理,与公约内、外其他相关机制安排的联系与协同,技术机制在推动技术需求评估结果实施方面的政策作用以及知识产权问题均有待进一步的谈判。

关键词:

> 技术开发与转让 气候变化 技术机制

在过去二十年间,推动《联合国气候变化框架公约》(以下简称"公约")技术开发与转让行动及合作一直是联合国气候变化多边谈判的一个重要议题。纵观二十年的谈判历程,尽管发展中国家和发达国家在该问题上依然存在较大分歧,但近年来关于公约下技术转让的制度安排仍取得了积极进展。

---

[*] 本文受科技部"十二五"国家科技支撑计划项目"气候变化谈判关键议题的支撑技术研究"(编号: 2012BAC20B04)资助。

[**] 王灿,清华大学环境学院教授,环境规划与管理系系主任,研究方向为全球气候变化经济学与政策、能源环境经济系统模拟等,2009年起随中国政府代表团参与联合国气候变化谈判;蒋佳妮,女,北京师范大学法学院博士研究生,主要从事技术转让与国际贸易法学研究。

一 技术谈判的主要进展及评述

（一）历史回顾

在气候变化背景下，对技术开发与转让之必要性的强调可以追溯到 1992 年的《21 世纪议程》，其第 34 章提出了气候有益技术转让的依据、目标和具体活动。1994 年公约生效，其第 4.1（c）条将应对气候变化技术扩展至部门，并涵盖了减缓和适应气候变化两个领域。其第 4.5 条、第 4.7 条明确规定，发达国家缔约方和附件二所列的其他发达国家缔约方有义务采取一切实际可行的步骤，促进向发展中国家缔约方转让气候有益技术。其第 4.3 条明确了用资金支持技术开发与转让的必要性。上述文件和条款为公约下技术开发与转让的决议奠定了法律基础。

技术开发与转让议题的谈判始于第一次缔约方大会（COP1）通过的《柏林授权》，会议决定将公约第 4.1（c）条、第 4.5 条之执行情况列入公约下的独立谈判议题并接受缔约方大会审议。经过二十年的艰苦努力，技术开发与转让谈判在机制建设上已经取得了明显的进展。COP4 通过的《布宜诺斯艾利斯计划》全面启动了旨在达成技术转让执行框架的准备和磋商工作。COP7 通过的《马拉喀什协定》标志着"技术开发与转让框架形成"。COP13 通过的《巴厘行动计划》促进了"技术开发与转让框架全面实施"。COP16 通过的《坎昆协议》在公约法律框架下正式确立了技术机制，建立了绿色气候基金（GCF），用以支持发展中国家应对气候变化的行动。COP18 通过的《多哈决议》明确了气候技术中心与网络的组织结构，建立了气候技术中心与网络咨询委员会，明确了由联合国环境规划署（UNEP）作为气候技术中心的主办方。COP19 通过的《华沙决议》采纳了气候技术中心与网络的工作模式和议事规则。至此，新建立的技术机制在机构安排方面的工作已经全部完成（主要进展见图 1）。

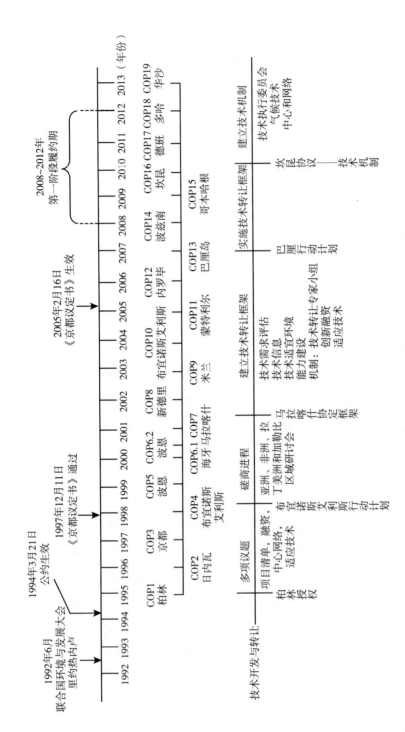

图1 公约技术开发与转让议题谈判进展

（二） 坎昆以来的技术机制

《坎昆协议》建立了旨在加强技术开发与转让行动的技术机制，包括技术执行委员会（TEC）和气候技术中心与网络（CTC&N）两个机构。

1. 技术执行委员会

TEC 是技术机制中的政策制定机构，由缔约方大会确定的 20 位专家组成，采用协商一致的原则进行决策。《坎昆协议》第 121 段规定了 TEC 的职能：提供技术需求信息及政策问题分析、提供政策和优先项目建议、提出解决技术开发和转让障碍的行动建议、推动拟定技术路线图或行动计划等。《德班决议》通过了 TEC 的工作模式和程序，主要包括分析和综合、政策建立、便利和促进、与其他体制安排的联系、利害关系方参与、信息和知识共享六个方面的内容。TEC 主要的工作形式是定期的 TEC 工作会议。自 2011 年 9 月以来，TEC 已经召集了八次工作会议。会议主要围绕六项工作模式的内容展开，采取常规讨论、主题对话、会间研讨会等多种形式与利害关系方进行互动和交流，并通过成立特定问题专责小组和号召利害关系方投入等方式，在闭会期间开展实质性工作，用以支持 TEC 实现其职能和滚动工作计划。重要的进展反映在 TEC 依据其职能并结合上述六项工作模式所取得的成果中（见图 2）。

2. 气候技术中心与网络

CTC&N 是技术机制的执行机构。CTC&N 的使命是推动技术合作并加强技术的开发与转让，以及根据发展中国家缔约方的请求，按照它们各自能力和国情及重点，为它们提供协助，建立或加强其确定自身技术需要的能力，促进筹划和执行技术项目与战略，从而支持缓解行动和适应行动，加强低排放和具有气候抗御力的发展。CTC&N 组织结构的设计和管理着眼于最大限度地发挥其业务的效能和效率，包括一个咨询委员会（Advisory Board）、一个气候技术中心（CTC）和若干气候技术网络（CTN）。CTC&N 通过咨询委员会向缔约方会议负责。CTC&N 在落实其模式和程序中，须与 TEC 合作，以确保技术机制内的一致性和协同作用。自多哈会议确立了联合国环境规划署（UNEP）为 CTC 的主办方后，CTC&N 的工作得以展开。从 2013 年 5 月至今，CTC&N 的工作进展主要反映在咨询委员会召开的三次会议中，包括：拟定 CTCN 的组织

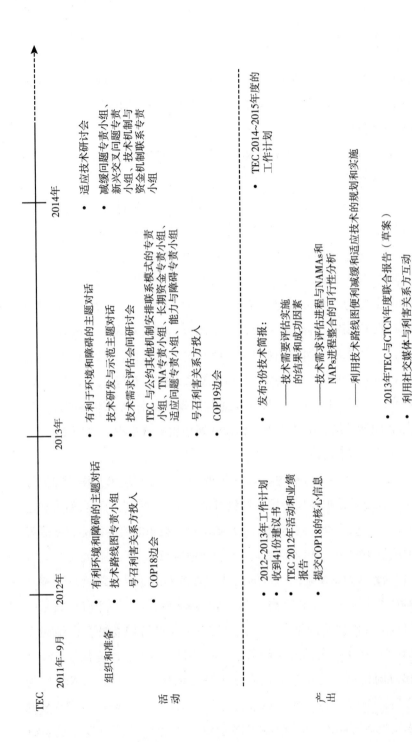

图 2　TEC 工作进展

结构和运行模式；拟订国家指定实体（NEDs）向 CTCN 请求的优先次序的标准；拟订网络的选择标准；草拟了联合报告的 CTC&N 部分联合报告；CTC 的商业计划和运营模式；拟订 CTCN 的工作计划。截至 2014 年 5 月 8 日，来自缔约方的 77 个 NDEs 被提名，世界知识产权组织（WIPO）、可再生能源和能源效率伙伴关系计划（REEEP）与可再生能源政策网络 21 世纪（REN21）被为正式任命为气候技术网络成员。

（三）对技术议题谈判进展的总体评述

纵观公约技术议题谈判历程，《坎昆协议》建立的技术机制使促进公约应对气候变化技术开发与转让的行动走向了制度化。然而，目前技术机制距实质性地推进促进技术开发与转让各项行动的有效开展及公约根本目标的实现，仍有明显差距，体现在如下方面。

第一，技术机制的目标和功能没有直接回应公约第 4.5 条确立的发达国家缔约方向发展中国家缔约方转让技术的承诺。《坎昆协议》规定技术机制的目标是"消除阻碍气候有益技术在全球开发和扩散中的障碍因素并促进该类技术在全球范围内被尽早开发和应用，以支持减缓和适应行动"[1]。该目标强调了对技术合作与扩散的促进，但并没有界定技术扩散的方向，也没有涉及如何促使气候有益技术从发达国家向发展中国家转让的问题。尽管 TEC 的职能显示出其有能力为进一步推动公约下技术开发与转让活动发挥积极作用，但由于技术机制本身并未定位于督促发达国家缔约方履行其公约技术承诺，而是有意淡化发展中国家缔约方与发达国家缔约方的技术差距，因此，可以预见技术机制难以兑现发达国家缔约方在公约中的技术承诺。

第二，技术机制在实现公约最终目标上的作用不明确。公约的最终目标是"将大气中温室气体的浓度稳定在防止气候系统受到危险的人为干扰的水平上"。[2]为此，需要发达国家和发展中国家共同努力，增强所有缔约方在减缓和适

---

① UNFCCC. Decision 1/CP. 16：The Cancun Agreements, 2010. http：//unfccc. int/resource/ docs/2010/cop16/eng/07a01. pdf.

② UN. United Nations Framework Convention on Climate Change, http：//unfccc. int/resource/docs/convkp/conveng. pdf.

应方面的行动，而技术与资金恰恰是支撑公约增强减缓和适应行动的重要保障。但是，在如何通过技术机制确保发展中国家增强减缓和适应的行动能得到相应的技术支持方面，现有的技术机制在其目标设定、工作内容和运行模式等方面均没有予以明确回答。尽管技术机制将"制订并执行国家层面的减缓和适应技术计划"确立为公约下优先考虑的工作领域，且将"考虑并建议有关行动，以促进技术开发和转让从而加速减缓和适应行动"确立为技术执行委员会一项重要的职能，但技术机制本身没有解决资金支持的问题，同时，也没有建立与减缓和适应议题下相关问题的联动机制，如发展中国家缔约方适合本国的减缓行动（NAMAs）和增强适应行动（NAPs）。一旦关于减缓和适应的行动达成更积极的谈判目标，技术机制在资金支持、技术储备、工作模式等方面均无法对此进行系统安排，无法确保相应地增强技术开发和转让行动来为公约目标的实现提供支撑。

第三，公约技术机制本身仅实现了各方利益在有限范围内的平衡。在过去针对技术机制建立和机构设置的谈判中，发展中国家和发达国家一直在 TEC和 CTC&N 两个机构具体项目活动的职能、资金支持中的决策职能、运行模式、管理结构、隶属关系、报告制度等诸多问题上存在利益分歧。《坎昆协议》的结果是双方以妥协的方式部分地接受了对方的建议，保证了技术机制的最终建立：发达国家接受了发展中国家关于建立技术执行委员会的建议，但是对其开展具体项目活动的相关职能、资金支持中的决策职能建议等则未予以同意；而发展中国家则相应地同意了建立气候技术中心与网络，但对其运行模式、管理结构、报告制度等细节则强调了必须在公约下甚至在技术执行委员会指导下制定。可以说，技术机制的建立仅仅是缔约方在克服和回避了诸多分歧的基础上实现了有限范围内的平衡，在建立技术机制的这轮利益平衡中并未考虑发展中国家与发达国家之间"共同但有区别的责任"原则，也没有直接涉及发达国家关于技术转让的承诺问题。

第四，技术机制和公约目标方面的制度可行性不强。但凡能够适应现有体制的环境政策均被认为具有较高的制度可行性（也可以称为政治可接受度）[1]。

---

[1] IPCC, *Climate Change 2007：Mitigation of Climate Change, Contribution of Working Group III to the Fourth Assessment Report of the Intergovernmental Panel on Climate Change*, Cambridge, United Kingdom and New York，NY，USA：Cambridge Press，2007，p. 790.

从这个意义上讲，技术机制基于发达国家和发展中国家的利益平衡，在国际气候公约水平上确保了技术执行机构的建立，无论发达国家和发展中国家最初的机制构想是否全部或部分得以实现，这一机制的建立本身就表明缔约各方在国际政治层面接受了这样一种制度，具有较高的政治可接受度。但机制的运行和实施效果如何也将决定该制度是否具有可行性。目前机制建立不久，技术机制支持相关行动的效果还难以衡量。仅从现有的行动和工作情况看，技术机制的职能局限于提供技术信息、能力建设等比较虚的方面，缺乏提供资金、开发项目、促进技术转让和联合研发等实质性的职能。这意味着这项政治上具有可行性的制度，在实现技术机制和公约目标方面并没有显示出其可行性。

二　技术谈判中的焦点问题分析

二十年的气候技术谈判表明，缔约方在技术开发与转让问题上形成了诸多共识，并最终推动技术机制完成了制度化建设。但在关系到这一机制能否在促进技术开发与转让时发挥实质性作用的问题上，缔约方之间，尤其是发达国家和发展中国家缔约方之间在技术机制内部治理及与公约内外其他安排的关系、TNAs-TAPs 及与各项加强行动和机制安排的关系、知识产权等问题上仍然存在分歧（见表1）。

表1　UNFCCC 技术开发与转让谈判现状

共识领域	分歧和热点领域
● 建立技术开发与转让框架	● 技术机制内部治理及与公约内外其他安排的关系
● 建立新的技术机制	● TNAs-TAPs 及与各项加强行动和机制安排的关系
● 为技术开发与转让行动创造有利环境	● 知识产权
● 支持研发合作和各项旨在加强技术开发与转让的行动	
● 加强公共、私营等利益相关方合作	

（一）如何使技术机制发挥更大作用

当前，技术机制的紧迫任务是促使这一机制在促进技术开发与转让方面发挥

实质性的作用。这一任务的完成，需要已建立的各机构各司其职，也需要技术机制内部两个机构以及与公约内外其他相关机制建立联系、分工配合、协同行动。

1. 技术机制的内部治理

从目前的谈判结果看，TEC 和 CTC&N 如何联系并开展工作并未得到澄清。在技术机制谈判的过程中，发达国家和发展中国家在此问题上一直存在尖锐的分歧：发展中国家认为，TEC 应管理和指导 CTC&N，因为 TEC 从职能和定位上更偏重于宏观的工作，更能自上而下地反映发展中国家缔约方的技术转让需求。发达国家认为，TEC 与 CTC&N 应相互独立，无从属关系，TEC 仅向 CTC&N 提供战略指导，由 CTC&N 以自下而上的方式独立开展具体的工作。最终，发达国家和发展中国家缔约方妥协的结果是：两个机构相互平行且互相独立，没有从属和指导关系，两个机构虽同属于技术机制，但各自对缔约方会议负责。这意味着两个机构在工作运行上仍是孤立进行的。截至目前，COP17 明确了 TEC 与 CTC&N 两个机构联合准备年度报告（D2/CP.17，142），以及 TEC 的主席、副主席成为 CTC&N 咨询委员会成员，但没有明确 TEC 与 CTC&N 以什么样的程序和规则联合展开工作才能避免缺乏协同可能导致的工作信息不对称或相互妨碍。《多哈决议》继续拖延了对这一问题的澄清，决定在华沙 COP19 会议上确定 TEC 与 CTC&N 的联系。但在 COP19 上，TEC 与 CTC&N 的联合报告未被采纳。这再次证明，在目前技术机制内部治理不明确的情况下，技术机制无法协同一致地开展工作。

2. 技术机制与公约内外其他体制安排之间的关系

根据 COP17 第 4/CP.17 号决议的要求，TEC 提出了与公约内外相关体制安排联系模式的建议。2012 年至今的历次 TEC 工作会议均就技术机制如何与公约内外其他机制之间的联系进行了讨论，各方关注的焦点在于是否应当打破现有的仅是参与会议讨论的非正式联系模式，寻求更具实质性和建设性的长效对话合作机制。

第一，技术机制与资金机制的联系。发展中国家缔约方能在多大程度上有效履行其在本公约下的承诺，将取决于发达国家缔约方对其在本公约下所承担的有关资金和技术转让的承诺的有效履行（公约 4.7）。为此，COP16 提出，"为使技术机制在 2012 年充分运作，考虑技术机制与资金机制的联系"［（D1/CP.16，128（d）］。COP17 再次强调，需明确技术机制与资金机制的联系，其第4/CP.17号决议第139段涉及技术机制相关活动的成本来源问题，但只提到"气候技术中心及其动员网络服务"的相关成本，且只是笼统地提到"应由多种渠道筹集，包括公约的资金机制、双边、多边和私人部门的渠道"。技术转让活动的成本如何得到有效的支持，仍是目前技术机制没有解决的问题。即使是局限在气候技术中心与网络的运行成本上，公约的资金机制如何发挥作用以及资金规模及资金安排的决策过程等，也还不清楚。COP19呼吁融资问题常设委员会根据第2/CP.17号决议第121段（b）的要求，进一步加强与附属履行机构和公约各专题机构的联系。目前能看到的联系仅体现在：CTC&N的咨询委员会成员中包括绿色气候基金（GCF）董事会的一名联合主席，或联合主席指定的一名委员代为履行公务；GEF与CTC&N之间通过咨询委员会和UNEP（作为CTC）建立的联系。在资金联系问题上，发展中国家缔约方和发达国家缔约方一直存在明显分歧：发展中国家强调，技术机制需要更实质性地参与资金机制在审批资助项目上的工作，并提议在资金机制下为技术机制设立单独的窗口以促进技术转让的行动。而发达国家意识到增强技术机制和资金机制的联系会加大其在资金、技术上履行公约义务的压力，所以对此议题持消极态度。由于难以达成共识，在技术机制与资金机制如何联系的谈判问题上进展甚微，原本计划在COP19上就此问题正式做出决定，但目前已被推迟到了COP20。

第二，技术机制与适应委员会的关系。按照《坎昆协议》，TEC具有"提供关于技术需要的概览和关于开发和转让减缓和适应技术的政策和技术问题分析"的职能①。并且TEC也得到了"寻求与公约内外利害相关方和组织的合作"的公约授权②。其中，与公约下适应委员会的合作是TEC识别出来的优先合作的领域。2013年TEC第5次工作会议成立了TEC与公约其他机制安排联系模式的专责小组，之后又在第6次会议上成立了适应技术专责小组。主要目标是寻找TEC在适应技术开发与转让的行动上发挥作用的政策领域。TEC第8会议期间召集了一次有适应委员会主席参与的适应技术发展研讨会，分享了适

---

① UNFCCC. Decision 1/CP.16：The Cancun Agreements, 2010. http：//unfccc.int/resource/docs/2010/cop16/eng/07a01.pdf.

② UNFCCC. Decision 1/CP.18：Agreed outcome pursuant to the Bali Action Plan, http：//unfccc.int/resource/docs/2012/cop18/eng/08a01.pdf#page=3.

应技术发展中的成功实践和经验教训，并讨论如何采取行动促进适应技术可持续开发与应用。从此项工作开展的情况看，与减缓领域不同，许多发展中国家的适应行动还是主要关注发展计划、政策、方案等主流适应行动，适应技术合作在很大程度上还只是独立发挥作用。因此，具体到适应领域，仍旧需要进一步澄清技术机制能在补充和支持国家适应行动（NAPs）和其他相关的适应工作上能发挥什么作用。

第三，技术机制与公约外部相关机构及安排的关系。2013 年的 TEC 会议中，成员就可能的外部合作机构的清单进行了讨论。由于发达国家与发展中国家成员在此问题上的分歧，目前这项联系工作并没有实质性进展。发展中国家代表认为在确定可能的合作机构之前，首先需要明确外部机构参与合作的标准和参与合作的形式。并强调在选择外部组织建立联系时，需要考虑发展中国家和发达国家的平衡。发达国家认为这些外部组织参与的形式应当在明确了技术机制需要实现哪些具体目标以及外部组织能帮助实现哪些具体目标后再进一步确定。可见，如何使公约外部相关机构及安排能助力技术机制有效运行仍然是今后谈判需要重点解决的问题。

（二）如何利用技术需求评估的结果

技术需求评估（TNAs）是《马拉喀什协定》建立的技术开发与转让行动框架下的一项重要行动。TNAs 的目的是帮助发展中国家识别和分析优先技术需求，在此基础上开发一批应用和推广减缓和适应技术的项目及规划，以此来促进公约 4.5 条款的实施，推动气候有益技术和诀窍向发展中国家的转让。针对发展中国家的技术需求评估工作虽然进展缓慢，但其基础性的意义与价值正随着技术机制的建立健全而更加凸显。

TNAs 的早期行动，是由原来的技术转让专家组（EGTT）与全球环境基金（GEF）、联合国开发计划署（UNDP）、联合国环境规划署（UNEP）以及气候技术倡议组织（CTI）合作组织和开展的，旨在为发展中国家实施 TNAs 提供技术支持的活动。2010 年新版技术需求评估方法学指南发布，新一轮 TNAs 也已在新技术机制下展开，它们由 GEF 支持并由 UNEP 实施，目前已经在发展中国家开展了 36 个项目，新项目目前也已发展成为技术需求评估 – 技术行动计划（TNAs-TAPs）（见图3）。截至2013年7月，总共有31份来自非洲（11份）、亚洲（9份）、东欧（3份）、拉丁美洲和加勒比海地区（8份）的技术需求报告和包含在这些报告中的信息被纳入了公约秘书处最新的《非附件一国家第三次技术需求综合报告》。

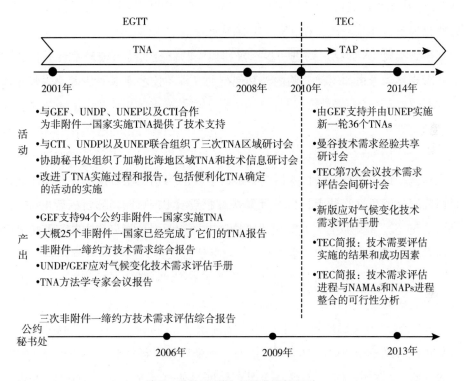

图3　公约下的技术需求评估行动

从TNAs到TNAs-TAPs，这一系列行动的实施及其结果，对国际气候谈判的贡献是能将促进项目、行业和国家技术转让和创新的经验和模式纳入国家为实现可持续发展和气候目标而需要制定的战略规划和制度中，并使得国家能在谈判中明确自己需要什么以及怎样去做。但也需看到，尽管在公约下发展中国家识别了大量的技术需求，但真正的技术转让行动屈指可数，大量的技术需求评估并没有促成技术转让的大规模发生。为了应对TNAs实施中的问题，并促进TNAs结果的实施，《坎昆协议》在TEC的具体职能中规定，"提供关于技术需要的概览和关于开发和转让减缓和适应技术的政策和技术问题分析"，并"考虑并建议有关行动，以促进技术开发和转让从而加速减缓和适应行动"。该协议还提出了"需要商定发展中国家缔约方将在技术、资金和能力建设的支助和扶持下，联系可持续发展采取适合本国的减缓行动……"①。COP18《多哈决议》进一步要求 TNAs 与这些战略行动间应有所协同②。但从图 3 进展情况看，TEC 在 TNAs 方面的工作仍主要以评估活动、信息整合为主，并未澄清其在 TNAs 实施中所发挥的具体作用。况且，TEC 也并没有得到实施 TNAs 结果的进一步授权和相应的资金支持。德班平台下，技术机制需要具体考虑如何使公约内外其他行动安排与技术需求评估行动协调配合（见图 4）。

（三）如何妥善处理知识产权问题？

知识产权问题是气候技术谈判中最富争议的问题。在与技术开发与转让密切相关的知识产权问题上，公约及其决议已经提供了具有正式法律效力的授权。早在《21 世纪议程》中，知识产权在气候有益技术转让中的作用就已经得到强调③。2001 年 COP7 通过的《马拉喀什协议》敦促缔约方特别是发达国家缔约方为促进气候有益技术的转让而改善扶持型环境，包括"保护知识产权和促进获取公共资助技术"，以便于通过商业和公共领域扩散技术④。2007年 COP13 通过的《巴厘行动计划》中明确表述，"鼓励缔约方避免制定限制技术转让的贸易和知识产权政策，同时避免缺乏技术转让的贸易和知识产权政策的现象"。然而，时至今日，知识产权问题始终未成为公约谈判的正式议题。追踪近年来的公约谈判可知，发达国家和发展中国家之间的利益分歧是气候有益技术转让中知识产权问题无法达成共识的根本原因。2013 年的 COP19

① COP16 决议中提出了一系列旨在促进减缓和适应气候变化的战略和行动，包括国家适当减缓行动（NAMA）（UNFCCC 2010, para 48）、国家适应计划（NAPs）（UNFCCC 2010, paras14a - b, 15, and 20e）、低排放发展战略（LEDs）（UNFCCC 2010, para 65）。
② COP18 Decision 13/CP. 18 para 10 - 13："认识到 TNAs 与它们的综合体是 TEC 工作和政府、公约相关机构和其他利益相关方工作中的重要信息来源；强调需要实施 TNAs 的结果；同意 TNA 的过程是应当整合公约其他相关过程，包括 NAMA、NAPs 和 LEDs。"
③ 《21 世纪议程》第 34 章第 10 条。
④ UNFCCC. Decision 4/CP. 7：Development and Transfer of Technologies, 2001. http：//unfccc. int/ resource/docs/cop7/13a01. pdf#page = 22.

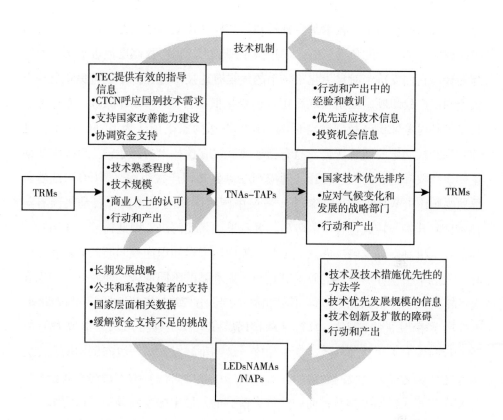

图4　技术机制下 TNAs-TAPs 与 NAMAs、NPAs、LEDs、TRMs 之潜在关系

注：TRMs——技术路线图；LEDs——低排放发展战略。

（华沙会议）上，TEC 与 CTC&N 的联合报告未获通过，其原因也是缔约方之间就决议草案中采纳联合报告体现的给予 TEC 采取步骤与其他有关的知识产权机构开展合作的授权持有不同意见。

公约谈判下，关于气候有益技术转让与知识产权的争论主要集中在以下方面：一是知识产权促进还是阻碍了气候有益技术转让？这一问题是目前气候谈判有关知识产权问题的主要争论。多数发展中国家认为现有的知识产权制度对气候有益技术向发展中国家转让构成障碍，批判现有的《与贸易有关的知识产权协议》（TRIPs）是发达国家强权政治的产物，并寄希望于改变现有知识产权制度。发展中国家希望通过公约相关条款的实施和 TRIPs 弹性条款的细化获得促进气候有益技术开发和转让的合法性依据，并建议通过强制许可、联合

研发与知识产权共享、技术基金补贴知识产权（IPR）购买成本等方式减少知识产权对技术转让的负面影响。发达国家则认为知识产权制度促进了技术开发与转让。它们支持绝对自由化市场下的气候有益技术转让，尽量避免在公约下谈论知识产权问题。二是《联合国气候变化框架公约》（UNFCCC）缔约方会议是不是讨论知识产权问题合适的论坛？发达国家坚持认为 UNFCCC 不是处理知识产权问题的适宜场合，只有当涉及气候有益技术的商业转让时才需要谈论知识产权问题，而商业转让问题应当在世界知识产权组织（WIPO）或者世界贸易组织（WTO）下协商解决。发展中国家则认为，知识产权是气候有益技术国际开发与转让过程中的障碍，并且迫切需要解决，因此需要在 UNFCCC 新的技术机制下寻求解决办法。三是发展中国家对知识产权问题的立场存在分化。发展水平差异所导致的眼前利益与长期利益的不同取舍，使发展中国家在公约下对知识产权问题的立场不尽相同，例如在 2011 年的 COP17 会议期间，"G77 + 中国"进行了多轮协调，以期形成一份立场一致的案文，但最终在知识产权问题上无法达成一致。其中印度、玻利维亚在知识产权问题上的态度较为激进，认为知识产权问题应当在气候公约谈判中讨论并纳入缔约方大会的决议文本，并找到解决方案；而一些较为落后的发展中国家则普遍不认为知识产权问题对它们有什么影响。

气候有益技术转让不同于以往的技术转让，从公共利益角度看，它与历史上公共健康问题的争论有诸多相似之处，从目前技术发展和市场情况看，无论是气候有益技术还是新兴技术，有一部分已经相对成熟并流入了自然市场，但仍会有大部分技术还处于研发示范阶段。仅就流入市场的气候有益技术看，其所面临的市场交易也存在诸多市场失灵的情形。因此，仅靠现有的知识产权规则调控气候有益技术转让不足以使此类技术尽早在全球普及。面对更优先的公共利益和存在的市场失灵，包括 UNFCCC 在内的国际国内层面的政策干预具有合理性和迫切性。近年来，世界知识产权组织（WIPO）和 WTO 已开始关注知识产权和气候有益技术开发与转让的问题：2011 年以来，WIPO 建设了 WTPO-GREEN 平台和工作议题，旨在为促进气候有益技术开发与转让提供基于事实的信息和相关的知识产权问题，并促进国际政策对话。2014 年 WIPO 已经成为 CTC&N 的网络成员。此外，TRIPs 理事会也在其 2014 年度第一次会议上设置了"知识产权在促进气候有益技术转让中的贡献"的专题讨论。这表明气候有益技术中的知识产权问题已经愈加重要，急需 UNFCCC 与 WTO 和 WIPO 在知识产权与技术转让问题上加强沟通和协同。

三 未来技术谈判的走向

可以预见，技术机制要在德班平台下全面运行，仍需要着力解决影响气候有益技术研发和扩散的具体问题。

第一，进一步推进技术机制内部治理，增强技术机制发挥实质性作用的能力。明确 TEC 与 CTC&N 紧密联系和开展协同工作的具体程序和规则，强化 TEC 作为政策机构对于 CTC&N 执行进展的指导作用。就短期内已经明确的议题而言，应当明确技术机制开展工作的优先目标和相应的优先事项，强调抓住重点开展行动。就促进技术开发与转让的有利环境建设而言，应考虑加强缔约方国家和利益相关方国家创新系统在促进技术开发与转让的有利环境和消除技术开发与转让障碍中的重要作用。结合 IPCC 最新报告相关工作和产出，讨论新出现的战略性议题和技术机制能够发挥作用和开展行动的领域，并根据需要考虑在此议题上 TEC 与 CTC&N 可能的合作领域。

第二，强化技术机制的外部联系。首先，强调技术机制与资金机制之间的联系。推动建立全球气候基金下的技术资金窗口，强调公约资金机制的主渠道问题和多种渠道筹集资金的协调问题，并要求在德班平台下建立与技术机制相匹配的资金支持渠道。资金来源以公共部门为主，私人部门为辅。若短期建立技术中心时资金无法到位，可以考虑现有的双边和多边资金渠道。识别可能的联系和合适的联系与被联系机构，以及可能的优先联系类型，准备技术机制与公约资金机制联系的建议方案。其次，建立技术机制与适应委员会之间的联系。进一步明确技术机制在促进适应技术行动上的作用和与适应委员会协作的可能领域和合作形式。确定 TEC 能在此问题上发挥作用的潜在政策领域、预期能够提出的意见以及 TEC 适应技术简报预期能够提供的信息。最后，加强技术机制与公约外部相关机制安排的联系。秉持充分利用已存在的公约外部相关机制安排的资源，推动已明确需要与外部相关机构联系领域的合作机构的选

择标准和合作形式。继续关注其他尚未明确的潜在合作议题，在必要时邀请相关机构展开讨论和进一步合作。

第三，促进 TNAs-TAPs 结果的实施。首先明确 TEC 对于促进 TNAs 结果实施的指导作用，TEC 应进一步考虑从 TNAs 经验中提出什么样的政策建议向 COP 报告。TNA 不能独立于政策框架而进行，识别的技术应作为 TEC 讨论和技术论文的基础。TEC 应当扩展与新行动 CTC&N 的联系和协同，鼓励 CTC&N 协助实现 TNAs-TAPs 的结果。推动 TNAs-TAPs 行动与公约下的其他进程相联系，以避免在规划进程方面可能的重复工作，并保证实施 TNAs 结果的一致性和持续性。其次，推进缔约方大会授权考虑 TNAs 与公约内外其他机制安排和行动计划之间的联系和协同。寻求建立 TNAs 和 NAMAs、NAPs、NCs 以及在这一过程中涉及的 NDEs 的可能联系形式。

第四，通过技术机制妥善处理知识产权问题。首先，继续推进通过案例识别知识产权在不同阶段、不同情况下对气候有益技术开发与转让可能的作用，防止对知识产权问题的保守和偏见立场，增进各方共识。在德班平台下尽力促成建立知识产权相关的议题或推动发展中国家将妥善处理知识产权问题作为技术机制的有利环境或交叉的战略性议题进行讨论。其次，推动技术机制在知识产权问题上发挥作用，并明确分工：CTC&N 关注国别化的知识产权问题，收集来自发展中国家的案例；TEC 通过案例总结经验教训，并关注交叉领域合作的可能性事项。最后，密切关注 WIPO 和 WTO 知识产权理事会相关的工作和活动，逐步明确与上述机构的合作领域，推动在知识产权问题上的外部联系与协调工作。

德班平台透明度问题谈判进展[*]

滕 飞[**]

摘 要：

各国应对气候变化的承诺需要提高透明度以加强国内政策实施、增进国际互信。但透明度如何体现必须考虑到各国的能力和责任，体现"共同但有区别的责任"原则。本文回顾了自巴厘路线图以来气候谈判透明度问题的演进及德班平台谈判中透明度问题的最新进展。未来透明度问题的国际气候谈判将主要集中在各国承诺的事前透明度及测量、报告与核实的"三可"体系上，而如何在未来的透明度制度设计中考虑"共同但有区别的责任"问题则依然面临许多挑战。

关键词：

德班平台　透明度　气候谈判

一　简介

测量、报告与核实（简称 MRV）是国际气候制度的重要组成部分[①]。一方面透明度是加强国际应对气候变化合作的"黏合剂"：通过有效的测量、报

---

* 本文受科技部"十二五"国家科技支撑计划项目"气候变化谈判关键议题的支撑技术研究"（编号：2012BAC20B04）资助。

** 滕飞，男，清华大学能源环境经济研究所副研究员，主要从事气候变化政策以及气候变化经济学研究。

① 王文涛、朱松丽：《国际气候变化谈判：路径趋势及中国的战略选择》，《中国人口、资源与环境》2013 年第 9 期。李婷：《联合国气候变化谈判磋商与决策规则研究》，《气候变化研究进展》2014 年第 1 期。

告及核实，各国可以加强互信以确保各自应对气候变化的承诺得到切实履行，国际合作应对气候变化的多边体系可以得到巩固和加强；另一方面测量报告与核实也是加强国内应对气候变化行动有效性的重要保障，通过加强国内温室气体数据、政策和信息的搜集及分析工作，也有助于本国加强政策实施和评估、改善政策设计、优化资源配置以及提高应对气候变化的总体能力。

但在国际气候变化制度中，测量、报告与核实不仅是国际气候制度的基础，也是反映发达国家与发展中国家"共同但有区别的责任"原则的重要方面。测量、报告及核实虽然是一个技术问题，并不涉及我国的根本国家利益，但由于测量、报告与核实的内容与各国承诺的形式与性质息息相关，并且各国测量、报告与核实的内容、方法及频率均受制于各自的能力。因而发展中国家在测量、报告与核实的内容、方法、形式与费用等问题上，仍需与发达国家有所区别。

自坎昆会议以来①，《联合国气候变化框架公约》（以下简称"公约"）已经通过了若干规定，进一步提高了各国尤其是发展中国家的测量、报告与核实要求。例如，在测量方面，通过了一系列有关发达国家和发展中国家的报告指南；在报告方面，发达国家需要两年递交一次双年报告，而发展中国家需要两年递交一次双年更新报告；在核实方面，建立了面向发达国家的国际评估与审评（IAR）和面向发展中国家的国际磋商与分析机制（ICA）。虽然巴厘路线图下建立的可测量、可报告、可核实（以下简称"三可"）制度还在实施的初期，但德班平台谈判有关进一步提高未来国际透明度机制的谈判已经展开。本文将主要回顾公约下的现行"三可"规则及巴厘行动计划下有关"三可"谈判的进展，并在此基础上分析目前德班平台谈判中有关透明度及"三可"谈判的争议焦点，最后对2020年后国际气候协议中透明度及"三可"制度的发展做出展望。

二 公约下的现行三可规则

在现有气候变化国际机制中，公约附件一缔约方关于 MRV 机制体制的相

---

① 苏伟、吕学都、孙国顺：《未来联合国气候变化谈判的核心内容及前景展望——"巴厘路线图"解读》，《气候变化研究进展》2008 年第 1 期。

关信息主要体现在其报送给公约秘书处的国家信息通报中①。提交国家信息通报是每一个缔约方在公约下必须履行的义务，通过国家信息通报不仅可以了解缔约方温室气体排放的状况，适应气候变化的情况，以及所采取政策措施的有效性，而且便于国际社会了解该国履行公约的状况，包括履约的程度和方式等。

根据公约第 4 条第 1 款和第 12 条第 1 款的规定，所有缔约方都应通过秘书处向缔约方会议提供含有下列内容的信息：

（1）温室气体国家排放清单；

（2）关于该缔约方为履行公约而采取或设想的步骤的一般性描述；

（3）该缔约方认为与实现本公约的目标有关并且适合列入其所提供信息的任何其他信息，在可行情况下，包括与计算全球排放趋势有关的资料。

基于"共同但有区别的责任"原则，在提交国家信息通报方面，公约对发达国家和发展中国家编制国家信息通报的内容、提交频率、费用等的规定均有所区别，对于发达国家的要求更为严格一些。

公约的第 4 条及第 12 条原则性地提出了履行信息报告的要求。公约也建立了附属履行机构（SBI）对附件一缔约方报告的信息进行审评。历次缔约方会议以决议的形式完善了测量、报告与核实的具体规则，其中最主要的进展是在巴厘路线图下确立的有关规则。在长期行动计划的谈判中针对发达国家确立了年度温室气体清单报告、两年一次的双年报告及四年一次的国家信息通报，并规定了温室气体清单及其他报告信息编制及报告的方法学，同时建立了国际评估与审评机制对发达国家缔约方报告的信息进行审评。此外，缔约方也通过议定书的第 5、第 7、第 8 条确立了其在议定书下的测量、报告与核实的义务，并相应确立了有关规则。对于发达国家而言，需按照"三可"的要求，对其履约的信息进行报告并根据有关规则进行审评，并接受遵约委员会审核和承担不遵约后果。对于发展中国家而言，在长期合作行动的谈判中确立了发展中国家的报告工具，其中包括两年一次的双年更新报告以及四年一次的国家信息通

---

① 朱松丽、王文涛：《国际气候谈判背景下的国家温室气体排放清单编制》，《气候变化研究进展》2012 年第 5 期。

报。对于发展中国家而言，其国家温室气体排放清单在双年更新报告和国家信息通报中合并提交，而不必单独提交。公约下也建立了国际磋商与分析机制，对发展中国家双年更新报告的内容进行国际磋商与分析。发展中国家在履行上述报告义务时，需要得到发达国家资金、技术和能力建设的支持。目前已有多个国家通过全球环境基金提出了申请并开始着手准备第一次双年更新报告。

三 发达国家与发展中国家在"三可"上的区别

公约对发达国家和发展中国家均提出了可测量、可报告和可核实的要求，其目的是提高全球应对气候变化行动的透明度，促进各缔约方切实履行公约义务。但由于发达国家和发展中国家在全球气候变化方面负有"共同但有区别的责任"，并且在应对气候变化的能力上也有很大的差别，因此公约的有关规则也必须要在"三可"的规则中反映"共同但有区别的责任"原则（见表1）[1]。

表1 发达国家与发展中国家 MRV 的进展及比较

类型	德班会议之前	德班会议之后
发达国家	·《京都议定书》缔约方依据 KP 有关规则进行 MRV； ·年度清单报告,需审评； ·四年一度国家信息通报,需审评	·KP2 缔约方沿用修改后的 KP 规则； ·年度清单报告,需审评； ·双年报告(BR),需国际评估与审评； ·四年一度的国家信息通报,需审评
发展中国家	·国家信息通报,无固定期限； ·专家咨询组(CGE)为发展中国家信息通报提供支持	·双年更新报告(BUR),需国际磋商与分析(ICA)； ·四年一度的国家信息通报

目前公约下确立的"三可"规则对发达国家与发展中国家在要求上既有区别，也有共同点。相同点主要包括：①发达国家和发展中国家均以国家信息通报作为报告载体，对其履行公约的情况进行报告，其报告频率均为四年一次，报告内容类似；②发达国家和发展中国家在不同的信息报告中均需要提交国家温室气体清单，作为其履行公约义务的一项重要内容，方法学均需严格参

---

① 高翔、滕飞：《联合国气候变化框架公约下"三可"规则现状与展望》，《中国能源》2014年第2期。

照政府间气候变化委员会（IPCC）颁布的指南；③基于各国报告的信息和提交的报告，每两年均需在国际层面进行不同程度的审评（对发达国家）或者磋商与分析（对发展中国家）。

而发达国家与发展中国家在"三可"规则上的主要区别则表现在"三可"的法律性质、执行程度和履约后果三个方面。首先，在法律性质上，对发达国家的"三可"要求体现了其履行率先减排的法律义务要求，且将议定书缔约方与遵约机制相连对发达国家的履约义务形成了约束。对于公约下的发达国家缔约方虽然并没有相应的遵约机制，但"三可"规则为发达国家履约义务的透明性和可比性提供了保障。而对于发展中国家，发达国家提供的资金、技术和能力建设支持是其编制温室气体清单、提交双年更新报告，及按公约要求参与国际磋商与分析的前提。同时对于发展中国家的"三可"尊重发展中国家的主权，承认发展中国家应对气候变化的行动是其在其可持续发展的框架下进行的，并不涉及对其政策措施适当性与充分性的评判。

其次，在履行程度上，目前"三可"规则对发达国家在报告的内容、频率以及审批的严格程度方面的要求均远高于发展中国家。例如，虽然发达国家缔约方和发展中国家缔约方均需要提交国家温室气体清单，但对发达国家缔约方而言，需要按最新的IPCC2006指南对温室气体清单进行测算、编制和报告，并接受国际专家组的审评。而发展中国家可以采用相对宽松的IPCC1996编制指南，在自愿的情况下可以选择IPCC2006清单指南。而在两年一次的信息报告上，发达国家必须遵循统一报表要求进行报告，而发展中国家则可以以相对灵活的方式对有关信息做出报告。在报告信息的国际审评和分析上，发达国家通过清单报告、双年报告及国家信息通报提交的内容均需在国际层面接受国际审评，通过案头审评、集中审评及到访审评等多个环节对其报告中存在的问题进行评审并评估发达国家减排承诺的实施进展。而对发展中国家递交的信息也要开展国际磋商与分析，但磋商与分析的重点是提高发展中国家报告的透明度并帮助发展中国家发现能力建设中的需求。

最后，在"三可"的法律后果上，发达国家中的议定书缔约方将与遵约机制相连接，因而将承担相应的后果，议定书下的遵约机制将以"三可"的结果作为基础，要求其改正并约束其履约行为。对公约下的发达国家缔约方，

虽然目前并没有强制性的改正要求，但通过国际审评和多边评估将对发达国家减排承诺的实施进展、可比性及对发展中国家提供的资金、技术及能力建设的信息中存在的问题进行公开，客观上会对其履约形成软性的压力。

四　德班平台下透明度问题的争论焦点

目前各方正就 2020 年后国际气候协议的制度安排进行紧锣密鼓的磋商。透明度是德班平台谈判中与减缓、适应、资金、技术、能力建设并列的要素之一，各方也十分强调透明度在未来国际应对气候变化机制中的重要意义及作用。现行的"三可"规则将对德班平台的谈判产生重要影响，但德班平台下就透明度问题的谈判将基于现有制度继续深化，其焦点问题将集中在两个方面：事前承诺信息的透明度以及未来国际透明度机制的走向。

随着国际气候制度讨论的日益深入，各主要缔约方越来越意识到多边公约下的承诺必须也只能建立在国内行动基础之上。因此，目前主要缔约方均同意未来国际气候制度下的各国承诺应是自下而上由各国政府提出的，而不能通过自上而下的国际谈判决定。因此在华沙会议上各方提出了"自主决定的国家贡献"一词。但自主决定的国家贡献存在两个问题：一是各国对他国承诺力度的信任问题。2009 年的哥本哈根协定中各主要国家的减排承诺虽然是自主提出的，但事前并没有经过多边通报，因而导致了各国均对其他国家减排承诺的力度有所质疑，极大影响了多边机制下的互信。因此在德班平台的谈判中，有缔约方提出应当将各国承诺的提出时间提前，以便在条约缔结前通过多边程序对各国承诺进行讨论以增强理解、加强互信。二是各方承诺加总后，可能出现的与 2℃温升目标要求的差距问题，因而也有缔约方提出需要在各国提出承诺目标后，通过一个国际审评机制对有关目标及差距进行审评，以促使各国政府提高其承诺的力度。无论是多边讨论还是多边审评，均需要建立事前的透明度机制，对各方的承诺进行介绍、分析、澄清与讨论。目前的透明度机制主要着眼于各方履行承诺的"事后"评估与分析，未来德班平台下透明度的谈判焦点将集中于各方承诺的"事前"透明度及其制度安排。

德班平台的透明度规则谈判的另一个焦点是未来国际气候制度透明度的制

度设计。目前公约下 MRV 及透明度的制度安排，体现了发达国家与发展中国家"共同但有区别的责任"原则，但未来"三可"规则的设计将与各方在公约下承诺的目标或行动密切相关，目标或行动的性质和形式将与"三可"的形式紧密关联。现行的"三可"规则是基于发达国家和发展中国家"共同但有区别的责任"和各自能力原则建立起来的具有明显差异性特征的规则体系。从谈判和各方提案看，德班平台下如何综合考虑发达国家与发展中国家的不同能力及各国不同的目标或行动性质与形式，将是未来国际气候制度的谈判焦点。综合目前各方提案及研究，未来国际气候制度的"三可"规则可能有三种走向：一是"平行加强"，也即延续现有对发达国家和发展中国家的划分及对 MRV 的不同要求，但在未来协议中将进一步加强对发达国家和发展中国家的 MRV 规则，如加强对发达国家资金的 MRV 方法学、加强和规范发达国家的 IAR 及发展中国家 ICA 等；二是"趋同"，也即发达国家和发展中国家在未来趋同于一套 MRV 规则体系和标准，但在一致的 MRV 体系下建立灵活的层级方法以适应不同国家的能力，发达国家必须采用高层级的严格方法，而发展中国家则可以灵活采用低层级的方法，这一体系类似于清单中考虑不同数据基础的"层级"方法；三是"依承诺类型"，也即按不同国家承诺的类型和性质，适用不同的"三可"规则体系，但对于同一类型的承诺（如绝对总量减排）必须采用一致的"三可"规则体系，因而对应于多元化的承诺体系相应地建立起多元化的"三可"规则体系，从减排目标的事前信息报告到核算规则，都必须符合承诺性质和形式的要求。目前德班平台谈判的焦点还集中于各国承诺及协议要素，但未来随着谈判的深入，国际气候制度的走向将成为2015 年底巴黎谈判的重要内容。目前气候谈判有向"扁平化"发展的趋势，也即一个简短的核心协议加一组未来的技术决定的模式，在未来的核心协议中如何确定"三可"规则体系的方向将是下一步气候谈判的主要任务。

遵约机制是国际法得以落实的重要保障手段，而目前的国际环境公约的一个困境是如何在严格的履约保障与参与度之间寻求平衡。严格的履约机制固然可以保障环境公约的有效履行，但其严格的履约条款可能使得潜在的缔约方望而却步。而松散的履约机制虽然有利于吸引尽可能多的缔约方参与，却难以保障多边公约的实施效果和约束力。目前公约和议定书的实践表明，多边环境公

约的初期应当侧重于参与度，而严格的遵约机制可以随着时间推移逐步建立与完善。因此估计德班平台的谈判不会建立严格的遵约机制，最可能基于现行规则的实践进行修订，以软的政治磋商来督促履约，包括协商不履约将承担的后果，但不施以强制性的惩罚。

五　透明度议题谈判原则基础与展望

巴厘路线图的谈判已经建立了相对完善的国际透明度制度，在这些制度下发展中国家和发达国家均加强了测量、报告与核实的力度与透明度。目前公约下的测量、报告与核实体系较好地反映了发达国家与发展中国家在责任与义务上的区别。未来德班平台下的谈判将主要集中在各国承诺的事前透明度问题，及未来"三可"规则体系的发展方向上。虽然透明度是加强多边互信、增强国家决策有效性的重要工具，但在国际气候制度设计中必须考虑发达国家与发展中国家的不同能力与责任，因而未来在透明度制度的设计中贯彻"共同但有区别的责任"原则依然将面临诸多有待解决的问题。

G.7
联合国气候谈判中的能力
建设议题进展和走向

胡婷 张永香*

摘 要：

发展中国家应对气候变化必须加强能力建设，发达国家对发展中国家资金和技术支持的程度决定了发展中国家履行《联合国气候变化框架公约》的程度。在发展中国家能力建设议题的谈判上，发展中国家与发达国家集团之间一直存在尖锐的矛盾，致使多年来该议题谈判进展缓慢。本文通过对公约下该议题的进程回顾，分析了发展中国家和发达国家的主要立场和关键分歧。针对谈判中面临的挑战，本文建议依托德班论坛和德班平台巩固已有成果，同时设计适用于各议题中能力建设的统一原则，统筹协调所有议题在能力建设方面的需求、支持和成效审查，推动能力建设支持与活动在各层面、各领域的落实。

关键词：

气候变化 谈判 发展中国家能力建设 进展 焦点

随着全球气候不断变化，与气候变化相关的极端事件更加频繁，导致的损失和破坏日益增大，其中发展中国家受到的气候变化的不利影响尤为严重①。加强应对气候变化的能力建设成为世界各国面临的一项现实而紧迫的任务，对

---

* 胡婷，国家气候中心副研究员，研究方向为气候变化；张永香，国家气候中心工程师，研究方向为历史气候和气候变化相关研究。

① World bank，"Building Resilience: Integrating Climate and Disaster risk Intodevelopment"，*Lessons from World Bank Group Experience*，Washington DC：The World Bank，2013.

特别易受气候变化影响的发展中国家尤其如此。但受经济发展水平所限，发展
中国家应对气候变化的行动能力非常有限①。1999 年，《联合国气候变化框架
公约》（以下简称公约）第五次缔约方大会明确指出，能力建设是发展中国家
有效参与公约和《京都议定书》进程的关键所在。

一 公约下发展中国家能力建设议题的进程

（一）缘起和背景

应对气候变化需要各个国家的共同努力。但是由于各国能力和发展阶段的
差别，部分国家必须以减缓为主，而另一些国家则不得不先适应气候变化。事
实上，并不是所有国家都具有应对气候变化的能力。发展中国家往往在应对气
候变化的知识、工具、公共意识、科学和政治方面不具备相应的能力。在联合
国气候谈判中，"能力建设"有其特定的含义，指的是"加强发展中国家和经
济转型国家的个人、组织和机构的能力，用以识别、规划和实施各种途径的减
缓和适应气候变化"。正如公约强调的，尽管能力建设没有统一模式，但是能
力建设必须由国家主导，解决各国的具体需求和特定状况，反映这些国家的可
持续发展战略、优先领域和主观能动性。

1994 年 3 月 21 日，《联合国气候变化框架公约》正式生效，指出"各缔
约方在公平基础上，根据共同但有区别的责任和各自能力，为人类当代和后
代的利益保护气候系统。发达国家缔约方应率先应为气候变化及其不利影
响"。其中，公约的第 4 条第 7 款强调"发展中国家缔约方能在多大程度上
有效履行其在本公约下的承诺，将取决于发达国家缔约方对其在本公约下所
承担的有关技术转让和资金的承诺的有效履行，并将充分考虑到社会和经济
发展及消除贫困是发展中国家缔约方的压倒一切和首要的优先事项"②。因此

---

① 胡婷、巢清尘、黄磊等：《发展中国家气候灾害及应对能力调查分析》，《气候变化研究进展》
2013 年第 6 期。

② 《联合国气候变化框架公约》，http：//unfccc. int/files/essential _ background/convention/
background/application/pdf/unfccc_ chinese. pdf。

在公约签署生效后，广大发展中国家缔约方强烈要求发达国家缔约方提供资金和技术支持，切实加强发展中国家的能力建设。发达国家对此反应消极，尽管也都承认能力建设非常重要且发展中国家的能力不足，但以各种借口企图推卸公约规定的责任和义务。能力建设成了谈判中各方都认可但实际进展不大的议题。

（二）谈判进程和现阶段的主要进展

1999 年，公约下第一项针对发展中国家能力建设的决定（第 10/CP.5 号决定）由第五次缔约方大会（COP5）通过，该决定明确认可了发展中国家加强能力建设的需要，强调发展中国家的能力建设必须要以发展中国家为主、要反映出发展中国家的优先需要、要在发展中国家执行，并决定公约的资金机制要为此提供资金和技术支持。同时，第 10/CP.5 号决定的附录为《发展中国家缔约方能力建设需求一览表》，罗列了机构的能力建设、清洁发展机制下的能力建设、技术转让、人力资源开发、适应、国家信息通报、协调与合作、公众意识、改进决策九大项发展中国家的能力建设需求。

为支持发展中国家提高公约履约能力，2001 年第七次缔约方大会（COP7）通过了《马拉喀什协议》，确定了发展中国家能力建设框架，为发展中国家的能力建设活动及后续谈判提供了较明确的指导。协议指出，要通过多种形式加强发展中国家在应对气候变化领域的能力建设，发达国家缔约方应为发展中国家缔约方的能力建设提供资金和技术支持；能力建设应由发展中国家自己主导，应"在实践中学习"，能力建设的基础应是发展中国家已开展的工作及在多边和双边组织的支持下开展的工作。《马拉喀什协议》首次以公约决议形式规定了能力建设的需求领域和范围：①体制上的能力建设；②增强和/或创造扶持型的环境；③国家信息通报；④国家气候变化方案；⑤温室气体清单；⑥脆弱性和适应评估；⑦执行适应措施方面的能力建设；⑧减缓办法执行情况的评估；⑨研究和系统观测；⑩技术的开发与转让；⑪提高决策能力；⑫清洁发展机制；⑬因执行公约第 4 条第 8 款和第 9 款而产生的需要；⑭教育、宣传和培训；⑮信息与联网。其中国家信息通报、研

究和系统观测、技术的开发与转让等目前已成为公约下的独立议题。2005年,《京都议定书》缔约方大会决定,发展中国家的能力建设框架在《京都议定书》的实施中同样适用。

尽管《马拉喀什协议》明确了能力建设的 15 个领域,但是此后的能力建设谈判进展一直缓慢。第十三次缔约方大会(COP13)通过的《巴厘行动计划》中,虽然多处表述了能力建设相关要求,但能力建设并不是四个核心要素(适应、减缓、资金、技术)之一。直至第十五次缔约方大会(COP15)上,应广大发展中国家的强烈要求和普遍关注,才在由《巴厘行动计划》确定成立的"公约长期合作行动特设工作组"(AWG-LCA)下,将能力建设独立设为议题。

能力建设的机制安排一直是各缔约方争论的焦点。发达国家一直以能力建设的交叉特性反对建立相关机制。发展中国家则强调建立有效的机制有利于能力建设的实施。在各方努力下,第十七次缔约方大会(COP17)就能力建设机制安排首次达成一致,决定在公约附属履行机构(SBI)下建立能力建设的"德班论坛",以加强对能力建设成效的监测和审查,使缔约方和其他利益相关方能够更好地交流在发展中国家能力建设活动方面的建议、分享经验教训和最佳实践;自 2012 年开始,每年年中召开一次,决定在德班论坛第一次会议上开始探讨进一步加强对能力建设成效的监测和审评的途径问题。关于能力建设未来的机制安排,广大发展中国家也在积极争取。在近期的气候谈判中,能力建设委员会被作为既兼顾能力建设交叉特性又能实现未来能力建设的机制安排需求的提案由发展中国家提出。

二　能力建设议题中的主要分歧和面临问题

从 2001 年达成确定发展中国家能力建设框架的《马拉喀什协议》到 2013年底的华沙气候变化大会(COP19),这十多年间虽然发达国家也实施了一些能力建设领域的援助行动,但总体而言作秀的成分大于实质性支持的成分,而且经常避实就虚,试图将能力建设议题从联合国气候谈判中挪走,导致能力建设议题进展缓慢甚至停滞不前。

（一）主要分歧

自能力建设成为联合国气候谈判的独立议题以来，发展中国家与发达国家之间一直存在无法调和的矛盾。以美国、日本、澳大利亚、加拿大等伞形集团国家和欧盟等为代表的发达国家以能力建设议题是个涉及减缓、适应、资金、技术等的交叉议题，不是巴厘路线图的独立要素为借口，多次试图虚化该议题，甚至质疑能力建设能否可以作为一个独立的议题。虽然发展中国家在应对气候变化方面所面临的挑战和形势因各自的国情和经济社会发展水平的差异而有所不同，但基本立场一致，它们普遍认为援助能力建设活动是发达国家应当承担的责任和发展中国家参加履约的前提条件，公约应就下一步能力建设活动做出务实安排。发达国家和发展中国家两大集团的具体分歧主要集中在：对现有能力建设活动执行效果的评判；能力建设的审评机制的实质；能力建设活动的未来安排；等等。

1. 执行效果

发展中国家要求发达国家履行其在公约下的义务，为发展中国家应对气候变化能力建设行动提供资金和技术支持，强调发达国家所提供援助的程度和规模与发展中国家的履约行动相比仍存在巨大的差距，实质性作为甚少。发达国家则认为，它们已经为发展中国家的能力建设提供了很多的资金和技术支持，这些支持也产生了很大的成效；发展中国家的能力建设已经得到很大改观，不应再要求进一步的支持。

2. 审评机制

发展中国家普遍认为，应重点审评发达国家所提供的技术与资金援助的效果，对发达国家所提供的资金与技术援助的规模、受益面的广度、发展中国家在该支持下所取得的能力建设活动效果等方面开展监测和审评，而不是审评发展中国家自身所采取的能力建设行动。发达国家要求开发和使用有效的绩效指标来对发展中国家的能力建设行动进行监测和审评。

3. 未来安排

通过梳理能力建设活动，发展中国家认为，目前的能力建设不能完全满足其在应对气候变化领域的需求，因此有必要筹划设计未来的能力建设工作，在

公约已有机制下或者新建专门的能力建设机制加强能力建设工作。发达国家则强调，能力建设活动的执行通过《马拉喀什协议》确定的能力建设框架及能力建设框架实施情况全面审评完成，不同意增加新的加强能力建设的机制，强烈反对就未来的能力建设做进一步的规划和改善。

（二）面临问题

根据公约第4条第7款，任何将发展中国家关注的问题（如能力建设）边缘化、模糊化、抽象化的做法都将妨碍发展中国家的履约行动，但由于发达国家和发展中国家两大阵营之间很难在能力建设的未来安排等焦点问题上相互妥协，每次会议往往都是在经过激烈的磋商和谈判后形成一份充满各自表述、相互对立内容的文本，文本中的这些内容或者供下次会议继续修改和讨论，或者被授权在某方面的焦点问题上展开谈判，以期在某期限之前达成一致。

自哥本哈根气候变化大会开始，尽管能力建设议题实质性进展不大，但作为"平衡议题"发挥了向发达国家施压的作用。经过广大发展中国家的不懈努力，在能力建设的机制安排、资金支持等方面取得了一定的进展，获得的实质性成果主要包括两个方面：一是由《马拉喀什协议》确定的能力建设框架及每五年一次的能力建设框架实施情况全面审评，《马拉喀什协议》明确要求公约秘书处向每一届公约缔约方大会提交关于实施能力建设框架活动的报告，每次缔约方大会都需要对能力建设问题予以审议；二是能力建设德班论坛，旨在加强对能力建设成效的监测和审查，使缔约方和其他利益相关方能够更好地交流发展中国家能力建设活动方面的建议、分享经验教训和最佳实践。

但是，公约对发展中国家能力建设活动的未来计划没有明确的说明和安排，也未能就加强能力建设的支持和审查发达国家的支持是否充分达成一致。2011年底结束的能力建设框架实施情况第二次全面审评中，最终决议未能确定发达国家的出资义务；2012年、2013年年中召开的德班论坛仅实现了信息交流的功能，未能加强对能力建设成效的监测和审查，也没有对未来的能力建设安排展开讨论。在资金支持的来源问题上，目前公约仍采取了《坎昆协议》的表述，即应由公约附件二缔约方和其他有意愿的缔约方利用现有的和任何未来的资金机制的经营实体，以及通过各种适当的双边、区域和其他多边渠道进行支持，但对于出资多少以及出资的时间安排都没有具体规划。此外，目前由发展中国家提出的关于成立能力建设委员会的提案仍在谈判阶段，前途未卜。

三 能力建设问题未来谈判趋势与展望

回顾能力建设成为独立议题的艰难历程，未来的能力建设谈判同样也难以一蹴而就。2007 年公约长期合作行动特设工作组（The Ad Hoc Working Group on Long－term Cooperative Action under the Convention，AWG-LCA）成立时，能力建设由于不是《巴厘行动计划》的核心要素之一，未能直接成为独立议题。由于发展中国家应对气候变化能力极度低下的现状和能力建设的迫切需求，广大发展中国家在之后的谈判中协同一致，通过长期艰苦的努力，终于在两年后也就是 2009 年底使得能力建设成为独立议题之一，确保了能力建设议题的持续发展。但是随着 AWG-LCA 在 2012 年底结束工作，近两年的能力建设相关谈判仅在 SBI 下进行。在 COP17 上，各方决定建立"加强行动德班平台特设工作组"（ADP，简称德班平台），负责 2020 年后适用于公约所有缔约方的新法律条约制度的具体安排。德班平台明确指出未来将继续能力建设问题的磋商，但目前还没有进入具体议题磋商阶段，所以针对 2015 年新的气候协议下的能力建设议题没有实质内容。而在 SBI 下能力建设谈判也存在陷入僵局的可能。如何确保能力建设问题不被虚化，是未来最重要的谈判任务，其中，明确能力建设问题的未来走向是确保能力建设议题实质性存在的基础。

在未来的能力建设谈判中，首先应承认能力建设的交叉性，同时明确能力建设议题存在的必要性。能力建设问题确实交叉地存在于公约多个议题中，如资金、技术、适应、减缓等议题中均存在能力建设的内容。但必须注意到，目前的议题无法完全覆盖《马拉喀什协议》规定的能力建设需求领域和范围，发展中国家已经获得的支持也不足以满足应对气候变化过程中不断出现新问题、新需求。

其次，针对能力建设议题的特殊性，未来需要设计适用于各个议题能力建设的指导原则，以统一的原则统筹协调所有议题在能力建设方面的需求、支持和成效审查，综合评价各议题的能力建设承诺与已履行支持之间的差距，以及

现有支持与实际需求之间的不足。在此基础上，推动能力建设支持与活动在各层面、各领域的落实，更合理地安排未来的能力建设活动并避免交叉重复。

展望 2014 年及以后的谈判，能力建设议题将在 SBI 和德班平台下艰难推进并取得新的进展。但是，如何协调现有能力建设的机制，并对 2015 年气候协议下的能力建设进行规划，确保能力建设议题的实际落实，尚存在很大的不确定性。这主要是由于发展中国家和发达国家两大阵营在对发展中国家提供的能力建设支持的程度与规模、能力建设支持已取得的成效、发展中国家能力建设的不足和需求、未来加强能力建设的安排等方面存在严重分歧。一直以来，发达国家企图逃避历史责任，试图将发展中国家能力建设问题从谈判桌上挪走或者虚化该议题，这成为能力建设谈判的主要障碍。以美、日、欧为代表的发达国家普遍强调，加强能力建设的德班论坛已经能充分解决问题。而发展中国家集团认为德班论坛只是交流信息经验的平台，并不能实现将现有能力建设的执行情况与未来能力建设的需求相衔接的功能，因此需要在公约下建立一个能力建设统一机制，如能力建设委员会，以完成对各渠道能力建设的审评并指导未来的能力建设。但从目前的谈判进程看，发达国家对建立机制反对立场坚定。当然多重因素决定了要通过谈判达成一致，推进能力建设议题在 SBI 和 2015 年新协议下得到全面、有效落实，切实提高发展中国家应对气候变化的能力，还将经历漫长的博弈过程。

联合国 2014 年气候变化峰会评述 *

张海滨**

摘 要：

联合国 2014 年气候变化峰会是 2014 年全球气候治理和谈判进程中的一件大事。此次峰会被联合国定位为不是气候谈判的一部分，而是为 2015 年巴黎气候变化谈判的如期完成造势、凝聚政治共识和政治推动力以及催化国家行动的一次铺垫性会议。峰会取得不少成果，国际舆论普遍给予积极评价。潘基文积极倡议召开联合国 2014 年气候变化峰会的深层原因有三：第一，联合国气候谈判进展缓慢，气候变化风险加剧，联合国的作用受到质疑，联合国面临巨大压力。第二，潘基文本人对气候变化议题高度重视，有意将应对气候变化作为其政治遗产。第三，当前在联合国议程上通过召开气候变化峰会聚焦气候变化问题，具有转移国际社会对联合国安理会改革的注意力、降低日本"入常"可能性的"协同效应"。此次峰会的重要性主要体现在三方面：一是峰会将有力推动世界重新将注意力聚焦于气候变化问题，形成有利于气候谈判的国际政治和舆论环境，起到为气候谈判造势的作用。二是峰会将通过敦促各国领导人提出雄心勃勃的国家气候计划，走出应对气候变化将妨碍经济发展的认识误区，为后续气候谈判和全球可持续发展注入观念和行动上的正能量，起到为推动气候谈判积蓄行动能

---

* 本文受 2012 年国家科技支撑计划课题"气候变化与国家安全战略的关键技术研究"（编号：2012BAC20B06）的资助。

** 张海滨，男，北京大学国际关系学院教授，博士生导师，主要从事国际环境和气候政治、中国环境外交和联合国及全球治理研究。

量的作用。三是峰会为各国开展多边外交、展现负责任的国家形象提供了重要平台。此次峰会能否取得成功关键看两点：首先，从最直接的标准看，取决于 2015 年巴黎气候变化大会能否成功举行。其次，从更深层次的角度看，取决于峰会能否强化各国政治意愿，凝聚强大的政治推动力，弥合各方在"共区原则"、减排目标、资金、技术等关键议题上的分歧，形成共识，最终在巴黎达成新的国际气候协议。中国为峰会的举行发挥了积极的建设性作用。

关键词：

联合国 2014 年气候变化峰会　潘基文　2015 年巴黎气候变化大会
联合国 2009 年气候变化峰会

联合国 2014 年气候变化峰会于 2014 年 9 月 23 日在纽约联合国总部举行。包括 120 多位国家领导人在内的政府企业、金融机构和民间组织的代表约 1000 人与会。会议持续了一整天，会议结束时，发表了一份主席总结与成果性文件，包括减排目标、市场融资、碳交易，以及整合政府、商界和民间资源以充分应对气候挑战等内容。此次峰会被普遍认为是 2014 年全球气候治理和谈判进程中的一件大事和一大看点，事关 2015 年巴黎气候谈判进程。本文拟对此次峰会的筹备历程、举办原因及意义和影响等做简要分析。

一　联合国 2014 年气候变化峰会的筹备历程

联合国 2014 年气候变化峰会是由联合国秘书长潘基文倡议发起的。其倡议最早可追溯到 2012 年的多哈气候变化大会。大会期间，潘基文宣布将在 2014 年发起世界气候变化峰会以推动在 2015 年前完成制定 2020 年后适用于《联合国气候变化框架公约》（以下简称"公约"）所有缔约方的法律文件或成果的谈判，这一倡议受到大会的欢迎。多哈会议结束之后，潘基文开始着手峰会的筹备工作。潘基文主要从五个方面推进气候峰会的筹备工作。

第一，会议日程准备。2013 年 9 月 24 日，潘基文在联大开幕式致辞中正式向各国领导人发出邀请，欢迎他们参加 2014 年举行的联合国气候变化峰会，并带上雄心勃勃的减排行动目标。2013 年 11 月 5 日，潘基文在华沙气候变化大会上宣布，联合国 2014 年气候变化峰会定于 2014 年 9 月 23 日在纽约联合国总部举行。各国领导人、商界和市民社会代表将获邀出席。2014 年 8 月 8 日，联合国公布了峰会的初步议程。峰会主要由开幕式（8：30～9：15）、国家行动和目标宣布大会（9：30～13：15）、私营部门论坛高层午餐会（13：30～15：15）、主题研讨会和利益相关方公布各自减缓和适应行动计划（15：30～18：30）以及闭幕式等环节构成。各国领导人的发言预计会占用峰会一半的时间。关于联合国 2014 年气候变化峰会的定位，联合国方面明确指出，此次峰会不是气候谈判的一部分，而是为 2015 年巴黎气候变化谈判的如期完成造势、凝聚政治共识和政治推动力，催化国家行动的一次铺垫性会议。

第二，组织准备。为更好地筹备此次峰会，潘基文在依靠其气候变化团队的基础上，先后任命了多位气候变化特使协助他开展工作。2013 年 12 月 23 日，潘基文任命加纳前总统库福尔和挪威前首相斯托尔滕贝格为联合国秘书长气候变化问题特使；2014 年 1 月 31 日，任命美国纽约市前市长布隆伯格为气候变化问题特使，负责城市与气候变化问题；2014 年 5 月，潘基文任命阿联酋国务部长贾比尔为“能源和气候变化问题”特使；2014 年 7 月 14 日，又任命爱尔兰前总统罗宾逊夫人为气候变化问题特使，接替此前不久被任命为北约秘书长的斯托尔滕贝格。

第三，参会准备。就联合国气候变化峰会的影响力而言，参会的国家领导人数目越多越好。因此，如何动员更多的国家领导人出席此次峰会是会议筹备工作的关键一环。潘基文利用各种双边和多边外交场合，加大工作力度，力争各国领导人能接受邀请，出席峰会。他几乎是逢会必谈气候变化峰会。比如，在 2013 年华沙气候变化大会期间，潘基文与多国谈判代表团团长见面，讨论 2014 年联合国气候变化峰会问题，其中包括与中国谈判代表团团长解振华就此进行了深入交谈①。2014年1月24日，潘基文在达沃斯世界经济论坛上呼吁各国领导人及社会各界领袖带着"雄心勃勃的目标和承诺"去参加气候峰会，以推动其后将在秘鲁举行的公约下的气候谈判。2014年5月，潘基文在访问中国期间，重点议题之一就是与中国领导人讨论即将召开的联合国气候峰会和中国的作用。他在接受新华社记者采访时表示，他此访期间与中国多位领导人就气候变化问题深入交换意见，并当面邀请中国领导人出席此次峰会。2014年6月下旬，在肯尼亚内罗毕召开的首届环境署联合国环境大会上，他也在发言中呼吁各国领导人积极参加9月的联合国气候变化峰会。除此之外，潘基文还利用各种有利时机发表言论，进行参会动员。2014年3月31日，IPCC第五次评估报告第二工作组报告发表后，潘基文立即发表声明，呼吁各国迅速采取行动，在联合国2014年气候变化峰会上做出大胆的承诺。2014年6月初，美国政府公布了《清洁电力计划》，要求电力企业到2030年将二氧化碳排放总量在2005年基础上减少30%。潘基文迅速对此表示欢迎，并借此鼓励其他国家在峰会上提出大胆的国家减排行动目标。

第四，思想准备。潘基文认为，目前在应对气候变化的全球努力中，仍有不少国家还在观望。其中一个重要的原因是，有些人认为应对气候变化会降低促进全球经济增长的能力，会降低国际社会达到千年目标的能力，这是错误的看法。应对气候变化带来的挑战，会让我们所有人能够实现可持续性的增长。为改变上述看法，联合国发布了多份报告帮助"纠偏"，为开好峰会奠定正确的思想和观念基础。2014年6月，世界银行集团和美国气候工作基金会联合发布了一份题为《气候智能型发展：叠加有助于构建繁荣、终结贫困、应对气候变化的行动的效益》的新报告。报告侧重于对巴西、中国、印度、墨西哥和美国五个大国以及欧盟的有关情况进行分析，介绍了五国及欧盟正在实施的清洁交通、工业能效以及建筑节能三大领域政策的效益。世行副行长兼气候变化问题特使蕾切尔·凯特表示，"本报告为采取可挽救生命、新增就业、推

---

① 中新社华沙2013年11月20日电（记者俞岚周锐）：《潘基文：对中国应对气候变化的努力印象深刻》，http://www.chinanews.com/gj/2013/11-20/5527302.shtml。

动经济增长同时减慢气候变化速度的行动提供了依据。如果我们忽视行动契机，则会把我们自身和子孙后代置于危险境地。"① 2014 年 7 月 6 日，一份由联合国支持的气候变化最新研究报告在联合国总部发布，联合国秘书长潘基文在发布会上强调了应对气候变化问题的紧迫性。这份名为《深度脱碳道路》的研究报告由联合国可持续发展网络（SDSN）支持的"深度脱碳道路项目"（DDPP）发起，中、美、英、法、俄等多国研究小组共同参与编撰。报告基于国际社会在 2010 年达成的将地球平均升温幅度限制在 2℃ 以下的目标，为各国寻找建立在低碳能源基础上的实现经济发展的道路。报告指出，低碳发展路径是可行的，但需要全球紧密合作，也需要在 2015 年巴黎气候变化大会上达成新的强有力的全球气候协议。报告为主要碳排放国就如何大幅减排以避免危险的气候变化，同时实现可持续增长提供了新视角，同时也为 2014 年 9 月召开的联合国气候变化峰会提供了重要参考。为配合峰会的召开，进一步催化各国的减排行动，提高公众对应对气候变化紧迫性的认识，2014 年 5 月，潘基文倡议发起的联合国全球脉动行动（United Nations Global Pulse）推出了一项"大数据气候挑战"项目，将一些用大数据研究气候变化对经济的影响的项目通过众包的形式进行发布。

第五，峰会总动员。2014 年 5 月 4～5 日，联合国和阿联酋政府共同举办了"阿布扎比登峰会"（Abu Dhabi Ascent），为联合国气候变化峰会的顺利召开进行全面热身。联合国主管政策协调和战略规划的助理秘书长罗伯特·奥尔（Robert Orr）表示，此次会议的目标是为所有政府提供一个契机，以帮助塑造和准备 2014 年 9 月份的气候峰会。其核心任务是协助各国领导人为宣布大胆行动做好准备，并为大会通过行动计划提供催化剂。为期两天的会议重点讨论了 8 个战略行动领域，其中包括能源效率和可再生能源、短期气候污染物、森林和农田的土地使用、增强气候变化适应能力及韧性、防灾减灾以及气候融资等，其目的是向各国展示：具有成本效益的气候解决方案是现实存在而且有效可行的，通过多边利益攸关方倡议和联盟采取应对行动能够而且正在产生变革性的影响。来自政府、商界和非政府组织的代表共 1000 多人出席了大会，其

---

① 世界银行官网，http：//www. shihang. org/zh/news/feature/2014/06/23/study-adds-up-benefits-climate-smart- development-lives-jobs-gdp。

中包括近 100 位各国的部长。会议结果得到潘基文的充分肯定。此次会议是峰会前唯一一次全球性的造势和热身会议①，堪称峰会的一次总体排练。

在完成上述准备工作之后，联合国 2014 年气候变化峰会的筹备工作已基本就绪。据报道，潘基文的新闻发言人在 8 月中旬表示，虽然尚未到公布参会领导人名单的时候，但承诺参加峰会的各国领导人的数量令他"深受鼓舞"②。潘基文为此次气候峰会的召开可谓煞费苦心。

二 潘基文积极倡议召开联合国 2014 年气候变化峰会的原因

潘基文在许多场合都提到，他倡议召开 2014 年气候变化峰会的主要目的有两个：一方面是为强化各国政治意愿，推动 2015 年前达成具有法律约束力的全球气候变化协议；另一方面是推动各国在基层开展的旨在减少温室气体排放和加强气候适应能力的雄心勃勃的行动。以上只是表面的原因，更深层次的原因有三点。

第一，联合国气候谈判进展缓慢，气候变化风险加剧，联合国的作用受到质疑，联合国面临巨大压力。

2009 年的哥本哈根气候变化大会在国际社会的巨大期待中依然未能达成有约束力的国际气候协议。此后，国际气候谈判从高峰跌入低谷，公约执行秘书德布尔黯然辞职，潘基文及其气候变化团队遭遇很大压力。联合国在全球范围内遏制温室气体排放的努力一度面临重重困难。经过 2010 年坎昆气候变化大会的调整和恢复期，2011 年的德班气候变化大会渐有起色，通过了"德班增强行动平台"。2012 年的多哈气候变化大会通过了包括开启《京都议定书》第二承诺期在内的一揽子决议。但总体而言，谈判进展缓慢，效率不高。与此同时，全球气候变化形势日益恶化，世界各地极端气候事件频发，气候变化风险加剧。这正如潘基文 2014 年 1 月在达沃斯世界经济论坛致辞中谈及发起气

---

① 联合国气候变化峰会官网，http：//www.un.org/climatechange/summit/faqs/。
② Megan Darby, China and US presidents to attend Ban Ki-moon climate summit, http：//www.rtcc.org/2014/07/23/china-and-us-presidents-to-attend-ban-ki-moon-climate-summit/.

候变化峰会的初衷时所言："气候变化这几年来一直是我们议程的最重要课题之一，但是并没有取得太好的令人满意的进展，因为各国利益出现了分歧，缺乏全球一致的愿景。所有的研究和科学家都告诉我们，气候变化让我们和我们的地球遭受巨大的风险，包括我们的社区、我们的企业，不管是大或小都遭受风险，甚至让国家安全也遭受风险，也会导致政治不稳定。"① 国际气候谈判进展缓慢和全球气候变化风险加剧这两个因素的叠加便加剧了所谓"全球气候治理赤字"，令联合国主导的全球气候治理和谈判进程的前景堪忧。联合国的作用也因此受到不少质疑。"冷战"结束以来，气候变化议题因其具有典型的全球性而在联合国的议程上变得日益重要，已成为体现联合国作用的最具显示度的议题之一。潘基文也因此将气候变化问题称为"当今时代的决定性议题"。如果联合国在应对气候变化问题上无所作为或少有作为，将严重影响联合国在 21 世纪的权威性与合法性。当前国际气候谈判正处于十字路口，备受关注的 2015 年巴黎气候变化大会能否如期完成谈判，事关联合国在全球气候谈判和治理中的地位和声誉。身为联合国秘书长的潘基文深知这一点，因此不遗余力，动用联合国秘书长拥有的一切资源，包括全球峰会的倡议权，发起气候变化峰会，意在催化各国行动，促成 2015 年巴黎气候变化大会如期完成谈判，开启全球应对气候变化的新阶段，以充分体现联合国不可替代的重要作用。

第二，潘基文本人对气候变化议题高度重视，有意将应对气候变化作为其政治遗产。

潘基文自 2007 年开始担任联合国秘书长，2012 年连任。目前他的第二任期已过半。作为政治人物，潘基文自然会考虑任职联合国秘书长十年的政治遗产。在要求连任的陈述中，潘基文将应对气候变化和减贫成果作为其第一任期的主要成绩。有关研究表明，潘基文高度重视气候变化问题，上任伊始，就发表了一系列关于气候变化问题的重要讲话和文章，并积极督促八国集团支持联合国框架内的气候变化谈判进程。在其第二任期的五年行动纲领中，潘基文列出了五大优先领域：可持续发展、预防的重要性、一个更安全和更有保障的世

---

① 潘基文：《气候变化让地球遭受巨大的风险》，http://finance.sina.com.cn/world/20140124/190318077670.shtml。熊争艳：《"只要真诚对话，解决一切问题皆有可能"——专访联合国秘书长潘基文》，http://news.xinhuanet.com/world/2014－05/20/c_1110779411.htm。

界、帮助正在转型的国家、为全世界的妇女和年轻人做更多事情。应对气候变化赫然被列为第一优先领域可持续发展的主要内容。他在接受新华社记者采访时明确表示："应对气候变化是我最重要的使命之一。"① 其欲在气候变化领域建功立业，以此作为自己在联合国留下的政治遗产的迫切心情溢于言表。潘基文在其第一任期内发起 2009 年联合国气候变化峰会，力促 2009 年哥本哈根气候变化大会取得重要成果，但未能如愿。2015 年的巴黎气候变化大会将是其任期内展现领导力和政绩的最后机会。因此，潘基文全力以赴，在时隔 5 年后再次倡议举行气候变化峰会，为巴黎气候变化大会的成功奋力一搏。

第三，当前在联合国议程上通过召开气候变化峰会聚焦气候变化问题，具有转移国际社会对联合国安理会改革的注意力、降低日本"入常"可能性的"协同效应"。

2015 年是联合国成立 70 周年。整数年往往是联合国改革呼声高涨之年。2015 年联合国安理会改革的议题被提上议事日程。最近，日本首相安倍晋三的拉美之行已拉开日本寻求"入常"的外交序幕。韩国是坚决反对日本入常的国家。在这种背景下，来自韩国的潘基文秘书长显然没有推动安理会改革，特别是以增加安理会常任理事国为主要内容的安理会改革进程的热情和动力。这从他 2013 年访韩期间公开批评日本的举动可见一斑。潘基文在2013 年 8 月 26 日的记者会上批评日本，认为日本与中国和韩国之间的关系因"历史问题和其他政治原因而持续紧张……这非常遗憾。政治领导人需要有就过去的历史树立正确观点的决心，这将赢得其他国家的尊重与信任。"就日本政府近来修改宪法和增强军事力量的打算，潘基文则指出："日本政治领导人需要深刻自省以及（具备）展望世界未来的视野，评估怎样认识历史以及公正的历史观如何有助于与邻国推进友好关系。"② 由于安理会改革是

① 潘基文：《气候变化让地球遭受巨大的风险》，http：//finance. sina. com. cn/world/20140124/190318077670. shtml。熊争艳：《"只要真诚对话，解决一切问题皆有可能"——专访联合国秘书长潘基文》，http：//news. xinhuanet. com/world/2014 - 05/20/c_ 1110779411. htm。
② 宗和：《潘基文：日本领导人需"深刻自省"》，http：//www. bjnews. com. cn/world/2013/08/27/280461. html。

国际社会的普遍要求，潘基文作为联合国秘书长不可能公开反对。一个"聪明"的做法是通过举行具有强大议题聚焦功能的峰会，高调推进其他议题，如气候变化问题，吸引国际社会的注意力，客观上就会分散国际社会对安理会改革的注意力，弱化其重要性和紧迫性，从而将日本"入常"问题化于无形。这是潘基文倡议气候变化峰会带来的协同效应，也是气候外交的题中应有之义。

综上所述，潘基文倡议召开联合国 2014 年气候变化峰会，主要是为联合国着想，同时也兼顾了他个人的政治考量和韩国的利益，是一石三鸟之举。

三　联合国 2014 年气候变化峰会的成果、特征与意义

联合国 2014 年气候变化峰会是 2014 年全球气候外交的重大事件。关于此次峰会取得的成果，潘基文在其"主席总结暨成果文件"中做了全面总结，主要体现在五个方面：一是各国领导人就在 2015 年巴黎气候大会上达成的富有重大意义和普遍性的气候协议做出了强有力的承诺；二是公共和私营部门明确了气候融资途径；三是政府和企业领导人支持通过多种手段实施碳定价机制；四是证明了提高应对气候的能力是一项明智而必要的投资；五是将建立新联盟以应对各种气候挑战。

与 2009 年的联合国气候峰会相比，此次峰会呈现三大鲜明特色：一是规模更大。120 多个国家的领导人出席会议，大大超过了 2009 年 90 多个国家领导人出席的规模，商界、非政府组织及地方领导人的广泛参与也是上次峰会所缺少的。二是会议筹备更充分。此次峰会的筹备时间长达两年，比较充裕，而 2009 年联合国气候变化峰会的筹备时间不足一年。更重要的是，上次峰会距哥本哈根气候大会仅两个月，间隔太短，各国难以消化峰会成果。此次峰会距巴黎气候谈判一年有余，给各国采取行动留出了比较充裕的时间。三是议程设计更加务实。此次峰会并不涉及气候变化谈判的具体问题，而是特别强调国家采取具体气候行动的重要性，致力于寻找具体的解决方案，用各种国家气候行动来证明应对气候变化和实现经济发展可以做到两不误，相互促进，从而增强各国减排的内在动力。各国政府在峰会上宣布各自的国家减排行动和安排，实

际上是一种无声的竞赛和"暗战"。

众所周知，世界首脑会议是当前全球多边外交中的一种常见而重要的形式，具有三大功能，即：在全球层面聚焦和塑造议题；减少国家间误判，凝聚政治共识；减少中间环节，快速反应，提高合作效率。其意义和作用主要体现在以下三方面。

第一，峰会将有力推动世界重新将注意力聚焦于气候变化问题，形成有利于气候谈判的国际政治和舆论环境，起到为气候谈判造势的作用。

此次峰会是国家领导人参会规模最大的一次全球气候峰会，受到国际社会高度关注。国际社会对气候变化的关注在 2009 年哥本哈根气候变化大会时达到顶峰，此后进入一个低谷期。此次峰会将通过舆论和政治动员，吸引世界关注的目光，使气候变化问题再次升温，为 2015 年巴黎气候谈判的最后冲刺营造出热烈的谈判氛围。

第二，峰会将通过敦促各国领导人提出雄心勃勃的国家气候行动，走出应对气候变化将妨碍经济发展的认识误区，为后续气候谈判和全球可持续发展注入观念和行动上的正能量，起到为推动气候谈判积蓄能量、凝聚政治共识的作用。

当前国际气候谈判正处于提交"国家自主决定的贡献"阶段。为呼应谈判需求，峰会呼吁各国领导人在峰会上提出雄心勃勃的国家气候行动承诺。从峰会的实际成果看，峰会的确促成了一系列减少温室气候排放和增强应对气候变化能力的具体行动，将在一定程度上向世界传达出积极的信号，增强国际社会的信心，推动国际谈判的进程。

第三，峰会为各国开展多边外交、展现负责任的国家形象提供了重要平台。由于气候变化是公认的当今世界面临的最重大的挑战之一，一国在该领域的表现成为评价该国是不是一个负责任国家最具显示度的指标之一。因此，各国无不竞相高举应对气候变化的大旗，争夺应对气候变化的道德高地。此次峰会无疑提供了一个供各国展示其气候外交风采的重要机会和平台。

简而言之，联合国 2014 年气候变化峰会不仅能为 2015 年巴黎气候谈判起到造势和积蓄能量的"催化剂"作用，而且也有助于提升全球化背景下各国的国际责任意识。

四 联合国 2014 年气候变化峰会：一次成功的大会？

中国国家主席习近平 2014 年 5 月 19 日在上海会见联合国秘书长潘基文时表示，中方希望 9 月举行的联合国气候变化峰会取得成功。联合国气候变化峰会能否取得成功，无疑是联合国 2014 年气候变化峰会的最大看点，但同时也是最大难点。

此次峰会能否取得成功关键看以下两点。

首先，从最直接的标准看，取决于 2015 年巴黎气候变化大会能否成功举行。谈到此次峰会，人们自然会联想到 2009 年 9 月 22 日举行的联合国气候变化峰会。当时联合国全体成员国代表，包括 90 多位国家元首和政府首脑参会。时任中国国家主席胡锦涛出席峰会并发表重要演讲。峰会成为此前历史上最大规模的世界气候变化首脑会议，轰动一时。峰会之后，100 多位国家元首和政府首脑又满怀激情奔赴哥本哈根气候变化峰会，甚至参与技术谈判，结果功亏一篑。2009 年的联合国气候变化峰会因此而备受质疑，难言成功。2014 年联合国气候变化峰会的主要目的是为 2015 年巴黎气候变化大会凝聚政治推动力，其成败自然要依据巴黎气候变化大会的结果而定。如果巴黎气候变化大会获得成功，联合国 2014 年气候变化峰会自然功不可没；如果巴黎气候变化大会失败，此次峰会自然会遭人诟病。

其次，从更深层次的角度看，取决于峰会能否强化各国政治意愿，凝聚强大的政治推动力，弥合各方在"共区"原则、减排目标、资金、技术等关键议题上的分歧，形成共识，最终在巴黎达成新的国际气候协议。如果峰会之后，国际气候谈判进程提速，进展明显，就说明峰会的作用凸显，成功的可能性大；反之，峰会成功的可能性就变小。

从目前国际社会和舆论的反映来看，世人对此次峰会取得的成果普遍给予积极评价，但都清楚地意识到此次峰会并未从根本上消除发达国家与发展中国家之间的重大分歧，正如英国《金融时报》9 月 26 日所评论的那样，尽管会议在很多方面都取得了显著进展，但仍然未能消除贫富国家之间的分歧。

总之，此次峰会能否成功，归根结底取决于各国政府能否精诚团结，弥合分歧，携手合作。目前断言为时尚早，判断此次峰会的成功与否不是本次峰会结束之日，而是巴黎气候变化大会落幕之时。

结语：国际气候谈判呼唤榜样的力量

此次峰会的召开堪称巴黎气候谈判前的一次最重要的全球总动员。为保持这种态势，联合国将于2015年6月举行联大气候变化问题高级别会议。在哥本哈根气候变化大会结束5年之后，曾经一度沉寂的国际气候谈判在反思中逐渐走出低谷，正迎来新一轮的高潮。作为国际气候谈判中举足轻重的大国，中国派出了国务院副总理张高丽，并以国家主席习近平特使的身份出席会议。张高丽副总理在主旨演说中具体介绍了1990年以来中国的节能减排行动及其巨大成效，表示将尽快提出2020年后应对气候变化行动目标，努力争取二氧化碳排放总量尽早达到峰值，展示了中方的努力和决心。同时，他还就未来国际气候体制的建立提出了中方的建议。为推动气候变化南南合作，他宣布，从2015年开始，中国将在现有基础上把每年用于气候变化南南合作的资金翻一番。中国还将提供600万美元资金，支持联合国秘书长推动应对气候变化南南合作。另外，此次峰会上，中国的知名企业、城市代表、民间团体积极参与各种边会活动，大力倡导低碳生活，宣传绿色发展理念，使峰会上的中国声音更为积极活跃。中国作为国际气候谈判和治理中积极的和建设性的参与者，其形象在此次峰会上得到充分展示。

让各国政府及其他利益相关方公布各自的减排行动和计划的确是此次峰会的一大创新。各国领导人在峰会上介绍自己国家的减排行动和设想，分享减排经验，将向世界传递一个核心信息——二氧化碳减排不仅是成本的分担，更是机遇的分享。如果世人能走出过去观念上的误区，接受这种新观念，国际气候合作的局面将焕然一新，国际气候谈判将由压力驱动转变为内生动力驱动，巴黎气候大会的前景将更加令人期待。如何能做到这点？每一个国家从我做起，以自身的积极行动做好表率和榜样至关重要。

当前，国际气候谈判形势依然严峻。对于2020年后的国际气候制度安排，自上而下的模式已基本确定，但一些关键分歧依然悬而未决。比如：要不要坚持共同但有区别的责任和义务原则及公约附件一对缔约方的分类；要不要在国家自主提出应对气候变化的贡献之外，通过审评和某种程序迫使一些国家提高减排和支持的力度；各国的减排承诺应当具有何种法律约束力；等等。在资金问题上，发达国家没有体现出任何落实长期资金的意愿，到 2020 年支持资金达到 1000 亿美元的空头支票依然处于"继续动员"阶段，绿色气候资金没有摆脱"空壳化"趋势。

过去 20 多年的国际气候谈判历史表明，靠施压以达到改变别国气候政策的目的，往往收效甚微；相反，通过推动国内的节能减排政策，在全球范围内起到良好的示范效应和引领作用，对世界的影响更大。在气候变化谈判领域，做好自己就能最好地影响别人。当前，面对国际气候变化谈判的僵局，发达国家应承担特殊的责任。这些国家的行动将自然产生广泛的辐射和示范效应，有效推进国际气候合作。总之，巴黎气候谈判要获得成功，国际社会的观念必须转变。而观念的转变有赖于各国的榜样和表率作用，特别是发达国家的表率作用。

科学认识与进展

Scientific Understanding and Process

G.9

IPCC 第五次评估报告第一工作组
报告核心结论与解读[*]

周波涛　巢清尘　黄　磊[**]

摘　要：

2013 年 9 月，IPCC 发布了第五次评估报告第一工作组报告。该报告根据 2007 年第四次评估报告发布以来的最新观测数据和研究文献，全面评估了气候变化自然科学领域的研究进展，为国际社会深入认识和应对气候变化提供了重要科学基础。本文介绍了 IPCC 第五次评估报告第一工作组报告的核心结论，阐述了中国科学界在 IPCC 第五次评估报告第一工作组报告中的贡献，同时对比 IPCC 第五次评估报告第一工作组报告的结论，简要分

---

* 资助项目：国家科技支撑课题"IPCC 第五次评估对我国应对气候变化战略的影响"（2012BAC20B05）资助。

** 周波涛，国家气候中心气候变化适应室主任，博士，研究员，长期从事气候变化机理、气候变化预测预估和古气候模拟研究；巢清尘，国家气候中心副主任，正研级高工，主要从事气候变化诊断分析及政策研究；黄磊，国家气候中心气候变化适应室副主任，博士，副研究员，研究领域为气候变化。

析了我国在气候变化自然科学研究领域的优势与不足。

关键词：

　　IPCC　第五次评估报告　第一工作组报告　气候变化自然科学

2013 年 9 月 23～27 日，政府间气候变化委员会（IPCC）在瑞典斯德哥尔摩召开了第五次评估报告（AR5）第一工作组（WGI）第 12 次会议和 IPCC第 36 次全会，审议通过了 IPCC 第五次评估报告第一工作组报告《气候变化2013：物理科学基础》决策者摘要，并接受了报告全文。IPCC 第五次评估报告第一工作组报告由中国气象局秦大河院士和瑞士托马斯·斯托克教授担任联合主席，来自 39 个国家的 259 位作者历时 5 年多时间共同编写完成。该报告的出台为国际社会认识气候变化奠定了重要科学基础，为掌握气候变化对人类和自然系统的影响以及应对气候变化的挑战提供了坚实基础。

一　第五次评估报告第一工作组报告核心结论

自 2007 年 IPCC 第四次评估报告（AR4）发布以来，随着气候系统观测资料质量和数量的明显提高、气候系统模式的发展以及科学研究的不断深入，国际科学界在气候变化自然科学领域取得明显进展。IPCC 第五次评估报告第一工作组报告对这些最新研究成果进行了综合性评估，主要集中于气候变化事实、气候变化原因和未来气候变化趋势三个方面。IPCC 第五次评估报告第一工作组报告总共约 2500 页，评估了 9200 多篇正式发表的文献（75%以上为 2006 年以后的文献），内容分为 14 章，包括气候系统观测和古气候信息、碳循环和其他生物地球化学循环、云和气溶胶、人为和自然辐射强迫、气候变化检测归因、气候模式评估、未来气候变化趋势预估、海平面变化和气候现象及其与区域气候变化的联系等。第一工作组报告①给出的核心评估结论

---

① IPCC, *Climate Change 2013: The Physical Science Basis. Contribution of Working Group I to the Fifth Assessment Report of the Intergovernmental Panel on Climate Change*, United Kingdom and New York, NY, USA: Cambridge University Press, Cambridge, 2013, 1535 pp.

归纳如下。

1. 气候系统变暖毋庸置疑。20世纪中叶以来观测到的许多变化在几十年到上千年时间尺度上前所未有

自AR4以来,随着卫星资料的使用和一些观测台站观测频次的增加,以及观测仪器性能的改善和观测误差的减小,观测资料在质量和数量上都有了明显提高,并被大量使用到再分析资料中。这些针对大气圈、海洋圈、冰冻圈以及生物圈等气候系统多圈层的不同观测资料,为分析观测到的气候系统变化提供了多种信息来源,增进了对观测资料不确定性以及区域气候变化的理解。气候系统多圈层的一致变化从多种角度印证了近百年全球气候变暖的事实。

(1)气温升高:近130多年(1880~2012年)来,全球地表平均温度上升约0.85℃。全球所有地区几乎都经历着地表增暖的过程。其中,陆地增温大于海洋,高纬度地区大于中低纬度地区,冬半年大于夏半年。与1850~1900年相比,2003~2012年这10年的全球地表平均温度上升了0.78℃。最近30年是自1850年以来连续最暖的三个10年,也是近1400年来最暖的30年。

(2)海洋变暖:近40年来,气候系统增加的净能量中有90%以上储存于海洋,其中,60%储存在海洋上层(0~700米),致使其变暖。海洋上层的热含量增加了17×10^{22}焦耳,洋面附近的升温幅度最大。

(3)冰冻圈退缩:1971年以来全球冰川普遍出现退缩,平均每年约减少2260亿吨的冰体。近20年来格陵兰冰盖和南极冰盖的冰储量在减少。北极海冰范围自1979年以来明显缩小,缩小速率为每10年3.5%~4.1%。

(4)海平面上升:1901~2010年间,全球平均海平面上升了0.19米,上升速率为每年1.7毫米。近期还在不断加速,1971年以来全球海平面平均上升速率为每年2.0毫米,1993年以来更是达到每年3.2毫米。

(5)温室气体浓度增加:自工业化以来,全球大气二氧化碳、甲烷和氧化亚氮等温室气体的浓度持续上升。2011年大气中二氧化碳、甲烷、氧化亚氮等温室气体的浓度分别为391ppm、1803ppb和324ppb,分别比工业化前高出40%、150%和20%,为近80万年来最高。

2. 人类活动对气候系统变化影响明显

辐射强迫能够定量描述人为和自然因素对气候变化的影响。1750 年以来，总辐射强迫为正值，导致了气候系统变暖。1970 年以来，人为辐射强迫呈快速升高趋势，增加速率比之前的年代要快。2011 年人为辐射强迫值为每平方米 2.29 瓦，比自然因素太阳辐照度变化产生的辐射强迫（每平方米 0.05 瓦）高出 40 多倍。1750 年以来二氧化碳浓度增加对辐射强迫的贡献最大，其辐射强迫值为每平方米 1.68 瓦，可见人类活动在气候变暖中的作用。另外，有关人类活动影响气候系统的证据自 AR4 以来也在不断增加，已在海洋变暖、水循环变化、冰冻圈退缩、海平面上升和极端事件变化等诸方面检测到了人类活动影响的信号，对人为变暖的检测归因分析也从全球尺度细化到了区域尺度。据此得出结论：人类活动导致了 20 世纪 50 年代以来一半以上的全球气候变暖。这一结论的可信度在 95% 以上。

3. 未来温室气体继续排放将导致全球气候系统进一步变暖，限制气候变化需要大幅度和持续地减少温室气体的排放

未来在温室气体继续排放的情景下，全球地表温度将继续升高，海洋将持续变暖；一些极端气候事件（如热浪、强降水）发生频率将增加；全球冰川体积和北半球春季积雪范围将进一步减少，北极海冰将继续消融；海平面将继续上升。相对于 1986~2005 年而言，预计 2081~2100 年全球地表平均气温将升高 0.3~4.8℃，海洋上层温度将升高 0.6~2.0℃，全球冰川体积将减少 15%~85%，北半球春季积雪范围将减少 7%~25%，9 月北极海冰范围将减少 43%~94%，海平面将上升 0.26~0.82 米。

累积二氧化碳排放很大程度上决定了 21 世纪末的全球地表温度。即使停止二氧化碳排放，气候变化仍将维持数百年。如果要在可能性大于 33%、50% 和 66% 的条件下实现 2100 年升温不超过 2℃（与 1861~1880 年相比），全球可累积排放的空间分别约为 15700 亿、12100 亿和 10000 亿吨碳。

二 科学看待第五次评估报告第一工作组报告

IPCC 评估报告被普遍认为是国际上最具权威性的评估结论，代表着国际

科学界在气候变化领域中的认知水平，是国际社会认识和了解气候变化、采取应对行动的主要科学依据。IPCC 之前所发布的四次评估报告，无一例外都成为国际社会建立合作应对气候变化机制、采取应对行动的最重要的科学基础。IPCC 第五次评估报告进一步强化了全球变暖的客观事实以及人类活动对全球气候变化的影响，报告的最终结论将使国际社会再次关注气候变化问题，并影响气候变化国际谈判的进程和走向。

（1）客观评价 IPCC 第五次评估报告。IPCC 第五次评估报告第一工作组报告由来自 39 个国家的 259 位科学家经过 5 年多时间编写完成。其间经过了严格的专家和政府评审程序，共收到 54677 条评审意见。报告以更多的观测和研究证据证明了气候变暖的基本事实，进一步确认了人类活动和全球变暖之间的因果关系，强化了应对气候变化的科学合理性，将进一步使其成为一项需要长期关注的全球事务。总体而言，IPCC 第五次评估报告第一工作组报告较为全面、客观地反映了目前国际科学界在气候变化科学问题上的认知水平。

（2）深化了国际社会对气候变化的科学认识。AR5 第一工作组报告主要评估了气候变化的自然科学基础，其重点内容是气候变化的观测事实、气候变化的检测归因和未来气候变化预估。与 AR4 相比，AR5 从更多层面和角度进一步印证了近百年全球变暖的事实。古气候资料的更加丰富以及气候模式性能的不断提升，加深了对气候变化的驱动因子、海平面变化、气候突变，以及气候系统的不可逆性等关键科学问题的理解。人类活动影响气候系统的证据更多、更强，在区域温度变化、水循环、冰雪圈和海洋等方面，提出了人为因素导致气候变化的新证据，人为变暖的检测归因分析也从全球尺度细化到区域尺度。新一代气候系统模式和典型浓度路径（Representative Concentration Pathways，RCPs）新情景被应用于未来近期和长期气候变化预估。模式性能的改进有助于提高未来气候变化预估的可信度。上述方向、方法和工具将是未来气候变化研究的趋势。

（3）为国际社会采取应对气候变化行动提供了重要科学基础。IPCC 第五次评估报告第一工作组报告给出的结论是气候变化影响、适应、减缓和政策的基础。其对全球变暖事实、与人类活动的关系和对未来继续变暖预测的进一步确认将极大地提升国际社会应对气候变化的信心和决心。IPCC 对 2℃温升目标下的累积排放空间进行的量化评估，强化了温升目标与排放量的关系，给出了在不同概率情况下未来总排放空间的选择，限定了未来的总排放空间，必将对联合国气候变化框架公约下的德班平台谈判进程和气候变化国际事务产生重要影响，也为我国和发展中国家综合考虑科学预测性、技术可能性和经济可行性下的减排路径提供了多种选择机会。不过，虽然报告中给出了不同可能性水平下的排放空间范围，但国际社会很可能要求选择最紧迫的目标。我国是全球最大的二氧化碳排放国，累积排放和人均排放的优势在逐渐减小，我国在未来温室气体排放空间的谈判上将面临巨大的压力。

三　瞄准国际前沿，提升我国气候变化科学实力

近些年来国家对科技的大量投入、创新人才工程的实施以及国际合作的开展，大大推动了我国气候变化自然科学基础研究的快速发展，并取得了一大批高质量的科技研发成果，培养了一大批中青年科技骨干，得到了国际科学界的普遍认同。我国科技界在参与 IPCC 评估报告中的作用也在不断增强。在 IPCC 第五次评估报告第一工作组报告编写中，中国气象局秦大河院士担任第一工作组联合主席，另有 17 位中国作者参与了报告的编写，发挥了积极的作用，参与人数为历次评估报告之最。我国科研成果被引用的数量也明显增多。在 IPCC 第五次评估报告第一工作组报告引用的 9200 多篇文献中，我国学者（第一作者）的文献约占 2.8%，是第四次评估报告时的两倍①。另外，气候系统模式的研发也取得明显进展。在 IPCC 第五次评估中，我国共有来自中国气象局、中国科学院、国家海洋局及教育部等部门的 6 个气候系统模式参与了模式评估和未来预估研究。这些客观地反映了我国科学界在国际气候变化科学领域的地位和影响。

但是，我们也应该看到，在气候变化自然科学领域，总体上仍是发达国家的话语权更强，我国在一些气候变化核心问题上的研究与发达国家相比仍存在

---

①　巢清尘、周波涛、孙颖、张永香、黄磊：《IPCC 气候变化自然科学认知的发展》，《气候变化研究进展》2014 年第 1 期。

很大差距，针对一些关键科学问题的研究还很不足，甚至存在研究空白。例如，我国在气候变化检测与归因领域的一些工作虽然揭示了温室气体或气溶胶在东亚地区温度、降水和极端气候事件变化中的作用，但是，这些工作所应用的方法基本都是一致性检验的方法，很少应用数理统计方法对这些结果进行分析和推断；我国气候系统模式的精度和包含的物理和化学过程，整体来看还处于中等发展阶段；等等。

从第五次评估报告第一工作组报告中我国科学家的引文来看，领域分布也不均衡。我国比较有优势的领域主要集中在大气观测（第 2 章）和区域研究（第 14 章）、在古气候（第 5 章）、云和气溶胶（第 7 章）、气候模式（第 9 章）方面有一些特色，但在海平面变化（第 13 章）和海洋观测（第 3 章）以及气候变化检测归因（第 10 章）等领域的引文数很少①。另外，我国在气候变化的基础能力方面与发达国家相比也有较大差距，比如全球基本气候要素数据集，这些工作既涉及数据质量控制、整编等基础性业务工作，也涉及数据均一化处理等研究方法。

因此，今后仍需瞄准气候变化科学国际前沿，进一步加强气候变化的基础科学研究，进一步提高国内气候变化领域科学研究水平，不断深化气候变化科学认知水平，特别是针对一些关键问题，如气候变化检测与归因、气候系统模式、气候敏感性、气候变化预估技术方法和不确定性以及温升与累积排放关系等。另外，还需高度重视气候变化基础性工作，如长序列、标准化的全球或区域基础气候变量数据集建立。通过这些研究和技术开发，全方位提升我国应对气候变化的科技支撑能力和国际话语权。

---

① 吴灿、贾朋群：《中国的声音在提高——基于 IPCC 第五次评估第一工作组报告的文献计量分析》，《气候变化研究进展》2014 年第 1 期。

G.10
IPCC 第五次评估第二工作组
报告的核心结论与解读*

李修仓 姜 彤 巢清尘 许红梅 袁佳双 林而达**

摘 要:

政府间气候变化专门委员会（IPCC）于2014年3月发布第五次评估报告第二工作组报告《气候变化2014：影响、适应和脆弱性》。本文对该报告进行了介绍和解读，归纳整理了报告的主要结论，分析了该报告对我国应对气候变化的新启示。IPCC第五次评估报告第二工作组报告聚焦于气候变化风险的评估和管理，基于最新的科学文献和更多的证据，阐述了自2007年IPCC第四次评估报告以来气候变化对水资源、粮食生产等自然和人类社会系统产生的更为广泛的影响。报告通过对未来不同领域、区域以及关键风险的评估，指出了不同升温下全球所面临的气候变化风险水平；报告强调了通过适应和减缓气候变化，以风险管理为目标，推动建立具有恢复能力的可持续发展社会的重要性。作为国际社会认识和应对气候变化的重要科学依据，IPCC第五次科学评估报告的相继发布，对正处于艰难阶段的2020年后国际气候制度的德班平台谈判，以及2014年联合国气

---

* 本文由"十二五"国家科技支撑计划（2012BAC20B05）和国家重点基础研究发展973计划项目（2012CB955903）资助。

** 李修仓，国家气候中心气候与气候变化服务室工程师，南京信息工程大学气象灾害预报预警与评估协同创新中心骨干专家，研究领域为气候变化与水文水资源；姜彤，国家气候中心研究员，研究领域为气候变化影响与灾害风险管理；巢清尘，国家气候中心副主任，研究领域为气候变化科学与政策、气候诊断分析；许红梅，国家气候中心研究员，研究领域为气候变化影响评估；袁佳双，中国气象局科技与气候变化司气候变化处处长，研究领域为气候变化科学与政策；林而达，中国农业科学院农业环境与可持续发展研究所研究员，研究领域为气候变化与农业。

候变化峰会将产生重大影响①。

关键词：

IPCC AR5　气候变化　影响　适应　脆弱性

一　前言

2014 年 3 月，政府间气候变化专门委员会（IPCC）正式发布第五次评估报告第二工作组（AR5 WG Ⅱ）报告《气候变化 2014：影响、适应和脆弱性》。该报告与 2013 年发布的第一工作组报告《气候变化 2013：自然科学基础》和 2014 年发布的第三工作组报告《气候变化 2014：减缓气候变化》，共同构成了目前对气候变化事实、影响、适应和减缓的现状与未来的最全面权威的科学评估，继续成为国际社会认识和应对气候变化的重要科学依据。

1988 年，根据联合国大会关于保护气候的决议，世界气象组织（WMO）与联合国环境规划署（UNEP）联合成立政府间气候变化专门委员会（IPCC），由各国推荐最优秀的科学家组成三个工作组，分别针对气候与气候变化科学事实、气候变化影响和适应以及减缓气候变化三个方面撰写评估报告。迄今为止，IPCC 已于 1990、1995、2001、2007 年先后发布四次气候变化科学评估报告。报告面向各国决策者，提供全面详尽的气候变化信息，对气候变化国际谈判具有极强的政策指示性作用。

IPCC 第五次评估报告第二工作组报告的编写团队由来自 70 个国家的 309 位科学家组成，其中包括 12 位中国作者，历经 6 年的编写过程，最终形成共 30 章 2700 余页的《气候变化 2014：影响、适应和脆弱性》报告。该报告基于全球范围的最新科研成果，对全球和区域的气候变化影响、适应和脆弱性进行了全面评估，涉及气候变化对自然生态系统和关键经济部门的影响、气候变化影响的归因和脆弱性，以及气候风险及适应选择等问题。在详细的主报告基础

---

① IPCC，*Climate Change 2014*：*Impact Adaptation and Vulnerability*，Cambridge：Cambridge University Press，2014（IPCC 第五次评估报告第二工作组报告）。

上，IPCC AR5 WG Ⅱ 又同时发布了针对不同读者群的决策者摘要（Summary for Policy Makers，SPM）、技术摘要（Technical Summary，TS）等精炼报告。此外，IPCC 还发布了涵盖三个工作组报告主要内容的综合报告（Synthesis Report，SYR）。

二 第五次评估报告第二工作组报告主要结论

（一）气候变化已经产生的影响

IPCC 第五次评估报告第二工作组报告在第一工作组报告评估的气候变化事实[①]的基础上，进一步确认了气候变化对自然和人类系统已经产生了广泛的影响。其中，自然系统相对于人类系统而言，受气候变化影响的证据最为有力和全面，同时人类系统的某些影响也可以归因于气候变化。

水资源：评估结果表明，受降水变化和冰雪消融的影响，全球许多地区的水文系统正在发生改变，并已影响到水量和水质；许多区域冰川持续退缩，影响到下游的径流和水资源供应；气候变暖也使高纬度地区和高海拔山区的多年冻土层融化，对地表、地下水资源以及其他一些行业部门或基础设施造成诸多影响。对全世界 200 条大河的径流量观测揭示出，有三分之一的河流径流量发生趋势性的变化，并且以径流量减少为主。

生态系统：气候变化已导致某些生物物种的数量、活动范围、习性及迁徙模式等发生了改变。评估结果表明，1982～2008 年期间北半球生长季的开始日期平均提前了 5.4 天，而结束日期推迟了 6.6 天；2000～2009 年全球陆地生产力较工业化前增加了约 5%，相当于每年增加了（26±12）亿吨陆地碳汇。部分区域的陆地物种每 10 年向极地和高海拔地分别平均推移 17 公里和 11 米。

农业：气候变化对农作物产量有利有弊，但总体来看不利影响比有利影响

---

① IPCC，*Climate Change 2013：The Physical Science Basis*（Cambridge：Cambridge University Press. 2013）.

更为显著。不同区域、不同作物受气候变化影响程度也有差异。小麦和玉米产量所受到的不利影响要高于水稻和大豆等作物。极端气候事件可导致粮食和谷类作物的歉收，从而引发这些农产品价格的上涨和粮食安全问题。

人体健康：气候变暖导致某些区域与炎热有关的死亡率增加，而与寒冷有关的死亡率下降。某些地区气温和降雨的变化已改变了一些水源性疾病和疾病虫媒的分布。但总体来看，与其他胁迫因子的影响相比，目前气候变化引起人类健康不良的负担相对较小，且没有得到充分量化。

此外，AR5 WGⅡ报告也对气候变化下复杂世界的脆弱性和暴露度进行了评估，指出由于区域发展过程的差异，非气候因子和多方面的不公平造成了区域之间脆弱性和暴露度的差异，由此导致所面临气候变化风险和应对气候变化能力的区域差异。近年来，全球许多极端气候事件（如热浪、干旱、洪水、台风等）的影响表明人类社会和某些生态系统对当前气候变化具有明显脆弱性和暴露度。气候变化可能增加一些地区原有的发展压力，影响当地居民特别是贫困人口的生产生活。存在暴力冲突的不稳定地区对气候变化的脆弱性较高，应对气候变化不利影响的能力也很低。

（二）未来气候变化的可能影响和风险

AR5 WGⅡ报告采取不同升温水平评估了未来气候变化对水资源、生态系统等11个领域和亚洲、欧洲等9大区域（大洲）自然生态系统与人类活动的可能影响，同时考虑不同领域和不同区域的适应潜力，预估了不同升温水平和适应措施下领域或区域所面临的风险，并提出相应的适应措施。报告认为，除自然生态系统的被动适应外，人类社会正基于观测和预测到的气候变化影响，制定适应计划和政策，采取了一些主动适应的措施，并在发展过程中不断积累经验，努力实现可持续发展。

1. 主要领域面临的可能影响和风险

水资源：随着温室气体浓度的增加，水资源面临的可能影响和风险将显著增加。干旱亚热带大部分区域的可再生地表和地下水资源在21世纪将显著减少，部门间的水资源竞争恶化。生态系统：评估表明，由于气候变暖和其他压力（栖息地改变、过度开发、污染及物种入侵等），21世纪及之后，陆地和淡水物种都面临更高的灭绝风险。有些生态系统在 21 世纪将面临突变和不可逆变化的高风险，如寒带北极苔原和亚马孙森林。粮食生产与粮食安全：如果没有适应，局地温度比 20 世纪后期升高 2℃ 或更高，预计除个别地区可能会受益外，气候变化将对热带和温带地区的主要作物（小麦、水稻和玉米）的产量产生不利影响。预估 2030～2049 年间，粮食产量在 −25%～10% 之间波动，产量减少或增加与作物种类、产区和气候变化适应情景密切相关。2050 年后，粮食生产的风险将迅速增加，这同样取决于气候变化水平。海岸系统和低洼地区：气候变暖的情形下，海平面上升，海岸系统和低洼地区遭受淹没、海岸洪水和海岸侵蚀等不利影响的风险不断增加。由于人口增长、经济发展和城镇化，未来几十年沿岸生态系统的压力将显著增加；到 2100 年，东亚、东南亚和南亚的数亿人口可能受到影响。人类健康：气候变化将通过恶化已有的健康问题来影响人类健康，可能加剧很多地区尤其是低收入发展中国家的不良健康状况。经济部门：对于多数经济部门来说，非气候因素（如人口、年龄结构、收入、技术、规章及治理等方面的变化）的影响比气候变化的影响更大，而气候变化对全球经济的影响尚很难定量估算。据不完全统计，2℃ 左右的升温可能造成的全球年均经济损失占总收入的比例介于 0.2%～2.0% 之间。城市和农村：城市地区是气候变化风险集中的区域，提高恢复能力和可持续发展水平的行动能够加快城市适应气候变化的步伐。农村地区则更多面临水源供应、食物安全和作物歉收的风险，这些重大影响也大都与气候变化有关。

2. 各大区域面临的可能影响和风险

AR5 WGII 报告用 10 个章节对全球各区域受到的气候变化的影响和面临的风险分别进行了评估（见图 1），相对于工业化前温升 1℃ 或 2℃ 时，全球所遭受的风险总体上处于中等至高水平，而温升超过 4℃ 或更高将处于高或非常高的风险水平。以亚洲为例，该区面临的关键风险包括冰川消融、冻土退化及洪涝干旱灾害增多等，陆地、海岸和海洋生态系统、粮食生产都将受到气候变化的影响。

适应措施方面，非洲多数国家已经启动治理系统适应气候变化，如灾害风险管理、技术体系调整和基础设施改善、基于生态系统的途径和基本公共健康措施，以及生计多样化等。欧洲各级政府制定了适应政策，并已经把适应规划整合到海岸带和水管理、环境保护和土地规划，以及灾害风险管理中；亚洲通

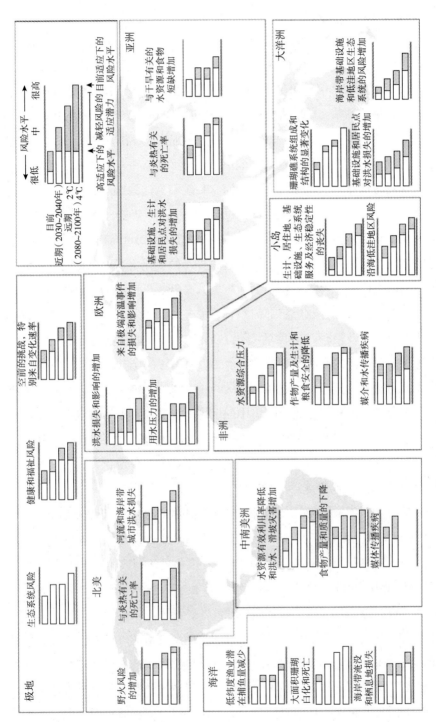

图 1　全球各区域气候变化风险和减轻风险的适应潜力

过将气候变化适应性措施纳入国家发展规划、早期预警、综合水资源管理和海岸带植树造林等领域，有效促进了气候变化适应。大洋洲关于海平面上升和南部水资源短缺的规划已经被广为采纳；北美洲各国政府积极参与适应评估和规划，特别是出台了一些保障城市能源和公共基础设施长期投资的前瞻性适应措施。中南美洲正在形成基于生态系统的适应性措施（自然保护区、保护协议、社区管理）；可恢复作物品种、气候预测和水资源综合管理已被一些地区的农业部门采纳。北极区域的一些社区结合传统和科学知识，开始部署适应管理战略和通信基础设施。小岛屿区域具备多样化自然和人文属性，当与其他发展行动相结合时，基于社区的适应措施已经展示了较高的效益。海洋国际合作和海洋空间计划已开始促进对气候变化的适应，但面临空间尺度和管制问题的挑战。

（三）降低和管理气候变化风险的基本途径

1. 以风险管理为切入点评估气候变化的影响和适应

与前四次 IPCC 评估报告不同，IPCC-AR5-WG Ⅱ 报告以气候变化风险及其管理为核心，通过对危害、影响和风险等基本概念的清晰界定[①]，认为气候变化带来的风险会对自然系统和人类社会经济过程同时产生影响，经济发展、适应、减缓和相关治理过程又将减弱气候变化风险。自然气候变率、人为气候变化、影响、适应及减缓等过程不再是简单的单向线性关系，而是一个复合联系、相互交叉的统一体（见图2）。

2. 气候恢复能力路径是积极应对气候变化及其影响的可持续发展之道

AR5-WG Ⅱ 报告强调，适应措施和减缓措施对不同时期的气候变化其效果有所差异，前者对已经和即将发生的气候变化效果显著，而后者是消除或控制气候变化的长期风险所必需的。目前的适应行动和减缓措施，决定了整个21世纪全球所面临的气候变化风险水平。国家层面上，建立法律框架以及信息共享、政策和财政支持等都将降低风险水平。地方政府和私营部门层面上，既需

---

① 危害通常指与气候相关的事件、趋势对人员生命财产和健康造成的损害。影响通常指极端天气和气候事件以及气候变化对自然和人类系统的影响。风险通常指不利气候事件发生的可能性及其后果的组合。

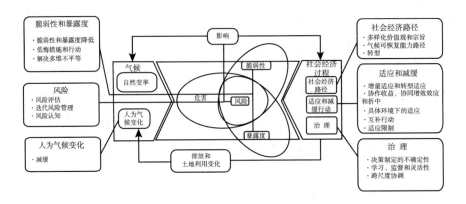

图 2   IPCC-AR5-WG Ⅱ 报告以风险管理为切入点评估气候变化的影响和适应

注：气候变化风险是由气候系统（左侧）和社会经济发展过程（右侧）共同驱动的，其核心要素包括气候变化的危害、脆弱性和暴露度等。气候变化风险管理涉及对未来社会发展、经济增长和环境生态产生影响的决定，包括社会经济路径、适应和减缓行动及治理措施等。

要配合国家层次的行动，也需在促进社区和家庭风险管理方面起更大作用。风险管理方法不具有普适性，适应行动和减缓措施都需因地制宜。

适应是 IPCC 历次报告的重要内容。AR5 报告用 4 个章节的篇幅归纳了气候变化的适应需求、选择、计划和措施，同时将适应的内容贯穿于不同领域和区域的章节。报告指出，气候恢复能力路径是适应与减缓气候变化及其影响的可持续发展之道（见图 3）。与 AR4 相比，AR5 适应的内容有明显的科学创新：一是从 AR4 报告中自然环境和生态系统的适应，发展到 AR5 报告中自然和人类社会经济系统的主动适应。认为适应是人类社会面临气候变化不利影响和风险的主动行为，而迭代风险管理是实现人类社会主动适应的有效决策方式之一。二是以气候灾害风险管理来构建气候恢复能力路径的适应措施得到高度重视。结合 IPCC SREX 报告中的灾害风险管理框架，深入阐述了风险是气候变化和人类社会发展之间的相互作用，并通过暴露度和脆弱性变化表现出来。明确了通过灾害风险管理，增强人类社会系统的恢复能力是适应气候变化和减少脆弱性和暴露度的有效途径。三是评估了适应的作用、适应的局限和适应的转型。注重适应的协同作用、迭代学习和综合效应，提出了适应气候变化成本，并认为适应目标的调整可以带动政治、经济和技术体系的转型，推动可持续发展。

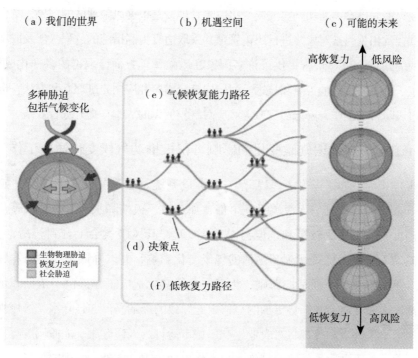

**图3 包括气候变化在内的各种胁迫因子下我们的世界面临的
机遇空间和气候恢复能力路径**

三 对我国应对气候变化工作的启示

（一）高度重视气候变化风险，大力提升风险管理能力

我国区域性干旱增加、暴雨发生频次增多、高温热浪明显、低温冷冻时有发生、登陆台风强度增强的趋势将在21世纪进一步持续。届时，我国粮食、水资源、生态、能源等方面的安全保障将面临巨大风险。在国家的高度重视下，气象部门开展了极端天气气候事件及重大气象灾害的监测与预测、风险普查以及风险区划等工作，我国应对极端气象灾害能力得到明显提高。我国极端天气气候灾害造成的人口死亡由1990年近7000人下降到2013年的1500人，经济损失由占当年GDP的5%~6%下降到2013年的2.13%。但是，近年来暴雨诱发的中小河流洪水和山洪地质灾害等一些新的风险凸显，我国快速城镇化进程中人口和财富进一步集中，极

端气候灾害的风险不断加剧。气候变化风险管理,是根据风险评估的结果,结合经济、社会及相关因素对风险进行决策管理并采取适宜控制措施的过程,涉及成本和收益两个方面。IPCC 报告提供了许多国家在风险管理方面已取得的多样化成果,也提供了可参考借鉴的策略和技术。我国应充分借鉴和应用先进理念和方法,进一步推进风险管理工作,降低防灾减灾和应对气候变化的成本,提升综合效益。

(二)客观认识气候变化的影响,积极推动气候变化适应工作

报告认为,如果温升 1 ~ 2℃,一些濒危系统就会遭受极高的风险,如北极海冰系统和珊瑚礁。而极端天气事件,如热浪、极端降水、沿海洪水等,在当前温度条件下还比较缓和,但当温升 1℃时,其风险就会上升到较高水平。适应的动力来源于已观测到和预估的气候变化影响,并以降低脆弱性和发展为目标。报告提供的有效适应原则,为开展气候变化适应工作提供了依据。预计中国地区未来气温上升趋势更加明显,由此导致的极端高温、强降水、区域性和阶段性干旱事件增多等都将对农业生产、城市运行、人体健康、能源调度等产生重要影响。如不采取有效适应措施,损失将更为严重。此外,我国幅员辽阔,气候复杂多样,气候变化及其影响存在着区域差异,气候变化适应行动也将具有多样化和区域特色。我国应坚持以适应为主导,通过优选不同地区、行业和领域适应措施,重视极端天气气候事件的应对工作,提升气候变化适应能力,使适应气候变化纳入国家经济社会发展的全过程,加快实施"适应气候变化国家战略"。

(三)科学解读 IPCC 报告,加强科普宣传和舆论引导

IPCC 评估报告由各国政府推荐的科学家编写完成,其评估过程经过各国专家和政府的多轮评审,程序公开透明。第二工作组报告基于对气候变化影响、适应和脆弱性最新研究成果的客观评估,全面反映了科学界关于提升气候变化适应能力和管理未来风险等方面最权威的科学认知。该报告的发布一方面将对国际科学界和政界产生深远影响,另一方面也必将再次引起公众对气候变化影响和适应问题的高度关注。因此,我们应该充分认识到气候变暖已经产生了广泛而深远的影响这一事实,加强气候变化科普宣传和舆论引导工作,为积极应对气候变化、促进社会经济可持续发展和建设生态文明创造良好的社会氛围。

G.11

IPCC 第五次评估第三工作组报告
最新结论的解读分析*

傅莎 邹骥 张晓华 祁悦**

摘　要：

2014 年 4 月最新发布的 IPCC 第五次评估第三工作组报告基于全球范围的最新研究成果，重点围绕如何实现全球 2℃ 温控目标这一核心问题，对减缓气候变化的原则及概念框架、温室气体排放趋势和影响因素、减缓的目标与路径、行业部门的减排潜力与成本、国际气候体制与国内及区域政策、气候融资等问题做了全面评估，系统给出了有关实现 2℃ 温控目标涉及的原则和框架性问题、历史轨迹、未来排放空间和路径、部门减排要求和可行性以及国家、区域、国际层面的政策和资金需求等的一系列重要结论。报告已成为各国利用社会科学、自然科学和技术科学多学科评价争夺政治话语权的重要平台。本文对报告的一些主要结论及其政策含义进行了初步分析解读，以期对我国下一阶段谈判及国内相关工作提供更好的支撑。

关键词：

IPCC 第五次评估　第三工作组　减缓气候变化

---

* 本文受 CDM 基金项目 "IPCC 第五次评估报告第三工作组支撑研究" 资助。

** 傅莎，女，博士，国家应对气候变化战略研究和国际合作中心助理研究员，主要从事减缓气候变化政策和能源系统建模分析研究；邹骥，男，国家应对气候变化战略研究和国际合作中心副主任，教授，博士生导师，IPCC 第五次评估第三工作组第 13 章主要协调作者，主要从事减缓气候变化政策研究；张晓华，男，博士，国家应对气候变化战略研究和国际合作中心助理研究员，主要从事减缓气候变化政策、应对气候变化国际体制和能源系统分析方面的研究；祁悦，女，博士，国家应对气候变化战略研究和国际合作中心助理研究员。

IPCC 第三工作组第 12 次会议于 2014 年 4 月 7～11 日在德国柏林召开，各国政府代表对报告决策者摘要进行了逐行审议，第五次评估第三工作组报告《气候变化 2014：减缓气候变化》及其决策者摘要最终于 2014 年 4 月 12 日的 IPCC 第 39 次全会上通过。

报告基于全球范围的最新研究成果，聚焦于减缓气候变化问题，重点围绕全球相对于工业化前温升不超过 2℃这一核心目标，对减缓气候变化的原则及概念框架、温室气体排放趋势和影响因素、减缓的目标与路径、行业部门的减排潜力与成本、国际气候体制与国内及区域政策、气候融资等问题做了全面评估，系统给出了有关实现 2℃温控目标涉及的原则和框架性问题、历史轨迹、未来排放空间和路径、部门减排要求和可行性以及国家、区域、国际层面的政策和资金需求等一系列重要结论。

与第一、第二工作组不同，第三工作组报告对减缓气候变化的社会经济评价受伦理、价值判断和利益取向的影响更大，与公约谈判和国别政策决策的联系更为直接、紧密和广泛，其结论必将直接成为谈判和国别政策制定的重要依据，对现阶段正在进行的 2020 年后国际气候体制谈判的走向产生重要影响[1]。因此 IPCC 第三工作组报告已经成为各国利用社会科学、自然科学和技术科学多学科评价争夺政治话语权的重要平台。

本文对报告的一些主要结论及其政策含义进行了初步分析解读，以期为我国下一阶段谈判及国内相关工作提供更好的支撑。

一　IPCC 第五次评估第三工作组最新进展[2][3]

与第四次评估报告相比，IPCC 第五次评估第三工作组报告呈现如下特点。

---

① Decision 1/CP. 17, 2011. Establishment of an Ad Hoc Working Group on the Durban Platform for Enhanced Action.

② IPCC, Summary for Policymakers, In: *Climate Change* 2014, *Mitigation of Climate Change*, *Contribution of Working Group III to the Fifth Assessment Report of the Intergovernmental Panel on Climate Change*, Cambridge University Press, Cambridge, United Kingdom and New York, NY, USA, 2014.

③ IPCC, *Climate Change 2014*, *Mitigation of Climate Change*, *Contribution of Working Group III to the Fifth Assessment Report of the Intergovernmental Panel on Climate Change*, Cambridge University Press, Cambridge, United Kingdom and New York, NY, USA, 2014.

1. 报告以风险管理和不确定性为切入点，采用了紧密围绕全球相对于工业化前温升不超过 **2**℃这一全球政治共识的新的思路主线

与第四次评估报告不同①，此次评估报告采用了新的自上而下的思路主线，紧密围绕全球相对于工业化前温升不超过 2℃这一目标，以风险管理和不确定性为切入点，在考虑减缓气候变化的价值判断、伦理、公正、公平和可持续发展等框架性问题的基础上，基于对过去和当前的排放趋势的分析识别减缓气候变化的挑战，基于情景分析给出与一系列浓度目标一致的长期减缓路径，进而识别给出不同经济部门的可行减缓选择和相应的政策选择。了解报告的这一思路主线有助于更好地理解和梳理报告内容。

2. 报告强化了对减缓气候变化的框架性问题的评估

与第四次评估报告相比，本次报告设置专门章节（第 2～4 章）强化了对应对气候变化政策的集成风险和不确定性，社会、经济、伦理的概念和方法，以及公平和可持续发展等减缓气候变化相关的框架性、概念性、基础性问题的探讨和评估。

3. 报告紧扣全球 **2**℃温控目标，强化了对最可能实现全球 **2**℃温控目标的低浓度情景的全方位评估。

与第四次评估报告相比，本次报告对未来减排情景的评估呈现如下特征：①最可能实现全球 2℃温控目标的低浓度情景（即 430～480ppm CO_2 当量浓度情景，相当于 RCP-2.6）的数量显著上升，从第四次评估报告的 6 个上升到了本次评估报告的 114 个。②增加了与第一工作组地球系统模型结果的协调，提高了结果的可比性。③探讨了非优化情景，包括限制技术获取性的情景（即限制一些技术如可再生能源、核能、碳捕获与封存技术的获取）和延迟减排情景（即如果允许一些国家延迟采取减缓行动）对实现减缓目标和减排成本的影响。④考虑了更多的技术选择，如生物质能结合 CCS 技术。⑤考虑了综合评估模型（IAM）结果与部门分析结果的协调匹配。

———————————

① IPCC, *Climate Change 2007: Mitigation Contribution of Working Group Ⅲ to the Fourth Assessment Report of the Intergovernmental Panel on Climate Change*, Intergovernmental Panel on Climate Change, Cambridge University Press, Cambridge, United Kingdom and New York, NY, USA.

4. 报告从跨部门的角度侧重评估了城市化进程和城市形态对排放的影响和相应的减缓措施

与第四次评估报告相比，本次报告首次设置单独章节评估人居、基础设施和空间规划问题，从系统优化的角度描述城市能源供应、建筑、交通、工业等各子部门之间复杂的相互作用关系，就人居与温室气体排放的关系、城市系统的排放驱动因子与基础设施、城市空间规划与减缓、城市减缓气候的政策措施等问题开展了综合评估，为如何在城市以及城市化过程中减缓气候变化提供了政策建议。

5. 报告从国别与次国别、跨区域和国际四个层面强化了对减缓气候变化的政策措施的评估，并设置单独章节讨论资金问题

与第四次评估报告相比，报告增加了对政策工具的评估，特别是加强了对政策综合效果、政策障碍以及不同政策措施之间的协同与权衡效果的评估。此外，报告首次增加了对跨区域和次国别层面的气候政策的深入评估。

二 本次报告的核心结论和解读①②

1. 报告强调"经济和人口增长是驱动温室气体排放的主要因素。1970 年以来的 CO_2 累积排放约占总历史累积排放的一半，最近十年是排放增长最多的十年"

报告基于对温室气体历史排放趋势及其驱动因子的评估指出：尽管全球已经采取了众多减缓措施和行动，全球人为温室气体排放仍持续上升并达到前所未有的水平。2010 年的全球人为温室排放达到了（490 ± 45）亿吨 CO_2 当量。2000 ~ 2010 年是排放增长最多的十年，温室气体排放的年均增速从 1970 ~

---

① IPCC, Summary for Policymakers, In: *Climate Change 2014*, *Mitigation of Climate Change. Contribution of Working Group Ⅲ to the Fifth Assessment Report of the Intergovernmental Panel on Climate Change.* Cambridge University Press, Cambridge, United Kingdom and New York, NY, USA, 2014.

② IPCC, *Climate Change 2014*, *Mitigation of Climate Change. Contribution of Working Group Ⅲ to the Fifth Assessment Report of the Intergovernmental Panel on Climate Change.* Cambridge University Press, Cambridge, United Kingdom and New York, NY, USA, 2014.

2000 年的 1.3% 增长到了 2000~2010 年的 2.2%。CO_2 仍然是主要的人为排放温室气体，占 2010 年温室气体排放总量的 76%，甲烷占 16%，氧化亚氮占 6.2%，氟化物占 2%。基于卡亚分解的结果，人口和经济增长是化石燃料燃烧相关 CO_2 排放增长的主要驱动因子。在近 40 年，人口增长对排放的贡献基本保持稳定，而经济增长的贡献在近 10 年呈现大幅上升的态势。1970~2010 年，即最近 40 年的人为 CO_2 累积排放量约占 1750~2010 年的全部 CO_2 历史累积排放量的一半。来自化石燃料燃烧、水泥生产和天然气燃烧的 CO_2 累积排放总量从 1750~1970 年的（4200±350）亿吨上升到了 1750~2010 年的（13000±1100）亿吨，增长了约 2 倍。而森林和其他土地利用相关的 CO_2 累积排放量也从 1750~1970 年的（4900±1800）亿吨上升到了 1750~2010 年的（6800±3000）亿吨。此外，报告还给出了引入森林和土地利用相关的 CO_2 排放后 CO_2 历史累积排放的区域和国别分布，大幅降低了发达国家在历史累积排放中的比重[①]。

2. 报告基于对基准情景的评估，指出"为了避免对气候系统造成危险的干扰，需要摆脱一切照常的做法"

报告基于对 300 余个基准情景的评估指出：如果没有额外的减少温室气体排放的努力，未来全球排放增长预期将继续由全球人口和经济增长驱动。在不考虑额外减缓行动的基准情景下，到 21 世纪末，全球平均表面温度相对于工业化前（1850~1900 年）将升高 3.7~4.8°C。基准情景下的温室气体浓度将在 2030 年超过 450ppm CO_2 当量，并在 2100 年达到 750~1300ppm CO_2 当量，相当于实现 RCP-6.5 和 RCP-8.0 路径的 2100 年的辐射强度范围。为比较，2011 年的大气 CO_2 当量浓度水平约为 430ppm（不确定性范围为 340~520 ppm）。

3. 报告基于对减缓情景的评估，建立了不同浓度情景和温升之间的关系

报告评估了 900 个减缓情景，这些减缓情景下 2100 年的大气浓度水平处于 430~720ppm CO_2 当量之间，相当于实现 RCP-2.6 和 RCP-6.0 路径的 2100 年辐射强度范围。基于对这些减缓情景的评估，报告给出了不同浓度情景对应

① Elzen, Michel G. J., Oliver, Jos G. J., Hohne, Niklas, et al., "Countries' Contribution to Climate Change: Effect of Accounting for all Greenhouse Gases, Recent Trends, Basic Needs and the Technological Progress", *Climate Change*, 2013, Doi: 10. 1007/s10584 – 013 – 0865 – 6.

的实现将温升控制在相对于工业化前（1850～1900 年）不超过 2°C 的可能性。报告基本将 450ppm CO_2 当量浓度情景（2100 年大气 CO_2 当量浓度控制在 450ppm 左右的情景）等同于 2°C 情景，指出"450ppm CO_2 当量浓度情景很可能（大于 66% 的可能性）将 2100 年相对于工业化前的温升控制在 2°C 以内"。但是报告也没有完全否定其他浓度情景实现 2°C 温控目标的可能性。报告指出："500ppm CO_2 当量浓度情景如果在 2100 年前浓度暂时不出现过冲超过 530ppm CO_2 当量的话，仍有多半可能（大于 50% 的可能性）实现 2°C 温控目标。如果浓度出现过冲超过 530ppm CO_2 当量，则实现 2°C 温控目标可能性将下降到 33%～66%。530～650ppm CO_2 当量浓度情景多半不可能（可能性小于 50%）实现 2°C 温控目标，而超过 650ppm CO_2 当量的浓度情景不可能（可能性小于 33%）实现 2°C 温控目标。"而对于 1.5°C，报告指出仅有有限数量的情景（2100 年浓度小于 430ppm CO_2 当量情景）有多半可能（50% 的可能性）实现将温升限制在 1.5°C 以内的目标，但由于缺少模型比较研究，当前对这一目标进行评估仍存在困难。

4. 报告基于对减排情景的评估指出："实现 2°C 温控目标需要将从目前到本世纪末累积 CO_2 排放量控制在 10000 亿吨左右，在成本最优的情况下，相应的排放路径要求全球 2030 年的排放量需低于 2010 年水平，并在 2050 年实现深度减排"

基于情景评估，报告认为将全球相对于工业化前的平均温升幅度限制在 2°C 以内是可能的，指出"通过采取各种技术措施以及行为改变，有可能将全球平均温度升高幅度限制在超出工业化前水平 2°C 以内。但是，只有通过重大体制和技术变革才更可能将全球变暖幅度限制在不超过各国政府公认的上述阈值的水平"。根据评估，在很可能实现全球 2°C 温控目标的情景（即 450ppm CO_2 当量情景，相当于 RCP-2.6）下，全球从 2011 年到 2050 年的剩余 CO_2 累积排放[①]空间为 5300 亿～13000 亿吨 CO_2，由于一些情景长期依赖于负减排，全球 2011～2100 年的剩余 CO_2 累积排放空间为 6300 亿～11800 亿吨 CO_2。其中 1870～2011 年全球已经排放了 18900（16300～21250）亿吨 CO_2。

---

① 考虑全部温室气体后的 CO_2 空间，包含全部 CO_2，包含森林和土地利用相关 CO_2。

与第三工作组不同，第一工作组[①]以两种方式给出了未来碳排放空间，一方面第一工作组基于 CMIP-5 地球系统模式模拟给出了 RCP-2.6 情景下 2012~2100年间的累积 CO_2 排放[②]空间为 9900（5100~15050）亿吨 CO_2，另一方面第一工作组给出了在大于 66% 的概率下将人为排放引起的温升控制在 2°C（相对于 1861~1880 年）以内，且按 RCP-2.6 考虑非 CO_2 强迫后的 1870 年以来的人为全部 CO_2 排放空间为 29000 亿吨 CO_2，其中至 2011 年已有 18900（16300~21250）亿吨 CO_2 被排放，剩余空间约为 10100 亿吨 CO_2[③]。以上数据均为考虑全部温室气体后的 CO_2 累积排放空间。从上述比较可以发现，由于第一工作组与第三工作组在使用的模型（地球系统模型 ESM 和综合评估模型 IAM）、包含气体的口径（是否包含森林和土地利用相关的 CO_2）、计算温升的起始年（1850~1900 年和 1861~1880 年）、情景数量（第三工作组评估了更多的情景）等方面的差异，两者给出的碳排放空间并不完全一致，但数量大致可比，2011~2100 年的 CO_2 累积排放空间在 10000 亿吨 CO_2 左右。除此之外，第一工作组还给出了将只考虑由人为 CO_2 这一个强迫单独引起的变暖限制在 2°C 以内的累积 CO_2 排放空间，在大于 66% 的概率下，这一空间为 36700 亿吨 CO_2，剩余空间约为 17800 亿吨 CO_2。由于此处只考虑了 CO_2 一个引起温升的强迫，未考虑其他温室气体，所以此数据和上面的结论并不直接可比，可近似视为当量，即所有温室气体的排放空间。

除了排放空间，报告还给出了可能实现 2°C 温控目标的典型排放路径，即"全球 2030 年的温室气体排放要限制在 300 亿~500 亿吨 CO_2 当量，相当于比 2010 年下降 0%~40%，全球 2050 年的温室气体相对于 2010 年应减少 40%~70%，2100 年的全球温室气体排放应减至近零"。

报告特别强调了 2030 年这一年的排放水平对实现全球 2°C 温控目标的重要性，指出"将减缓行动延缓到 2030 年甚至之后将大幅增加转型难度，并降

① IPCC，Summary for Policymakers. In：*Climate Change 2013：The Physical Science Basis. Contribution of Working Group I to the Fifth Assessment Report of the Intergovernmental Panel on Climate Change*，Cambridge University Press，Cambridge，United Kingdom and New York，NY，USA，2013.

② 仅考虑化石燃料、水泥、工业和废弃物处理部门的 CO_2，未考虑森林和土地利用相关 CO_2。

③ 全部 CO_2，包含森林和土地利用相关 CO_2。

低实现全球 2℃ 温控目标的可能性和选择方案。2030 年排放大于 550 亿吨 CO_2 当量的情景均面临如下风险：2030 ~ 2050 年间更高的减排率（年均 CO_2 排放降低 6%）；长期对 CDR 技术的更大依赖；更高的转型风险和更大的长期经济影响。而由于这些风险的存在，很多模型无法在 2030 年排放超过 550 亿吨 CO_2 当量的情况下模拟出可实现 2℃ 温控目标的情景"。

此外，报告还在正文中基于成本最优情景和努力分配方案①给出了实现 2℃ 温控目标对各区域 2030 年和 2050 年的减排要求。

5. 报告强调"全球 2℃ 温控目标的实现需要大规模改革能源系统并重视土地使用，而二氧化碳移除技术（CDR）将成为其中的关键技术"

报告基于全球 31 个模型团队的 1200 个情景（包括约 300 个基准情景和 900 个减缓情景）指出将全球 2100 年相对于工业化前的平均温升控制在 2℃ 以内需要通过重大体制和技术变革才能实现。

为实现全球 2℃ 温控目标，能源供给部门需要进行巨大变革，其温室气体排放需要在未来保持持续下降，2040 ~ 2070 年的排放相对于 2010 年水平需下降 90% 或更多，甚至在很多情景下需要实现负排放。电力部门需要实现深度脱碳，到 2050 年脱碳发电装置的比重应超过 80%。同时，2050 年，零碳或低碳能源供给（包括核能、可再生能源、生物质结合 CCS、结合 CCS 技术的化石能源）占一次能源供给的比重需为 2010 年水平（约为 17%）的 3 ~ 4 倍。

大多数 2℃ 温控情景需要在 2050 年之后利用 CO_2 移除技术（CDR 技术），如生物质结合 CCS 技术（BECCS）和造林等，实现从大气中清除 CO_2。但 BECCS 和其他 CDR 技术的大规模扩散应用还存在极大的不确定性和风险，包括在地质层埋存 CO_2 的风险以及大规模造林造成的土地竞争风险等。

6. 报告指出："实现不同减缓情景的经济成本差异很大，但不会对经济产生重大影响"

报告指出："对减缓气候变化经济成本的估算结果受模型设计和情景假设的影响，差异较大。在成本有效的理想情景下（即假设全球所有经济体立刻

---

① NiklasHöhne, Michel den Elzen& Donovan Escalante, "Regional GHG Reduction Targets Based on Effort Sharing: A Comparison of Studies", *Climate Policy*, 2014, 14: 1, 122 – 147, DOI: 10. 1080/14693062. 2014. 849452.

同时采取减缓措施，有全球统一碳价，所有关键技术的获取都不存在障碍），据估算，为实现450ppm CO_2当量的浓度情景目标，全球将面临的消费量损失为：2030年1%~4%、2050年2%~6%、2100年3%~11%，同时全球消费增速每年将减少0.04~0.14个（中位数：0.06）百分点。"限制特定技术（如可再生能源、核能、CCS等）的获取和允许部分国家延迟采取减缓行动都将大幅增加减排成本。但报告也指出上述估算并未考虑其他的共生效益和风险，且不能用于衡量减缓行动的成本和效益。

7. 报告强调了城市和基础设施对减排的重要贡献

IPCC第五次评估报告首次将城市和基础设施问题单独成章，表明国际层面已充分认识到城市和城市化问题的重要性。报告指出，未来40年，全球将面临城市化的大趋势，全球城市人口将从2011年的52%增长到2050年的64%~69%。未来主要的城市化进程和与之相伴随的基础设施存量的增长将主要发生在发展中国家。城市将成为发展中国家未来的排放主体。城市形态、城市设计和城市连通性是决定城市温室气体排放水平的重要影响因素。在城市化的大背景下，未来最大的减排机会也将存在于快速城市化国家。通过改变新扩建城市的城市形态、加强低碳基础设施建设，改善对土地利用模式与公共交通体系的设计和规划、改变行为模式，将带来大量减排机会。

8. 报告指出"减缓气候变化需要国际合作，共同行动。尽管目前国际气候变化合作机制存在多样化趋势，《联合国气候变化框架公约》仍是国际气候合作的主渠道"

尽管存在一定的争议，将气候变化定义为"全球公共物品问题"（Global Commons Problem）还是在报告决策者摘要中得到了反映。全球公共物品的属性决定了减缓气候变化需要有效的国际合作才能实现。报告指出，虽然当前的国际应对气候变化合作机制存在多样化趋势，特别是2007年之后《联合国气候变化框架公约》（以下简称"公约"）下的相关活动也催生了更多的国际层面气候变化合作机制，但公约仍然是国际应对气候变化合作的主渠道。对《京都议定书》效果的评价仍存在很多争议，但其为进一步促进国际合作提供了可资借鉴的实践经验。虽然目前区域尺度的减缓行动作用有限，但建立不同尺度之间的政策联系可以使减缓和适应产生更多的效益。

主报告中关于国际合作有较大篇幅的论述，包括技术开发和转让、资金、国际气候合作与贸易的关系等，并给出了对国际气候体制进行评价的四个标准：经济绩效、环境绩效、分配效应和制度可行性，且利用这一标准对已有和潜在的国际气候体制开展了评估。但很多结论未能在决策者摘要中得到体现。

9. 报告指出："减缓气候变化行动将产生大量的协同效应，对气候政策的协同效应进行有效管理可更好地奠定采取减缓行动的基础，促进可持续发展"

自第四次评估报告以来，大量研究都试图定量地分析减缓气候变化行动的协同效应，并探索在气候政策和相关部门的政策中扩大协同效应、规避负面影响的途径。本次评估的情景结果指出，在可能实现2℃温控目标的减缓情景下，提高空气质量和保障能源安全的成本都将下降，同时还有利于保障人类健康、保护生态系统和自然资源，并保持能源系统的稳定性；效率提高和行为方式的转变将带来重要的协同效应；在能源终端部门采取减缓行动所带来的协同效应将超过其潜在的负面影响，且通过补充的政策措施，潜在的负面影响是有可能避免的。在可持续发展框架下可对气候变化政策的协同效应进行更为全面的评估，有效管理协同效应可促进可持续发展。

10. 报告强调："应对气候变化需要对现有投资模式进行改变。在适宜的投资环境下，私营部门和公共部门可以共同在减缓气候变化融资中扮演重要角色"

报告指出，虽然尚缺少对气候融资的清晰定义，但经初步估算，目前每年全球气候融资总规模为3430亿~3850亿美元。全球2℃温控目标的实现需要改变现有投资模式和构成。据估算，从2010年到2029年，全球化石燃料开采和发电相关的年投资规模将下降20%（300亿美元左右），而低碳能源领域（可再生能源、核能等）的年投资规模将增加100%（1470亿美元左右）。

关于发达国家流向发展中国家的气候融资规模的评估结果差别很大。公约的官方数据显示，2005年至2010年，附件二国家（OECD国家）为发展中国家提供的气候融资为584亿美元，达到了年均100亿美元的水平。而一些其他报告的评估显示，2011年至2012年发达国家公共部门每年向发展中国家提供的气候资金达到了350亿~490亿美元。

私营部门提供的气候资金约占全球气候融资总量的2/3到3/4。在很多国家，公共部门的投资干预能够对私营部门在气候变化上的投资起到很好的引导作用。良好的投资环境及合理的政策体系对提升私营部门减缓气候变化的投资规模也将起到非常重要的作用。

三 对中国应对气候变化工作的启示

IPCC 第三工作组报告历时 6 年，系统地综述了减缓气候变化的最新研究成果，尽管作为政府间的评估进程，IPCC 报告不可避免地受到政治因素的影响，但总体上还是反映了现阶段国际社会对于减缓问题的主流认识，报告对未来应对气候变化工作的指导意义是值得充分肯定的。报告中很多重要的结论和在这一进程中反映出的问题需要我们在更加长远的尺度上和战略的高度上进行深入的思考。

1. 科学解读和引导 IPCC 结论在国际气候谈判中的使用，规避 IPCC 结论可能对谈判导致的不利影响

IPCC 报告对政治决策进程的影响非常重要。第三工作组报告的很多结论具有很强的政治指向性，与目前新协议谈判中的诸多核心问题密切相关，包括对历史责任的认识、"共区"原则的具体落实、国家自主决定贡献、全球长期目标、资金和技术等。这些结论无疑将在后续谈判中陆续以各种方式引入公约谈判的进程中，在不同程度上影响谈判的下一步走势。

为避免发达国家以其在科学研究上的优势，利用公众和媒体难以全面解读和理解科学评估的复杂性的特点，形成特定话语环境，在政治进程下挟持和片面解读 IPCC 科学结论，误导谈判走向，对中国和其他新兴发展中国家形成"'科学'舆论压力"，我国应及时组织做好对报告相关科学结论的深入分析和解读，并加强相应的科普宣传和舆论引导，引导 IPCC 结论在国际气候谈判中被科学、正确地使用。同时，对于可能对后续谈判造成重大影响的核心问题，如历史责任、2030 年减排要求、资金等，我国还应做好充分的应对预案。

2. 科学认识减缓气候变化的紧迫性，在 IPCC 科学结论的正确引导下加速推动国内低碳发展工作

IPCC 报告进一步强调了实现 2℃温控目标的紧迫性，要求全球实现大规模的前所未有的发展路径的重大转型，包括能源系统和土地利用模式。低碳发

展已经成为全球趋势，且还具有广泛的协同效应，有利于大气污染防治、能源安全、生态系统保护、人体健康等目标的实现。而且 IPCC 报告也对具体实现转型提出了很多实践层面的建议。中国应进一步坚定推动国内低碳创新发展模式的决心，将其作为"转方式，调结构"、建设生态文明、实现两个百年目标的抓手，充分挖掘 IPCC 报告对国内低碳发展的借鉴意义，从国家战略层面加速推动国内低碳发展工作，实现发展模式转型，减少经济对能源资源和环境要素的依赖，培育新的经济增长点和竞争力，真正走上一条高要素效率的发展道路。

3. 应对气候变化需要国际合作，中国应在其中发挥更积极的作用

气候变化问题的全球公共物品属性决定了没有任何一个国家可以独善其身，也没有任何一个或少数几个国家可以独自完成保护气候的任务，而只有通过有效的国际合作才能真正有效解决问题。随着中国经济的发展和排放的增长，作为一个排放超级大国和即将完成工业化进程的新兴发展中大国，中国应逐步由国际应对气候变化进程的积极参与者转变为"公平、有效、共赢"的国际气候制度的制定者和主导者，实现从"顺势而为"到"主动出击"的战略转身，充分展现负责任大国的积极姿态，主动承担与发展阶段、应尽义务和自身能力相称的国际责任。在可持续发展框架和公约原则下，推动气候变化国际合作始终在"正大于负"的良性轨道上发展，为全球应对气候变化做出新的贡献。

4. 重视并充分利用 IPCC 的平台，提高国内减缓气候变化领域的科学研究水平和影响力

IPCC 在未来很长一段时间仍将是气候变化科学评估的重要国际平台。为了在国际气候体制中充分反映自身和发展中国家的利益诉求，中国需要进一步加强对气候变化相关科学和政策问题的研究能力，提升中国科学家在关键问题上的话语权和影响力，并积极参与到有关 IPCC 未来进程的讨论中，就如何进一步提高中国和发展中国家在未来国际减缓气候变化科学评估中的能力和话语权做出下一步工作规划。此外，还应在制定国内科研计划时，考虑与 IPCC 核心问题的衔接，加强国内 IPCC 平台的建设。

G.12

IPCC《对2006国家温室气体清单指南的2013增补：湿地》的简介与对我国影响的分析[*]

张称意　巢清尘　袁佳双[**]

摘　要：

IPCC的《对2006国家温室气体清单指南的2013增补：湿地》是对其清单方法学报告《2006国家温室气体清单指南》的增补。该增补指南的编写是应《联合国气候变化框架公约》科学与技术咨询附属机构（SBSTA）的邀请，由发达国家、发展中国家的专家组成的作者队伍共同完成。该指南由概述、7个独立章和术语表组成，提供了内陆湿地由人类的排干、还湿活动所导致的温室气体排放与吸收，滨海湿地由人类管理活动所导致的温室气体排放与吸收和人工废水处理湿地的温室气体排放与吸收的估算方法与相应的排放因子。该指南的发布可望助推我国湿地保护与可续管理。为了实现我国湿地的资源可持续利用与气候变化应对，充分发挥湿地的碳汇功能，实现增汇减源是我国湿地保护与管理政策制定的重点。

关键词：

湿地　温室气体排放与吸收　排干　还湿　方法学　气候变化政府间专门委员会

---

[*] 本文受气候变化专项课题（CCSF201344）、973项目（2013CB430206）、中国清洁发展机制基金"IPCC第五次评估报告第一、第二工作组报告、综合报告及清单工作组报告支撑研究"项目（2013024）、林业公益性行业科研专项（200804001）资助。

[**] 张称意，男，博士，国家气候中心研究员，主要从事温室气体吸收与清单方法学的研究；巢清尘，女，国家气候中心研究员，主要从事气候变化诊断分析与政策研究；袁佳双，女，博士，中国气象局高级工程师，主要从事气候变化研究与组织协调工作。

IPCC 已发布的《对 2006 国家温室气体清单指南的 2013 增补：湿地》（以下简称《湿地指南》），与其早先发布的《2006 国家温室气体清单指南》相衔接，形成了人类活动导致湿地温室气体排放与吸收估算的较为完整的方法学。为了借鉴国际社会的科学成就与共识，推动我国湿地保护与可持续管理、应对气候变化，特就该报告做简要介绍，并分析其对我国湿地保护、利用管理的影响，进而提出实现湿地增汇减源的决策建议。

一 《湿地指南》编写的背景

早在 IPCC《2006 国家温室气体清单指南》（以下简称《2006 指南》）编写时，专家们就曾注意到因当时科学知识与文献所限，有关湿地恢复、泥炭地还湿等方面的清单方法学指南是不足的，在开展国家层面的湿地温室气体排放与吸收的估算方法学方面也有许多空缺。2010 年 10 月在瑞士召开的"收获木质林产品、湿地和土壤氧化亚氮专家会议"上，与会专家一致认为，在《2006 指南》发布后，有关湿地的最新科学研究结果能够支持湿地恢复、还湿的温室气体排放与吸收估算方法学的编制。2010 年 12 月《联合国气候变化框架公约》科学与技术咨询附属机构（SBSTA）在坎昆会议上邀请 IPCC 准备一份增补指南，从填补《2006 指南》方法学空缺的角度出发，集中关注泥炭地的还湿与恢复。2011 年 3 月，IPCC 正式启动了该指南的编写。来自 UNFCCC 缔约方的发达国家、发展中国家一起向 IPCC 推荐了编写专家。在此基础上，经遴选，最终确定由 75 位专家组成了作者队伍，负责该指南的编写。

在两年多的编写期间内，作者队伍在 IPCC 技术支持组的协助下，先后向世界范围内相关领域的专家、UNFCCC 缔约方各国政府提交了第一修改稿、第二修改稿。有关专家、各国政府对第一修改稿、第二修改稿分别提出了评审意见。作者队伍依照 IPCC 评估报告编写的有关规则，对评审意见逐一进行了回应，并对采纳的评审意见，如实反映在文本的修改中。在接近定稿阶段，作者队伍向各国政府发送了最后版修改稿，请各国政府予以评审。作者队伍以上述相同的程序与方式对各国政府提出的评审意见，进行了逐一回应，并将采纳的评审意见反映在最后版修改稿的文本修改中，形成了定稿。最后作者队伍向

IPCC 第 37 届全会报告了该指南的主要内容，经过与会各国政府代表团的提问、质疑与协商，以及文本修改，形成了该指南的基本定稿。基本定稿又经过编写队伍、语言专家的版权修改和语言编辑，最终形成定稿。《湿地指南》在 2014 年 2 月 28 日完成所有的编辑加工，正式向公众发布。可以看出，《湿地指南》编写全过程是公开透明的。

二 《湿地指南》的主要内容

为了充分形成对 IPCC《2006 国家温室气体指南》在湿地温室气体清单编制方法学的补充，并更全面反映人类活动所导致的湿地温室气体排放与吸收估算的科学方法，《湿地指南》的编写体例安排了如下部分：概述、第一章"导言"、第二章"排干的内陆有机土"、第三章"还湿的有机土"、第四章"滨海湿地"、第五章"内陆湿地矿质土"、第六章"人工建造用于污水处理的湿地"、第七章"交叉性问题与报告"、术语表。上述章节的安排，体现出该指南的宗旨，其主要内容概括见表 1。

表 1　《湿地指南》各章的主要内容

章节与名称	主要内容
第一章 导言	依据对湿地温室气体排放与吸收具有主要作用的水文、生态要素来重新梳理湿地的定义，认为湿地是"全年或年内部分时间处于水淹或水分饱和状态的一类土地，以至于此类土地所承载的生物区系，特别是土壤微生物与扎根植物适应厌氧条件，在气体交换上控制着温室气体的吸收与排放的种类与数量"。湿地可以出现在《2006 指南》六大类土地利用类型中的任何一类[①]。因而，其所明确定义的湿地明显比《2006 指南》所定义的"湿地。(一个土地利用类型)"更为宽泛。为了便于读者使用《湿地指南》与《2006 指南》，《湿地指南》以决策树的形式，指出了如何使用《湿地指南》和《2006 指南》，以确保在湿地重新定义下，读者仍能正确使用这两个指南
第二章 排干的内陆有机土	将人为地降低湿地的地表水位的活动定义为"排干"。排干不仅改变了湿地的水文状况，也导致了湿地温室气体源汇特征的改变。在保持《2006 指南》对有机土定义的基础上，《湿地指南》在层次 1 上更新了有机土排干的就地 CO_2、CH_4 和 N_2O 排放的估算方法，并增补了不同排干深度(即湿地水位的降低程度)的排放因子。对于有机土的排干，随着排水流有 CH_4 的排放和可溶性有机碳的流失，排水中的 CH_4 排放、可溶性有机碳的流失通量，都在《湿地指南》中给出了估算方法与相应的排放因子

续表

章节与名称	主要内容
第三章 还湿的有机土	有意识地通过拦挡排水沟渠或拆除排水设施等来提高水位，使湿地从排干状态恢复到水分饱和或淹没状态的人类活动被定义为"还湿"。《湿地指南》给出了还湿有机土的碳吸收(或排放)、CH_4 排放的估算方法与针对不同气候带的相应排放因子。《湿地指南》对还湿湿地的 CO_2 吸收(或排放)、CH_4 排放的估算法均采用了通量途径，有效地降低了不确定性，并清晰区分了还湿所导致的 CO_2 吸收与 CH_4 排放
第四章 滨海湿地	针对红树林的建植、采伐、木炭生产等人类活动，《湿地指南》给出了此类活动所导致的红树林生物量与枯死木变化而产生碳排放与吸收的最新排放因子数据；针对滨海湿地开挖(如修建港口码头、修筑海堤、修建养殖塘与盐田)、排干以及还湿、植被恢复等人类活动，《湿地指南》也提供了此类活动所导致的土壤有机碳排放与吸收的估算方法；针对滨海湿地的人工水产养殖，《湿地指南》给出了 N_2O 排放的估算方法；针对滨海湿地的还湿、植被恢复与红树林营造，《湿地指南》给出了 CH_4 排放的估算指南
第五章 内陆湿地矿质土	给出了内陆矿质土湿地排干后作为农田土壤有机碳储藏量变化因子的估算，也给出了矿质土湿地还湿下的土壤碳储藏量变化的估算法，还提出了人工建造的矿质土湿地、排干矿质土湿地还湿的 CH_4 排放估算方法与相应的排放因子
第六章 人工建造用于污水处理的湿地	人工建造或半自然用于废水处理的湿地是人类活动的产物，其所产生的 CH_4 与 N_2O 都应归入人为排放。《湿地指南》给出了 CH_4 和 N_2O 排放的估算方法与相应的排放因子
第七章 交叉性问题与报告	湿地人类活动导致的温室气体排放与吸收报告的总体方法指南,关键类型、不确定性分析、时间序列一致性、质量确保与质量控制等交叉性问题的好做法指南

注:《2006 指南》将湿地定义为"全年或年内部分时间被水覆盖或处于水分饱和状态的一类特殊土地利用类型，该类土地并没有划入林地、草地、农田等土地利用类型"。

三 对我国的影响分析

湿地排干、利用、还湿、保护等都是人类对湿地的管理活动。《湿地指南》为估算这些人类活动导致的温室气体排放与吸收提供了方法学。当前，国际社会已将人类对湿地利用所产生的温室气体排放与吸收纳入国家温室气体排放清单中，用以衡量各国对气候变化的贡献。西方发达国家则将早年泥炭地开发利用后的土地还湿形成碳汇，用于抵扣其化石能源使用所产生的碳排放，帮助其完成履约承诺。湿地具有涵养水源、净化水质、蓄洪抗旱、维护生物多样性、吸收二氧化碳、制造氧气等多方面的生态服务功能，我国近年来高度重视湿地的保护与科学利用。从新近完成的湿地资源调查结果看，我国现有 577 个自然保护区（其中 41 处国际重要湿地）和 468 个湿地公园，受保护的湿地面积有 2324. 32 万公顷（34864. 8 万亩），保护率达到 43. 51%，成就举世瞩目。此类湿地不仅处于有效的保护中，而且不少的湿地还被给予了植被恢复、还湿等管理措施。这些管理措施，都在一定程度上促进了湿地恢复其碳吸收的自然特性。因而对此类湿地，可望在温室气体吸收与排放通量监测的基础上，查明其温室气体净吸收量或碳汇量。在此基础上，将《湿地指南》作为我国受保护湿地温室气体排放与吸收估算的基本参考依据，可将我国在湿地保护管理中所产生的温室气体净吸收量用于抵扣我国其他领域的排放量，以减少我国的温室气体净排放量；同时，对于有条件的受保护湿地，在查明其碳汇大小的基础上，将其碳汇纳入碳交易市场，增加碳市场的交易品种，推动我国碳交易市场的发展与应对气候变化工作，为湿地保护寻找更多的资金，提高湿地保护资金投入，为湿地的保护多一份经济约束，有利于湿地保护的可持续。

当然也应当看到，目前我国的湿地总体上仍呈减少的势态，减少率达 8. 82%。其中自然湿地的减少更为突出，减少率高达 9. 33%[①]。湿地面积大幅度减少的主因，要是人类活动的占用和湿地用途的改变，如围垦、基建等。从当前的研究文献看，此类"湿地"绝大部分成为温室气体之源，向大气排放储藏的碳和 N_2O。由于我国是发展中国家，我国土地利用、土地利用变化和林业活动（Land – use, Land – use Change and Forestry, LULUCF）。现阶段仍按照 IPCC《1996 国家温室气体清单指南》（以下简称《1996 指南》），进行温室气体的排放与吸收的核算。对于占用和改变了用途的湿地，其温室气体的排放与吸收量仍可按照《1996 指南》归入相应的土地利用类型进行估算。因不按照《湿地指南》的方法学对此占用和改变用途类型湿地的温室气体排放与吸收量进行估算，所以《湿地指南》对此类湿地的温室气体排放与吸收量估算不构

---

① 资料来源于第二次全国湿地资源调查结果。

成影响。总体上看，已发布的《湿地指南》在目前情况下，对我国无明显的不利影响。但是，以后随着国际气候变化谈判的发展，我国有可能也需要采用《1996 指南》体系来编制我国的温室气体清单，会因占用和改变用途类型湿地的温室气体排放量的纳入，我国在 LULUCF 领域的温室气体排放量有可能会加大。

四　对我国湿地增汇减源的政策建议

为了实现我国湿地资源的可持续利用与气候变化应对，充分发挥湿地的碳汇功能，实现增汇减源，是我国今后湿地保护与管理政策制定的重点。为此，提出如下建议。

（1）在全国范围内进行湿地保护的宣传教育。通过深入持久的湿地保护科学知识的普及与宣讲活动，以及湿地保护相关法律的宣传，让公众充分认识湿地资源的重要性、生态价值和当前我国湿地所面临的形势，增强湿地保护与气候变化应对的意识，鼓励湿地保护与还湿的自觉行动。

（2）采取强有力的措施，切实加强对湿地的保护。依据湿地资源调查的结果，各省区市县的湿地管理部门对辖区内的湿地逐级逐块进行登记注册，统一编号登记、建立档案。对需要将湿地转变为其他土地利用类型的，需经国土资源、湿地管理部门的联合论证、许可。对违法、违规擅自改变湿地用途，特别是湿地的围垦、基建等行为，依法进行处罚，防止对现有湿地的进一步破坏与人为的生境破碎化。

（3）加强对我国湿地温室气体排放与吸收的科学研究，建立我国湿地温室气体估算的科学体系。在充分借鉴现代湿地温室气体动态与碳储存研究科学成果的基础上，对我国主要类型湿地的温室气体动态、碳储藏与水文、气候的关系进行深入研究，探明不同人类活动影响下的湿地温室气体排放因子，并建立人类活动数据库，逐步形成我国湿地温室气体排放与吸收估算的科学体系，将湿地的温室气体排放与吸收纳入国家清单，填补该领域的空白。

（4）尽快对我国主要类型的湿地开展温室气体排放与吸收通量的监测，特别是针对湿地不同的管理措施（如保护、还湿等）下温室气体排放与吸收通量的监测，以探寻具有实现生物多样性保护、水源涵蓄、温室气体增汇减源等多重效应共赢的湿地管理措施，使其更多地付诸实践，有效管理湿地；同时，将湿地碳汇扩增列入湿地管理目标中，使其成为考核湿地管理绩效的重要指标，从制度设计上，保证湿地有效发挥碳汇功能。

（5）尽快将湿地保护所产生的碳汇作为交易品种纳入国内碳交易市场，允许湿地还湿、保护所产生的碳汇通过市场，进行碳汇交易。在制定合理的市场准入制度、交易规则、交易价格的基础上，鼓励国内企业、湿地管理实体之间进行以减排为标的的湿地碳汇交易，允许湿地管理实体将实施湿地还湿、恢复、保护所产生的碳汇通过市场进行融资，增补引入湿地保护与还湿的市场机制。

（6）加强湿地保护与气候变化应对的各部门协调与联动，提高湿地保护与碳汇管理的水平与效率。在湿地的水资源管理、防洪抗旱、污染物处理、土地规划、气候变化应对等方面，加强农、林、水、海洋、环保、土地资源、气象等部门间的合作与联动，促进湿地管理部门、研究机构、企业、民间组织的合作，有效减小干旱、洪涝等自然灾害对湿地的冲击，提高湿地保护与气候变化应对的能力与水平，从而加强湿地的碳汇管理水平。

G.13

"未来地球计划"（FE）进展

黄 磊*

摘 要:

本文通过梳理国际和国内"未来地球计划"（FE）的相关工作进展，介绍"未来地球计划"这一全新的大型国际科学计划的相关背景，详细阐述我国开展实施"未来地球计划"的相关工作及对我国应对可持续发展挑战和推进生态文明建设的重要意义。

关键词:

未来地球计划 进展

"未来地球计划"（Future Earth，FE）是一项为期十年的大型科学计划（2014～2023 年），发起"未来地球计划"的目的是为更好地应对全球环境变化给人类社会带来的挑战、为全球可持续发展提供必要的理论知识、研究手段和方法。"未来地球计划"强调自然科学与社会科学、人文科学的紧密沟通与合作，核心思想是由各方面的参与者协同设计（co-design）、协同产出（co-produce）和协同发布（co-deliver）相关科研成果和解决方案，增强全球可持续性发展的能力。"未来地球计划"将重组现有的国际科研项目与资助体制，旨在打破目前的学科壁垒，填补全球变化在科学研究与社会实践之间的鸿沟，使科学家的研究成果能更好地为可持续发展服务。

一 国际"未来地球计划"的相关背景与工作进展

国际"未来地球计划"于 2012 年 6 月在巴西里约热内卢召开的 Rio20 +

---

* 黄磊，国家气候中心副研究员，博士，研究领域为气候变化。

会议上正式启动。"未来地球计划"采用跨学科的研究方法，为环境灾害与变化提供预警，发起新的研究以支持社会向可持续发展转型。"未来地球计划"的宗旨是创新知识，提出解决方案，以实现未来环境、社会和经济的综合福祉，具体目标为：协调集中国际研究以有效使用人力和财力资源；建立并继续实施解决关键的全球环境变化问题的国际合作项目；使不同领域的研究人员参与；吸引各种利益相关者参与以解决日益严重的全球环境变化问题和可持续发展问题；促进科学、政策和实践相互连接的重大转变，促进服务、通信和能力建设的重大转变；为全球可持续发展研究提供一个牢固的全球平台和区域节点。"未来地球计划"是国际科学理事会和国际社会科学理事会改变目前全球变化研究格局与研究方法的大胆尝试，旨在将全球变化研究与可持续发展结合起来，更好地为社会和大众服务。"未来地球计划"将整合目前全球变化项目（IGBP、IHDP 和 DIVERSITAS），与加拿大贝尔蒙论坛（Belmont Forum）的合作在全世界推动和实施该计划。

目前，"未来地球计划"设置了三个研究方向，包括动态地球（Dynamic Planet）、全球发展（Global Development）和向可持续发展的转变（Transition to Sustainability）。在这三个研究方向的基础上，"未来地球计划"提出了 8 个关键的交叉领域，涉及地球观测系统、数据共享系统、地球系统模型、发展地球科学理论、综合与评估、能力建设与教育、信息交流、科学与政策的沟通与平台方面。

"未来地球计划"的核心管理部门由四部分组成，分别为管理理事会（Governance Council）、科学委员会（Science Committee）、参与委员会（Engagement Committee）和执行秘书处（Executive Secretariat）。"未来地球计划"筹建初期的工作由临时秘书处负责，管理理事会和参与委员会将于 2014 年第四季度正式成立。

"未来地球计划"科学委员会（SC）是该计划的核心管理和决策机构之一，责任是确保未来地球计划是建立在近年来地球环境研究取得的优秀成果之上的高品质科学项目，致力于解决新问题。科学委员会负责向管理委员会提议科研项目、科学活动或者新的研究主题。"未来地球计划"科学委员会成员分别来自自然科学、社会科学、人文学科、工程学、政府部门以及产业界等领

域，具有广泛代表性，其成员不仅在各自领域取得一定成就，对跨领域研究更有相当的理解和实际经验。"未来地球计划"科学委员会已于 2013 年 6 月正式成立，由 16 位成员和 2 位主席构成；本届委员会为首次任命，任期始于 2013 年年中，为期 3 年。经中国科协推荐，中国科协副主席、中国科学院院士秦大河当选为未来地球计划科学委员会委员。秦大河院士常年从事地学及气候变化领域的研究，并长期在国际组织中担任重要职务，在许多相关国际组织中也发挥着积极作用，具有广泛影响力。

"未来地球计划"永久执行秘书处也于 2014 年 7 月 2 日正式成立，永久执行秘书处采用了独特和创新的全球分布模式，目前由 5 个全球中心（global hubs）和 4 个区域中心（regional hubs）组成。这 5 个全球中心分别是加拿大蒙特利尔投资局（Montreal International，Montreal，Canada）、法国高等教育研究部（Ministry of Higher Education and Research，Paris，France）、日本科学理事会（Science Council of Japan，Tokoyo，Japan）、瑞典皇家科学院（Royal Swedish Academy of Sciences，Stockholm，Sweden）和美国科罗拉多大学（University of Colorado，Boulder）与科罗拉多州立大学（Colorado State University，Fort Collins）。4 个区域中心分别是拉丁美洲的美洲全球变化研究所（Inter-American Institute for Global Change Research）、亚洲的日本人类与自然研究所（Research Institute for Humanity and Nature）、欧洲的丁铎尔气候变化研究中心（Tyndall Centre for Climate Change Research）和中东与北非的塞浦路斯学院（The Cyprus Institute）。

"未来地球计划"于 2014 年初发出研究项目（FE Proposals on Fast Track Initiatives and Cluster Activities）招募，旨在推动 FE 相关科学研究和全球及区域协作，强调跨学科、跨区域的国际协作，强调与利益相关者的合作，申请人必须和 FE 的核心项目（Core Projects）合作，一位科学家只能牵头一项、参与多项。项目规模平均每项 10 万美元或 7.5 万英镑，采取自下而上（bottom-up）的招募形式。目前招募项目的最终评审尚未完成。

"未来地球计划"还将于 2014 年下半年完成关于中期战略研究议程和 2025 年远期议程的制定工作。"未来地球计划"中期战略研究议程的编制自 2013 年底开始进行，在秘书处成立了工作组负责中期战略研究议程的编制和评审、修改。2014 年 6 月 4～6 日在北京举行的"未来地球计划"科学委员会（SC）和参与委员会（EC）联席会议对中期战略研究议程和 2025 年远期议程进行了详细的讨论，目前正在进行进一步的修改和完善工作。"未来地球计划"还将于 2014 年 12 月 1～3 日在阿根廷首都布宜诺斯艾利斯召开科学委员会（SC）和参与委员会（EC）联席会议，对"未来地球计划"下一步的工作开展进行详细讨论。

二 我国实施"未来地球计划"的相关进展

1. 我国实施"未来地球计划"的前期相关准备工作

2013 年 9 月 26～27 日，中国科协在北京组织了"未来地球在中国"国际会议，会议确认了在中国需要优先解决的、与可持续性能力建设相关的问题，包括：全球变化背景下亚洲季风的变动与人类活动的相互作用关系；亚洲城市化对区域环境、社会影响研究，以及健康城市发展科学对策；亚洲的水资源、粮食、能源供给安全及自然生态系统保护；亚洲传统文化对全球变化适应对策的贡献；亚洲海岸带脆弱性；全球变化背景下亚洲的自然灾害防御对策研究；等等。中国在环境变化、社会发展中面临的许多问题契合"未来地球计划"的研究框架，中国已具备开展"未来地球计划"所需的条件；同时，在中国开展"未来地球计划"，一方面可为我国生态文明建设提供科学支持和政策咨询，另一方面也可为世界范围内经济社会发展中所出现的典型性问题提供解决案例。

为充分利用国际资源、协同国内各方面力量以启动"未来地球计划"在中国的组织实施，中国科协决定组建"未来地球计划"中国委员会（CNC-FE）。2014 年 1 月 22 日，中国科协国际科联工作协调委员会（ICSU-CHINA）在北京召开全体会议，会议讨论了成立"未来地球计划"中国委员会（CNC-FE）的必要性，提出 CNC-FE 应在全面分析中国当前在环境与发展领域所面临挑战的基础上，提出中国与可持续性直接相关的、需要优先解决的关键科学问题，从而把"未来地球"国际计划在中国的组织实施与中国经济社会可持续发展的国家需求密切结合起来。

2. 成立"未来地球计划"中国委员会（CNC-FE）

2014 年 3 月 21 日，在北京举行了"未来地球计划"中国委员会（CNC-FE）成立大会，会议讨论确定了"未来地球计划"中国委员会的工作办法及今后工作计划。会议认为，参与"未来地球计划"的中国科学家要在做好我国环境问题研究的基础上，广泛参与到"未来地球计划"国际环境问题的研究中去，在国际上积极发声，引领国际学术界和社会舆论导向。"未来地球计划"将与此相关的自然科学领域与社会科学领域的学科联合在一起，体现大联合、大交叉的理念，各领域的科学家协同设计、共同产出、共享成果，更好地开展"未来地球计划"的工作。会议确认了在国际"未来地球计划"框架下中国需要开展的重点研究领域，涉及大气、水和土壤环境与污染防治、城镇化、水资源安全、食品安全、能源安全、自然生态系统保护、地区生态发展和产业转型、自然灾害防御和应对、亚洲传统文化对全球变化适应对策的贡献、极区可持续性发展、地球系统观测、地球系统模式等方面。

3. 组织召开 CNC-FE 与国际 FE 的联合研讨会

2014 年 6 月 3 日，在北京召开了"未来地球计划"中国委员会（CNC-FE）与国际"未来地球计划"联合研讨会，以更好地推动中国"未来地球计划"的组织实施。研讨会由国际动态概述与三个主题讨论（大气污染、城镇化、向可持续发展转型）组成，每个讨论主题由一名本土（即中国）自然科学家、一名社会科学家以及一名利益相关者代表组成；国际"未来地球计划"派出同样背景的三个领域的外方代表，分别参加各主题的讨论。研讨会的举办为 CNC-FE 与国际 FE 科学委员会及 FE 过渡参与委员会进行深层次的沟通与合作提供了契机，为我国充分利用国际资源、协同国内各方面力量、积极组织"未来地球计划"工作开展打下了良好的基础。国际 FE 高度肯定了 CNC-FE 在"未来地球计划"的宣传、推动和协同设计等各方面的有序工作，认为 CNC-FE 的工作领先于大部分国家。

国际"未来地球计划"的专家还对 CNC-FE 的未来工作开展提出了相关建议：应加强与亚太国家地区（包括澳大利亚）的协同合作；在重点领域协同设计时应增加社科、经济、政府、企业、疾病防控、NGO 等方面的力量；应鼓励年青一代科研人员、学生从事交叉领域的合作研究，科研人员应把向公众交流作为工作的一部分；应思考如何使 FE 的成果能够在中国不同地区被有效吸收利用，特别是当前的欠发达地区在其未来发展中应如何汲取发达地区的经验教训；在研究领域设计时应思考中国目前遇到的这些问题是否也对世界其他地区具有借鉴价值；应做好一些有中国特色的重点领域（如东亚传统文化对可持续发展的贡献等）的研究；应注意重点领域之间的相互交叉和作为一个整体进行考虑；科学知识应以评估的方式提供给政府，可借鉴 IPCC 的工作思路，进行粮食安全评估、海洋生态评估、农业评估等，使科学知识成为政策制定的主要依据；应注重全球变化数据的更新和维护；CNC-FE 不但要应对眼前的问题，还应该思考未来的情景，应进一步探索可持续发展中的观念转型问题等。

4. 组织召开生态文明贵阳国际论坛"气候变化与未来地球"主题论坛

为充分宣传我国所开展的"未来地球计划"相关工作，"未来地球计划"中国委员会与中国气象学会、贵州省气象局共同组织召开了 2014 年生态文明贵阳国际论坛的"气候变化与未来地球"主题论坛。来自国内外的多位专家分别就气候变化与未来地球相关领域的热点问题进行了主题演讲，并与参会人员就 IPCC 第五次评估报告相关结论、"未来地球计划"相关进展、气候变化与西南地区干旱、贵州区域气候变化等内容展开互动对话。"气候变化与未来地球"主题论坛倡议全社会积极行动起来共同参与"未来地球计划"在中国的开展实施，积极应对气候变化给我国带来的挑战，进一步提高气候变化科学研究水平，提升我国应对气候变化的科技支撑能力和国际话语权。

结　语

中国积极参与"未来地球计划"可为我国生态文明建设提供科学支持和政策咨询，在充分利用国际资源的同时，多方协同国内各方面力量，在全球环境变化与可持续发展研究领域彰显我国的软实力。中国的"未来地球计划"研究在首先确认国际"未来地球计划"框架下我国需要开展的重点研究领域的基础上，借鉴国际经验和国际项目运作方式，围绕重点领域，协同设计、共同产出、共享成果，实现科学以知识的形式向社会和向包括政策制定者在内的

用户端的转变，科学地应对可持续发展所面临的环境挑战，促进经济与社会的稳步健康发展。

"未来地球计划"在我国的实施也存在一些潜在的障碍，例如，我国目前的学科交叉还不完善，对"未来地球计划"相关科学问题的综合认知水平还有待提高；在科学如何影响决策方面还有很长的路要走；在科学家与公众充分交流方面也还存在一定的不足。无论是从国际发展趋势还是国内需求出发，都需要我们开始着手从国际前沿、国家战略和学科布局的角度，推动中国科学界实施"未来地球计划"相关工作，鼓励自然科学和社会科学的交叉研究，鼓励科学研究成果充分向社会发展决策转化，鼓励科学家与公众的充分交流，为我国的可持续发展做出贡献。

中国的碳排放峰值

CO₂ Emission Peak in China

G.14

中国的工业化进程与碳排放峰值[*]

刘昌义　陈玏　渠慎宁[**]

摘　要:

> 根据对中国工业化进程的分析得出结论, 目前我国的工业化总体上处于中期向后期过渡的阶段, 我国高耗能、高排放的重化工业部门将于 2020 年前后实现产量峰值, 到 2025 年前后可以完成工业化, 进入后工业化时代。根据发达国家工业化进程与 CO_2 排放的经验, 以及对我国工业化、城市化进程等影响因素的判断, 本文匡算出在基准情景下, 工业部门排放将逐步增加, 在 2040 年前后达到峰值; 在低碳情景下, 工业部门总排放将在 2025~2030 年之间达到峰值, 并在 2040 年开始逐步下降。

[*] 本文受国家自然科学基金青年项目"能源和水资源消耗总量约束下的中国重化工业转型升级的动态 CGE 模型与政策研究"(编号: 71203232) 资助。

[**] 刘昌义, 国家气候中心助理研究员、博士, 研究领域为气候变化经济学; 陈玏, 中国社会科学院研究生院硕士研究生; 渠慎宁, 中国社会科学院工业经济研究所助理研究员、博士, 研究领域为产业经济和宏观经济。

关键词：

工业化　CO_2排放　峰值

一　引言

从部门的角度来看，工业部门无疑是人类活动最大的能源消耗和温室气体排放部门[1]。根据 IPCC 第五次评估报告，2010 年全球 490 亿吨 CO_2 当量中，工业部门直接温室气体排放占总排放的 21%，来自电力和热力的间接温室气体排放占总排放的 11%，二者之和占全球总排放的 32%，高于其他部门（如建筑、交通）的排放[2]。

对正在经历快速工业化的中国来说，工业排放更是占据总排放中的主导地位，且占总排放的比重随工业化进程在不断上升。进入 21 世纪后，尤其是 2003 年以来在重化工业快速发展的背景下，工业部门排放随之迅速增加，由 2002 年的约 30 亿吨 CO_2，增长到 2011 年的 67 亿吨 CO_2，翻了一番还多。工业部门碳排放占总排放的比重略有下降，由 2002 年的 80.3% 下降到 2011 年的 75.9%（见图 1），其中以重化工业为代表的能源密集型制造业能源消耗占工业总能耗的近 80%。

IPCC 第五次评估报告指出，近几十年来工业产品的生产和消费主要发生在亚洲，而中国是几种主要工业产品（水泥、铁矿石和有色金属、石油化工产品等重化工业产品）最大的生产国和消费国。尤其是进入 21 世纪以来，中国的主要工业品产量持续翻番，主要工业产品均居世界前列，中国成为名副其实的"世界工厂"，也成为世界第一排放大国。因此，判断中国当前和未来的工业化进程，预测未来工业排放路径和排放峰值，对判断我国总排放路径和峰值、制定温室气体减排政策具有重要的参考价值和意义。

---

① 本文所指的工业排放包括电力热力生产、制造业、建筑业和工业生产过程中的 CO_2 排放。

② IPCC，"Climate Change 2014：Mitigation of Climate Change. IPCC Working Group Ⅲ Contribution to AR5"，2014，http：//mitigation2014. org/. in SPM，Figure SPM. 2，p. 7.

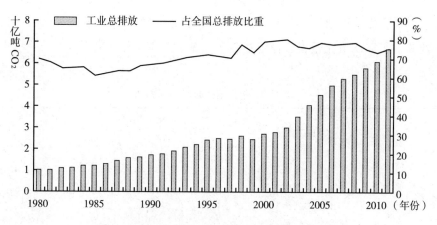

图1　我国历年工业二氧化碳排放（1980～2011年）

资料来源：世界银行WDI数据库，2014年8月访问。

二　工业化进程的判断与预测

（一）对当前工业化进程的判断

一国的工业化进程与经济增长阶段密切相关。工业化的基本特征主要表现在以下几个方面：一是国民收入中制造业活动（或第二产业）所占比例提高；二是制造业（或第二产业）就业的劳动人口的比例也呈增加趋势。美国著名经济学家钱纳里和赛尔奎将经济发展阶段划分为前工业化、工业化实现和后工业化三个阶段，其中工业化实现阶段又分为初期、中期、后期三个时期。判断依据主要有人均收入水平、三次产业结构、就业结构、城市化水平等标准（见表1）。随着工业化的进程，工业总产值在国民经济中的比重将经历由上升到下降的倒U形变化（称为"库兹涅茨曲线"），与此同时，工业的内部结构也随之改变。工业化初期，纺织、食品等轻工业比重较高，之后比重持续下降；工业化中期，钢铁、水泥、电力等能源原材料工业比重较大，之后开始下降；工业化后期，装备制造等高加工度的制造业比重明显上升[1]。进入后工业

---

[1]　冯飞、王晓明、王金照：《对我国工业化发展阶段的判断》，《中国发展观察》2012年第8期，第24～26页。

化阶段后，工业产值比重开始下降，并低于第三产业比重，根据主要发达国家的经验，工业产值比重大多稳定在20%～30%之间。

表1 工业化不同阶段的标志值

基本指标	前工业化阶段（Ⅰ）	工业化实现阶段			后工业化阶段（Ⅴ）
		工业化初期（Ⅱ）	工业化中期（Ⅲ）	工业化后期（Ⅳ）	
人均GDP（2005年PPP美元）	745～1490	1490～2980	2980～5960	5960～11170	11170以上
三次产业产值结构	A＞I	A＞20%，且A＞I	A＜20%，且I＞S	A＜10%，且I＞S	A＜10%，且I＜S
第一产业就业人员占比	60%以下	45%～60%	30%～45%	10%～30%	10%以下
人口城市化率	30%以下	30%～50%	50%～60%	60%～75%	75%以上

注：A代表第一产业，I代表第二产业，S代表第三产业。

资料来源：陈佳贵、黄群慧、钟宏武、王延中等：《中国工业化进程报告》，中国社会科学出版社，2007。

我国改革开放以来的工业化进程可分为三个阶段：第一阶段（1978～1991年）为工业化初期阶段，确立了消费导向型、调整轻重工业结构的工业化战略。第二阶段（1992～2001年）为工业化中前期阶段，重点是建立基于市场的工业化发展机制。第三阶段（2002年至今）为工业化中后期阶段，这一阶段的特征是消费结构升级和城市化带来重化工业加速发展；开始探索新型工业化道路，由"消费导向型"工业化战略向"消费导向型"和"创新导向型"工业化战略转变[①]。新型工业化涉及多个方面，包括调整工业结构、转变工业发展方式、降低工业资源和能源消耗、减少工业污染物排放等，其中一个新的、重要的要求，是未来的工业化中必须考虑温室气体排放约束。

当前我国政府和学界对中国目前所处工业化阶段属于"中期"还是"中后期"阶段意见不一。原因在于用于衡量工业化程度的指标（人均GDP、三次产业产值结构、第一产业就业人员占比、人口城市化率）进展不一，而且

① 2050中国能源和碳排放研究课题组：《2050中国能源和碳排放报告》，科学出版社，2009，第30～32页。

全国不同地区之间工业化发展水平差异很大。

2013 年中国的 GDP 为 56.88 万亿元（约合 9.24 万亿美元），人均 GDP 为 6807 美元[①]。第一、第二、第三产业增加值占 GDP 比重分别为 10.0%、43.9% 和 46.1%，第三产业增加值占比首次超过第二产业。按照人均 GDP 指标，我国已处于工业化后期阶段；按照三次产业产值结构，我国处于工业化后期的起步阶段。

2013 年，中国的城市化率为 53.73%，接近世界平均水平，但尚未达到工业化后期的门槛（60%），表明我国城市化水平仍滞后于工业化的整体进程。从第一产业就业人员占比来看，2013 年，如果将农民工纳入非农就业，那么我国第一产业就业人员占比 15.39%；但如果考虑我国还有 6.3 亿农村人口，实际上我国第一产业就业人员比重应高于这一数字。因此从这两项指标来看，我国还处于工业化中期阶段。

根据上述分析，综合来看，目前我国的工业化总体上处于中期向后期过渡的阶段。同时，不同地区的工业化发展阶段差异很大，北京、上海等城市已处于后工业化阶段，而西藏还处在前工业化阶段，这也是在预测和分析我国未来工业化进程和工业排放时需要注意的。

（二）未来工业化进程的预测

工业化进程与一国的经济发展水平、城市化进程、产业结构和就业结构密切相关。本文根据经济增长、城市化进程和产业结构三个关键指标，参考国内外相关研究成果，来预测未来的工业化进程。

（1）经济增长。目前我国的经济总量还处于快速上行阶段，但今后的经济发展将更加注重整体质量的提升，"十二五"期间经济增长的控制目标下调到 7% ~ 7.5%，未来将逐步降低，并成为"新常态"。根据国内外机构的预测，在发展方式转变较快的情景下我国的 GDP 总量在 2020 年将达到 14 万亿美元，人均 GDP 将突破 1 万美元；2030 年，GDP 总量达 28 万亿美元左右，

---

① 2013 年数据均来自国家统计局《2013 年国民经济和社会发展统计公报》，2014 年 2 月 24 日。本文中的"人均 GDP"标准根据 2013 年实际汇率计算。

人均 GDP 接近 2 万美元，届时中国 GDP 总量将超过美国，成为世界第一大经济体；到 2050 年，GDP 总量将有望超过 65 万亿美元，人均 GDP 接近 4 万美元，达到中等发达国家水平①。

（2）城市化。据预测，到 2020 年中国的城市化率将达到 60%，2030 年为 65% ~ 70%，到 2050 年继续提高到 80% 左右，达到高收入国家目前的水平②。这意味着从现在到 2030 年，总共有 2 亿 ~ 2.5 亿人、每年将有 1200 万 ~ 1500 万人从农村移居到城市；从 2030 到 2050 年，还有 1 亿 ~ 2 亿人从农村移居到城市。

（3）产业结构。我国调整经济结构、转变经济发展方式成效初显，产业结构正在加速调整，2013 年第三产业增加值占比首次超过第二产业，2014 年上半年这一趋势还在加快。在中长期，第二产业的增速将呈明显的放缓态势，同时其在国民经济中的比重将进一步下降。据预测，在发展方式转变较快的情景下，在 2020 年和 2030 年我国的第二产业比重将分别降低至 43.1% 和 38.7%，预计在 2050 年，这个数字将在 30% 左右。从目前的趋势来看，这一目标将提前实现。

国际经验表明，当一国人均 GDP 达到 1 万美元（按 PPP 计算）时，基本可以完成工业化，对应的第二产业比重一般下降到 40% 左右。"2050 中国能源和碳排放研究课题组"对中国 2050 年经济社会发展情景进行了预测，认为到 2020 年中国人均 GDP 将超过 1 万美元，基本实现工业化，工业占国民经济主导地位还将持续 10 年左右，到 2030 年完成工业化③。根据中国社会科学院工业化水平指数测算，2010 年我国工业化指数为 66，要接近完成工业化（即工业化指数接近 100），需要至少 10 年以上的时间。根据中国社科院课题组和国家信息中心专家观点，我国在 2015 年进入工业化后期阶段，到 2020 年基本可

① "中国 2007 年投入产出表分析应用"课题组：《"十二五"至 2030 年我国经济增长前景展望》，《统计研究》2011 年第 1 期，第 5 ~ 10 页。姜克隽等：《中国 2050 年低碳情景和低碳发展之路》，《中外能源》2009 年第 6 期，第 1 ~ 7 页。笔者对不同机构采用不同的方法、不同的时间段预测的数据做了相应的调整。

② 胡秀莲：《中国城市化的能源及碳排放问题》，王伟光、郑国光主编《应对气候变化报告（2013）：聚焦低碳城市化》，社会科学文献出版社，2013，第 99 ~ 110 页。

③ 2050 中国能源和碳排放研究课题组：《2050 中国能源和碳排放报告》，科学出版社，2009，第 646 ~ 648 页。

以完成工业化[①]。

根据本文的测算，并结合国内外的预测研究，笔者认为中国到 2020 年可以实现人均 GDP 超过 1 万美元，并完成工业化，进入后工业化时代。根据发达国家的经验，高耗能工业部门产量达峰后，会维持较长一段时间，短的如美国和英国（为 7~8 年），长的如德国和日本（1970 年代至今），并不会立即出现产量下降。考虑到我国 2020~2030 年期间经济增长和城市化进程仍将持续，工业各部门产量将在这一期间达到峰值并维持较长时间的平台期。但这并不意味着中国工业的能耗和排放必然能在此期间达到峰值并实现下降，工业排放能否达峰及何时下降，除了工业化进程的一般规律外，还取决于城市化进程、国际分工等外部因素。

三 工业排放的路径与峰值

（一）发达国家工业化进程与排放峰值

具体而言，影响工业排放的因素很多，包括经济增长、产业结构、人口总量和结构、城市化进程、技术进步、能源结构和能效水平、贸易阶段、消费方式等。

根据发达国家工业化进程与排放的历史经验，可以总结出如下规律。

（1）一国钢铁、建材、有色金属、化工产品等高耗能工业产品的产量峰值与能源消耗峰值、碳排放峰值高度相关，一般而言，产量达峰意味着能源消耗达峰和碳排放达峰；而且由于技术进步和能源消费结构的变化，碳排放峰值出现时间一般略早于能源消耗峰值，能源消耗峰值出现时间一般略早于产量峰值。

（2）主要发达国家高耗能工业产品如钢铁、建材（水泥、平板玻璃等）、有色金属（铝、铜等）、化工产品（合成氨、乙烯等）的 CO_2 排放在 1970~1980 年代之间达峰，达峰时人均 GDP 均突破 1 万美元（达到 1.2 万~2 万美

---

① 郭朝先、胡文龙、刘芳：《发达国家工业部门碳排放情况及对我的启示》，《中国能源》2013 年第 10 期。

元，2000年价格），城市化率超过70%，这意味着大规模基础设施建设逐步结束、重化工业接近尾声，开始进入后工业化时期，这也是高耗能工业部门排放达峰的最基本决定因素。表2以主要发达国家的钢铁产量为例，反映重工业产量峰值与工业化进程的关系。

表2 主要发达国家钢铁产量峰值与对应的经济社会发展水平

国家	达峰时间	城市化率(%)	人均GDP(2000年价格,美元)	峰值持续时间	钢铁产量峰值(亿吨)
美国	1973年	74	20395	9年	>1
日本	1973年	74	15531	持续至今	1~1.2
英国	1970年	77	12540	10年	0.2~0.3
德国	1974年	73	13390	持续至今	>0.4
法国	1974年	73	13787	8年	>0.2

资料来源：郭朝先、胡文龙、刘芳：《发达国家工业部门碳排放情况及对我国的启示》，《中国能源》2013年第10期。

（3）排放峰值后的下降阶段，往往伴随着"去工业化"过程，发达国家后工业化时期（1970年以来），第二产业增加值占GDP比重持续下降，高耗能工业和一般工业的制造加工环节向其他发展中国家转移，单位GDP的碳排放强度也呈下降趋势[①]。

（二）我国工业化排放路径与峰值预测

根据分解模型，可以将工业领域的碳排放分解为不同的因素：

$$C = \sum_i \sum_j C_{ij} = \sum_i \sum_j \frac{C_{ij}}{E_{ij}} \times \frac{E_{ij}}{E_i} \times \frac{E_i}{Y_i} \times \frac{Y_i}{Y} \times Y \tag{1}$$

其中C为二氧化碳排放总量，C_{ij}表示部门i使用j能源排放的CO_2总量；E_i为i部门的产业能源消耗总量，E_{ij}表示部门i对j能源的消费量，Y_i为部门i的总产值，Y为工业总产值。由此可以得到工业碳排放的影响因素：①规模效应，即工业增加值增长带来的碳排放（用Y表示）。②结构效应，分为工

---

① 张志强、曾静静、曲建升：《世界主要国家碳排放强度历史变化趋势及相关关系研究》，《地理科学进展》2011年第26卷第8期，第859~869页。

业子行业结构效应和能源结构效应。子行业结构效应即子行业结构变动导致碳排放的变化，用工业子行业产值 i 占工业总产值的比重来表示（Y_i/Y）；子行业能源消耗结构变化效应，即工业内部各产业的能源结构因素，用工业内部第 i 产业的总能源消耗中第 j 类能源所占比重（E_{ij}/E_i）表示。③技术效应，即工业子行业 i 的能源强度变化导致的碳排放变化（E_i/Y_i）；④排放系数效应，工业子行业各类能源的碳排放强度，即工业第 i 行业的单位第 j 类能源消耗过程中的碳排放量（C_{ij}/E_{ij}）。对我国工业排放的研究表明，子行业能源消耗结构变化效应和 CO_2 排放系数效应对工业总排放的影响较小，因此下面主要从工业的规模效应、子行业结构效应和技术效应三个方面来预测我国未来工业排放路径。

（1）规模效应

国内研究表明，工业经济规模的扩大，特别是高能耗行业的增长是工业碳排放增加最主要的原因。我国目前处于工业化中后期向后期过渡的阶段，经济增长对第二产业的依赖仍然较高，2013 年第二产业产值比重为 43.9%，钢铁、水泥和有色金属等多种高能耗工业部门的产量均居世界第一。在国内研究的基础上[①]，笔者匡算了 2010~2030 年的第二产业规模和比重（见表 3）。可以预见的是，未来 10~20 年内，经济增长和城市化要求工业产量达峰后继续维持在较高的水平，因此工业规模效应将导致工业碳排放相比目前还要有所增加，然后维持高位，难以迅速实现下降。

表3　中国工业部门的产值规模和比重预测（2010~2030 年）

项　目	2010 年	2015 年	2020 年	2025 年	2030 年
第二产业产值(万亿元,2010 年价)	18.75	27.04	36.67	47.67	60.08
第二产业产值比重(%)	46.7	43.0	41.1	38.7	36.7

注：2010 年为实际数据，之后为预测数据。
资料来源：作者计算。

（2）内部子行业结构效应

工业部门内部子行业产值结构的变化也会影响总的工业碳排放。研究表

---

① 2050 中国能源和碳排放研究课题组：《2050 中国能源和碳排放报告》，科学出版社，2009。

明，2001 年后重化工业的快速发展及其占工业总产值比重的增加，使得结构变化的减排效应在减弱①。

工业部门排放主要来自重化工业部门。高耗能、高排放的重化工业的排放路径和峰值对我国工业的排放路径与峰值具有决定性的作用。根据"2050 中国能源和碳排放研究课题组"预测的未来重化工业产量数据，钢铁、水泥产量将在 2020 年前达到峰值，分别为 7.6 亿吨（2018 年前后达峰）和 22.7 亿吨（2015～2020 年达峰）；铜、铝等有色金属将在 2020～2030 年达到并保持峰值，分别为 700 万吨和 1600 万吨；纯碱、烧碱、乙烯和合成氨等化工产品产量将在 2030 年前后达到峰值，峰值分别为 2450 万吨、2500 万吨、3600 万吨和 5000 万吨（见图 2）。

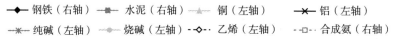

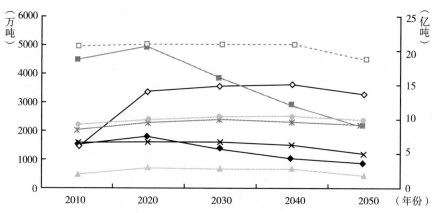

图 2　我国主要重工业部门产量预测（2010～2050 年）

注：2010 年为实际产量，其他年份为预测数据。

资料来源：2050 中国能源和碳排放研究课题组：《2050 中国能源和碳排放报告》，科学出版社，2009。

---

① 查冬兰、周德群：《我国工业 CO_2 排放影响因素差异性研究——基于高耗能行业与中低耗能行业》，《财贸研究》2008 年第 1 期，第 13～19 页。周楠：《我国工业碳排放测算及其影响因素》，《经营与管理》2013 年第 11 期，第 51～56 页。

按照发达国家"排放峰值先于能耗峰值，能耗峰值先于产量峰值"的经验，我国重化工业部门排放将在 2020～2030 年达到峰值。以钢铁和水泥为例，2010 年我国钢铁行业 CO_2 排放为 15.8 亿吨，占工业总排放的 25.7%；水泥行业 CO_2 排放为 11.8 亿吨，占工业总排放的 19.2%。据测算，我国钢铁行业的终端能耗将先增后减（2018 年前后达峰），在 2010、2015 和 2020 年分别为 4.8 亿、5.7 亿和 5.2 亿吨煤，CO_2 排放量分别为 15.8 亿吨、17 亿吨和 15.6 亿吨。水泥行业到 2015 年 CO_2 排放将达 13.2 亿吨的峰值，之后开始下降，2020 年为 11.3 亿吨。[1]

（3）技术效应

技术效应主要体现在工业产品单位产量的综合能耗的降低。研究表明，能源效率（能源强度的倒数）的提高对工业碳排放有抑制作用，且在 1991～2011 年呈显著增强趋势[2]。对各工业部门尤其是重化工业来说，未来能效技术进步将成为碳减排最重要的动力。

（三）预测结果

本文参考"2050 中国能源和碳排放研究课题组"设定的两种情景，并对其中的数据进行了更新和适当调整。①基准情景：2005～2050 年年均增长速度为 6.4%，代表经济发展研究中较高的经济发展速度区间。高消费模式，能效技术进步较慢，根据当前和已有的政策目标考虑节能减排（2020 年全国单位 GDP 的 CO_2 强度比 2005 年降低 40%～45%）和新能源发展（2020 年非化石能源占 15%）；②低碳情景：考虑中国的可持续发展、能源安全和经济竞争力，主要减排技术进一步得到开发，新能源迅速发展，碳捕集与封存（CCS）技术得到大规模发展。

根据"2050 中国能源和碳排放研究课题组"设定的相关数据和参数（第二产业增长速度、工业产值结构、能源强度、可再生能源比重等），并根据

---

① 蒋小谦、康艳兵、刘强、赵盟：《2020 年我国水泥行业 CO_2 排放趋势与减排路径分析》，《中国能源》2012 年第 9 期，第 17 页。

② 周楠：《我国工业碳排放测算及其影响因素》，《经营与管理》2013 年第 11 期，第 51～56 页。

2010 年实际数据予以调整，笔者大致匡算了中国工业部门未来的排放路径①。

结果表明：①在基准情景下，工业部门排放将持续增长，直至 2040 年前后右达到峰值，从 2010 年的 61 亿吨 CO_2 增长到 2040 年的 80 亿吨 CO_2；②在低碳情景下，工业部门排放有望在 2020～2040 年达到峰值并维持约 70 亿吨 CO_2 的排放水平（见图 3）。

根据我国实际情况，低碳情景较为符合中国现实国情。同时，根据上文对我国未来经济发展、产业结构调整及城市化进程的总体判断，对工业排放峰值有重要影响作用的多个重化工业将在 2020 年前后达到峰值，可以推算出我国工业部门的碳排放将在 2025～2030 年之间达到峰值，并在较长时间内保持这一水平，至 2040 年开始实现减排。

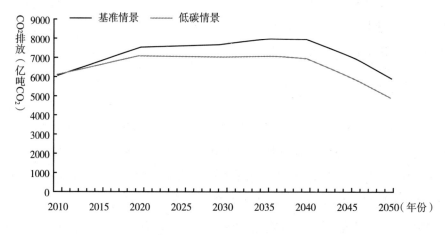

图 3　不同情景下中国工业部门的 CO_2 排放路径

四　结论

根据发达国家工业化和工业排放的经验，工业领域普遍是最早出现减排峰值的领域，也是发挥减排贡献持续时间最长和累计贡献最大的领域；工业领域

---

① 具体数据和计算过程略。

首先是高耗能产业开始减少排放，继而是一般制造业，最后是能源工业①。综合国内的研究和本文的匡算，得出如下结论。

（1）从工业化进程来看，我国目前总体正处于工业化后期前半阶段。从排放驱动因素来看，我国人均 GDP 总量将在 2020 年前突破 1 万美元的关键水平；第二产业占 GDP 比重从 2013 年开始逐步下降，2025 年前后城市化率将提高到 58% ~63%；这意味着我国将于 2025 年前后整体完成工业化，步入后工业化阶段。

（2）对我国工业部门排放来说，产业规模增加、重化工业比重增加是导致过去碳排放增长最主要的因素，而能源利用效率提高则起到抑制碳排放过快增长的作用。总的来看，高耗能、高排放的重化工业部门将于 2020 前后实现产量峰值，这将为工业排放达峰及我国总排放达峰打下关键的基础。未来工业部门减排主要取决于工业内部子产业结构效应（即重化工业向第三产业调整）和技术效应（即能源结构的改善和能效的提高）。

（3）我国工业部门排放何时达峰、排放峰值是多少，不仅取决于工业化进程，还取决于城市化进程、国际产业分工、能源结构和节能减排技术的发展。在基准情景下，工业部门排放将逐步增加，在 2040 年前后达到峰值。在低碳情景下，我国工业将在 2025 ~2030 年之间达到排放峰值。预计峰值后并不会立即实现大幅度减排，而是在一段时间内维持这一排放水平，到 2040 年前后才可能实现绝对排放下降。

---

① 郭朝先、胡文龙、刘芳：《发达国家工业部门碳排放情况及对我国的启示》，《中国能源》2013 年第 10 期。

G.15

中国的能源使用与碳排放峰值[*]

王苒 王波[**]

摘 要:

> IPCC 第五次报告表明,全球变暖已成为不争的事实。中国作为
> 世界第一大排放国,其碳排放峰值何时到来备受关注。本文从
> 能源使用的角度出发,分析了中国的能源供给和需求现状,并通
> 过对比已经实现碳排放峰值国家的历史经验,从能源强度和能源
> 结构两个方面探讨了我国实现碳排放峰值的能源条件:能源强度
> 分布在 100~150 千克石油当量/1000GDP 之间,煤炭消费实现峰
> 值时,碳排放总量的拐点将会出现。因此,降低能耗、提高可再
> 生能源在整个能源消费中的比例可促进我国碳排放峰值的实现。
> 根据预测,我国的碳排放在 2035 年左右实现峰值的可能性较大。

关键词:

> 能源结构 能源强度 碳排放峰值 国际经验

2013 年 9 月,IPCC 在瑞典斯德哥尔摩发布了第五次评估报告第一工作组
报告。评估报告认为,气候变化比原来认识到的情况更加严重,人类活动对气
候的影响已经很清晰,人类活动是气候变化主要原因的可能性在 95% 以上。

---

* 本文系教育部人文社会科学研究青年项目"'行业减排法'对我国参与国际气候变化谈判与合作、
  履行自主减排承诺的可行性研究"(编号:10YJCGW012)以及国家社会科学基金一般项目"国际
  气候变化谈判与合作中的技术转让问题及我国的对策研究"(编号:12BGL080)的阶段性成果。
** 王苒,中国社会科学院城市发展与环境研究所博士后,研究方向为贸易隐含碳排放、经济增长
  与环境变化、低碳城镇化等。曾在英国利兹大学从事经济增长与碳排放预测的模型研究;王波,
  对外经济贸易大学国际关系学院副教授,国际低碳经济研究所副所长,研究方向为国际气候变
  化与能源政策、技术转让政策、中国外交、美国政治与外交、中欧关系等。

如果按照最严格的累积排放 10000 亿吨碳的限制（66% 的概率，考虑非 CO_2 辐射强迫的贡献），扣除已有排放量，要实现 2100 年控制 2℃ 温升目标，全球在 2012~2100 年剩下的排放空间仅为 4690 亿吨碳，即每年 190 亿吨 CO_2（1 吨碳折合 3.67 吨 CO_2）。在日益严峻的减排压力下，作为世界第一大排放国，中国碳排放峰值何时到来成为国内外关注的焦点。根据《中华人民共和国气候变化初始国家信息通报》中的数据，能源活动是中国最主要的 CO_2 排放源，占全国排放总量的 90% 以上[1]。因此从能源使用的视角切入，研究中国碳排放的峰值问题无疑具有重要意义。

一 中国能源供需现状分析

1. 中国能源供给现状分析

近年来，中国已成为除电力外各种一次能源均需进口的国家，2013 年原油对外依存度已经突破 58%[2]，煤炭和天然气也转为净进口，这主要源于中国进入工业化和城市化的提速阶段。2000~2012 年，我国能源供给总量呈现持续增长态势，2012 年能源生产总量为 33.2 亿吨标准煤，比 2000 年增长了146%。从能源供给构成的角度来说，中国现阶段仍然是以煤为主，煤炭在能源供给中所占比例在 70% 以上，2012 年该比例为 76.5%。天然气的比重逐步提高，但是绝对量较小，2012 年其占比仅为 4.3%。水电、核电、风电等清洁能源呈增长势头，2012 年，可再生能源供给超过原油和天然气，成为中国能源供给的第二大来源（见表 1）。

2. 中国能源消费现状分析

从能源消费总量的角度分析，2000 年以来，中国的能源需求迅速上升，2012 年的一次能源消费总量达到了 36.2 亿吨标准煤，是 2000 年能源消费总量的 2.48 倍。随着工业化进程加快，经济发展速度提高，能源消费量将会持续增长（见表 2）。

---

[1] http://nc.ccchina.gov.cn/web/NewsInfo.asp? NewsId=336.

[2] 《2013 中国国土资源公报》。

表1 中国能源生产总量及构成

单位：亿吨标准煤，%

年份	能源生产总量	能源生产增长率	能源供给构成占比			
			煤炭	原油	天然气	水电、核电、风电
2000	13.5	100	73.2	17.2	2.7	6.9
2001	14.4	107	73.0	16.3	2.8	7.9
2002	15.1	105	73.5	15.8	2.9	7.8
2003	17.2	114	76.2	14.1	2.7	7.0
2004	19.7	115	77.1	12.8	2.8	7.3
2005	21.6	110	77.6	12.0	3.0	7.4
2006	23.2	107	77.8	11.3	3.4	7.5
2007	24.7	106	77.7	10.8	3.7	7.8
2008	26.1	106	76.8	10.5	4.1	8.6
2009	27.5	105	77.3	9.9	4.1	8.7
2010	29.7	108	76.6	9.8	4.2	9.4
2011	31.8	107	77.8	9.1	4.3	8.8
2012	33.2	104	76.5	8.9	4.3	10.3

资料来源：《中国统计年鉴2013》。

表2 中国的能源消费总量及构成

单位：亿吨标准煤，%

年份	能源消费总量	能源消费增长率	能源消费构成占比			
			煤炭	石油	天然气	水电、核电、风电
2000	14.6	100	69.2	22.2	2.2	6.4
2001	15.0	103	68.3	21.8	2.4	7.5
2002	15.9	106	68.0	22.3	2.4	7.3
2003	18.4	116	69.8	21.2	2.5	6.5
2004	21.4	116	69.5	21.3	2.5	6.7
2005	23.6	111	70.8	19.8	2.6	6.8
2006	25.9	110	71.1	19.3	2.9	6.7
2007	28.1	108	71.1	18.8	3.3	6.8
2008	29.1	104	70.3	18.3	3.7	7.7
2009	30.7	105	70.4	17.9	3.9	7.8
2010	32.5	106	68.0	19.0	4.4	8.6
2011	34.8	107	68.4	18.6	5.0	8.0
2012	36.2	104	66.6	18.8	5.2	9.4

资料来源：《中国统计年鉴2013》。

从能源消费的结构上分析，由于我国"多煤、少气、贫油"的资源禀赋情况，以煤为主的能源供给结构决定了我国的能源消费中煤炭的高比例。根据美国橡树岭国家实验室二氧化碳信息分析中心（CDIAC）2006 年公布的主要化石燃料排放系数，在质量相同的情况下，煤炭燃烧产生的 CO_2 是石油的两倍左右[①]。工业化进程中煤炭的大量使用成为我国碳排放迅速增长的重要原因。随着清洁能源供给的不断增加，我国能源消费中化石能源占比有所下降，但由于基数较大，2012 年该比例仍然在 90% 以上。

二 一次能源消费总量与碳排放峰值

国际能源署（IEA）的统计数据显示，截至 2011 年，中国一次能源消费量仍然呈持续上升态势，一次能源消费量约为 27 亿吨油当量，占世界一次能源消费总量的 20.8%，居于第一位。而大多数发达国家则已经到达一次能源消费的峰值并逐渐进入下降阶段：德国在 1980 年就实现了一次能源消费峰值，美国、日本的峰值年为 2000 年。OECD 国家则在 2010 年迎来了一次能源消费峰值（见表 3）。

表 3 世界各国一次能源消费量

单位：百万吨油当量，%

国家	1971 年	占世界比例	1980 年	1990 年	2000 年	2010 年	2011 年	占世界比例
美国	1587.5	28.7	1804.7	1915.0	2273.3	2215.5	2192.2	16.7
中国	391.6	7.1	598.3	870.7	1161.4	2516.7	2727.7	20.8
印度	156.5	2.8	205.2	316.7	457.2	723.7	749.4	5.7
日本	267.5	4.8	344.5	439.3	519.0	499.1	461.5	3.5
德国	305.0	5.5	357.4	351.1	336.6	329.8	311.8	2.4
OECD	3372.3	61.0	4067.6	4522.5	5292.7	5406.2	5304.8	40.5
世界	5530.6	—	7217.0	8781.9	10082.3	12904.8	13113.4	—

资料来源：IEA 2013。

[①] 根据 CDIAC（2006 年）公布的主要化石燃料排放系数，煤炭为 102 千克 $CO_2/10^6$ 焦耳，焦炭为 107 千克 $CO_2/10^6$ 焦耳，天然气为 56.1 千克 $CO_2/10^6$ 焦耳，汽油为 59.3 千克 $CO_2/10^6$ 焦耳，原油为 63.3 千克 $CO_2/10^6$ 焦耳，煤油为 61.9 千克 $CO_2/10^6$ 焦耳，柴油为 64.1 千克 $CO_2/10^6$ 焦耳。

通过对几个典型国家的碳排放与一次能源使用量数据的趋势图分析可以判断，碳排放量与一次能源使用量的走势较为吻合（见图1），当一次能源消费实现峰值时，碳排放峰值也将出现在较为接近的时间区间范围内。大部分研究预测认为，我国一次能源消费峰值将在2025～2040年出现[①]，根据典型国家发展的历史经验，本文认为我国的碳排放峰值在上述时间区间出现的可能性较大。

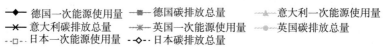

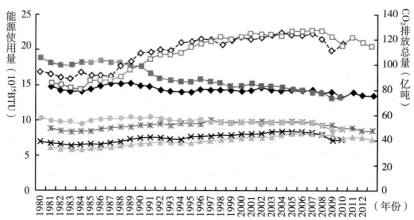

图1　典型国家碳排放与一次能源使用趋势

资料来源：WDI 数据库。

三　能源结构、能源强度与碳排放峰值

为了更具体地考察能源使用与碳排放峰值之间的关系，本文将能源使用具体化为能源结构和能源效率两个方面。为验证能源结构与能源效率对碳排放产

---

① 《应对气候变化报告（2013）：聚集低碳城镇化》；*International Energy Outlook 2013*，IEA；何建坤：《CO_2 排放峰值分析：中国的减排目标与对策》，《中国人口资源与环境》2013 年第 12 期；姜克隽、胡秀莲、庄幸、刘强、朱松丽：《中国 2050 年的能源需求与 CO_2 排放情景》，《气候变化研究进展》2008 年第 5 期；渠慎宁、郭朝先：《基于 STIRPAT 模型的中国碳排放峰值预测研究》，《中国人口资源与环境》2010 年第 12 期。

生的影响，本文引入环境库兹涅茨理论的逻辑框架①，建立碳排放与 GDP、能源结构、能源效率以及其他影响因素的面板数据模型，并选取 14 个碳排放出现拐点的国家 1960～2010 年的时间序列数据，对能源效率和能源结构对碳排放的影响进行验证（见表 4）。

表 4　14 个国家碳排放总量拐点值

单位：千吨

国家	碳排放峰值	峰值年	国家	碳排放峰值	峰值年
澳大利亚	395093	2009	意 大 利	473380	2007
奥地利	74238	2005	日 本	1259654	2005
丹　麦	55734	2003	挪　威	57186	2010
芬　兰	68888	2003	新 加 坡	30799	2006
法　国	392071	2005	瑞　士	57425	2002
英　国	622619	1965	瑞　典	42962	2001
德　国	929973	1983	美　国	5828696	2007

资料来源：WDI 数据库、佩恩表（Penn World Table 7.1）。

本文建立的面板数据模型如下：

$$\ln(CO_2/P) = \alpha_i + \partial_1 \ln(GDP/P)_{it} + \partial_2 \left[\ln(GDP/P)\right]_{it}^2 +$$
$$\varphi \ln EI_{it} + \lambda \ln ES_{it} + \theta \sum \ln W_{it} + e_{it}$$

其中，i 和 t 分别代表国家与年度，α_i 代表不同个体之间不随时间改变的影响因素（如一国政治体制、社会制度等），EI 为能源强度，ES 为能源结构（化石能源占比），W 为其他会影响碳排放的因素之和，e_{it} 为误差项。人均 GDP 采用 2005 年实际美元来衡量，数据来自佩恩表（Penn World Table 7.1）。模型中其他变量数据来自世界银行统计数据库（World Development Indicators online，WDI online）②。

---

① 本文使用的环境库兹涅茨理论思想主要参考 Panayoutou，T.，"Empirical Tests and Policy Analysis of Environmental Degradation at Different Stages of Economic Development". ILO，Technology and Employment Programme，Geneva，1993. Selden，T. and Song，D.，"Environmental Quality and Development：Is There a Kuznets Curve for Air Pollution Emissions?" *Journal of Environmental Economics and Management*，1994，27，pp. 147–162.

② 该模型的设计参考了赵忠秀等《基于经典环境库兹涅茨模型的中国碳排放拐点预测》（《财贸经济》2013 年第 10 期）中的预测模型。

回归结果表明，能源强度、能源结构与人均碳排放之间呈显著的正相关关系，这一结果证实了能源强度与能源结构对碳排放的显著影响。能源强度与人均碳排放之间的弹性系数为 0.01，能源结构与人均碳排放之间的弹性系数为0.13[①]。该结果表明，能源强度下降与能源结构改善（降低化石能源在能源总量中的占比）对于减少碳排放都具有显著影响，其中改善能源结构所产生的减排作用更为明显。

在该结论的基础上，本文将通过对已实现排放峰值国家能源强度及能源结构的历史数据分析，对两者对碳排放趋势的影响进行研究，并探索中国实现碳排放峰值的能源条件。

1. 能源强度对碳排放峰值的影响

通过我国与世界主要国家能源强度趋势变化图的比较不难看出，1990～2011 年，我国的能源强度虽然有明显的下降，但仍显著高于英国、德国、美国等国家。这些国家的能源强度一般都稳定在 200 千克石油当量/1000GDP 以下，且走势相对平稳（见图 2）。

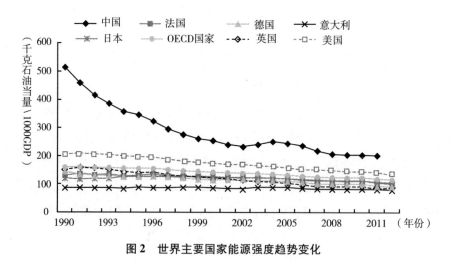

图 2 世界主要国家能源强度趋势变化

资料来源：WDI 数据库。

---

① 本文使用了能够同时处理组间异方差和组内自相关的可行广义最小二乘法（FGLS）模型来对面板数据进行分析，能源结构与能源强度系数均在 1% 的水平上显著。系数的意义在于：能源强度变化 1%，人均碳排放将变化 0.01%；能源结构变化 1%，人均碳排放将变化 0.13%。

从排放峰值与能源强度的关系来说，根据典型国家的历史趋势可以判断（见图3），碳排放出现峰值时，能源强度值在100千克石油当量/1000GDP到150千克石油当量/1000GDP之间。当能源强度大于150千克石油当量/1000GDP时，能源强度降低对碳排放总量增长趋势的抑制作用并不明显，从中国的能源强度与碳排放总量增长趋势图可以看出，尽管我国能源强度一直呈现下降趋势（从1990年的500千克石油当量/1000GDP下降至2012年的200千克石油当量/1000GDP左右），但碳排放总量仍然持续增长。而当能源强度降低至120~130千克石油当量/1000GDP时，能源强度降低对碳排放的抑制作用开始显现：在这一能源强度水平上，碳排放总量或者趋于平稳，或者逐渐下降。以OECD国家为例，当能源强度降至150千克石油当量/1000GDP左右的水平时，其碳排放总量的增长趋势逐渐放缓；碳排放总量的峰值对应的能源强度约为130千克石油当量/1000GDP。随着能源强度的继续下降，碳排放总量呈现显著的下降趋势。根据BP《2035世界能源展望》的预测，中国的能源强度在2020年左右下降到150千克石油当量/1000GDP，而在2035年全球的能源强度朝着更低水平发展，下降至100千克石油当量/1000GDP以下[1]。根据这一预测，同时参考典型国家的发展趋势，本文认为中国的碳排放总量峰值将出现在2025~2035年这一时间区间。

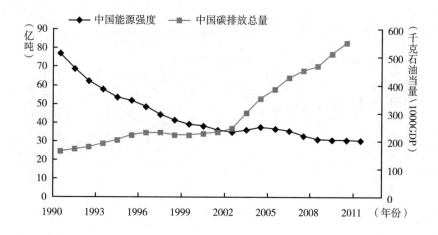

---

① BP：《2035世界能源展望》，http：//www.bp.com/zh_cn/china/reports-and-publications/bp2035.html。

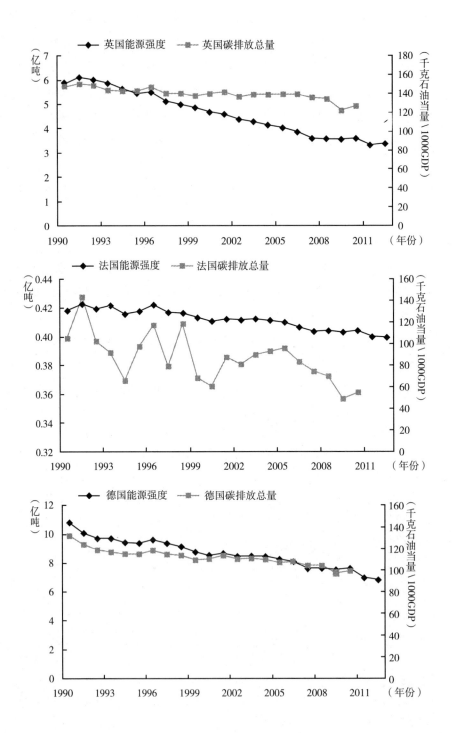

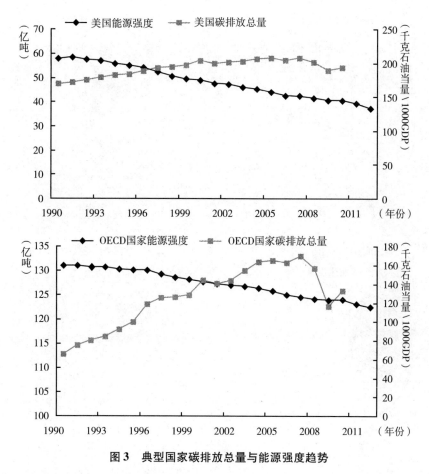

图3 典型国家碳排放总量与能源强度趋势

资料来源：IEA Statistics。

2. 能源消费结构对碳排放峰值的影响

通过与碳排放实现峰值的国家如英国、法国、德国和美国的能源消费结构进行对比不难发现，我国的能源消费存在煤炭比重过大、清洁能源消费占比相对较低、能源多样化程度不足等问题（见图4）。

英国已经实现了从煤炭到原油的能源结构转变，并逐渐提高天然气占比，煤炭的比例仅为19%。美国能源消费结构中虽然化石能源占比较高，但煤炭比例较低，约为20%。法国的能源消费主要依赖核能，其比例占据其能源消费总量的39%，煤炭消费量不到能源消费总量的5%。能源结构多样、煤炭占比相对较低是发达国家能源消费的典型特征。

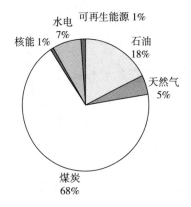

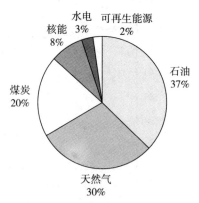

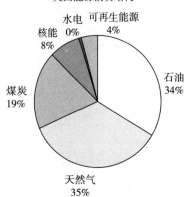

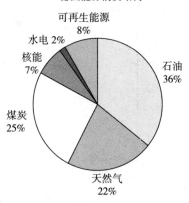

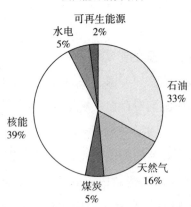

图4　2012年中国与其他国家能源消费结构对比

资料来源：《BP世界能源统计2013》。

我国以煤为主的能源结构，与已经逐渐完成煤炭向石油的转换，正朝着天然气以及核电、水电、风电等绿色能源方向发展的世界一次能源消费结构相比，属于明显的"低质型"能源消费结构①，能源结构相对"劣势"使得我国在短期内难以摆脱碳排放持续增加的趋势。以能源密集型的电力部门为例，通过对比中国与欧盟能源结构的变化趋势，我国主要依靠煤炭能源发电，煤炭所占比例在70%左右，并且有上升趋势。清洁能源（水力、核能）所占比例偏低，在20%左右。欧盟国家煤炭发电比例明显低于我国，且处在下降状态，而清洁能源占比接近60%，明显高于我国（见图5）。

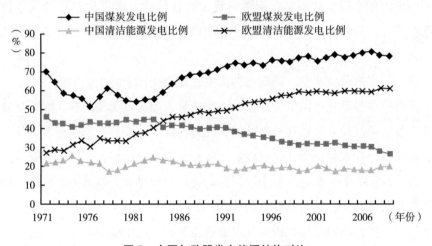

图5　中国与欧盟发电能源结构对比

资料来源：联合国 WDI 数据库。

　　根据 BP 预测，中国的煤炭消费在一次能源消费总量中的比重在 2035 年前后将下降到 50% 左右，相比 2012 年的水平下降约 20%，出现最大跌幅②。美国能源信息署 2013 年《世界能源展望》数据显示，中国的煤炭消费将在 2035 年达到峰值，约为 120 亿英热单位，随后出现下降。煤炭这一高碳能源占比下降将显著降低碳排放，根据发达国家的历史经验，煤炭比例下降是排放

① 戴彦德：《能源供需现状及其展望》，《中国低碳经济年度发展报告（2012）》，石油工业出版社，2012。

② BP：《2035 世界能源展望》，http://www.bp.com/zh_cn/china/reports-and-publications/bp2035.html.

下降的重要前提。如果这一预测可以实现，则意味着我国的碳排放峰值也将在2035年前后到来。

四 结论与政策启示

本文通过分析我国的能源供给与消费结构，并参考碳排放实现峰值国家的历史经验，对我国能源使用与碳排放峰值之间的关系进行了探讨。通过研究发现，当能源强度分布在100千克石油当量/1000GDP到150千克石油当量/1000GDP之间、煤炭这一高碳能源消费实现峰值时，碳排放总量的拐点将会出现。因此，降低能源强度和优化能源结构将是我国实现碳排放峰值的能源条件。

第一，提高科技水平，降低能源强度，促进碳排放峰值的实现。

降低能源强度是各国节能政策的首要选择，而科技无疑是推动能耗降低的重要力量。通过设立激励和补贴计划，促进传统高耗能行业不断开发、使用新的节能技术，在农业、工业、建筑业、服务业等重点领域推进清洁智能生产示范工程，从源头上、在全过程中控制污染物产生和排放，降低能源消耗，构建覆盖全社会的高科技能源循环利用体系。

第二，优化能源结构，积极开发清洁能源和可再生能源。

通过本文的分析，煤炭等高碳能源比重下降、清洁能源和可再生能源比重上升将促进碳排放峰值的实现。在全球温室气体减排压力下，在能源约束日益显现的今天，发展清洁的可再生能源，逐步降低化石能源比重，已成为世界各国应对气候变化的重要战略选择。欧盟提出到2020年可再生能源达到欧盟全部能源消费量20%的发展目标，其中德国、法国、英国的目标分别是18%、23%和15%。日本提出2020年前可再生能源发电要满足20%电力需求的目标。丹麦则提出到2050年完全摆脱对化石能源依赖的发展战略。我国为了早日实现碳排放峰值，大力发展可再生能源和清洁能源将是必然之策。因此，进一步发展水电项目和太阳能项目，积极推动海上风电项目，突破能源禀赋约束，降低煤炭在整个能源消费中的比例，将有利于我国碳排放峰值的实现。

G.16

中国的城镇化与碳排放峰值[*]

陈迎 刘利勇 张 莹[**]

摘 要：

随着世界城镇人口的增加，大量的城镇基础设施以及居民住宅建设难以避免，与城镇化相关的经济活动导致越来越多的能源消费和碳排放，城镇化逐渐由影响碳排放的次要因素变为主要因素。中国正处于快速的城镇化发展阶段，城市的建设对钢铁、水泥等高耗能产品的潜在需求巨大，未来城镇化的发展给我国碳排放峰值的实现带来巨大的挑战。本文通过探索和分析城镇化影响碳排放的机理和发达国家城镇化的发展经验，总结出碳排放峰值随城镇化发展的一般演变规律，对我国所处的阶段进行了界定，并对未来我国碳排放峰值的出现进行了简要分析。未来我国新型城镇化发展的过程中，应当从人口、社会、经济、空间结构、技术等多个维度，融入低碳理念，进行科学的规划，减少城镇化发展对碳排放的影响，尽早地实现我国的碳排放峰值。

关键词：

城镇化 能源消费 碳排放峰值

---

* 本文受能源基金会"中国在 2025 年左右实现排放峰值的社会影响及可行性研究"课题（编号：G - 1311 - 19383）、中国社会科学院城环所创新工程"全球气候治理的政治经济分析"课题资助。

** 陈迎，女，中国社会科学院城市发展与环境研究所可持续发展经济学研究室主任，研究员，硕士生导师，长期从事环境经济和可持续发展领域的研究工作，主要研究领域包括全球环境治理、气候变化、能源与经济发展政策等；刘利勇，男，中国社会科学院研究生院城环系，硕士研究生，专业方向为全球环境治理、可持续发展经济学等；张莹，女，经济学博士，中国社会科学院城市发展与环境研究所副研究员，中国社会科学院可持续发展研究中心、中国社会科学院 - 中国气象局气候变化经济学模拟联合实验室研究成员，主要研究领域包括可持续发展和气候变化模型研究、数量经济学、低碳经济发展、环境经济学等。

在过去的 100 多年里，城镇化是世界发展的一个重要趋势。1990 年，全球总人口中只有 13% 居住在城市地区。而如今，城市人口（约 36 亿人）已超过世界总人口的一半。根据政府间气候变化专门委员会（IPCC）第五次评估报告的预测，到 2100 年，世界城市总人口将会增加到 90 亿人，约占世界总人口的 88%[①]。中国正处于城镇化发展进程中，改革开放 30 多年，中国的城镇化取得了显著成就，也积累了不少突出矛盾和问题。1978～2013 年，我国城镇常住人口从 1.7 亿人增加到 7.3 亿人，城镇化率从 17.9% 提升到 53.7%。到 2030 年，城镇化率可能达到 70% 左右。2014 年 3 月 16 号，《国家新型城镇化规划（2014～2020）》（以下简称《规划》）正式发布，这是我国今后一个时期指导全国城镇化健康发展的宏观性、战略性、基础性的规划，也是中央颁布实施的第一个城镇化规划。城镇化进程将对我国未来发展产生重要而深远的影响，包括对能源消费和碳排放的影响，值得高度关注。在此基础上，推进可持续的低碳城镇化，促进中国尽早实现碳排放峰值，是我国低碳发展不可回避的艰巨任务。

一 城镇化影响碳排放的机理和途径

城镇化是指人口向城镇聚集、城镇规模扩大以及由此引起一系列经济社会变化的过程，其实质是经济结构、社会结构和空间结构的变迁。从经济结构变迁看，城镇化过程也就是农业活动逐步向非农业活动转化和产业结构升级的过程；从社会结构变迁看，城镇化是农村人口逐步转变为城镇人口以及城镇文化、生活方式和价值观念向农村扩散的过程；从空间结构变迁看，城镇化是各种生产要素和产业活动向城镇地区聚集以及聚集后的再分散过程[②]。城镇化对碳排放的影响是一个非常复杂的问题，影响的途径多样，影响机理也并不清晰。概括来讲，城镇化主要通过人口结构、社会结构、经济结构、空间结构等途径来影响 CO_2 的排放（见图 1）。

城镇化对人口结构的影响主要表现在对年龄结构、家庭数量、家庭规模以

[①] IPCC, *Climate Change 2014*: *Mitigation of Climate Change, Contribution of Working Group III to the Fourth Assessment Report of the Intergovernmental Panel on Climate Change*, Cambridge, United Kingdom and New York, NY, USA: Cambridge Press, 2014.

[②] 魏后凯：《怎样理解推进城镇化健康发展是结构调整的重要内容》，《人民日报》2005 年 1 月 19 日，第 9 版。

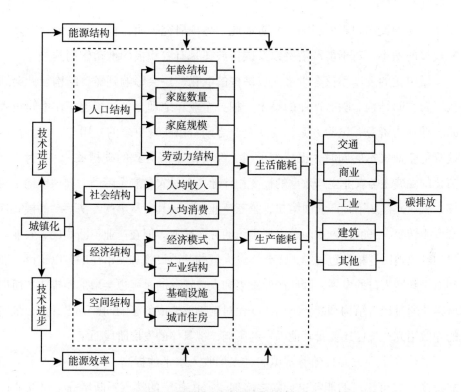

图1　城镇化对碳排放的影响机理

及劳动力结构四个方面的影响。城镇化会影响人类社会的年龄结构，进而影响到人类活动所引致的碳排放。研究表明，随着社会的逐渐老龄化，低的劳动参与率与生产率将会减缓经济增长的速度，能源消费与碳排放也相应减少[1]。但在同一社会中，年轻人以及年龄较大的人群可能消费更多的能源，产生更多的碳排放。以美国为例，20~34岁以及65岁以上人群的生活能耗强度要比这两个年龄段之间的中年人群高很多，这主要是由于中年人群生活在更大的家庭中，同等条件下，在规模效用的作用下，其人均能耗也更低[2]。人口老龄化会降低能源消费需求，但规模效用同时也会导致人均能耗的增加，二者之间的平

①　O'Neill B. C. , et al. , "Global Demographic Trends and Future Carbon Emissions", *Proceedings of the National Academy of Sciences of the UnitedStates of America*, 2010, pp. 17521 – 17526.

②　Liddle B. , S. Lung, "Age-Structure, Urbanization, and Climate Change in DevelopedCountries: Revisiting STIRPAT for Disaggregated Population and Consumption-Related Environmental Impacts", *Population and Environment*, 31 (5), 2010, pp. 317 – 343.

衡还要受到很多因素的影响。尽管如此，各项研究表明，社会的老龄化以及家庭规模的缩小，对于能源消费以及碳排放还是有着积极的推动作用的[1]。

城镇化的发展不仅会带来人口结构的变化，还会影响到经济结构、社会结构以及空间结构。随着产业的集聚，相关企业在地理上更加接近，在中间投入品、劳动力资源、风险方面，这些企业之间可以实现更多的共用与分担。在有效降低企业成本的同时，也减少了相关经济活动所导致的碳排放[2]。同时，城镇化的发展还与农业生产效率的提高相伴随，大量农村剩余劳动力向城镇地区转移，就业人口从第一产业向第二、第三产业转移，其所从事的经济活动的模式逐渐发生转变，其能耗方式向着更加集约的方向转变。但在产业不断集聚、农业人口向城镇地区迁移的过程中，需要建设大量的基础设施和城市住房，以支撑产业和城镇新增人口的发展，因此产业集聚和人口迁移的过程也会增加碳排放。所以城镇化通过经济结构和社会结构的变化对碳排放造成的影响同样有正有负，最终的净效用究竟怎样还要受其他因素的影响，视具体的发展阶段而定。

具体到个人方面，随着城镇居民人均收入水平的提高，人均消费水平会随之提高，城市建筑的能耗也会随之增加。居民住宅的楼层不断增高，对商业楼层与相关服务的需求量不断增大，机动车的拥有率不断提高，这些变化都会直接导致碳排放的增长。同时，居民收入的增长也会增加对商品的消费倾向，进而增加对商品的购买，与商品相关的经济活动也随之增加，这就间接导致了碳排放的增长。技术在城镇化的发展中有着很强的锁定效应，某种技术被采用以后，它的影响将是长期和持久的。"二战"以后，在能源价格低廉的情况下，很多发达国家所建设的基础设施及其技术选择至今仍然对全球碳排放有着重要影响，并且它们的这些选择很可能会被后来的一些新兴国家所模仿[3]。对于那

① IPCC, *Climate Change 2014: Mitigation of Climate Change, Contribution of Working Group Ⅲ to the Fourth Assessment Report of the Intergovernmental Panel on Climate Change*, Cambridge, United Kingdom and New York, NY, USA: Cambridge Press, 2014.

② Holmes, T. J., "The Effect of State Policies on the Location of Manufacturing: Evidence from State Borders", *The Journal of PoliticalEconomy*, Vol. 106 (4), 1998, pp. 667 – 705.

③ IPCC, *Climate Change 2014: Mitigation of Climate Change, Contribution of Working Group Ⅲ to the Fourth Assessment Report of the Intergovernmental Panel on Climate Change*, Cambridge, United Kingdom and New York, NY, USA: Cambridge Press, 2014.

些发展较为成熟的城市来说，从技术领域减缓碳排放是十分困难的。但对于那些快速发展的新兴城镇来说则不然，通过采用新技术，可以避免传统城市发展的一些弊端，提高能源使用的效率，改善能源结构，从生产能耗与生活能耗两个方面减少碳排放。因此，技术发展在城镇化的过程中也有着双向的效用，某项技术一旦被应用到城镇的发展中来，就很难在短期内改变，对碳排放的影响将是长期持久的。但随着技术的创新，能源利用的效率被提高，温室气体的排放得到减缓。

二 城镇化与碳排放的关系

（一）对城镇化与碳排放规律的探索

通过对世界主要发达经济体碳排放随时间变化规律的研究发现，碳排放强度、人均碳排放和碳排放总量一般会随时间的变化呈现倒 U 形曲线，三种倒 U 形曲线不仅各自存在，而且峰值是依次出现的。从长期来看，碳排放随时间的演化过程可以划分为四个阶段：碳排放强度峰值前阶段（S1）、碳排放强度峰值到人均碳排放峰值阶段（S2）、人均碳排放峰值到碳排放总量峰值阶段（S3）、碳排放总量稳定下降阶段（S4）（见图 2）。如果人均碳排放峰值与碳排放总量峰值相重合，那么该过程就变成三个阶段，也可以视为四阶段的特殊情况①。

随着城镇化的发展，在技术不断进步的严格假定下，CO_2 排放与城镇化率之间是否存在类似的关系呢？即随着城镇化的长期发展，三种倒 U 形曲线不仅各自存在，而且峰值是依次出现的。为了验证上述关于碳排放随城镇化变化规律的假说，我们利用主要发达国家的相关统计数据进行了实证分析。

通过分析世界银行世界发展指标（WDI）数据库中人口、经济和城镇化的统计数据，以及美国橡树岭国家实验室 CDIAC 的碳排放数据，我们可以发现，美国等 18 个发达经济体的碳排放强度峰值均在人均碳排放峰值之前，符

---

① 陈邵锋：《二氧化碳排放演变驱动力的理论与实证研究》，《科学管理研究》2010 年第 1 期。

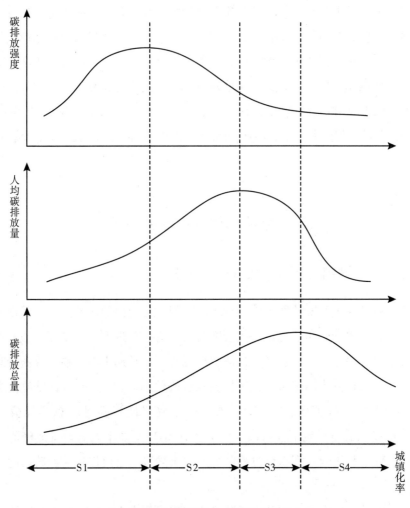

图2 碳排放随城镇化发展阶段的划分

合 S1、S2 阶段的划分，但由于部分发达国家人口数量长期趋于稳定，所以会出现人均碳排放峰值与碳排放总量峰值相重合的情况，即碳排放随着城镇化的发展由四个阶段演变为三个阶段。主要发达国家碳排放强度实现峰值时的城镇化率大体在 50% ~90% 之间，均值为 67% 左右（见表1）。其中美国、葡萄牙等国最早，澳大利亚、阿根廷、比利时等国最晚。而从碳排放强度峰值发展到人均碳排放峰值，即由 S1 阶段发展到 S2 阶段，城镇化率大约要发展到 55% ~ 95% 之间，均值为 75% 左右。其中，美国、英国、日本等老牌发达国家经历的阶段最长，希腊、加拿大等国家经历的发展阶段最短，这与现代技术的快速发展不无关系。而从人均碳排放峰值到碳排放总量峰值，城镇化所经历的发展阶段则相对较短，除了美国、加拿大和澳大利亚外，其他国家这两个峰值出现的发展阶段基本重合。S3 阶段的长短与各个国家人口的变化有着很大的关系，如果人口总量趋于稳定，那么就很容易实现从人均碳排放峰值向碳排放总量峰值的跨越。上述判断规律，也可以通过欧盟和高收入经合组织国家的总体数据再次得到印证。

表1　主要发达经济体峰值出现时的城镇化率

单位：%

序号	国家	碳排放强度峰值	人均碳排放峰值	碳排放总量峰值	S1～S2	S2～S3
1	美　　国	48.00	73.00	81.00	25.00	8.00
2	葡萄牙	53.74	55.67	55.67	1.93	0.00
3	匈牙利	57.60	64.91	64.91	7.31	0.00
4	希　　腊	59.56	60.32	60.32	0.76	0.00
5	德　　国	62.00	72.00	72.00	10.00	0.00
6	荷　　兰	62.27	64.43	64.43	2.16	0.00
7	意大利	64.82	67.44	67.44	2.62	0.00
8	奥地利	64.89	66.53	66.53	1.64	0.00
9	法　　国	51.00	73.21	73.21	8.22	0.00
10	芬　　兰	66.18	82.62	82.62	16.44	0.00
11	英　　国	68.00	85.79	85.79	17.79	0.00
12	日　　本	71.88	87.80	87.80	15.93	0.00
13	西班牙	72.79	76.70	76.93	3.91	0.23
14	加拿大	75.64	75.65	80.29	0.02	4.64
15	丹　　麦	79.74	85.00	85.00	5.27	0.00
16	澳大利亚	85.70	86.74	88.87	1.04	2.13
17	阿根廷	86.59	91.96	91.96	5.37	0.00
18	比利时	92.87	95.20	95.20	2.33	0.00
	均　　值	67.96	75.83	76.67	7.78	0.83
	欧　　盟	62.38	68.39	68.39	6.01	0.00
	高收入经合组织国家	64.75	71.85	79.31	7.10	7.46

注：碳排放的历史数据全部来自 CDIAC，1961 年以后的城镇化率数据来自 WDI，1961 年以前的数据来自相关文献、机构的估算值。根据相关研究，准确来讲，日本的碳排放强度峰值应该出现于 1914 年，其城镇化率为 17% 左右，但之后受战争等因素影响，其碳排放强度一直在一定的区间波动，到 1970 年，其城镇化率为 71% 左右时才开始稳步下降，故此处认为其碳排放强度出现的峰值为 1970 年，城镇化率为 71%。另外，美国等少部分国家的碳排放总量峰值出现在 2010 年左右，今后其碳排放总量是否还会有大幅度波动还有待进一步验证。

（二）部分发达国家城镇化的发展历程

根据部分发达国家城镇化与碳排放的经验，可以对碳排放峰值随城镇化发展的一般规律做进一步验证和分析。发达国家已率先完成了城镇化进程，而中国仍处于城镇化发展进程之中，发达国家的经验可以为中国城镇化发展以及碳排放峰值的实现提供一些借鉴。

1. 英国

英国作为工业革命的发源地，其城镇化进程起步较早，但发展较为缓慢。在工业革命的带动下，英国农村的人口开始大量向城市地区迁移。随着工业的发展和人口的集中，大量的新兴城镇纷纷出现，英国的城镇数量与规模都在不断扩大，由相关活动引致的碳排放也在不断增加。这些在新的城市和工业聚集点兴起的场所一般是半城市地区或是没有在传统的主导城市体系中占据重要地位的小城镇，它们由于工业的发展而吸引和聚集了大量的人口，城市形态越来越明显，城市功能也不断得到完善，并最终发展成为超越传统城市的工业重镇或区域经济中心城市①。工业化早期由于技术条件的限制，工业的发展主要以碳密集型产业为主，这段时期也是英国的碳排放强度增长较快的阶段。按照城镇人口在总人口中的比重来计算，英国在1851年的城镇化率就已经达到了54%，初步实现了城镇化。

随着工厂规模的扩大，传统的农村小作坊已经不能满足社会的需求，工业集聚现象日益明显，英国的城镇化进程被快速推进。在这之后50年左右的时间里，英国的城镇化水平增长到70%多，基本上实现了高度的城镇化，并形成了一大批城市群。而此时英国的碳排放强度也达到峰值（见图3），碳排放随着城镇化完成了S1阶段的发展，后期人均碳排放与碳排放总量的增长主要由经济增长推动。在实现高度城镇化以后，英国的城镇化发展进程逐渐由城镇人口的增长转向城镇人口和布局的优化。由于科技进步的抑制作用以及人口总量趋于稳定，在其城镇化率达到85%左右时，人均碳排放与碳排放总量几乎同时实现了排放峰值（见图3），碳排放随着城镇化发展的演变由四个阶段变

---

① 何志扬：《城市化道路国际比较研究》，武汉大学博士论文，2009。

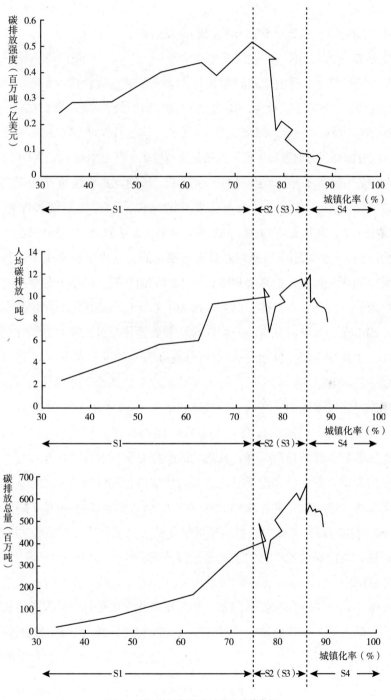

图 3　英国的碳排放峰值与城镇化

173

为三个阶段。在这之后，英国城镇化的进一步发展并没有带来碳排放的增长，城镇化、经济增长与碳排放逐步实现剥离或脱钩。

2. 日本

日本的城镇化从明治维新时期就开始缓慢发展，随着日本逐渐由传统的农业封建社会走向资本主义社会，其工业化和城镇化进程也逐步开始推进，资本主义机器大生产使得一些新兴城市发展壮大起来。但受日本对外侵略战争的影响，日本进入战时体制，工业发展失衡，城镇化进程受阻，甚至出现了城镇人口的下降。

"二战"后，随着日本经济的逐渐复苏，城镇化进程也逐渐恢复，大量农村人口涌入城市，城镇化进入高速发展的阶段，出现了所谓膨胀性的城镇化[①]。1950年，其城镇人口占总人口的比例还仅为37.5%，然而到2010年这一比例已经增至90.54%。我们对日本城镇化的关注也主要集中于该阶段。由于大城市圈产业和人口的高度集中，日本的城镇化发展已经不是单一城市的发展，取而代之的是城市群体，以大城市为中心，包括郊区、卫星城及其腹地在内的大都市圈。该阶段日本的人均碳排放和碳排放总量也随着城镇化的发展快速增长，尤其是在碳排放强度达到峰值以前的S1阶段（见图4）。在日本的城镇化率达到峰值以前，正是城市开展基础工程、公共设施建设的阶段，高耗能与高排放是难以避免的。在日本的城镇化率从1914年的17%左右发展到1970年71%的过程中，其碳排放强度一直在一定的区间波动[②]。1970年以后，日本的碳排放强度开始稳定下降，其人均碳排放与碳排放总量增长放缓。由于此时日本的人口总量也已经趋于稳定，其人均碳排放和碳排放总量随城镇化的变化趋势基本保持一致，并在城镇化率达到87%左右时开始同时下降，实现了S2与S3阶段的同步完成。日本后期城镇化的发展更侧重于城镇空间布局的优化与调整，碳排放与城镇化的发展逐渐相分离。

3. 美国

美国不同于一些传统发达国家，它的城镇化发展受外来移民等方面因素影响很大。随着第一次工业革命的发展以及外来移民的涌入，美国农村地区的人

---

① 满颖之：《日本城市化的历史演变及其发展趋势》，《烟台师范学院学报》1986年第2期。

② 陈邵峰：《二氧化碳排放演变驱动力的理论与实证研究》，《科学管理研究》2010年第1期。

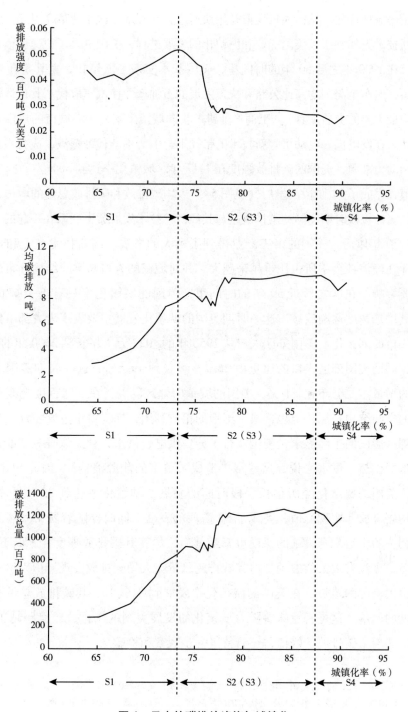

图4 日本的碳排放峰值与城镇化

群开始向城镇迁移，城镇人口规模开始快速增长。到第二次工业革命时期，内燃机等新技术更加刺激了美国工业和城镇化的发展进程，美国进入了快速城镇化的阶段。在 1900 年之后 50 年的时间里，美国基本实现了城镇化。尤其是在 1920年以后，遍布全美国的高速公路和快速发展的石油产业使汽车取代了其他运输工具成为最主要的交通工具①。工商产业进一步向城镇集聚，中心城市的规模进一步扩大。在发电机、电动机等新技术的带动下，电力逐渐代替蒸汽，成为主要的能源和动力来源，美国的碳排放强度在 1917 年、城镇化率达到 50% 左右时实现了峰值，完成了 S1 阶段的发展（见图 5）。人均碳排放和碳排放总量的增长速度逐渐放缓，该段时期美国的碳排放是与其经济、技术发展紧密联系在一起的。

1950 年以后，美国的第三产业得到了极大的发展，高新技术产业和现代服务业在经济社会中所占比重越来越大，并对城镇的人口与空间结构分布产生了重要影响。在这之后近 50 年的时间里，美国的城镇化率只有近 10% 的增长，其增长速度逐渐放缓。这一时期美国的城镇化发展主要表现为大都市化和城镇人口的郊区化。美国郊区人口从 1950 年的 4023 万人增长到 2000 年的 1.4亿人，同期美国郊区人口的比重由 26.7% 增长到 49.8%，这一时期美国城镇人口的增量主要分布在郊区②。美国的城镇向郊区发展，在一定程度上改善了城市的空间结构布局，但也造成了土地的粗放利用，使得城市过度蔓延。为了满足郊区居民的生活需求，美国实行了分户供电、供水，独立取暖等制度，相对于集中供热、供水来说，这些举措造成了更多的能源浪费③。因此 S1 阶段以后，美国的城镇化经历很长一段时间的发展，城镇化率达到 75% 左右时，其人均碳排放才实现峰值，完成了 S2 阶段的发展。同时伴随着城市郊区的发展，相关的生活配套设施的建设也紧随其后，尽管其碳排放强度在不断下降，人口总量也没有太大的波动，但其碳排放总量在人均碳排放实现峰值以后，仍然有很大程度的增长。在美国的城镇化率发展到 81% 时，其碳排放总量有一定程度的回落。这是否意味着随着城镇化的发展美国的碳排放已经跨越了 S3阶段，实现了碳排放的峰值，还有待进一步观察和检验。

---

① 何志扬：《城市化道路国际比较研究》，武汉大学博士论文，2009。
② 白国强：《美国郊区城市化及其衍生的区域问题》，《城市问题》2004 年第 4 期。
③ 龚莹：《全球气候变暖条件下美国问题研究》，吉林大学博士论文，2010。

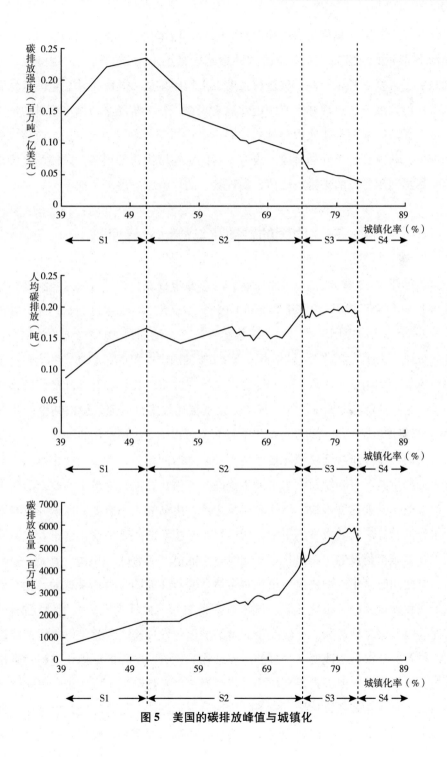

图 5 美国的碳排放峰值与城镇化

从三个国家城镇化发展的历史经验来看，城镇化对碳排放的影响依然是遵循倒 U 形演变规律的，其对碳排放的影响先是逐渐增强，到达一定阶段后开始减弱，直至二者相脱离。碳排放强度、人均碳排放以及碳排放总量峰值随着城镇化的发展依次出现并有着一定的演变规律，各个阶段必须循序渐进地加以推进，任何国家都不能实现跨越式发展。尽管如此，发展中国家仍然应该以此为依据，认清各自所处的阶段，汲取发达国家在城镇化发展各个阶段的经验教训，尽早实现各自的碳排放峰值，实现社会的可持续发展。

三　中国的城镇化与碳排放峰值

改革开放 30 多年来，中国的城镇化率稳步提高，促进了社会经济发展。1978～2013 年间，城镇化率年均提高 1.02 个百分点，2013 年达到 53.7%。城市数量从 193 个增加到 658 个，建制镇数量从 2173 个增加到 20113 个。京津冀、长江三角洲、珠江三角洲三大城市群，以 2.8% 的国土面积集聚了 18% 的人口，创造了 36% 的国内生产总值，成为带动我国经济快速增长和参与国际经济合作与竞争的主要平台。世界银行的经济学家尤素福通过实证研究，得出结论：从 20世纪 80 年代以来，中国的经济增长中有 10% 可以归因于城镇化的进程。

然而，粗放型快速城镇化也产生了一系列的问题，主要表现在中国城镇化发展的质量并没有与城镇化水平同步提高，城镇化速度与质量不匹配。尽管中国的城镇化发展速度很快，但城乡居民生产、生活和生态方面的需求并没有得到很好的满足。区域发展不平衡，城镇化水平相对滞后于工业化水平，大量农民工在为城市建设做出突出贡献的同时却不能享受应有的"市民"待遇。

与此同时，粗放型快速城镇化对自然资源与环境的压力越来越大，化石能源消费和碳排放增长很快。部分城市搞盲目扩张，大拆大建，大量消耗钢铁、水泥等能源密集型产品。不改变粗放型的城镇化发展模式，就难以压缩产能过剩，也不能从根本上改变不合理的产业结构。目前，中国的城镇化进程对碳排放的影响以及由次要因素逐渐成为主要因素，也必然影响中国实现二氧化碳排放峰值的时间和峰值排放量。有关排放峰值预测是一个复杂问题，仅考虑城镇化因素是远远不够的，即使用复杂的能源、环境和经济耦合模型，也只是对未来各自政策下的发展趋势和情景进行模拟，而难以进行准确的预判①。尽管如此，但我们仍然能够根据发达国家的历史经验，分析中国城镇化的发展对于二氧化碳峰值的影响以及中国所处的发展阶段，找出排放峰值出现的条件，并以此为借鉴，大力推进可持续低碳城镇化，促进我国碳排放总量峰值的提早到来。

在过去十多年的时间里，在不考虑一些历史因素对我国碳排放强度所造成的影响的情况下，可以认为，中国的碳排放强度已经在城镇化率为41%左右的时候实现了峰值（见图6）。由于产业结构和国际分工的原因，尽管与发达国家相比，中国的碳排放强度仍然很高，但就城镇化率所处的阶段而言，中国已经提前实现了碳排放强度的峰值。到2011年，中国的城镇化率达到51.27%，已经非常接近世界城镇化率的平均水平，中国已经快速跨越了S1阶段。不过，虽然中国的碳排放强度在不断地下降，但城镇化与工业化的快速发展导致大量农村人口涌向城市，城市规模不断扩大，居民收入水平不断提高，人均碳排放和碳排放总量依然迅速增长。

随着中国经济增长速度的逐步放缓，未来中国城镇化的进程也将放慢脚步，其发展将更加偏重于城镇与人口的空间布局等方面，中国的城镇化将进入减速推进期②。到2030年，中国的城镇化率将达到69%左右，实现相同比例的增长，所花费的时间将更长③。在该阶段城镇化的发展对中国碳排放的促进作用仍然占主要作用，但由于城市群、郊区城市化以及城镇化质量的提高，城镇化对中国碳排放的促进作用将逐渐减弱。未来我国人均碳排放和碳排放总量的增长速度也将逐渐放缓。根据国际城镇化发展与碳排放的历史经验，人均排放峰值大约出现在城镇化率为70%的阶段。在中国继续转变经济发展方式、优化产业结构的同时，积极有效地贯彻《国家新型城镇化规划（2014~2020）》中关于新型城镇化的指导方针的情况下，大量研究认为中国的城镇化率到达70%还需要15年左右的时间，即2030年前后，所以中国人均碳排放

① 何建坤：《CO_2排放峰值分析：中国的减排目标与对策》，《中国人口·资源与环境》2013年第12期。

② 魏后凯：《我国城镇化战略调整思路》，《中国经贸导刊》2011年第7期。

③ 高春亮、魏后凯：《中国城镇化趋势预测研究》，《当代经济科学》2013年第4期。

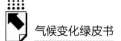

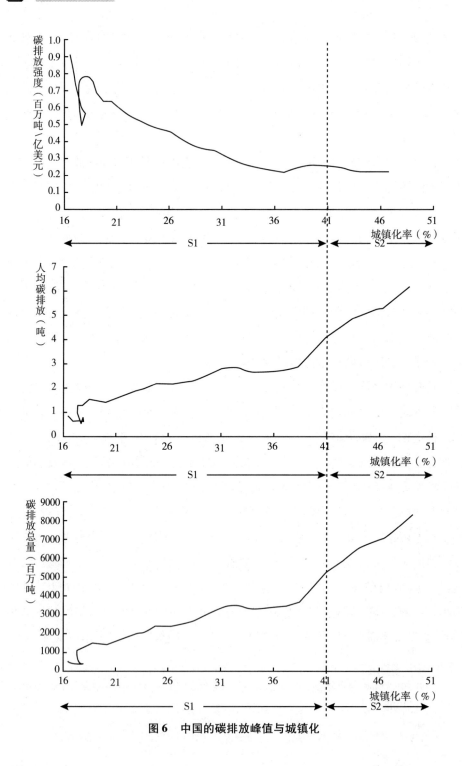

图6　中国的碳排放峰值与城镇化

的峰值很可能出现在 2030 年前后。如果中国的人口总量峰值也能在 2030 年前后出现的话，那么碳排放总量的峰值很可能紧随其后。

四 对中国的启示

城镇化对于碳排放的影响是多方面的，不仅局限于居民生活能耗，还与经济增长、产业发展关系密切。根据发达国家的历史经验，碳排放总量峰值的出现，几乎都是在完成快速城镇化阶段城镇化率达到 70% 左右。中国虽然已经完成了城镇化的加速推进阶段，但距离快速城镇化阶段的完成还有很长的路要走。要想在 70% 前实现拐点，面临巨大挑战。要实现碳排放总量的峰值，必须要经历人均碳排放的峰值。两者之间所要经历的发展阶段，则又取决于中国人口总量的峰值。如果人口峰值能够在人均碳排放峰值之前到来，那么中国碳排放总量峰值可能紧随人均峰值，或者与人均峰值重合。如果人口峰值不能出现在人均碳排放峰值之前，那么中国想要在 2030 年前后实现碳排放总量的峰值，将面临一定的压力。

新近出台的《国家新型城镇化规划（2014～2020）》在保障弱势群体利益、优化城市发展布局、推进城乡一体化的同时，还特别强调生态文明，着力推进绿色发展、循环发展、低碳发展，要节约集约利用水、土地、能源等资源，强化生态修复和环境治理，推进绿色城市、智慧城市的建设，推动形成绿色低碳的生产、生活方式和城市建设运营管理模式，尽可能地减少对自然的干扰，尽可能地降低对环境的损害。根据《规划》的要求，我国在今后城镇化的发展中需要更加注重城镇化发展的质量，综合考虑人口、经济、社会、技术等多种影响因素，运用法律、行政、经济、公众参与等多种手段，努力减少城镇化对碳排放的影响，走可持续的低碳城镇化道路，确保中国碳排放总量能够在 2030 年前后或者提前到来。具体来讲，主要应该从以下几个方面着手。

首先，人口是最基本的能源消费者和碳排放源，人口规模、结构的变化将对我国碳排放峰值的实现有着直接的影响。伴随着城乡人口结构的变化，城镇人口的增加将给我国的节能减排工作带来巨大的挑战。未来我国城镇化发展的过程中，应该融入更多的低碳理念，通过开发新型社区、推广新型居民养老模

式等方式，切实减少人口城镇化过程中的能源消费，促进碳排放峰值的提早到来。

其次，未来我国城镇化的发展，必然带来大量的基础设施建设以及劳动人口从第一产业向第二、第三产业的迁移。对钢铁、水泥等高耗能产品的需求在一段时期内将难以削减。要想促使我国碳排放峰值提前到来，就需要我们在引进清洁能源技术、提高能源效率的同时，加快产业结构的调整，大力发展第三产业，增加第三产业的就业人口在总人口中的比重，减少工业对能源消费的需求。

再次，城镇化的发展将会引起居民人均收入和消费的改变。随着我国经济增长模式逐渐由外需拉动转为内需拉动，居民收入和消费的增加对碳排放的影响将逐渐增大。未来城镇化过程中，在落实低碳政策、发展低碳产业的同时，我们也应该通过一些人文的途径和手段，积极引导人们进行适度消费、绿色消费，避免不必要的碳排放。

最后，在城镇化发展的过程中，由于基础设施和居民建筑的特殊属性，其对能源的需求以及碳排放有着长期的路径依赖，具有很强的锁定效应。因此，我们在进行城市的治理与规划设计时，要综合考虑城市的空间布局、技术的锁定效应等因素，避免引入被高碳锁定的城市发展模式。

中国人口趋势与碳排放峰值

陆 旸[*]

摘 要:

不同于生产侧的污染物，CO_2 排放具有明显的消费特征，这就意味着 CO_2 的排放峰值与人口增长直接相关。通过两种不同的假设方法——人均 CO_2 的排放和 CO_2 排放强度，我们对中国未来 CO_2 排放的峰值和峰值出现时的排放总量进行了预测。结果发现，即使中国人均 CO_2 的排放量不再上升，由于人口总量的增加，中国的 CO_2 排放总量还将持续增加，2026 年前后达到峰值。如果按照中国承诺的强度减排目标上限 45% 计算，中国的 CO_2 排放峰值将出现在 2025 年前后，峰值出现时中国的 CO_2 排放总量将达到 105.5 亿吨。实际上，实现上述目标还需要依赖严格的环境规制，同时将人均物质消费需求控制在一个合理的区间范围。

关键词:

人口增长 CO_2 排放峰值 碳税 排污权交易

碳排放对气候变化产生的影响以及相应的减排问题已经成为世界各国共同关注的议题。随着世界人口的增长，即使人均 CO_2 排放量不再增加，也意味着 CO_2 排放总量将持续上升。然而现实情况却是，人均 CO_2 排放量还在不断增加，即使是很多高收入国家也不例外。例如，按照世界银行的数据，美国在

---

* 陆旸，女，2009 年 6 月毕业于中国人民大学经济学院，获得经济学博士学位；现为中国社会科学院人口与劳动经济研究所副研究员，主要研究领域包括宏观经济学和环境经济学等。

2010 年的人均 CO_2 排放量仍然上升了 1.44%。在过去的 50 年（1960～2010年）中，美国每年的人均 CO_2 排放量一直徘徊在 15～22 吨之间。如果中国人均 CO_2 排放量和美国一样，哪怕是按照最低水平 15 吨计算，在 2010 年中国的 CO_2 排放总量也会达到 201 亿吨，而不会是 83 亿吨。同时，我们知道，因为污染外部性的特殊原因，CO_2 排放的环境库兹涅茨曲线即使在很高的人均收入水平上也难以达到拐点。或者说，即使中国在 2020 年能够从中高收入组进入高收入组，在理论上，人均 CO_2 排放量也还会持续升高，除非中国政府采取异常严格的环境措施。然而，严格的环境规制在减排的同时，也将带来实体经济的各种问题，如实际增长率下降或失业的问题。因此，我们有必要从中国未来人口发展的角度，重新估计人均 CO_2 水平、峰值出现的时间以及峰值出现时的 CO_2 排放总量。研究结果对我们充分认识减排问题以及制定合理紧凑的减排时间表都有重要的现实意义。

一 人口变化对 CO_2 排放总量的影响途径

中国人口总量大，约占世界总人口的 1/5，2010 年中国的人口总量已达到13.4 亿人。人口增长终将给脆弱的资源环境带来压力。实际上，人口预测被看作"从现实中看得到的未来"。根据人口出生率、死亡率以及总和生育率可以推算和判断人口发展的基本趋势。与经济指标相比，这些人口指标的变化相对较慢。因此，在当前人口发展趋势和基本假设的基础上，推算短期的人口总量和分年龄与性别的人口将与未来实际值相差不大。根据人口的发展预测 CO_2 排放峰值时存在两种可选的途径。第一种途径是人均 CO_2 排放增长率，第二种途径是 CO_2 排放强度。这两种途径都受到人口发展的影响。

1. 根据人均 CO_2 排放增长率预测排放峰值

从人均 CO_2 排放增长率的变化趋势预测 CO_2 排放峰值。假设人均 CO_2 排放增长率按照不同的轨迹发展，我们很容易推算出 CO_2 排放峰值出现的时间和峰值出现时 CO_2 排放总量。例如，我们假设人均 CO_2 排放量保持不变，那么对未来 CO_2 排放峰值的预测就将依赖人口总量的变化趋势。如果总和生育率（TFR，即每个育龄妇女平均生育的子女数）上升，则未来人口总量也将随之增加。即使人均 CO_2 排放量保持不变，但人口总量增加也将推迟 CO_2 排放峰值的出现时间和增加峰值出现时的 CO_2 排放总量。

2. 根据 CO_2 排放强度预测排放峰值

从 CO_2 排放强度的变化趋势预测 CO_2 排放峰值。例如，假设到 2020 年 CO_2 排放强度比 2005 年下降 45%。此时，我们可以根据 2005 年数据推算出 2020 年中国的碳排放强度，即单位 GDP 的 CO_2 排放量。如果我们可以推算出 2020 年中国的潜在 GDP 水平，就可以根据"单位 GDP 的 CO_2 排放量"推算出 2020 年中国的 CO_2 排放量。因此，通过 CO_2 排放强度预测排放峰值时，关键的问题是对中国潜在 GDP 的预测，或者是对潜在 GDP 增长率的预测。

3. 两种预测途径与人口变化之间的关系

从上述两种排放峰值的预测中可以看到，无论是通过人均 CO_2 排放的途径预测排放峰值还是根据排放强度的途径预测排放峰值，均与中国未来人口变化趋势有关。第一种途径依赖人口总量的变化，因此我们可以采用郭志刚[①]的分年龄和性别的人口预测数据，根据不同的人均 CO_2 排放假设，直接推算出 CO_2 排放峰值。第二种途径从表面来看与人口的变化无关，但是未来中国的经济增长和 GDP 总量的变化趋势与人口结构的变化直接相关。陆旸和蔡昉指出，潜在增长率由资本（K）、劳动力（L）、人力资本（H）和全要素生产率（TFP）共同决定，而人口结构的变化通过直接和间接的途径影响前三个因素[②]。直接效应表现在：当其他因素不变时，劳动年龄人口绝对数量减少将导致潜在就业减少，进而影响潜在增长率。间接效应表现在两个方面：第一，劳动参与率和自然失业率都是年龄的函数，这就意味着，随着人口结构的变化，劳动参与率和自然失业率并不是一条平滑的曲线。当其他因素不变时，劳动参与率和自然失业率的变化会引起潜在就业的变化，最终影响潜在增长率。第二，资本形成率（资本形成占 GDP 的比重）影响资本存量，然而资本形成率还是人口扶养比的函数。随着人口扶养比的上升，储蓄率下降，进而资本形成

① 郭志刚：《2011~2050 年中国人口预测》，工作论文，2013。
② 陆旸、蔡昉：《人口结构变化对潜在增长率的影响：中国和日本的比较》，《世界经济》2014 年第 1 期。

率降低，最终影响潜在增长率。因此，按照第二种途径推算排放峰值时，本文采用了陆旸和蔡昉对中国未来潜在增长率和 GDP 的预测值[①]。这个估计值可以将人口变化与 GDP 预测联系起来。

二 人口变化与 CO_2 排放峰值

1. 人均 CO_2 排放增长率与中国的排放峰值

按照上述思路，在不同假设情景下，我们预测了排放峰值出现的时间以及峰值出现时 CO_2 排放总量。首先，假设人均 CO_2 排放量的增长率分别以 -0.6%、-0.3%、-0.1%、0%、0.1%、0.3%、0.5%、0.65% 的速度发展，我们已知当前的人均 CO_2 排放量，按照不同的 CO_2 排放增长率，可以推算出未来的人均 CO_2 排放量。同时，采用郭志刚[②]的人口预测数据，我们能够推算出在人均 CO_2 排放量和人口总量一定的条件下，中国未来各时期的 CO_2 总量。

根据计算结果（见表1），如果未来中国的人均 CO_2 排放量保持不变，那么影响排放总量的唯一因素就来自人口总量的变化。在这样的假设基础上，中国的排放峰值将出现在 2026 年前后，峰值出现时中国的人均 CO_2 排放量为 6.195 吨，CO_2 排放总量将达到 88.174 亿吨。如果我们假设未来的人均 CO_2 排放量能够以每年 0.6% 的速度递减，那么排放峰值将提早出现。2015 年 CO_2 排放量就可以达到峰值，此时，人均排放量为 6.011 吨，而排放总量约为 82.941 亿吨。如果放宽假设，假设未来人均 CO_2 排放量以每年 0.3% 的速度递减，那么峰值出现的时间为 2020 年，此时人均 CO_2 排放量是 6.012 吨，CO_2 排放总量约为 84.86 亿吨。进一步放宽假设，假设未来人均 CO_2 排放量以每年 0.1% 的速度递减，那么峰值出现的时间进一步推迟，大致在 2024 年出现排放峰值，峰值出现时的人均 CO_2 排放量为 6.109 吨，排放总量将达到 86.888 亿吨。

[①] 陆旸、蔡昉：《人口结构变化对潜在增长率的影响：中国和日本的比较》，《世界经济》2014年第1期。

[②] 郭志刚：《2011～2050 年中国人口预测》，工作论文，2013。

表1 按人均CO₂排放增长率预测峰值

假设	峰值年份	峰值人均排放量(吨)	峰值排放总量(百万吨)
人均CO₂排放量每年按照 -0.6% 增长	2015	6.011	8294.07
人均CO₂排放量每年按照 -0.3% 增长	2020	6.012	8486.01
人均CO₂排放量每年按照 -0.1% 增长	2024	6.109	8688.80
人均CO₂排放量每年按照 0% 增长	2026	6.195	8817.43
人均CO₂排放量每年按照 0.1% 增长	2029	6.314	8969.38
人均CO₂排放量每年按照 0.3% 增长	2038	6.737	9374.52
人均CO₂排放量每年按照 0.5% 增长	2046	7.413	9998.16
人均CO₂排放量每年按照 0.65% 增长	2049	7.976	10573.12

资料来源：笔者计算得到。

　　然而现实经济中很难满足上述假设。我们知道，即使是很多发达国家，人均CO₂排放量也会随着经济增长出现逐渐上升的趋势。例如，随着经济发展，美国的人均CO₂排放量还处在一个较高水平，下降速度和幅度并不明显（见图1）。实际上，人均CO₂排放量很难实现下降，因为CO₂排放更多地属于消费侧的污染物。这与生产侧的污染物如SO₂有所不同。随着工厂再选址的情况出现，生产侧的污染物会逐渐减少，即使一个地区对工业品的消费并没有减

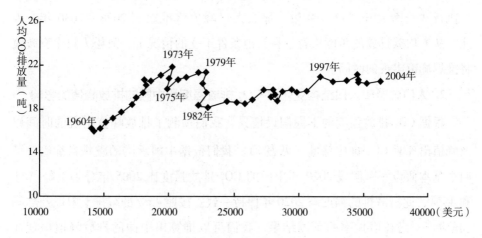

图1 美国人均CO₂排放量与人均GDP的关系

注：根据世界发展指标（WDI）数据库中的相关数据绘制。

资料来源：陆旸：《从开放宏观的视角看环境污染问题：一个综述》，《经济研究》2012年第2期。

少。考虑到 CO_2 排放的消费属性，我们进一步放宽假设前提，在后面的模拟中，我们假设人均 CO_2 排放量按照不同的增长率逐渐增加。

假设未来人均 CO_2 排放量每年的增长率保持在 0.1% 的水平，那么排放峰值将出现在 2029 年，人均 CO_2 排放量为 6.314 吨，总排放量约达到 89.694 亿吨。如果中国未来人均 CO_2 排放量每年的增长率保持在 0.3% 的水平，那么排放峰值将推迟到 2038 年，人均 CO_2 排放量为 6.737 吨，总排放量约达到 93.745 亿吨。如果每年的排放增长率为 0.65%，那么峰值进一步推迟到 2049 年，人均排放量达到 7.976 吨，而 CO_2 总排放量将超过 100 亿吨。然而，当美国的人均收入超过 1.5 万美元时，美国的人均 CO_2 排放量早已超过 14 吨，而且此后依然保持在一个相当高的排放水平上。中国的人均收入还远没有达到美国 1960 年的水平，如果没有严格的环境规制，可以想象未来的人均 CO_2 排放量还会持续增长。这从某种程度上也说明，随着经济的发展，中国的减排压力可能还会持续增大。

如果人均碳排放保持不变，那么人口总量变化也会影响碳排放的峰值。例如，根据郭志刚的推算，如果继续执行独生子女政策，那么中国的人口总量将在 2023 年左右达到峰值①。执行"单独二孩"政策将峰值推迟到 2026 年。如果执行"全面放开二孩"政策，那么人口峰值将推迟到 2028～2030 年。因此，从人均碳排放的角度来看，在其他条件不变的情况下，放松人口生育政策将推迟峰值出现的时间。

2. 人口总量和人口结构变化对 CO_2 排放强度和中国的排放峰值的影响

根据 CO_2 排放强度的不同假设情景，我们预测了排放峰值出现的时间以及峰值出现时 CO_2 排放总量（见表 2）。我们根据中国承诺的减排目标给出了两个基本假设——假设 2020 年中国的 CO_2 排放强度比 2005 年分别下降 40% 和 45%，此后减排的强度与 2020 年保持一致。按照 45% 的减排上限以及陆旸和蔡昉②对潜在增长率的预测结果，我们可以推算出中国的排放峰值出现在

① 郭志刚：《2011～2050 年人口预测》，工作论文，2013。
② 陆旸、蔡昉：《人口结构变化对潜在增长率的影响：中国和日本的比较》，《世界经济》2014 年第 1 期。

2025 年, 峰值出现时中国的 CO_2 排放强度为 0. 363 千克/美元, 到那时中国的 CO_2 排放总量约达到 105. 537 亿吨。相反, 如果按照 40% 的减排下限计算, 2020 年之后保持相同的减排强度, 那么到 2050 年之前 CO_2 排放总量还会持续增加。当然, 计算结果的差异与排放强度的假设有关。然而, 从某种程度上也说明, 即使排放强度还在不断下降, 但是排放总量并不一定会在短期内下降, 因为经济总量也将影响排放总量。我们给出一些更直观的假设, 可以更清晰地说明这个问题。

表 2 通过人口结构变化对潜在增长率的影响以及 CO_2 排放强度预测峰值

假设	峰值年份	峰值 CO_2 排放强度 (千克/美元)	峰值排放总量 (百万吨)
2020 年 CO_2 排放强度比 2005 年下降 40%, 此后减排强度保持 2020 年水平	—	—	—
2020 年 CO_2 排放强度比 2005 年下降 45%, 此后减排强度保持 2020 年水平	2025	0. 363	10553. 74
CO_2 排放强度每年按照 6% 的速度递减	2015	0. 529	8654. 71
CO_2 排放强度每年按照 5.5% 的速度递减	2021	0. 387	9052. 93
CO_2 排放强度每年按照 5% 的速度递减	2026	0. 317	9706. 78
CO_2 排放强度每年按照 4.5% 的速度递减	2038	0. 198	10921. 57
CO_2 排放强度每年按照 4% 的速度递减	2046	0. 166	12910. 19

首先, 我们假设 CO_2 排放强度每年按照 6% 的速度递减, 根据推算中国的 CO_2 排放峰值将出现在 2015 年, 此时排放总量约为 86. 547 亿吨。这个假设的计算结果与表 1 中第一个假设非常相似——人均 CO_2 排放量每年按照 -0. 6% 增长, 峰值出现在 2015 年, 排放总量约达到 82. 941 亿吨。如果放宽假设, 假设每年的排放强度以 5. 5% 的速度递减, 那么峰值出现的时间是 2021 年, 峰值出现时排放总量约增加到 90. 529 亿吨。进一步放宽假设, 假设每年的排放强度以 5% 的速度递减, 那么峰值出现的时间是 2026 年, 峰值出现时排放总量约增加到 97. 068 亿吨。如果每年的排放强度以 4% 的速度递减, 那么排放峰值出现的年份将推迟到 2046 年, 到那时中国的排放总量将达到约 129. 102 亿吨。

三　政策建议

1. 减少个体单位消费量

个体的基本生活都需要消耗一定的产品，包括生活消耗品和耐用消费品，而这些产品在生产过程中都隐含了一定的生产过程中的污染。同时，产品包装等在不能循环利用的情况下也最终成为垃圾，产生另一种类型的消费污染。我们假设在生产技术不变的情况下，基本需求对应基本的污染消费量，有两种途径都会增加污染总量。第一，个体基本需求增加。每个消费者的消费量上升也就意味着在人口规模不变的前提下，污染总量上升。第二，人口总量上升。即使人均产品消费量保持不变，一个国家的污染总量会随着人口总量的上升而增加。

实际上，人口的增长会呈现三个阶段："高出生、高死亡和低增长""高出生、低死亡和高增长""低出生、低死亡和低增长"阶段。随着经济发展，一个国家最终的人口增长会趋于稳定甚至递减，如一些发达国家，其总和生育率不足2（妇女终生生育子女的数量），这就是说人口不能达到更替水平，人口总量迟早会呈现递减的趋势。在理论上，因为人口总量的原因，这些国家的污染水平应该更低。但是，如果我们关注 CO_2 排放或者是一些消费污染（垃圾等），这些国家的 CO_2 并没有随着人口的递减呈现明显的下降，甚至还有递增的趋势。可以说，从人口的角度看环境污染问题，难题并非人口总量的上升，而是单位个体需求的不断膨胀。

随着经济发展和生活水平的提高，人类对物质的需求会逐渐增加。因此，政府应该提倡适度的消费规模。虽然在某种程度上，减少消费需求会对实际经济增长不利，但是从经济发展和环境污染的替代关系的角度，当经济发展到一定阶段时，政府的环境规制和人们环境保护意识的提高才是污染减少的主要途径。此外，企业的产品应该减少过度包装，采用可循环利用的产品包装将有利于减少污染。

2. 家庭规模对污染的影响

我们知道人口规模与资源环境密切相关。然而，随着家庭人口规模的变动，近些年不断出现了人口和污染排放之间的新现象——家庭人口规模缩小带来的家庭单位数量的扩张，由这一现象引起的能源过度消费将成为更加严峻的环境现实问题。例如，随着家庭规模的缩小，某些物质消费的规模经济将不复存在。煤气、电等的基本消耗将会提高，即使人口总量不再增加。这不仅需要我们转变消费观念，改变生活习惯，也需要相关政策的正确引导。

虽然人口生育政策从"一孩政策"过渡到"单独二孩"将会使中国的人口总量上升，但是实际受到政策影响的新增人口却十分有限，约占总体新生儿的1/10。在理论上虽然导致污染排放的增加，但是实际上产生的影响十分微弱。而且，人口生育政策只能约束人口生育率，放开生育政策并不意味着中国的总和生育率会有所改善。例如，中国在政策放开之前的总和生育率大约在1.4的水平，即使放开生育政策，中国的总和生育率最多也只是增加到1.6的水平。综合之前的分析，我们认为从人口的视角判断中国的排放峰值，实际上主要受到人均排放的制约。如何将人均排放控制在合理的范围内将是政府政策主要关注的焦点。实际上，即使在人口总量不再增加的一些发达国家，CO_2排放也还在持续上升。问题的关键是，人均消费需求量还在上升。

总之，CO_2排放峰值与人均CO_2排放、人口规模、家庭规模之间都呈正相关关系。现阶段，中国还很难实现人均CO_2排放下降。因为根据国际经验，个体单位能源消费量在现有人均收入水平上还会持续上升；中国的人口规模增长速度虽然有所放缓，但是"单独二孩"政策将导致在现有人均排放水平上排放峰值推后3年，如果实行"全面放开二孩"政策，峰值推迟的时间最长达到7年。然而，放松人口生育政策是符合中国发展实际需要的。中国政府面临着人口可持续发展和环境可持续发展的双重任务，两者之间必然存在着一定的权衡关系，这也意味着中国的减排任务更加艰巨。此外，政府还应该对家庭规模产生的排放效应引起足够的重视。在技术和需求不变的前提下，随着家庭规模的不断缩小，人均排放量将不断上升。

Ｇ.18

中国的居民消费与碳排放峰值

刘长松*

摘　要：

当前，我国正处于工业化、城镇化的关键时期，扩大内需已成为未来重要的发展战略。同时，消费模式和消费结构正在经历转型。发达国家的实践表明，如果没有科学合理的政策引导，我国居民消费很可能会陷入高消费、高碳排放的发展路径，从而加剧目前中国面临的能源安全和碳排放峰值问题。在借鉴国外研究的基础上，本文将居民消费碳排放分为直接排放和间接排放，总结了我国居民消费碳排放的现状、特征和发展趋势，在充分考虑发达国家居民消费排放峰值主要驱动因素的基础上，对中国居民消费碳排放峰值进行了预测。结果表明，中国居民消费碳排放可能在 2035～2040 年达到峰值，但由于缺乏相关数据，目前还难以确定峰值年份排放量。

关键词：

居民消费　碳排放　排放峰值　政策干预

消费的环境影响早在 1992 年联合国环境与发展会议上就得到了明确认识。《21 世纪议程》明确提出全球环境持续恶化的根源在于不可持续的生产与消费模式。1994 年，奥斯陆会议首次提出可持续消费与生产（SCP）的定义。2002 年，世界可持续发展峰会（WSSD）通过了约翰内斯堡执行

---

* 刘长松，国家应对气候变化战略研究和国际合作中心助理研究员，经济学博士，研究领域为资源、环境能源与气候变化经济学。

计划，号召全球行动起来并拟订一个 10 年计划框架，支持各个国家或地区加快向可持续消费与生产模式转变①。但是我国能源、环境与碳排放的管理体制一直以来是按照部门和行业进行设置的，对家庭部门和消费排放普遍重视不够。

中国是世界上人口最多的发展中国家，经济的发展与居民生活水平的不断提高、城市化水平的不断提升，必然导致居民消费碳排放不断增长。未来在国家城镇化发展战略和扩大内需的背景下，该趋势还会进一步强化。"十二五"规划中提出"建立扩大消费的长效机制"，加上拉动内需的消费刺激政策，未来中国居民消费水平还有巨大的上升空间。同时，消费模式和消费结构正处于转型时期，如果没有科学合理的政策引导，很可能会形成高消费、高碳排放的发展模式。如何在推动城镇化的进程中融合低碳发展理念是一个亟待解决的重要问题。从家庭部门和居民消费入手，有利于弥补现有碳排放管理政策的空缺，有助于促进低碳消费行为与生活方式，推动低碳社会建设。

一 中国居民消费碳排放的现状、特征与发展趋势

（一）居民消费范围界定

居民消费是指用于满足居民家庭及个人日常生活消费所需要的全部支出，包括衣、食、住、用、行等物质消费，以及教育文化等服务性消费。《中国统计年鉴》将居民消费分为八大类，分别是食品、衣着、居住、家庭设备用品及服务、医疗保健、交通和通信、教育文化娱乐服务、其他商品和服务。

能源和碳排放研究，一般按照部门（如工业、交通、商业与住宅）分类，但部门法不能全面涵盖家庭的碳足迹，直接用能和间接用能可以更全面地反映居民消费的能源需求和碳排放。直接用能是指能源商品（煤炭、石油、天然

---

① "Global Outlook on Sustainable Consumption and Production Policies: Taking Action Together", http://www.unep.org/pdf/Global_Outlook_on_SCP_Policies_full_final.pdf.

气、热力、电力等）消费，间接用能是指居民消费非能源商品和服务消费，相当于间接消耗了能源。本文研究的范围包括直接用能和间接用能。

（二）中国居民消费碳排放的现状与特征

第一，随着我国经济的持续增长和城镇化的推进，城乡居民生活水平不断提高，居民消费对能源和 CO_2 排放增长的推动日益增强。根据《中国能源统计年鉴》，1995～2010 年，居民生活能源消费总量由 1.57 亿吨标准煤增加到 3.46 亿吨标准煤，年均增长 5.41%，占能源消费总量的比重维持在 10% 左右，是仅次于工业的第二大能源消费部门，也是 CO_2 排放的重要来源。炊事、照明、家电、取暖等直接用能需求迅速增加；非能源商品和服务需求的增加也是能源消费和 CO_2 排放增长的重要因素。居民消费扩张已成为能源和碳排放密集型行业增长的重要推动力。据测算，在八类居民消费性支出中，居住、交通和通信的碳排放强度最高[①]。对于特大型城市，由于产业结构"轻型化"，巨大的都市人口是能源消耗与碳排放的主力。以北京为例，2006 年北京市生活能源碳排放量占北京市能源消费碳排放总量的 40.92%，居民用能中交通、居住消费对碳排放的影响最大。中国科学院对居民消费碳排放的规模进行了初步估算，结果表明，1999～2002 年，我国 30% 的 CO_2 排放量可以归因于居民的生活行为及满足这些行为需求的经济活动[②]。

第二，居民消费结构发生较大变化，正在从"生存型"消费向"发展型"消费转变，食品占消费支出的比重（恩格尔系数）大幅下降，交通通信、居住、教育、医疗等成为新的消费热点。当前我国居民消费结构已经逐渐从"衣""食"阶段转向"住""行"阶段。一线城市居民生活水平已经接近工业化国家水平，但总体上中国居民消费的水平与发达国家仍有较大差距。随着居民生活水平的不断提高和居民生活方式的逐渐多样化，居民消费所产生的碳排放也将继续增加。居民生活电气化程度大大提高和私家车拥有量迅速增加，是导致居民消费碳排放迅速增加的重要因素。以上海为例，在居民消费碳排放

---

① 黄颖：《城市化进程中居民消费碳排放的核算及影响因素分析》，湖南大学硕士学位论文，2011。

② 魏一鸣等：《关于我国碳排放问题的若干对策与建议》，《气候变化研究进展》2006 年第 1 期。

中，居住能源消费占50%左右，交通用能碳排放直线增长[1]。在消费行为上，家用电器使用时间更长，出行方式中自驾出行的比例提高，导致汽油消费迅速攀升。随着私家车的逐渐普及，2002～2011年，北京市居民人均汽油消费量增加了2.3倍，达到167.6升。

第三，生活用能结构发生较大变化，煤炭消费比重大幅下降，电力、天然气比重迅速上升。整体上看，我国"煤炭为主"的生活用能结构已经改变，煤炭逐渐被电力和天然气等更"清洁"的能源所替代，电力、热力、石油、天然气等消费比重不断增加，我国居民生活用能消费结构日益高效化、多元化。据测算，1995～2010年，在我国居民生活用能终端消费所产生的碳排放中，煤炭消费所产生的碳排放的比重从79.55%逐年下降到33.36%；天然气消费所产生的碳排放的比重从1.22%上升到5.55%；热力和电力消费所产生的碳排放的比重分别从3.42%、9.79%上升到14.03%、25.57%。

1980～2012年全国人均生活用能结构变化见图1。

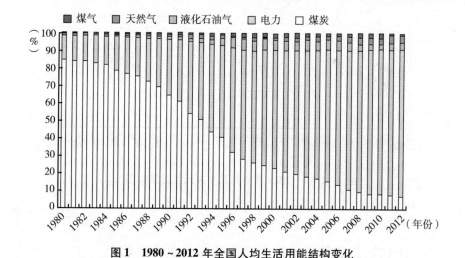

图1　1980～2012年全国人均生活用能结构变化

第四，居民消费的城乡差距仍然较大，城镇居民人均用能和消费支出远高于农村居民。在我国城乡二元结构的背景下，农村居民消费大多满足食、衣、

---

① 胡倩倩：《上海居民消费碳排放需求量的预测与分析》，合肥工业大学硕士学位论文，2012，第53页。

用等基本生存需要，而城镇居民消费向住、行、娱乐等方面多元化发展①。以人均生活用能为例，1980年人均生活用能城乡比为5.51，经过30多年的发展，城乡比虽然有所下降，但2012年城乡比仍为1.38，这意味着随着城镇化的推进，一个农村人转变为城镇人，其人均生活用能平均增加38%。由此可见，城镇化将会产生巨大的生活用能需求。从城乡人均消费支出来看，自1990年以来城乡差距不仅没有缩小，反而在拉大。1990年人均消费支出城乡比为2.19，到2012年这一比例达到2.82，城乡比最高的年份是2010年，达到3.07。从家用小汽车的拥有量来看，城乡差距更大：2010年每百户拥有家用汽车量的城乡比是1.65，2012年则增长到3.27。

1980~2012年全国城乡人均生活用能情况见图2。

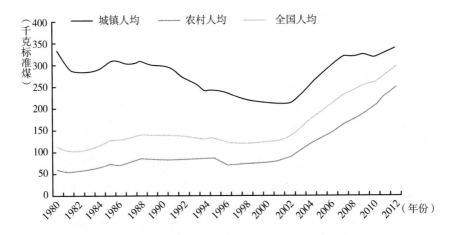

图2 1980~2012年全国城乡人均生活用能情况

资料来源：《中国统计年鉴2013》。

（三）居民消费碳排放的主要驱动因素及发展趋势

居民消费能耗和排放的驱动因素主要有：对于直接用能，从居住条件－用能终端－使用习惯来考虑，人均居住面积、大功率家用电器以及私家车拥有量是关键指标；间接用能受消费水平的提高以及消费结构的变化影响较大。

---

① 张纪录：《消费视角下的我国二氧化碳排放研究》，华中科技大学博士学位论文，2012。

第一，居住条件改善是推动居民消费用能增长的首要因素；未来随着城镇化的深入推进，该趋势仍将持续。近年来，城乡家庭的居住条件得到大幅度改善。农村居民人均住房居住面积由 1978 年的 8.1 平方米，提高到 2012 年的 37.1 平方米；2012 年城镇居民人均住房建筑面积达到 32.9 平方米。从新建住宅面积来看，2012 年城镇新建住宅面积达到 10 亿平方米，首次超过农村新建住宅面积（9.51 亿平方米），每年城乡合计新建住宅面积近 20 亿平方米，这种高速增长的态势已持续很长时间，未来仍将保持高速增长。

1978～2011 年城乡新建住宅面积和居民住房情况见图 3。

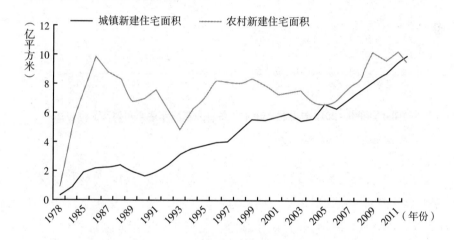

图3 1978～2011 年城乡新建住宅面积和居民住房情况

资料来源：《中国统计年鉴 2013》。

第二，城乡家庭各种耐用消费品逐渐普及，尤其是大功率家电和私家车的普及，已成为城乡居民生活用能迅速增长的推动因素，未来城乡家庭的差距将逐渐缩小。以空调为例，城镇居民家庭 1990 年每百户家庭拥有量仅为 0.34 台，但 2012 年每百户家庭拥有量已达到 126.81 台，基本实现了普及，空调从奢侈品转变为生活必需品，由此带来的用能增长可想而知。此外，洗衣机、电冰箱、计算机、电视机也基本普及，热水器和微波炉等大功率电器也得到了普及，私家车保有量也在迅速增长。当前，虽然农村家庭大功率家电和私家车的保有量不及城镇家庭，空调、计算机和抽油烟机的保有量远低于城镇家庭，但

增速较快，有向城镇家庭靠拢的趋势。

1990～2012年农村居民平均每百户家庭年底耐用消费品拥有量见图4。

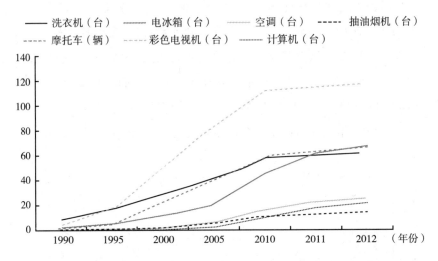

图4　1990～2012年农村居民平均每百户家庭年底耐用消费品拥有量

资料来源：《中国统计年鉴2013》。

第三，消费行为和消费结构的变化，未来将成为推动能源和碳排放增长的重要因素。当前，城镇居民的消费行为发生了较大变化，追求更舒适的居住环境、更便利的出行条件，导致居住制冷、制暖和交通用能增长较快。近10年来，私家车出现了爆炸性增长。根据统计数据，私家车保有量2000年为625万辆，到2010年达到5939万辆，私家车保有量年均增长25.25%。

2000～2010年中国私家车保有量见图5。

此外，消费结构的变化也是推动能耗和排放增长的重要因素。随着居民收入的提高，居民消费支出中的食品比例不断下降，居住、交通通信等比重迅速上升，而居住、交通通信等相关行业碳排放强度较高，所以结构变化将成为未来碳排放增长的重要推动力。

1990～2012年城镇居民家庭消费支出结构见图6。

综上，未来我国居民消费结构和消费模式将发生深刻变化。食品消费占消费支出的比重（即恩格尔系数）将保持下降趋势，交通通信和教育文化娱乐成为新的消费热点。虽然近年来我国居民人均消费水平增长较快，但通过国际

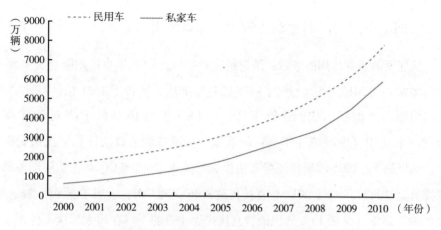

图5　2000～2010年中国私家车保有量

资料来源：《中国统计年鉴2013》。

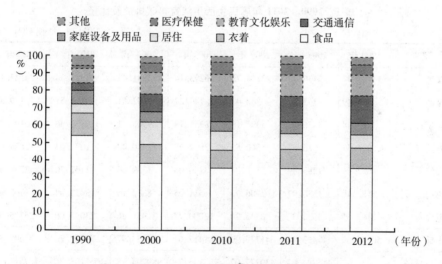

图6　1990～2012年城镇居民家庭消费支出结构

资料来源：《中国统计年鉴2013》。

对比不难发现：现阶段我国居民消费仍处于较低水平。按照世界银行的统计数据，以2000年市场汇率（MER）价格计算，2007年我国居民人均消费支出为736美元，约为世界平均水平的1/5，与发达国家的平均水平相比，有超过20倍的差距，亦低于中等收入国家平均水平。未来在"扩大内需"和城镇化的发展战略下，仍具有较大的增长空间和潜力。

（四）中国居民消费碳排放初步核算结果

从居民消费直接用能来看，绝对量增长很快，1990 年直接用能约为 1.58 亿吨标准煤，到 2011 年已经达到 3.74 亿吨标准煤，增长了 1.37 倍。与此同时，生活用能占总能耗的比例逐渐下降，从 1990 年的 16.01% 下降到 2011 年的10.75%。运用《中国统计年鉴》的数据，按照排放系数法计算居民消费碳排放，结果如下：1995 年居民消费直接排放约为 4.75 亿吨 CO_2，占当年能源消费碳排放总量的 11.40%；2011 年直接排放 8.46 亿吨 CO_2，占当年能源消费碳排放总量的 7.25%（见表1）。居民消费直接排放比重的下降在很大程度上体现了能源消费结构的变化。

表1　1990～2011 年居民生活用能直接碳排放及比重

单位：万吨 CO_2

类别	1990 年	1995 年	2000 年	2005 年	2009 年	2010 年	2011 年
煤炭	43738.97	35436.42	22149.73	26293.14	23891.43	23988.34	24127.15
煤油	566.49	345.29	388.45	140.27	102.51	102.51	129.48
液化石油气	999.44	3356.60	5393.19	8353.78	9403.51	9158.36	10101.23
天然气	926.57	926.57	1560.53	3852.57	8680.47	11070.03	12874.40
煤气	653.21	1283.89	2838.07	3266.03	3739.04	3761.56	3288.55
热力	1122.46	1580.97	2906.73	6511.05	8382.15	8433.44	8762.97
电力	2167.55	4533.37	6543.20	13000.77	21954.86	23094.96	25325.59
小计	50174.69	47463.11	41779.90	61417.61	76153.97	79609.20	84609.37
排放总量	—	416294.01	430427.02	729129.71	989294.78	1067208.26	1167511.72
比重（%）	—	11.40	9.71	8.42	7.70	7.46	7.25

资料来源：根据《中国统计年鉴2013》计算。

排放核算采用的标准煤转换系数和排放系数见表2。

从分类型能源排放结构来看，煤炭消费比例大幅下降，而电力、热力和天然气等清洁能源比例大幅增长是居民消费直接排放下降的根本原因。1990 年煤炭排放比重为 87.17%，到 2011 年该比重下降到 28.52%。同期，电力排放

表2　排放核算采用的标准煤转换系数和排放系数

指标	煤炭(千克标准煤/千克)	焦炭(千克标准煤/千克)	原油(千克标准煤/千克)	汽油(千克标准煤/千克)	煤油(千克标准煤/千克)	柴油(千克标准煤/千克)	燃料油(千克标准煤/千克)	天然气(千克标准煤/立方米)	电力(吨标准煤/万千瓦时)
标准煤转换系数	0.7143	0.9714	1.4286	1.4714	1.4714	1.4751	1.4286	1.3300	1.2290
排放系数	0.7559	0.8550	0.5857	0.5538	0.5714	0.5921	0.6185	0.4483	0.5631

资料来源：IPCC《国家温室气体排放清单指南》。

比重由4.32%增加到29.93%；天然气排放比重由1.85%增加到15.22%；热力和液化石油气排放比重增长也较快。

2010年中国居民消费用能和碳排放情况见表3。

表3　2010年中国居民消费用能和碳排放情况

单位：万吨标准煤，万吨CO_2

指标	直接用能	间接用能	直接排放	间接排放
	34557.94	20922.50	79922.70	73437.36
小计	55480.44		153360.06	
总能耗、排放	324939.15		904125.20	
占总能耗、排放的比重(%)	10.64	6.44	8.84	8.12
小计(%)	17.07		16.96	

注：间接用能按照投入产出法进行核算。

资料来源：《中国能源平衡表2010》。

IEA统计数据显示，2010年中国居民碳排放总量为3.024亿吨CO_2，中国化石能源碳排放总量为72.1亿吨CO_2。IEA居民燃烧燃料CO_2排放涵盖住宅建筑和商业及公共服务的所有排放，从界定上IEA排放数据属于直接排放。本文计算的2010年中国居民消费直接排放约为7.99亿吨CO_2，同期国家总排放约为90.41亿吨CO_2，居民消费直接排放占总排放的比重约为8.84%，高于IEA数据（居住排放占总排放的比重仅为4.19%）。如果考虑间接排放，则居民消费碳排放占总排放的比重达到16.96%。

二 居民消费碳排放峰值的国际经验

（一）居民消费碳排放的国际比较

第一，各国碳排放结构比较。2011 年世界主要国家的 CO_2 排放结构如下：中国的 CO_2 排放集中于工业和建筑业部门，其比重达到 63.68%，而居民部门的排放约占 11.73%，但发达国家的排放结构存在巨大差异。英、法、德、美、日五国的工业和建筑业部门排放所占比重为 21.40% ~ 33.63%，而来自居民部门的排放比重为 18.06% ~ 26.50%（见图 7）。可见，对于发展中国家来说，虽然工业和建筑业部门是碳排放的主要来源，但未来居民部门对碳排放的影响将更大。对于我国来说，在进入城市化加速阶段后，生活能源消费仍然呈现增长的态势。

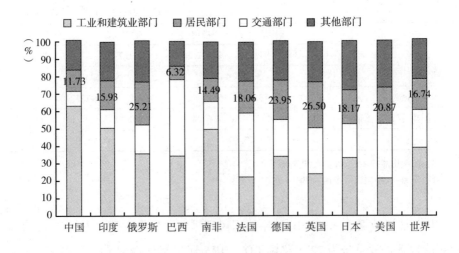

图 7 2011 年中国各部门 CO_2 排放结构与国际比较

资料来源：CO_2 Emissions by Sector in 2011，CO_2 Emissions from Fuel Combustion（2013 Edition），IEA，Paris.

第二，居民消费碳排放变化趋势的比较。从各国排放总量与居民部门排放的变化来看，英国、德国、法国、日本、美国等发达国家居民部门排放都出现了下降趋势。其中，英国、法国、德国三国居民消费碳排放下降幅度最大；而发展中国家居民部门和排放总量都处于增长状态，尤其是南非，居民部门排放增长达到20.53%。因此，考察英国、法国、德国三国居民部门排放的变化对于预测我国居民消费排放峰值具有重要意义。

世界主要国家排放变化情况（2011年与2010年相比）见图8。

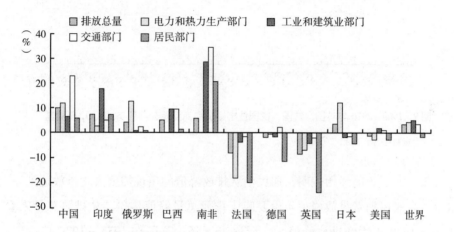

图8　世界主要国家排放变化情况（2011年与2010年相比）

注：IEA的统计口径是住宅建筑和商业及公共服务的CO_2排放，涵盖居民燃烧燃料的所有排放，按照本文的界定，属于直接排放的范围。

资料来源：IEA，2013。

（二）发达国家居民消费碳排放峰值

第一，居民消费碳排放峰值是一个长期、相对的趋势，并且具有较大的波动性。从英国、德国、法国居民消费相关排放来看，德国居民消费排放在1986年达到峰值以后，一直稳步下降。德国居民消费排放在1979～1986年曾出现较大波动：1979～1983年逐步下降，1983～1986年稳步上升，直到1986年才达到真正的峰值。英国居民消费排放在1963年就达到了峰值，之后稳步下降。法国在1973年达到峰值，随后稳步下降。

1960～2010年英国、法国、德国住宅建筑和商业及公共服务的CO_2排放量见图9。

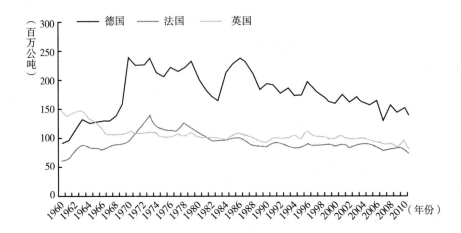

图9　1960～2010年英国、法国、德国住宅建筑和商业及公共服务的 CO_2 排放量

资料来源：IEA，2013。

第二，三国的经历表明，居民消费排放峰值的出现需要人均排放达到一定水平，且居民消费排放峰值年份要晚于排放总量峰值年份。从排放总量来看，法国在1979年达到排放峰值，之后逐步下降；英国在1973～1979年达到峰值，尤其是1979年后排放量稳定下降；德国排放总量自1990年以来呈现稳步下降的情形。

从人均排放来看，法国自1979年达到峰值后开始稳步下降，峰值年份的人均排放为9.62吨；英国人均排放也在1979年达到峰值，峰值年份的人均排放为11.47吨；德国人均排放自1991年以来就开始稳步下降，该年份人均排放为11.62吨。发展中国家除南非人均排放水平较高外，印度、巴西人均排放均较低，中国人均排放自2002年后迅速攀升，2005年超过世界平均排放水平，2010年达到6.19吨，同时仍保持高速增长。参考国际经验，对于中国来说，在人均排放达到10吨之前，居民消费很难实现排放峰值。

第三，交通、能源结构、产业结构是影响居民消费碳排放峰值的重要因素。从交通部门排放来看，德国在1999年达到排放峰值，然后稳步下降。英国2007年才出现稳步下降，法国在2002年达到峰值，交通部门的排放峰值年份明显晚于排放总量、人均排放的峰值年份。对于发展中国家交通部门的排放，南非增速较缓，印度、巴西排放稳步增长，而中国交通部门排放在1999年后则出现了迅速增长。通过国际比较不难发现，交通部门能源需求属于刚性需求，其峰值年份晚于总量峰值年份，这也是预测居民消费排放峰值的难点所在，如果交通部门排放尚未达到排放峰值，则整体上居民消费就难以达到峰值。

1960～2010 年英国、法国、德国交通部门碳排放情况见图10。

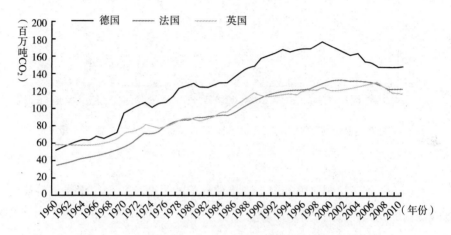

图 10　1960～2010 年英国、法国、德国交通部门碳排放

资料来源：IEA，2013。

英、法、德三国人均汽油消耗量都出现了明显的峰值，并且三国人均汽油消费量先于交通部门排放达到峰值。其中，英国人均汽油消费量在 1990 年达到峰值，当年消费量为 424.68 千吨石油当量；法国在 1988 年达到峰值，峰值年份人均汽油消费量为 321.61 千吨石油当量；德国在 1992 年达到峰值，峰值年份人均汽油消费量为 391.15 千吨石油当量。

发展中国家人均汽油消费量远低于世界平均水平。2011 年中国人均汽油消费量为 54.7 千吨石油当量，仅为世界平均水平（135.33 千吨石油当量）的 40.4%、英国峰值年份消费量（424.68 千吨石油当量）的 12.9%、德国峰值年份消费量（391.15 千吨石油当量）的 14.0%。同时，中国汽车拥有率也远低于发达国家。英国千人汽车保有量保持在 515 辆，法国和德国均为 585 辆，美国为 785 辆，而中国仅为 68.9 辆，未来中国人均汽油消费和交通碳排放具有较大的增长空间。

1960～2010 年英国、法国、德国道路部门人均汽油消耗量见图11。

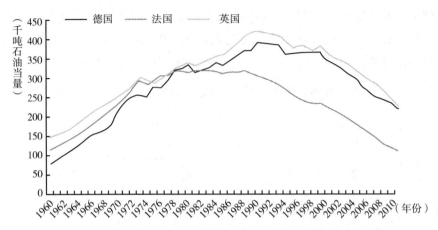

图 11　1960～2010 年英国、法国、德国道路部门人均汽油消耗量

资料来源：IEA，2013。

德国、英国、法国居民部门出现排放峰值的另两个关键因素是能源结构和产业结构的变化。德国 1960 年煤电比例为 87%，同期英国煤电比例为 81%，然后逐步下降，到 2012 年德国煤电比例仅为 42%，英国煤电比例为 39.9%。法国煤电比例从 1964 年最高的 45.9 下降到 2012 年的 4%。同时，制造业占 GDP 的比重大幅下降。德国制造业占 GDP 的比重从 1980 年的 29.7% 下降到 2012 年的 22.4%；英国制造业占 GDP 的比重从 1990 年的 19.2% 下降到 2012 年的 10.3%；法国制造业占 GDP 的比重从 1970 年的 22.6% 下降到 2012 年的 9.96%。当前我国能源消费中煤炭比例较高，2011 年煤电比例为 78.95%。即使按照德国能源转型的速度，我国到 2039 年煤电比例大概也只可以降到 57.86%。在交通部门没有达到峰值、没有实现经济转型和能源转型之前，居民消费很难达到排放峰值。

三　中国居民消费排放峰值的初步预测

通常，一国 CO_2 排放峰值一般出现在实现工业化、城市化发展阶段之后。排放峰值目标具有较大的不确定性，关键取决于经济发展方式转型的力度和速度[1]。

---

[1]　何建坤：《CO_2 排放峰值分析：中国的减排目标与对策》，《中国人口·资源与环境》2013 年第 12 期。

因此，确定发展中国家的排放峰值十分困难，且存在较大的不确定性。中国由于面临经济增速、工业化与城镇化水平以及消费结构转型等一系列不确定因素，确定排放总量峰值十分困难。由于人口增长、改善民生，以及居民消费碳排放具有刚性增长的特征，因此确定其排放峰值更加困难。

文献中一般运用 IPAT 模型，以及 Dietz T. 等提出的 STIRPAT 模型来预测排放峰值，考虑人口、经济发展、技术水平、能源消费结构、产业结构等因素来预测未来年份碳排放量，并判断碳排放峰值出现年份与峰值排放量。本文拟选取德国作为标杆，来预测中国居民消费排放峰值，原因在于：中、德两国产业结构和能源结构类似，两国都是制造业大国，同时煤炭发电比例都较高。

首先，预测居民消费碳排放峰值年份。建筑和交通是居民消费的两大部分，其中建筑面积主要受城市化率的影响。当前大多数研究结果认为 2030 年中国城市化率将达到 65% ~ 70% 的峰值，因此居民消费排放峰值在很大程度上取决于交通排放何时达到峰值，而人均汽油消费量达到峰值是交通排放达到峰值的前提条件，运用对标方法预测中国居民消费排放峰值年份比较适合。对 1960 ~ 2011 年德国人均汽油消费进行拟合，得到：

$$y = -0.348x^2 + 21.883x + 22.416$$
$$R^2 = 0.9719$$

以中国 2011 年人均汽油消费 54.7 千吨石油当量计算，得 $x = 7.61$，当 x 取值 35 时，y 达到极大值（峰值）。所以按照德国的经验，中国人均汽油消费达到峰值还需约 28 年，即 2039 年达到峰值，峰值年份人均汽油消费为 362.01 千吨石油当量。

其次，预测居民消费碳排放峰值目标。对中国居民消费排放设定多元回归模型，居民排放为因变量，人均国民总收入、人均耗电量、人口、人口增速、人均汽油消耗量、城镇人口比重、煤炭发电比重、制造业比重为自变量，进行岭回归（Ridge Regression）分析，得到图 12、图 13。

根据岭迹图，当 $K = 0.01$ 时，各自变量回归系数变化趋于稳定。对应的标准化岭回归方程为：

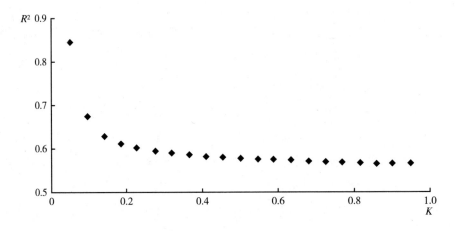

图 12　可决系数 R^2 随 K 变化情况

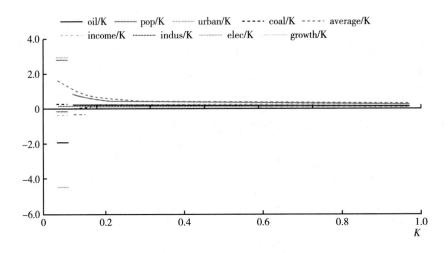

图 13　岭迹图

$$EMISSION = -0.9146 \times OIL + 1.184 \times POP - 1.2055 \times URBAN - 0.015 \times$$
$$COAL + 1.741 \times AVERAGE + 0.005 \times INCOME - 0.083 \times$$
$$INDUS - 0.028 \times ELEC + 0.001 \times GROWTH$$

其中，*EMISSION* 为居民部门排放；*OIL* 为人均汽油消费量；*POP* 为人口；*URBAN* 为城市化率；*COAL* 为煤炭发电量比重；*AVERAGE* 为人均排放；*INCOME* 为人均国民总收入；*INDUS* 为工业占 GDP 的比重；*ELEC* 为人均耗电量；*GROWTH* 为人口增长率。

此时，拟合得到的岭回归方程为：

$$EMISSION = -5.289 \times OIL + 0.000 \times POP - 8.585 \times URBAN - 0.118 \times COAL +$$
$$90.764 \times AVERAGE + 0.000 \times INCOME - 2.297 \times INDUS -$$
$$0.003 \times ELEC + 0.112 \times GROWTH - 103.381$$

模型的可决系数 $R^2 = 0.7795$，拟合优度较高。对拟合结果的方差分析表明（见表4），F 检验显著（F = 11.78644548，sig F = 0.00），各自变量标准回归系数也通过显著性检验，整体拟合效果满足要求。

表4　方程变量检验结果

变量	B	SE(B)	Beta	B/SE(B)
OIL	-5.289	2.241	-0.914	-2.360
POP	0.000	0.000	1.184	3.460
URBAN	-8.585	2.429	-1.205	-3.535
COAL	-0.118	1.771	-0.015	-0.066
AVERAGE	90.764	18.267	1.741	4.969
INCOME	0.000	0.023	0.005	0.016
INDUS	-2.297	5.437	-0.083	-0.422
ELEC	-0.003	0.024	-0.028	-0.107
GROWTH	0.112	31.974	0.001	0.003
CONSTANT	-103.381	356.163	0.000	-0.290

为预测未来排放，将拟合方程简化为：

$$EMISSION = -5.289 \times OIL - 8.585 \times URBAN + 90.764 \times$$
$$AVERAGE - 2.297 \times INDUS - 103.381$$

人口峰值早于碳排放峰值，中国人口将于 2030 年达到峰值，峰值年份人口约为 14.53 亿人[1]。假设峰值年份人均交通石油消费为 100 千吨石油当量，城市化率为 68%[2]，人均排放达到南非、日本水平的 9 ~ 10 吨，二次产

---

① 联合国：《世界人口展望》（2012 年修订版）。

② 潘家华、魏后凯主编《中国城市发展报告 NO. 6——农业转移人口的市民化》，社会科学文献出版社，2013。

业结构为 46%[1]，代入上式，计算得到 2030 年中国居民消费直接排放为 268.47 百万吨，与 2010 年（454 百万吨）相比，直接排放下降 40.9%。导致居民消费直接排放下降的主要原因是能源消费结构的变化，使用更多的电力、天然气来替代煤炭，煤炭发电比例大幅下降。今后较长一段时间内，间接排放将是影响居民消费排放的主要因素，但由于未来消费结构变化、城市化及交通排放路径的复杂性，预计居民消费将在 2035～2040 年达到峰值。由于数据缺乏，目前还难以估算出具有一定可信度的峰值年份排放量。

四　小结

第一，预测居民消费排放峰值的关键在于消费水平和消费结构的变化，峰值是一个综合性问题，进行长期预测十分困难，并且不确定性很大。如交通出行方式，受到人均收入、城市化水平以及城市规划、交通定价、能源价格等多因素的影响，不同因素之间存在关联，甚至会产生反向作用。

第二，发达国家的经验表明，居民消费部门对碳排放的贡献不容忽视。当前，中国正处于城市化进程中，居民消费水平不断提高，消费结构不断升级，对碳排放的压力也不断增大，如果我国的消费模式向发达国家看齐，不仅消费排放无法减少，而且还会抵消生产领域的减排成果。如何挖掘居民消费的减排潜力将成为未来减排工作的重点方向之一。只有综合运用经济手段、强制性标准、法律手段以及引导性措施，才能建立可持续消费模式，推动中国尽快实现排放峰值。

---

[1]　2050 中国能源和碳排放研究课题组:《2050 中国能源和碳排放报告》，科学出版社，2009。

研究专论

Special Research Topics

G.19

中国降水资源概况与水安全战略

郑国光　宋连春　高　荣　李修仓*

摘　要:

随着全球性资源危机的加剧，水资源从一种基础性的自然资源，正变成一种稀缺的战略资源。水安全问题既是资源问题，更是关系到社会经济可持续发展和国家长治久安的重大战略问题。大气降水资源是地表水和地下水的主要来源，水安全问题与大气降水资源的特点和变化密切相关。中国多年平均降水量为626毫米，人均降水资源量约为4343立方米/人，仅为全球人均降水资源量的28%，为亚洲的68%，属于降水资源极为贫乏的国

* 郑国光，研究员、博士生导师，中国气象局局长，现兼任国家气候委员会主任委员、全球气候观测系统中国委员会（CGOS）主席、国家应对气候变化及节能减排工作领导小组成员、国家应对气候变化领导小组协调联络办公室副主任，北京大学兼职教授，世界气象组织（WMO）执行理事会成员；宋连春，研究员、博士生导师，研究领域为气候变化及其影响；高荣，博士、正研高工，研究领域为青藏高原陆气相互作用和区域气候模拟；李修仓，博士、工程师，研究领域为气候变化及其影响。

家之一。中国地区降水的基本特点是，北方地区降水资源较为贫乏，南方地区降水资源相对丰富，降水的分布从东南向西北递减，空间差异巨大，且年内分布不均，旱涝季节明显。气候变化背景下，中国降水年际、年代际变化明显。受此影响，中国极端强降水和严重干旱事件呈增多趋势，未来中国的旱涝形势趋于复杂，区域特征更加明显，水资源供需矛盾日益加剧，因此未来中国水安全问题将会更加严峻，更需要有针对性地加以应对。构建科学合理的中国水安全战略，需加强关注中国降水资源的时空格局变化，积极应对气候变化对水文水资源系统的影响，从战略的高度重视和应对可能发生的旱涝灾害，加强气象灾害风险管理。

关键词：

中国降水资源　水安全　旱涝灾害　灾害风险管理

一　前言

水是构成自然环境的重要因素，也是参与物质循环、维系生命存在和发展的重要物质基础。地球表面各种形态的水体是不断相互转化的，水以气态、液态、固态的形式在陆地、海洋和大气间不断循环的过程称为水循环。水循环在地球能量平衡中扮演着重要的角色。一方面，它对辐射平衡有重要影响：水汽是大气中最重要的温室气体；冰、雪影响地表反照率；云影响长波和短波辐射通量。同时，水也是一种重要的能量传输媒介。对大气而言，水汽凝结释放的潜热具有显著的热效应。海洋与大气之间的水汽交换对于热量的输送也是不可或缺的。另一方面，水循环促进了地球生态环境的形成，是生命存在的重要因子，也是地球系统内各种理化过程和物质转化必不可少的条件。

随着全球性资源危机的加剧，水资源从一种基础性的自然资源，正变成一种稀缺的战略资源。水安全问题既是资源问题，更是关系到社会经济可持续发展和国家长治久安的重大战略问题。水安全是指水资源的自然循环过程不受破坏或严重威胁，其水质水量能够满足国民经济和社会可持续发展需要，同时国家利益不因洪涝灾害、干旱缺水、水质污染等造成严重损失的状态。水安全体现了水资源与国民经济和社会的紧密联系，说明水的问题关系到社会经济发展和国家利益的大局，是一种可持续发展理念的安全观。地表水和地下水的主要来源是大气降水资源。研究水安全战略问题，需要研究大气降水特点和变化及其保障水资源安全的影响。

二 全球降水资源概况

全球多年平均降水量约为 813 毫米，降水的分布具有明显的纬度地带性，一般情况是由赤道向南、北渐趋减少，过了副热带高压带往南、北又趋增多，过盛行西风带后降水量又趋减少，两极地区年降水量较少。同时，由于海陆分布的差异，水汽由海洋输送到内地，遇到地形阻挡形成降水，因此由纬度地带性控制的各地降水量同时也具有延海岸线或延地形分布的复杂特征（见图 1）。西非、东南亚、赤道南美、北美落基山以西地区为全球降水量最大的地区，澳大利亚东北部、墨西哥湾地区到北美东南部、安第斯山地区的降水量也比较大，最为干旱的地区有高纬大部分地区，北部非洲、中东、中亚、中国西北部

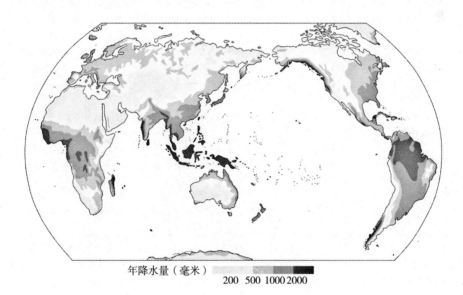

年降水量（毫米） 200 500 1000 2000

图 1　全球降水量分布

地区及蒙古国和澳大利亚中西大部分地区[①]。

从各大洲之间的比较来看（见表1），南美洲是降水最为丰富的大洲（1596毫米/年），这主要来自热带雨林带终年多雨的贡献；亚洲也是降水资源较为丰富的大洲之一，平均降水量为827毫米/年，但主要体现在南亚地区（达1062毫米/年）和东南亚地区，而中亚内陆和北亚地区的降水量相对较低。就区域平均状况来讲，欧洲、北美洲、非洲及大洋洲等大洲的平均年降水量一般都低于全球平均水平，但地区内部的差异非常巨大。

从年降水资源总量来看，全球平均年降水资源量约为109万亿立方米，人均约为15615立方米。由于降水资源总量大而人口总量不高，大洋洲和南美洲是世界上人均降水资源最为丰富的大洲，远远超过其他大洲。而亚洲由于人口众多，人均降水资源最为贫乏，为6366.9立方米/人，特别是南亚地区，仅为2932.8立方米/人。

表1　全球降水资源概况

国家或地区	年降水量（毫米）	年降水资源量（万亿立方米）	人口（万人）	面积（万平方公里）	人均降水资源量（立方米/人）
全　　球	813	108.831	696973.9	13379	15615
亚　　洲	827	26.826	421334.5	3242	6367
南　　亚	1062	4.755	162132.0	448	2933
东　　亚	634	7.454	158064.5	1176	4716
北 美 洲	637	13.869	46222.8	2178	30005
南 美 洲	1596	28.266	39644.1	1771	71299
欧　　洲	577	13.268	74038.8	2301	17920
非　　洲	678	20.360	104430.6	3005	19496
大 洋 洲	586	4.733	2930.7	807	161497
中国大陆	626	6.013	138465.6	960	4343
中国台湾	2429	0.087	2336.1	3.6	3724
美　　国	715	7.030	31579.1	983	22262
俄 罗 斯	460	7.865	14270.3	1710	55114
加 拿 大	537	5.362	3467.5	998	154636
印　　度	1083	3.560	125835.1	329	2829
日　　本	1668	0.630	12643.5	38	4983
巴　　西	1782	15.174	19836.1	851	76497

资料来源：中国数据来自中国气象局，其他国家或地区数据引自 FAO，"AQUASTAT Database, Food and Agriculture Organization of the United Nations"，2014，http：//www.fao.org/nr/water/aquastat/data/query/index.html? lang = en。

[①]　陈绿文、施能：《全球陆地降水初步分析》，《南京气象学院学报》2002年第1期。

三 中国降水资源概况

自 1961 年有完整气象资料以来，中国多年平均降水量为 626 毫米，由表 1 可知，中国年降水量与许多国家或地区相比都处于较低水平，比全球平均年降水量（813 毫米）少 23%，比亚洲平均年降水量（827 毫米）少 24%。从降水资源总量来看，全国陆地年平均降水资源总量约为 6 万亿立方米，在世界上属于降水资源极为贫乏的国家之一，人均降水资源量约为 4343 立方米/人，仅为全球人均降水资源量的 28%，为亚洲的 68%，远远低于美国、加拿大、俄罗斯和巴西等国，比同属亚洲的日本低一些，但比印度高约 1500 立方米/人。

（一）年降水量东南高、西北低，空间差异大

中国地区降水的基本特点是，北方地区降水资源较为贫乏，南方地区降水资源相对丰富，降水的分布从东南向西北递减，空间差异巨大。降水最多的地区位于广西东兴市，多年平均降水量达 2744 毫米，是降水最少的新疆托克逊县多年平均降水量（7.7 毫米）的 356 倍（见图 2）。年降水量等值线大体呈东北－西南走向，400 毫米降水量等值线始自东北大兴安岭西侧，终止于中国和尼泊尔边境，由东北至西南斜贯中国全境。该线以西地区面积约占国土面积的 42%，除阿尔泰山、天山、祁连山等山地年降水量较高外，其余大部分地区干旱少雨，其中年降水量 200 毫米以下面积约占中国的 26%，400 毫米等值线以东地区面积约占中国的 58%。800 毫米降水量等值线位于秦岭、淮河一带，该线以南和以东地区，气候湿润，降水丰沛。该区长江以南的湘赣山区、浙江、福建、广东大部、广西东部、云南西南部、西藏东南部以及四川西部山区等年降水量超过 1600 毫米，其中海南山区年降水量可超过 2000 毫米。中国年降水量 800 毫米以上面积约占中国的 30%，其中年降水量超过 1600 毫米的面积占中国的 8%。

（二）降水量年内分布不均，旱涝季节明显

受纬度位置和海陆位置的影响，中国大多数地区一年内的盛行风向随着季节而发生显著变化，夏季盛行由海洋吹向大陆的夏季风，冬季则盛行由大陆吹

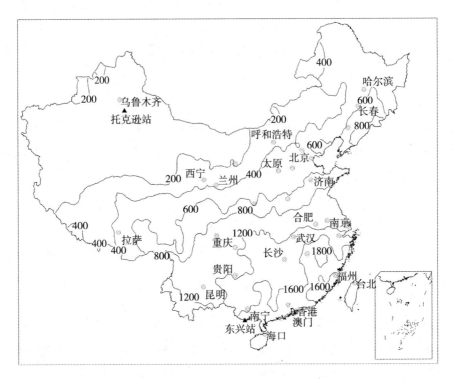

图2 中国年降水量等值线

向海洋的冬季风，是典型的季风气候国家。降水有明显的季节变化，主要集中在夏季，一般占全年的45%~65%[①]，各地最大最小月降水量相差比较大。据统计，中国最大月降水量（7月）是最小月降水量（12月）的11.4倍，而北京则相差达到80倍，大大高于巴黎（最多降水月份仅是最少降水月份的1.4倍）、伦敦（1.8倍）、纽约（1.7倍）（见图3）。

（三）降水量年际、年代际变化明显

受气温高低、水汽多寡及季风强弱等气候条件的影响，降水具有年际波动的特点（见图4）。中国降水最多的年份为1998年，全国平均年降水量为713毫米，是降水最少年份2011年（556毫米）的1.3倍，明显高于全球最大最小年降水量比值（1.05倍）。

---

① 任国玉：《气候变化与中国水资源》，气象出版社，2007。

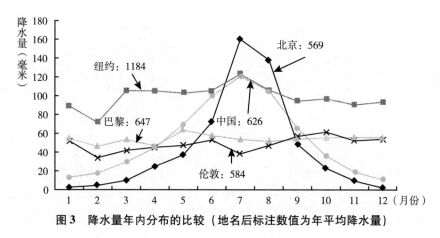

图3 降水量年内分布的比较（地名后标注数值为年平均降水量）

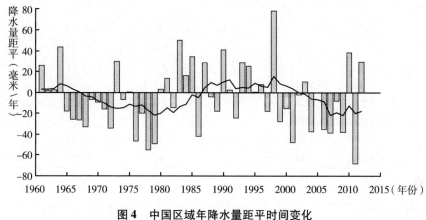

图4 中国区域年降水量距平时间变化

注：曲线为低通滤波值，气候值是以1981～2010年的30年为基准的气候平均态。

分地区来看，降水的这种年际波动更加剧烈。分析表明，中国七个地区最大最小年降水量比值大都在1.5以上，变异系数大都在0.1以上。华北地区是降水年际波动最为剧烈的地区，最大最小年降水量比值达到2.1，变异系数达到0.15；降水年际波动相对最为平缓的地区是西南地区，最大最小年降水量比值为1.4，变异系数为0.06。分流域来看，海河、淮河、黄河、辽河等流域降水年际波动最为剧烈，最大最小年降水量比值分别达到2.4、2.1、2.1和1.9，变异系数分别达到0.19、0.16、0.14和0.16（见表2）。

50余年来，中国的降水在时间上没有表现出明显的线性变化趋势，但在年代际尺度上变化较大。20世纪60年代、70年代和21世纪以来降水呈现偏

表2　中国各区域、流域降水量年际变化特征（计算时段 1961～2013 年）

地区或流域		年降水量 （毫米）	最大最小年 降水量比值	标准差	变异系数	排序
中国		626	1.3	32.7	0.05	—
分地区	东北	588	1.6	73.6	0.13	2
	华北	458	2.1	70.2	0.15	1
	华东	1116	1.5	105.7	0.09	6
	华中	1205	1.6	128.4	0.107	5
	华南	1660	1.7	197.7	0.12	3
	西北	385	1.8	43.5	0.113	4
	西南	1022	1.4	66.4	0.06	7
分流域	松花江	516	1.7	65.2	0.13	5
	辽河	596	1.9	94.4	0.16	3
	海河	533	2.4	98.9	0.19	1
	黄河	479	2.1	66.8	0.14	4
	淮河	815	2.1	130.5	0.16	2
	长江	1171	1.4	93.3	0.08	9
	珠江	1554	1.6	171.3	0.11	7
	东南诸河	1230	1.4	101.1	0.08	8
	西北诸河	182	1.8	22.6	0.12	6
	西南诸河	1020	1.4	65.8	0.06	10

少态势，而 20 世纪 80 年代和 90 年代降水则呈现偏多态势。从季节上看，1961～2013 年，中国冬季、春季降水量呈增加趋势，夏季、秋季趋势性变化不明显，但是在近 30 年冬春季降水量增加速率有所加快，秋季降水量也呈现增加的趋势。

50 余年来，我国降水分布发生了明显变化。华北、西南降水呈减少趋势，东北、西北、长江中下游、华南呈增多趋势。西部地区降水增加 15%～50%；东部地区频繁出现"南涝北旱"；华南地区降水增加 5%～10%；华北和东北大部分地区减少 10%～30%。2009 年以来，东北增加 86 毫米、华北增加 17 毫米、西北增加 7 毫米、华南增加 18 毫米；西南减少 36 毫米、长江中下游减少 1 毫米。此外，夏季我国主雨带位置出现明显的年代际变化。20 世纪 80 年代，长江流域多雨；90 年代，雨带南移；2000～2008 年，雨带北移到淮河；2009 年以来，雨带进一步北移，淮河和华南进入少雨期。

（四）全国极端强降水量和严重干旱事件呈增多趋势

自20世纪70年代以来，全国年暴雨日数和暴雨站数都呈现逐年增加趋势，局地突发性大暴雨事件明显增多（见图5）。与之对应的是，有些地区持续无雨或少雨日数变多，局地阶段性严重干旱发生频次增加。50余年来的监测结果显示，中国的干旱已经由传统的干旱和半干旱地区向湿润地区扩展。干旱范围由东北、华北、西南3个主要干旱区演化为自西南向东北的一个明显的干旱化趋势带[①]。华北南部干旱半干旱区有一个明显的向南扩展的趋势，东北中部半干旱分界线的位置也有向东扩展的趋势。降水分布不均、变率增大、蒸发加剧，导致东北的西南部、华北、华南南部及云南、四川南部等地干旱发生频率增加，持续月份变长，其中华北中南部、云南北部等地区域干旱发生频率达60%～80%，最长持续时间可达到10个月以上。东北、华北、西南等地中等以上干旱日数增加了10%～30%。西南地区由单一的季节干旱转化为多季连旱，且连年发生。华北地区干旱也不断加剧，由冬春干旱转化为一年四季都可能出现干旱，特别是20世纪90年代以来，连年出现大旱，尤以1997年、1999～2002年最为严重。

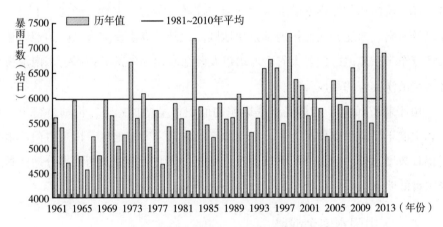

图5　中国年暴雨站日数呈现增加趋势

---

① Zhai, Jianqing, et al. , "Spatial Variation and Trends in PDSI and SPI Indices and Their Relation to Streamflow in 10 Large Regions of China", *Journal of Climate*, 2010. Vol. 23（3）.

四 降水水资源利用的挑战和中国水安全战略

（一）未来中国旱涝形势预估

根据国家气候中心气候模式预估结果，未来 10 年中国降水量总体略有增加，降水增加较多的地区主要在西北、华北和东北地区。降水的增加有利于增加地表水资源量，可缓解生产生活用水压力，有助于北方江河径流和湖泊及水库蓄水量的增加，也可改善区域自然生态环境。同时，也应认识到，降水的增加对这些地区的水资源压力有一定程度的缓解，但南方水多、北方水少的格局不会发生改变，也不能改变我国水资源紧缺的总体局面。同时，雨带北抬，南方地区降水、气温变化引起的干旱、高温、热浪，会增大居民生活和工农业生产的用水量，在一定程度上也会造成水资源的紧缺。

降水的增加在很大程度上可能表现为区域暴雨、大雨日数呈现增加的趋势，局地极端降水事件增加，可能导致频繁的中小河流洪涝和城市内涝灾害。气候灾害风险分析结果表明，未来 10 年中国洪涝灾害风险最高的地区位于四川东部、重庆和长江中下游地区的湖南、江西、湖北、安徽、浙江、上海、江苏以及河南、河北并向北拓展到京津地区。此外，高洪涝灾害风险的地区还分散地分布于东北地区的各大省会城市以及陕西和山西的部分地区，东南沿海地区也是洪涝灾害的高风险区。

预计未来 10 年，中国受干旱影响的面积将呈增加趋势，特别是特旱、重旱和中度干旱面积以增加为主。华北地区、甘肃–青海地区、内蒙古西部地区干旱日数增加较为明显。从季节上看，东北、华北、西南及西北部分地区秋季降水可能明显减少，未来干旱以秋旱最为严重。

（二）中国水安全战略

水资源对人类的生存发展至关重要，对许多经济活动也都有直接重要的影响。随着经济的发展和人口的增加，水资源紧缺、洪涝灾害和水环境恶化问题日益突出，成为制约各国经济、社会、生态环境可持续发展的重要因素，也构成了社会进步、区域发展和国家安全的威胁。随着全球资源危机的出现，国家安全观念正在发生变化，水安全已构成国家安全、地区安全的重要因素，与金融安全、经济安全甚至国防安全等处于同样重要的战略地位①。在这种形势下，国内外许多政府组织和科研团队开始重视水安全问题的研究。20 世纪 70 年代以后，国际上开始实施一系列水科学计划，如国际水文计划、世界气候研究计划、国际地圈生物圈计划等②。以不同时空尺度和不同学科途径，探讨环境变化下的水安全问题。20 世纪 90 年代末，气候变化与人类活动影响下的水循环与水资源脆弱性研究成为热点。变化环境及人类活动影响下的水循环及水资源演化过程、演变规律，水与土地利用变化和社会经济发展的关系，水资源可持续利用与水安全等成为突出的前沿科学问题。

受气候变化的影响，中国近年来降水资源发生了复杂的变化，对地表水资源已经或正在发生影响，这导致未来中国的旱涝形势日益复杂、区域特征更加明显、水资源供需矛盾日益加剧，因此未来中国水安全问题将会日益严峻，更需要有针对性地加以应对。

1. 加强关注中国降水资源的时空格局变化，积极应对气候变化对水文水资源系统的影响

气候变化必然引起全球水循环的变化，导致水资源在时间和空间上的重新

---

① 陈家琦：《水安全保障问题浅议》，《自然资源学报》2002 年第 3 期。

② 国际水文计划（International Hydrological Programme，IHP）是当代世界在水文领域最重要的国际合作活动。1975 年开始执行，中国是成员国。国际水文计划的目的是：组织成员执行一系列计划项目，其中有水文循环研究、人类活动对水文循环的影响、水资源的合理估算和有效利用等；组织出版刊物、情报交流、学术会议和地区合作等，以促进国际水文合作；水文科学的教育和培训。这项计划的领导机构是政府间理事会，由联合国教科文组织理事国组成。每两年举行一次会议，休会期间由国际水文计划秘书处行使职能。各成员在其国内设立国际水文计划国家委员会，其任务是制订参加国际水文计划的本国计划，并促其实施。世界气候研究计划（WCRP）由世界气象组织（World Meteorological Organization，WMO）与国际科学联合会（International Council of Scientific Union，ICSU）联合主持，以物理气候系统为主要研究对象。此计划在 20 世纪 70 年代开始酝酿，80 年代开始执行，是全球变化研究中开展得较早的一个计划。国际地圈生物圈计划（International Geosphere-Biosphere Program，IGBP）于 1986 年建立，旨在制定区域和国际政策，讨论关于全球变化及其所产生的影响。包括"国际全球大气化学计划""全球海洋通量联合研究计划""过去的全球变化研究计划""全球变化与陆地生态系统""水文循环的生物学方面""海岸带的海陆相互作用""全球海洋生态系统动力学""土地利用与土地覆盖变化"等内容。

分配，引起水质和水量的改变，导致自然生态和人类生产生活用水的可获得性发生改变，从而进一步影响生态环境和社会经济发展，因此需要深入研究在气候变化环境下水资源的可供性、允许的水消耗和可持续性。研究气候变化对水循环和水资源安全的影响，对于解决水资源开发利用和管理、环境保护和生态平衡等问题具有至关重要的理论和实际意义。尽管国内外已开展大量关于气候变化对水文水资源影响的研究工作，但仍存在一些问题与不足，今后需进一步加强气候变化与水文水资源的关系和相互影响方面的研究，以改进和完善目前的气候模式和水文模型，实现动态响应变化。同时，应加强量化人类活动的影响，提高气候模式和水文模型模拟精度①。

2. 从战略的高度重视和应对可能发生的旱涝灾害，加强气象灾害风险管理

应加强对水资源的保护，开展经济社会发展适应气候的可行性论证工作，科学开发利用水资源。需改进全国水资源布局和规划配置，加强水资源管理法规体系和制度框架建设，构建资源节约型社会。

应对干旱灾害方面，需优化农业灌溉系统和灌溉方式，尤其是应根据干旱发生的新特点，制定有效的防御措施，适当适时调整种植结构，增强农业生产系统抗逆性适应能力，实现农业的可持续发展。北方地区应当更好地利用雨带北移的时机，加强对云水资源的开发利用，积极开展人工影响天气作业。将应急性抗旱转变成增蓄性抗旱，这对水利工程建设也提出新的要求。如果北方地区水利设施不够完善，水土保持能力修复缓慢，增多的降水可能无法转化为有效的水资源，反而会增加洪涝自然灾害发生的频率②。加强节水工程建设，确立以科学供应满足合理需求的供需模式和相应的政策，包括各级的水需求管理，以避免最恶劣气候条件下出现水荒和水灾的不利后果。

应对洪涝灾害方面，需因地制宜退建堤防和疏浚河道，扩大河道的中小洪水行洪能力；平垸行洪和退田还湖，增加河流调蓄洪水的能力；加强蓄滞洪区风险管理，解决区内人员的生存和安全问题；加固大江大河干流堤防和病险防洪工程，提高工程抵御洪水的能力；开展水土保持，以小流域为单元开展水土

① 夏军、翟金良、占车生：《我国水资源研究与发展的若干思考》，《地球科学进展》2011 年第 9 期。

② 杨光明、孙长林：《中国水安全问题及其策略研究》，《灾害学报》2008 年第 2 期。

流失综合治理。加强山丘区洪水灾害的管理。需加强城市排水排污、排涝系统的规划和建设，建立健全整体性的源头控制、强化下渗、蓄滞结合的内涝防治体系，增加雨水的蓄滞和渗透能力，减少地面径流，削减雨水冲击负荷①。

在加强气象灾害风险管理方面，国家应对气象灾害战略应从灾害的被动防御尽快转变到灾害风险的主动管理上来。通过相关法律法规建设，使气象灾害风险管理制度化。通过普及气象灾害风险知识，加强政府与民众在重大气象灾害中的沟通和协调，提升政府的信誉，增强社会抵御气象灾害风险的能力。气象部门作为政府职能部门之一，需进一步开展和完善气象灾害风险评估与风险区划工作，并积极参与到各级政府的经济发展规划中，通过指导农业、水电交通和城市建设等部门在制定发展规划时主动避开气象灾害高风险区域，或者是通过提醒制定应对气象灾害风险的措施，承担政府风险管理的相应职能，有效减少气象灾害造成的损失。

---

① 钱正英、张光斗：《中国可持续发展水资源战略研究》，中国水利水电出版社，2001。

G.20

国际、国内碳市场的发展展望

钱国强　陈志斌　余思杨*

摘　要：

2013 年是碳市场发展史上重要转型的一年，年度的碳市场回顾与总结在应对气候变化工作方面具有现实的指导意义。本文从国际机构的碳市场数据、研究报告以及我国碳交易试点材料入手，总结了 2013 年国际气候谈判的进展、国内外碳市场的发展概况，并展望碳市场的发展方向。

一方面，国际气候谈判重心转向制定新的全球减排协议。然而，谈判仍未能取得实质进展，未来的形势依然复杂多变。谈判缓慢的进展导致基于京都机制的国际碳市场规模日渐缩小。另一方面，全球碳市场分散化、碎片化发展的势头加剧，各国独立推动建立的国内碳市场迅速发展，开始寻求通过双边协议的方式相互对接，以"自下而上"的方式实现国际碳市场的融合与统一。

中国碳市场建设全面提速。在国家层面，重点行业国家核算指南、自愿减排交易机制、国家登记系统、顶层方案设计等各项工作正稳步推进；在地方层面，"两省五市"试点已相继启动交易，并进行了首次履约。

关键词：

国际气候谈判　国际碳市场　国家统一碳市场　碳交易试点

---

* 钱国强，北京中创碳投科技有限公司战略总监，联合国联合履约监督委员会（JISC）委员，黄金标准基金会执行董事，在碳交易、低碳相关咨询服务与市场开拓方面具有丰富的从业经验；陈志斌，北京中创碳投科技有限公司低碳分析师，主要从事低碳及碳交易相关市场与政策研究咨询工作；余思杨，北京中创碳投科技有限公司低碳分析师，主要从事低碳及碳交易相关市场与政策研究咨询工作。

一 国际碳市场发展新进展

（一）全球碳市场的基本构成与主要进展

1. 全球碳交易市场的基本构成

全球碳市场的形成主要基于《京都议定书》所创设的联合履约（JI）、清洁发展机制（CDM）和排放贸易（ET）三种灵活机制，但并不局限于议定书形成的碳市场。欧盟、新西兰等通过国内立法建立的国内碳交易市场，也是全球碳市场的重要组成部分。另外，在一些非政府组织和环保团体的推动和主持下，还存在自愿减排交易市场。全球碳交易市场的结构和内容呈现多层次、多种类的特点，其结构与分类见图1。

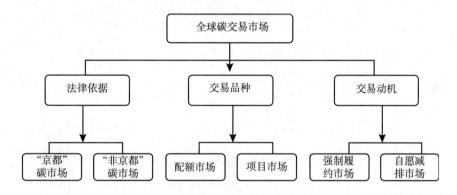

图1 全球碳交易市场的结构与分类

按照市场创立的法律依据，碳市场大致可分为两大类：一类是基于《京都议定书》的碳交易市场，通常称作"京都"碳市场；另一类是基于各国国内立法建立的碳交易市场，通常称作"非京都"碳市场，主要包括欧盟碳市场、新西兰碳市场、美国加州碳市场、澳大利亚碳市场，以及即将启动的韩国碳市场等。自愿减排市场也属于"非京都"碳市场。

按交易品种的不同类别，碳市场可分为基于配额的市场和基于抵消信用的市场。配额市场的交易品种是"总量控制和交易"（Cap and Trade）机制下的排放配额，是碳市场最核心、最基础的组成部分，《京都议定书》下的排放贸易以及欧盟、新西兰、加州等国内碳交易市场，都是基于配额的交易市场。基于抵消机制的市场的交易产品是核证减排量，是配额市场的补充。《京都议定书》下的联合履约和清洁发展机制，以及新西兰、加州等国内碳市场创设的抵消机制，都是基于抵消项目的交易市场。

按交易动机碳市场可划分为强制履约市场和自愿减排市场。强制履约市场的交易动力来自国家或企业完成国际条约或国内法规定的履约义务，而自愿减排市场的交易动力来自企业自愿减排，企业自愿减排的动机有多方面，包括主动承担社会责任、树立良好社会形象、为强制履约做准备等。

2. 全球碳市场交易表现

自2005年《京都议定书》生效以来，全球碳交易市场取得了长足的发展，其中超过90%的交易额来自欧盟碳市场。根据世界银行的统计，2005年全球碳市场交易额约为110亿美元，到2009年规模迅速扩大了12倍，达1437亿美元。受《京都议定书》第二承诺期等政策不确定性和金融危机的影响，2011年全球碳市场交易额到达顶点后在2012年和2013年出现大幅下降。全球碳市场交易规模及趋势见图2。

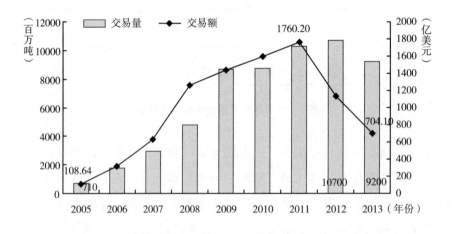

图2 全球碳市场历年交易额及趋势

资料来源：Reuters，"Point Connect Energy Data Delivered"，http://www.pointcarbon.com/。

（二）主要国家碳市场进展

1. 欧盟碳交易体系（EU ETS）

EU ETS 于 2005 年 1 月 1 日启动，是世界上首个跨国碳排放交易体系，也是全球影响力最大的碳交易体系，目前正处于运行的第三阶段（2013 ~ 2020年）。EU ETS 碳交易价格自 2011 年暴跌之后，一直处于下行轨道中。欧盟采取的碳市场救市措施及讨论中的改革方案，在 2014 年曾一度刺激碳价出现小幅回升，但欧洲碳市场仍缺乏反弹的动力，具体走势见图 3。

图 3　欧盟碳市场现货价格走势

资料来源：European Energy Exchange，"EEX Market Data Delivered"，http：//www. eex. com/en/market-data/emission-allowances/auction-market/european-emission-allowances-auction #! / 2014/。

2013 年，欧盟碳市场第三阶段正式开始，多项重要改革开始执行。电力企业不再获得免费配额，40% 的配额通过拍卖而非免费的方式进入市场。而最引人注目的是 2014 年 3 月正式实施的"推迟拍卖方案"（Back-loading）。该方案将 9000 万吨 EUA 进入市场的时间推迟。"推迟拍卖方案"仅仅是 EU ETS机制改革的第一步，调整 2020 年后的排放限额也在计划之中。此外，欧盟希望通过 EU ETS 将 2030 年的温室气体排放量在 2005 年的基础上削减 43%，以实现其 2030 年的气候变化控制目标。目前，欧盟正在考虑如何通过碳交易体

系的进一步改革来实现该目标。

2. RGGI 碳交易市场

区域温室气体计划（Regional Greenhouse Gas Initiative，RGGI）是美国东北和中大西洋地区 10 个州的联合减排行动，以三年为一个控制期（Control Period），电力企业在每个控制期结束后进行履约核算。RGGI 在头几年的运行中面临配额严重供过于求的问题，碳市场需求不足，碳价低迷，交易寥寥无几。2013 年起，RGGI 重点针对第一次评估的结果提出了以缩紧配额总量和更改成本控制机制为核心的改革方案，该方案将 2014 年起每年的配额数量削减了 45% 以上。受此方案的刺激，萎靡多年的 RGGI 碳市场重新焕发活力。在改革之后的第一次拍卖即第 19 期拍卖中，拍卖成交结算价终于脱离底价，提高到 2.8 美元。随后 RGGI 市场价格稳步上扬，在 2014 年 3 月进行的第 23 次拍卖中，成交价达到 4 美元。RGGI 总量改革初见成效，其价格走势见图 4。

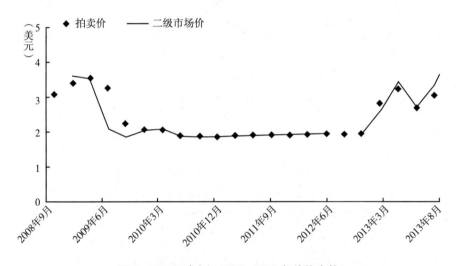

图 4　RGGI 碳市场 2008～2013 年价格走势

3. 加州－魁北克碳交易市场

加州和魁北克的减排计划是区域减排行动——西部气候行动（Western Climate Initiative，WCI）的一部分。加州是 WCI 的发起者之一，魁北克于 2008 年 4 月加入了 WCI。两者的碳交易计划均基于 WCI 的区域方案进行设计，具有很大的相似性，两个市场已经于 2014 年 1 月 1 日进行连接。

加州政府于 2012 年 11 月 14 日举行了第一次配额拍卖，截至 2013 年 12 月已举行 5 次配额拍卖，共拍卖配额 8105 万吨，成交额为 9.7 亿美元。经过一年的运行，加州市场运转良好，一级市场拍卖进展顺利，二级市场交易稳健。加州将于 2014 年 11 月进行首次履约，届时将能够根据履约情况对整个体系进行评估。加州 2013 年配额拍卖及二级市场价格对比见图 5。

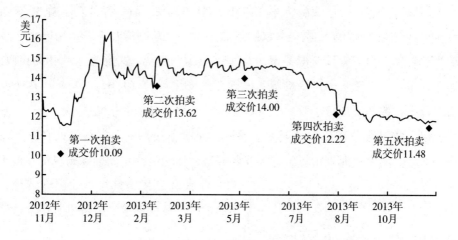

图 5　加州市场 2013 年拍卖及二级市场价格对比

资料来源：EDF，"California Carbon Market Watch 2014"。

2013 年 12 月 3 日和 2014 年 3 月 4 日，魁北克进行了两次温室气体排放单位拍卖，共拍出 2014 年配额 206 万吨，成交额 2280 万加元，成交价分别为 10.75 加元/吨和 11.39 加元/吨。

加州碳市场与魁北克碳市场于 2014 年 1 月 1 日起正式互联，两地的抵消额与配额可实现完全互换，该消息对魁北克市场产生了积极影响。在魁北克首次拍卖中，由于市场小、大型参与者少、免费分配的配额过多，仅有 34% 的 2014 年配额被成功拍出。但在第二次拍卖中，98.65% 的配额被成功拍出，几乎为上一次拍卖的 3 倍。加入加州碳市场，对于魁北克碳市场的活跃程度以及市场参与各方对于市场的信心都有一定的提振作用。

另外，加州与魁北克在 2004 年 6 月 3 日发布了联合拍卖的计划，将于 2014 年 11 月进行，而拍卖的申请于 7 月底开始，并与 8 月初进行为期一天的投标。这意味着两地碳市场参与者将会共同拍卖，两地碳市场的配额也将混合

拍卖，联合拍卖的拍卖底价也将是历史最高的。

4. 澳大利亚碳价机制

澳大利亚最初设计的碳价机制分两个阶段实施：2012 年 7 月 1 日～2015 年 6 月 30 日为固定碳价阶段，固定碳价机制实施三年后，2015 年 7 月 1 日自动过渡为温室气体总量控制和排放交易机制。

2013 年 9 月 8 日，澳大利亚 2013 年联邦大选结果出炉，保守联盟（Coalition）以 89 个席位赢得众议院多数席位，党魁阿博特（Tony Abbott）成功当选总理。而工党只获得了 55 个席位，以悬殊的席位差结束了六年的执政。保守联盟一直以废除碳定价机制、执行直接气候行动（Direct Action）作为其主要政策，并初步拟订了废除碳定价机制的步骤以及配套措施。

保守联盟赢得 2013 年大选后，废除固定碳价机制的草案很快便在众议院活动通过。澳大利亚碳市场的存废几经周折，辗转近一年的废除碳税法案也于最近在参议院通过。2014 年 7 月 17 日，澳大利亚政府宣布正式废除碳价机制。澳大利亚碳市场的存废也终于尘埃落定，运行仅两年的碳价机制还未过渡到浮动价格阶段便匆匆落下帷幕。

与碳价机制配套机构的前途不尽相同，清洁能源管理局虽然得以保留，但是其职能在新的法律框架下将有相应的变化。气候变化局、清洁能源金融公司的存废不在此次的废除碳税法案中，将在单独的废除草案中提交到国会。

由于 2013～2014 年度的履约期还未结束，因此现有的碳单位在 2015 年 2 月之前可以继续使用。虽然碳价机制被废除，但是联盟党的直接气候行动未获得大部分议员的支持。这也意味着澳大利亚的气候政策仍将在一段时期内处于空档期。

5. 新西兰碳交易市场

新西兰温室气体排放交易机制（New Zealand Emissions Trading Scheme，NZ ETS）始于 2008 年，是欧盟之外第二个实施强制性温室气体总量控制和排放交易机制的发达国家[①]。NZ ETS 的覆盖范围广泛，对不同行业分不同阶段采取逐步纳入的方式。自 2008 年启动至今，已将林业部门及液化化石燃

---

① Ecofys, "Mapping Carbon Pricing Initiatives: Developments and Prospects".

料、固定能源和工业加工部门纳入碳交易体系，占排放总量约50%的农业部门需要报告其排放量，但新西兰政府未确定农业部门启动履约义务的日期。

NZ ETS将未来与国际碳市场的连接作为重点任务，为确保国内企业有机会以最低的价格来进行碳减排，新西兰政府于2012年7月宣布继续允许国内企业无限制地购买国际碳信用额度。随着2011年国际碳信用严重供过于求，新西兰国内碳交易价格由2011年的20新西兰元跌至2013年的1新西兰元以下。2014年5月，新西兰国会通过了《应对气候变化法2002》的修正案，规定林业在登记系统注销林地时不能使用国际碳信用。此项措施使得碳市场对NZU的需求有所提升，推动了NZU的价格上涨到4新西兰元以上，达到了近两年来的新高。新西兰2010年至今的碳价走势见图6。

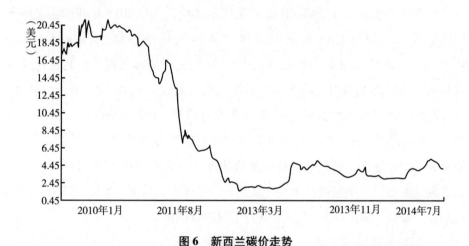

图6 新西兰碳价走势

资料来源：CommTrade，"Spot NZUs Price History"，http：//www. commtrade. co. nz/。

（三）其他碳交易市场情况介绍

1. 韩国碳交易市场

2012年5月2日，韩国国会通过了引入碳交易机制的法律，是第一个通过碳交易立法的亚洲国家。目前，韩国碳交易机制运行的各项准备工作正在有序进行中，计划于2015年1月1日启动。该机制将覆盖占全国排放总量60%

以上的 300 多家来自电力、钢铁、石化和纸浆等行业的大型排放企业，在初始阶段，95％的排放配额将免费发放给企业，剩下的比例将通过拍卖的方式进行分配。

2. 南非碳价政策

南非政府于 2013 年 5 月公布了一项碳税政策草案，该草案较为清晰地阐述了南非未来要执行的碳税结构及其运行机制。根据该草案，南非碳税政策将于 2015 年 1 月实行，第一阶段运行时间为 2015～2019 年。虽然南非没有选择碳交易机制作为主要减排政策手段，但其在碳税方案设计中规定了明确的碳抵消使用额度的内容，不同行业可用抵消额度的比例为 5%～10%。可见，南非的碳税政策融合了部分碳交易体系的内容。

3. 日本双边机制

日本在宣布退出《京都议定书》第二承诺期后，自 2013 年开始在全球范围内推行一项双边抵消机制（或称"两国间信用制度"，Joint Crediting Mechanism，JCM）。JCM 虽然是独立于 CDM 的一个减排机制，但其在管理方式和运行流程上与 CDM 基本相似，日本政府将其视为 CDM 全球减排的补充。该机制声称的目标是"促进在节能方面没有得到 CDM 支持的地区的低碳发展"，由日本政府或企业向签订协议的国家提供资金或转移低碳技术、产品、服务和基础设施等，并换取这些国家的减排量。截至 2014 年 6 月，日本已与蒙古国、孟加拉、埃塞俄比亚、肯尼亚、马尔代夫、越南、老挝、印尼、哥斯达黎加、秘鲁、柬埔寨 11 个国家签订了双边抵消协议。

4. 哈萨克斯坦碳市场

2011 年 12 月，哈萨克斯坦提出了该国的环境立法修正案，为建立其国内碳市场奠定了基础[1]。2013 年 1 月 1 日，哈萨克斯坦正式启动了国内碳交易，第一阶段（2013 年 1 月 1 日～2013 年 12 月 31 日）为试点阶段，为期一年，配额全部免费发放，配额分配基于 2010 年的排放数据，同时为新入者预留了 2060 万吨配额；第二阶段（2014 年 1 月 1 日～2015 年 12 月 31 日），为期两

---

① Mansell, A., "GreenHouse Gas Market Report 2013 （IETA）— Looking to the Future of Carbon Markets".

年，配额免费分配，其中 2014 年的配额分配基于 2011～2012 年的排放数据，2015 年的配额基于 2013 年的排放数据；第三阶段（2016 年 1 月 1 日～2020 年 12 月 31 日），为期五年，自第三阶段起哈萨克斯坦将在一定程度上采用拍卖及基准线法分配配额。

5. 世界银行 PMR 计划

"市场准备伙伴"（Partnership for Market Readiness，PMR）计划是世界银行在 2010 年坎昆会议上正式宣布启动的增款型基金，资金用于市场减排工具的培育与建立相关知识的共享平台，2011 年 5 月正式运行，对全球市场减排工具的基础能力建设起到了重要的推动作用。

PMR 的资金主要来源于美国、德国、英国、日本等发达国家，由世界银行进行管理，每年进行 2～3 次的合作伙伴大会（Partner Assembly，PA），对 PMR 相关的重要决策进行表决，如参与国的意向申请、资金申请等。截至 2014 年 6 月，在 17 个执行参与国中，中国、智利、墨西哥、泰国、土耳其、印尼、哥斯达黎加已经完成了市场准备计划（MRP），并在合作伙伴大会上获得执行资金支持。MRP 是执行参与国最重要的文件，反映其建设市场减排工具的路线以及项目活动设计蓝图①。

二　联合国碳交易市场机制谈判进展

（一）国际气候政策演变与全球碳交易市场

经过多年的实践演变，国际碳市场的发展逐渐形成了两种模式：一是"自上而下"模式，即由国际条约形成的统一碳市场，类似基于京都机制形成的国际碳市场；二是"自下而上"模式，是各国独立发展的国内碳市场。随着京都模式的日渐式微，各国在各自碳市场的设计与运行过程中探索相互间的连接，出现了以分散的碳市场为主，通过双边协议进行连接的中间模式。

---

① PMR，"The Partnership for Market Readiness"，http：//www. thepmr. com.

1. 国际统一市场

基于《联合国气候变化框架公约》，国际社会达成的《京都议定书》推动发达国家率先开展了量化的减排行动①。为了协助发达国家实现减排目标，《京都议定书》提出了三种市场机制，以提高发达国家履行减排义务的灵活性，形成了首个国际统一碳市场。其中清洁发展机制（CDM）获得了最广泛的应用，作为配额市场的抵消机制，为其提供价格相对较低的碳信用，同时也促进了发展中国家碳市场的发展。欧盟作为最主要的需求来源推动了 CDM 在 2005～2010 年快速发展，但随着京都减排模式的衰落，以及欧盟收紧对 CER 的应用，CDM 市场迅速凋零。

2. 分散化市场

国际统一减排协议的碳市场模式受阻，各国便转向地区性碳市场的建设，作为其国内核心的减排工具。欧盟碳市场在 2005 年启动后，众多地区或国家级的碳市场在各地涌现，如新西兰、澳大利亚、RGGI、美国加州、加拿大魁北克等，形成了松散的、分散化的碳市场网络。

松散的碳市场架构允许各国根据自身经济结构、政治意愿等因素完成碳市场的要素设计，减排目标不受国际条约的约束，分配方法、核算方法等其他要素也可以因地制宜。然而，设计上的不统一意味着各地区的政策力度、环境完整性等方面存在差异，不利于在全球范围内实现减排资源优化配置，减排效率受到一定程度的损害。后续碳市场之间的连接也是一项耗时耗力的工作。

3. 中间模式

除了上述两种模式外，各国的碳市场在开展合作的过程中形成了介于统一碳市场与分散碳市场两种模式之间的中间模式。其形成的原因是碳市场的规模与流动性对其实施效果与总量目标的实现至关重要，扩大碳市场的覆盖范围可减少碳泄漏与贸易壁垒的风险，流动性的增加也有益于资源的有效配置。2013～2020 年是国际气候制度的过渡期，国际减排行动呈现以分散的碳市场建设为主，且这种分散的碳市场规模有增大的趋势，但在现有的分散框架下，实现部

---

① UNFCCC, "Documents and Decisions", http://unfccc.int/documentation/document_lists/items/2960.php.

分国家或区域碳市场之间的连接。

欧盟碳市场与加州碳市场各自在推进碳市场连接方面都进行了有益的探索，为中间模式的发展提供了参考。欧盟成功地与多个国家的碳市场进行了连接，尽管连接形式有所不同，但侧面反映了连接方式与碳市场设计差异的相关性，越相似的市场间越容易连接。如挪威碳市场从一开始就依照欧盟碳市场的指令进行设计，因此只需要通过已有的自由贸易区协议就可以进行相互交易，而对于与澳大利亚的连接，就涉及对许多制度的调整。

加州与魁北克碳市场也实现了双向连接。加州与魁北克同属于西部气候行动（Western Climate Initiative，WCI）的成员，在碳市场设计之初便展开合作，使得碳市场关键设计要素保持一致，便于连接的实现。

（二）当前碳市场机制相关谈判进展与动向

目前，国际气候谈判的重点在于推进德班平台，核心议题为是否要达成有法律约束力的全球减排协议、各方应承担什么性质和力度的减排目标。根据谈判工作计划，各方希望在 2014 年底的利马会议上形成谈判案文，并在 2015 年底的巴黎会议上达成减排协议。

市场机制的谈判，是当前气候变化谈判的重要议题，当前主要在两个层面进行：一是落实巴厘路线图成果的层面；二是德班平台谈判层面。前者作为 2013～2020 年国际气候制度的过渡性安排，一方面将对京都灵活机制进行优化性改革，但《京都议定书》前景暗淡，京都机制未来走向很难通过这个平台本身得到解决；另一方面，公约下新市场机制的推进也由于缺乏需求空间而难以找到出口。巴厘路线图下，新旧市场机制的关系及未来走向，与减排谈判捆绑为复杂的政治问题，已陷入僵局。

欧盟积极推动的新市场机制，包括行业碳信用和行业总量控制与交易机制。此外，日本积极推动双边减排机制，韩国支持基于"国家适当减缓行动与政策"的碳信用机制。这些新市场机制，连同京都市场机制的存续与改革等问题，撬动各国减排博弈，将伴随新一轮气候谈判全过程。

国际碳市场格局，正处于变革调整期。多哈会议之后，巴厘路线图完成了历史使命，谈判的重点转向了德班平台下 2020 年后全球减排协议。新的全球

减排协议需要相应的碳市场机制，德班平台下达成关于碳市场机制的相关安排，将为当前市场机制谈判破局，并成为德班平台谈判的成果之一，服务于新的减排协议。

三 国内碳市场发展新进展

2013 年以来，中国国内碳交易市场建设的两个维度（地方碳交易试点和国家级碳交易市场）均取得了突破性进展。一方面，深圳、上海、北京、广东、天津和湖北等碳交易试点先后正式启动交易，使中国一举成为碳排放配额规模全球第二大的碳市场；另一方面，国家发改委正式启动了自愿减排项目的申报、审定、备案、签发等工作流程。此外，国家发改委公布的 10 个行业温室气体排放核算指南、国家登记系统建设取得的进展等，都为建设全国统一碳市场打下了良好基础。

（一）国内碳交易试点进展

1. 7 个试点的整体进展

2011 年 10 月 29 日，国家发改委办公厅正式下发《关于开展碳排放权交易试点工作的通知》，批准率先在北京、天津、上海、重庆、湖北、广东、深圳"两省五市"开展碳排放权交易试点工作，标志着碳交易从规划走向实践。随后各试点开始进行政策研究及设计、行业排放量摸底调查、核算指南编制、报送核查体系建设等工作。目前，7 个试点已顺利启动运行。北京、天津、上海、广东和深圳 5 个试点也已经于 2014 年 6 ~ 7 月进行首次履约。各试点启动时间见图 7。

2. 试点政策设计基本要素与特点

碳交易政策设计的基本要素包括立法、覆盖范围、配额总量、配额分配、抵消机制、MRV 和履约以及交易规则等内容。目前已经启动的 7 个试点在这些要素设计上各有特点，本节将对此进行简要比较盘点。

（1）覆盖范围

7 个碳排放权交易试点的覆盖范围具有明显的地域特色。作为工业大省

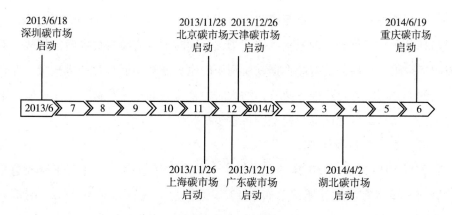

图7　中国碳交易试点启动时间

（市），广东、天津和湖北首批纳入的单位主要以工业企业为主，纳入排放门槛相对较高，纳入单位数量较少。深圳和北京碳交易试点结合自身情况纳入大量非工业排放源，纳入门槛相对较低，纳入单位数量较多。上海由于既有工业企业，也有为数不少的非工业排放源，因此差异化地设置了两个纳入门槛。详情见表1。

表1　各碳交易试点的覆盖范围

试点	纳入行业	纳入门槛*	单位数量（家）	占总排放的比重(%)
深圳	工业（电力、水务、制造业等）和建筑业	工业:5 千吨以上 公共建筑:2 万平方米 机关建筑:1 万平方米	工业:635 建筑业:197	40
上海	工业行业:电力、钢铁、石化、化工、有色、建材、纺织、造纸、橡胶和化纤 非工业行业:航空、机场、港口、商场、宾馆、商务办公建筑和铁路站点	工业:2 万吨 非工业:1 万吨	191	57
北京	电力、热力、水泥、石化、其他工业和服务业	1 万吨以上	490	49
广东	电力、水泥、钢铁、石化	2 万吨以上	242	54
天津	电力、热力、钢铁、化工、石化、油气开采	2 万吨以上	114	60
湖北	钢铁、化工、水泥、汽车制造、电力、有色金属、玻璃、造纸	综合能源消费量 6 万吨标准煤及以上	138	35
重庆	暂未公布	2 万吨以上	242	暂未公布

注：*如无特别说明，纳入标准为年二氧化碳排放量。统计时间截至 2013 年 6 月。

中国碳排放权交易试点覆盖范围的设计和确定具有以下几个特点。第一，初期只考虑二氧化碳一种温室气体。第二，同时纳入直接排放和间接排放。所谓间接排放，是指在消费端根据其所利用的电力或热力而计算的排放量，即在排放的下游同时进行管控。第三，纳入对象是法人而不是排放设施。第四，部分碳排放交易试点地区的覆盖范围将逐步扩大。

（2）配额总量及构成

截至2014年6月30日，在已经启动的7个试点中，已知三年配额总量的碳交易试点有深圳，明确公布2013年配额总量的试点只有广东，明确公布2014年配额的有湖北。深圳在完成第一年配额调整之后公布了其调整完成后的免费分配配额数量，但未在一开始公布预分配配额数量和完整的配额总量。公布初始免费分配配额数量的只有重庆，为1.26亿吨，但重庆未公布完整的配额总量。上海、北京和天津2013年的配额总量未公布，数据来源均为媒体报道。各试点2013年配额总量（湖北为2014年配额总量）见表2。

表2 各试点配额数量及结构比较*

单位：万吨

试点	免费配额			有偿配额		合计
	初始免费配额	调整配额	新进入者储备配额	拍卖	市场调节储备配额	
深圳	3320	无**	未公布，年度配额总量的2%	未公布，不低于年度配额总量的3%	未公布，年度配额总量的2%	未公布
广东	33950	—	1940	1110	1800	38800
湖北	合计约29808，具体结构未公布			777.6	1814.4	32400
上海	约16000	未公布	未公布	—	未公布	未公布
重庆	12519.7	未公布	未公布	—	—	未公布
北京	未公布				未公布	未公布
天津	未公布，合计约16000			—	未公布	未公布

注：*表中数据由各试点公布的数据以及相关的分配方法计算得出，具体数值以试点公开文件为准。

**深圳规定配额调整时"追加配额的总数量不得超过当年度扣减的配额总数量"，因此没有额外调整配额。

中国的几个碳交易试点中，在配额总量的确定性和透明性上，广东和湖北做得最好，其次是深圳，其他几个试点在启动的第一年都未公布初始分配的配额数量，也未公布用于事后调整和用于市场调节的配额数量，这对后期的市场运行来说是一个不确定性因素。

（3）配额分配

中国碳排放权交易试点初期配额分配以免费为主，深圳、上海、北京、天津和湖北碳排放权交易试点第一年分给控排单位的初始配额完全免费，只有广东在初始分配中考虑了有偿分配，控排企业需要有偿购买的配额比例为3%。深圳允许进行配额拍卖，但还未明确具体实施方式和时间表。湖北虽然进行配额拍卖，但该拍卖不是用于配额分配，而是用于价格发现。

碳排放权交易试点配额免费分配方法以历史排放法为主，同时灵活采用历史强度法和行业基准线法。所谓历史排放法，是指基于历史排放量分配配额；所谓历史强度法，是指基于历史排放强度以及当年活动水平分配配额；所谓行业基准线法，是指基于行业碳排放强度基准和活动水平（当年活动水平或历史活动水平）分配配额。各试点的配额免费分配方法见表3。

表3　碳排放权交易试点配额免费分配方法

试点	历史排放法	历史强度法	行业基准线法
深圳	无	部分电力企业	大部分电力企业；水务企业；其他工业企业（结合竞争博弈）；建筑物
上海	除了电力之外的工业行业；商场、宾馆、商务办公建筑和铁路站点	无	电力、航空、机场和港口行业
北京	水泥、石化、其他工业和服务业的既有设施	电力、热力的既有设施	新增设施
广东	热电联产机组、水泥的矿山开采工序和其他粉磨工序、石化企业、短流程钢铁企业和其他钢铁企业	无	纯发电机组、水泥的熟料生产工序和水泥粉磨工序、长流程钢铁企业
天津	钢铁、化工、石化、油气开采行业的既有产能	电力、热力行业的既有产能	新增设施
湖北	除了电力之外的工业行业；电力企业的预分配配额	无	电力企业事后调整配额
重庆	企业自主申报排放量，然后由主管部门确定配额量，如果审定排放量与申报排放量相差8%以上，主管部门将调整企业配额量		

注：统计时间截至2013年6月。

中国碳交易试点的配额分配也有自身创新点：第一，引入历史强度法分配免费配额；第二，利用实际产量而非历史产量计算免费配额数量，以兼顾减排和经济发展；第三，广东有偿分配的创新，即要求企业先按规定购满一定额度的配额，才能获得免费配额；第四，深圳博弈分配的创新；第五，上海在免费配额的设计中考虑了先期减排配额的创新。

（4）抵消机制

各碳交易试点均引入中国本土的核证自愿减排量（CCER）作为抵消机制，即允许控排单位在完成配额清缴义务的过程中，使用一定数量的 CCER 抵扣其部分排放量。各地对 CCER 的使用比例从 5% 到 10% 不等，本地化要求各不相同，详见表4。根据深圳、上海、北京、广东、天津的配额规模，这五个试点合计 CCER 最大年均需求量约为 0.64 亿吨。

表4　碳交易试点的抵消机制规定

试点	抵消信用	比例限制	地域限制	类型限制
深圳	CCER	不超过年度排放量的 10%	无	无
上海	CCER	不超过配额数量的 5%	无	无
北京	CCER，北京节能项目和林业碳汇项目碳减排量	不超过当年核发配额的 5%	京外 CCER 不得超过企业当年核发配额的 2.5%，优先使用来自签署相关合作协议地区的 CCER	减排量必须为 2013 年 1 月 1 日后产生的；不接受 HFCs、N_2O、SF_6 等工业气体的项目及水电项目
广东	CCER	不超过年度排放量的 10%	70% 以上的 CCER 来自广东省省内项目	无
天津	CCER	不超过年度排放量的 10%	无	无
湖北	CCER	不超过年度初始配额的 10%	仅限使用湖北境内的 CCER	无
重庆	CCER	不超过审定排放量的 8%	无	项目必须为 2010 年 12 月 31 日后投入运行的（碳汇项目不受此限）；不接受水电项目

注：统计时间截至 2013 年 6 月。

（5）MRV 和履约

MRV 和履约的规定是保证碳交易体系有效运转的基础。各碳交易试点的 MRV 和履约流程及规定见表5。所有试点碳排放核查报告的提交截止日期均为 4 月底，而履约截止日期均在 5 月底至 6 月底。

表5　碳排放权交易试点 MRV 和履约周期关键节点

试点	提交监测计划	提交排放报告	提交核查报告	主管部门审定	履约时间
深圳	无	3 月 31 日前，提交上年度碳排放报告、生产活动产出量化报告	4 月 30 日前，提交核查报告，统计部门提交产出量化报告	发改委对排放报告和核查报告进行抽查和重点检查	6 月 30 日前，履行上年度履约义务
上海	12 月 31 日前，提交下一年度碳排放监测计划	3 月 31 日前，提交上年度碳排放报告	4 月 30 日前，核查机构提交核查报告	发改委在收到核查报告 30 个工作日内审定年度碳排放量	6 月 1 日至 6 月 30 期间，履行上年度清缴义务
北京	无	3 月 20 日前，提交上年度碳排放报告	4 月 5 日前，提交经第三方机构核查的上年度排放报告以及核查报告	5 月 31 日前，发改委完成上年度排放报告和核查报告的审核及抽查工作	6 月 15 日前，履行上年度履约义务
广东	无	3 月 31 日前，提交上年度碳排放报告	4 月 30 日前，提交经第三方机构核查的上年度排放报告以及核查报告	5 月 15 日前，发改委汇总全省排放数据，根据核查报告和排放报告审定年度碳排放量	6 月 20 日前，履行上年度履约义务
天津	11 月 30 日前，提交下一年度碳排放监测计划	4 月 30 日前，提交上年度碳排放报告和核查报告		发改委根据核查报告和排放报告审定年度碳排放量	6 月 30 日前，履行上年度遵约义务
湖北	9 月最后一个工作日前上交下一年度监测计划	2 月最后一个工作日前提交上年度排放报告	4 月最后一个工作日前提交第三方核查报告	发改委根据核查报告和排放报告审定年度碳排放量	5 月最后一个工作日前，履行上年度遵约义务
重庆	无	2 月 20 日前，企业提交排放报告和工程减排量报告	未规定	根据核查报告审定配额管理单位年度碳排放量	6 月 20 日前，履行上年度履约义务

注：统计时间截至 2013 年 6 月。

中国碳交易试点 MRV 规定的设计有以下几个特点：第一，只有部分地区引入碳排放监测计划；第二，部分试点除了报送碳排放数据外，还需要报送生产活动数据；第三，核查机构的委托方规定大同小异；第四，核查费用将逐渐转由企业承担。

针对 MRV 和履约违规的处罚规定有以下两个特点。第一，罚款的额度取决于立法的形式。如果碳交易试点通过人大立法，则试点地区对违规的处罚有较大的自由裁量权；如果碳交易试点立法为地方政府规章，则需要受到地方行政处罚上限的限制。第二，部分试点地区设计了除罚款之外的约束方式，包括纳入信用记录、控制新项目审批、取消财政支持、纳入国企绩效评估等。

截至 2014 年 8 月 1 日，上海、深圳、北京、广东和天津试点已完成首次履约工作。履约结果见表 6。

表6　碳排放权交易试点履约结果（截至 2014 年 8 月 1 日）

试点	原定截止时间	实际完成时间	履约率（%）	违约企业数（家）
上海	2014 年 6 月 30 日	2014 年 6 月 30 日	100	0
深圳	2014 年 6 月 30 日	2014 年 6 月 30 日	99.4	4
北京	2014 年 6 月 15 日	2014 年 6 月 27 日	未公布	未公布
广东	2014 年 6 月 20 日	2014 年 7 月 15 日	98.9	2
天津	2014 年 5 月 31 日	2014 年 7 月 25 日	96.5	4

3. 碳交易试点市场表现

中国碳市场 7 个试点目前交易状况正常，各项机制运转良好。

一级市场方面，广东是唯一实行配额有偿分配的试点，通过拍卖共拍出约 3% 的配额；深圳和上海则针对未能在二级市场购买足够配额的企业举行专门用于履约的配额拍卖，所得配额不能用于交易；湖北举行面向所有投资者的拍卖，基本被投资机构拍得，这也被认为是湖北二级市场交易活跃的主要原因。这四个试点的拍卖情况见表 7。

二级市场方面，目前中国碳市场已经有 10 种不同试点区域以及不同年份的配额发生交易，包括深圳 2013 年和 2014 年配额（SZA13、SZA14）、上海 2013 ～ 2015 年配额（SHEA13、SHEA14、SHEA15）、北京 2013 年配额（BEA13）、天

表7　各试点一级市场拍卖状况

试点	配额拍卖数量(万吨)	拍卖成交额(万元)	拍卖成交均价(元/吨)
广东	1112.33	66739.93	60.00
湖北	200.00	4000.00	20.00
上海	0.72	34.66	48.14
深圳	7.50	265.63	35.42
合计	1320.55	71040.22	

注：统计时间截至2013年8月。

津2013年配额（TJEA13）、广东2013年配额（GDEA13）、重庆2013年配额（CQEA-1）以及湖北2014年配额（HBEA14）。此外，北京已发放2014年配额，广东、天津也将核发2014年配额，届时，中国碳市场将同时存在13种配额产品可供交易。这13种产品均为现货产品，中国碳市场的期货产品尚处于研究阶段。

除湖北试点由于采取独特分配方式鼓励投资者参与而使得交易一直活跃外，其他试点的交易在开市后均较为平淡，直到履约临近才出现大量交易。深圳、北京、上海、天津和广东在履约前后一个月的交易量均占其累计交易量的七成以上。中国碳市场目前的交易仍以满足履约要求为主，参与企业并未有意识地进行碳资产管理。

截至2014年8月8日，中国7个碳市场合计共成交1261万吨，成交额合计达48265万元。各试点成交量和成交额状况见图8、图9。

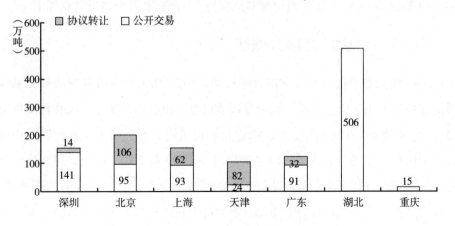

图8　截至2014年8月8日中国碳市场成交量

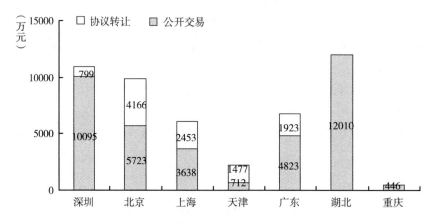

图9　截至 2014 年 8 月 8 日中国碳市场成交额

价格方面，深圳在开市后曾一度上涨至 100 元以上，随后长期稳定在 80 元左右，长期位于 7 个试点的最高位，但随着交易量的放大价格有所下跌，与广东价格接近，在 60 元附近徘徊；北京则长期稳定在 50~55 元，但随着履约期限临近交易火爆，推高价格至 70 元以上，随后回落至 60 元；广东长期在 60~70 元附近徘徊，但随着交易量放大价格有所下跌，已跌破拍卖价至 50 元以下；上海与试点启动时相比缓慢上升，目前稳定在 35~40 元；天津曾一度大涨，但目前价格已跌破启动时价格；湖北开市大涨，随后则稳定在 24 元附近；重庆则只有开市当天有交易，价格为 30.74 元。此外，深圳 2014 年配额和上海 2014 年、2015 年配额均有零星交易。7 个试点的价格走势见图10。

（二）自愿减排交易机制进展

2012 年公布管理办法和审定核证指南之后，2013 年中国自愿减排交易体系的建设步入快车道。目前，国家发改委已分 2 批公布备案了 7 家自愿减排交易机构、4 批 178 个方法学、6 家审定与核证机构，并公示了一批自愿减排项目。中国首批注册自愿减排项目在 2014 年 3 月 27 日产生。国内自愿减排交易的推进，不仅有利于推动节能减排工作的开展，也是碳交易试点的重要补充。各碳交易试点均允许控排企业使用自愿减排项目所产生的国家核证自愿减排量来部分抵扣其排放量。

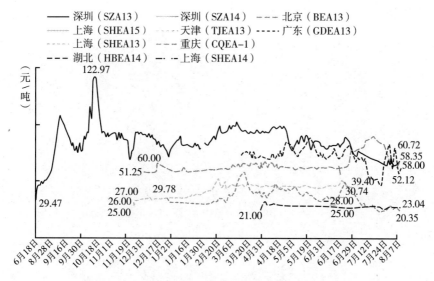

图10　截至2014年8月8日中国碳市场成交均价走势

截至2014年8月1日，中国自愿减排交易信息平台项目（以下简称"信息平台"）公示的审定项目达到272个。项目类型及区域分布见图11、图12。

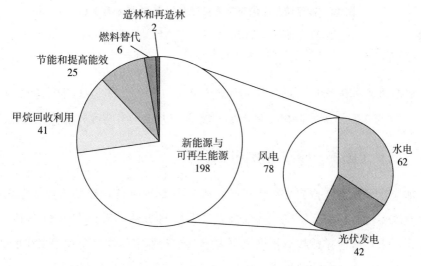

图11　按类型分布的审定项目（截至2014年8月1日）

国内碳排放权交易试点在设计市场交易体系时，已为国内自愿减排项目产生的核证减排量进入各自的碳交易市场开放通道，7个试点皆允许CCER作为

图12　按区域分布的审定项目（截至 2014 年 8 月 1 日）

注：广东省的 23 个项目包含深圳市的 3 个项目，但由于试点对 CCER 的使用有属地要求，因此将深圳的项目进行单列。

抵消机制进入其碳交易市场，使用比例为 5% ~ 10%。作为抵消机制的 CCER 进入"两省五市"碳排放权交易市场，将会扩大市场参与度并降低减排成本。

（三）全国统一碳交易市场进展

加快建设全国碳排放交易市场已经成为中央 2014 年改革的重点工作之一，国家发改委已开始研究制定全国碳排放交易管理办法，有望在 2014 年内完成初稿，而重点行业排放核算指南、国家重点企业温室气体报送和国家注册登记系统等工作也在有序向前推进。

2013 年 10 月 15 日，国家发改委印发发电、电网、钢铁、化工、电解铝、镁冶炼、平板玻璃、水泥、陶瓷、民航首批共 10 个行业企业温室气体排放核算方法与报告指南。指南将供开展碳排放权交易、建立企业温室气体排放报告制度、完善温室气体排放统计核算体系等相关工作参考使用，为建设未来全国统一的碳市场打下基础。目前，包括烟草、机械制造等 8 个行业的《第二批行业企业温室气体排放核算指南》也正在制定当中。

2014 年 1 月 13 日，国家发改委下发《国家发展改革委关于组织开展重点企（事）业单位温室气体排放报告工作的通知》（以下简称《通知》），要求组织开展重点企（事）业单位温室气体排放报告工作。根据《通知》要求，纳入企业的标准为"2010 年温室气体排放达到 13000 吨二氧化碳当量，或 2010 年综合能源消费总量达到 5000 吨标准煤的法人企（事）业单位，或视同法人的独立核算单位"。而纳入企业必须报告二氧化碳、甲烷、氧化亚氮、氢氟碳化物、全氟化碳、六氟化硫共 6 种温室气体。《通知》要求本项工作应采用国家主管部门统一出台的《重点行业企业温室气体排放核算与报告指南》，地方主管部门组织第三方机构对重点单位报告的数据信息进行必要的核查。截至 2014 年 7 月 13 日，江西省、上海市和长沙市已经开始部署相关工作。

同时，"自愿减排交易登记以及碳排放权交易注册登记系统"（以下简称"国家登记系统"）已基本建设完成。国家登记系统的建设主要是为了实现准确记录配额及减排量指标（包括 CCER 等）的创建、流转、取消等所有相关信息和结果，并支持中央政府、省级政府、企业等用户对各种碳单位及相关账户进行管理。这是支撑自愿减排机制和全国统一碳市场建设的重要基础设施。

此外，世界银行 PMR 项目也将对中国建设全国统一的碳市场提供帮助。中国是 PMR 参与国中排放量最大、应对气候变化政策与行动最为活跃的国家。中国提交的建议书于 2013 年 3 月在华盛顿举行的合作伙伴大会上通过。PMR 项目将为全国碳市场的政策制度设计起到重要支撑与推动作用。

四 主要问题与评价

（一）国际碳市场的主要问题与评价

随着国际气候制度的演变，以《京都议定书》为基石的全球碳市场，正在过渡为以新减排协议为基础的碳市场。过渡期内，全球碳市场分散化、碎片

化发展趋势加快。新减排协议框架下的未来碳市场模式仍缺乏清晰预期,分散化的碳市场实现对接面临政治、技术方面的障碍。碳市场分散化发展,不利于全球减排资源的优化配置和减排成本效益的最大化。分散化的碳市场一旦形成规模,也容易形成锁定效应,进一步增加对接和协调的成本与难度。

当然,我们也要认识到,越来越多国家碳市场的建立,给全球碳市场带来了新的活力。据估算,2013 年全球碳市场交易额达到了 700 亿美元,积极推动了全球范围内的减排行动。碳市场的崛起在低碳发展的基础设施方面也做出了贡献,促进了碳排放核算报告与核查体系的建设,培育了工程、咨询等低碳人才体系并初步形成了低碳产业。

从国际碳市场的运行经验看,总量设定与配额分配是碳市场要素设计的核心内容,也是极易出现问题的地方。配额分配关系到企业参与的积极性、市场活跃度以及公平性问题,各国碳市场对分配方法都进行了不同的探索。这些经验,对中国碳市场建设提供了宝贵的借鉴。

欧盟碳市场与 RGGI 都出现过配额过剩的情况,虽然其产生的原因不同,但对碳市场发展都产生了不利影响。欧盟碳市场改革问题涉及复杂的政治博弈和漫长的立法程序,进展比较缓慢。RGGI 由于其政策制度方面的灵活性,经过首次评估和机制完善后,已在很大程度上解决了初期配额过剩的问题。

国际经验显示,碳市场运行中出现问题非常常见,需要通过后续调整进行不断完善,因此在机制设计时考虑引入自我评估与调整机制,是碳市场不断自我完善的重要保障。

(二)国内碳市场评价与主要挑战

1. 基本评价

中国的"两省五市"试点各项制度以及基础设施建设已基本完成,下一步在培育市场的同时,面临经验总结、进一步完善相关制度设计的任务,特别是要在完成第一年度履约工作的基础上,及时进行评估总结。总体上看,随着地方试点的陆续启动,全国统一碳市场建设步伐正在加快,地方试点一些符合中国国情的制度创新也将在全国统一碳市场设计中有所体现。碳交易试点的示范、引领作用正在逐步显现。我国其他非试点地区也越来越重视碳市场的发展。可以预见,未来会有更多地方会采取行动，为建设全国碳市场、为地方与国家对接做好准备和铺垫。

2. 主要挑战

从国内碳交易试点积累的早期实践经验看，我国碳交易市场建设至少面临以下几方面的挑战。

（1）碳交易意识薄弱

我国碳市场建设时间较短，2012年11月国家发改委下发《关于开展碳排放权交易试点工作的通知》后，不到两年的时间，7个试点都已全部启动，留给大部分企业的准备时间不足，企业对碳交易了解也不够充分。参与方意识薄弱，仍是当前国内碳交易市场发展的一大障碍。企业对碳市场带来的发展机遇认识不足，参与仍不够积极主动。培养企业的参与意识，帮助企业转变思维方式，仍有很多工作要做。

（2）基础能力欠缺

碳交易是一项系统工程，必须建立在扎实的基础能力之上。目前我国与碳排放相关的报告、核查、管理、监管以及技术支撑等方面的基础设施和政策制度仍不健全，能力建设不充分。尽管各试点都出台了各自的碳排放核算标准和指南，但仍需在实际执行过程中不断完善。

人才培养被视为建立碳交易市场的基础工作。2013年国务院公布印发的《"十二五"控制温室气体排放工作方案》提出，要加强应对气候变化教育培训，加强应对气候变化基础研究和科技研发队伍、战略与政策专家队伍、国际谈判专业队伍和低碳发展市场服务人才队伍建设。但我国碳市场发展迅速，碳交易方面的人才还远远不能满足市场需求。

（3）政策约束力不足、缺乏长效性

立法是碳排放权交易试点工作开展的根本保障，是对控排单位进行碳排放约束的基础。从立法角度看，各碳交易试点的管理办法一般以"地方性法规"或"政府规章"的形式予以颁布实施。

目前我国7个试点中，深圳市人大在2012年10月通过《深圳经济特区碳排放管理若干规定》，率先通过地方人大立法。北京市人大则在2013年12月通过了《关于北京市在严格控制碳排放总量前提下开展碳排放权交易试点工作的决定》。上海市政府常务会议和广东省政府常务会议分别于2013年11月

和 12 月通过了《上海市碳排放管理试行办法》和《广东省碳排放管理试行办法》，由行政首长签署政府令的方式发布管理办法。

按照中国目前的法律体系和行政处罚法的相关规定，在缺乏明确上位法授权的情况下，无论是地方性法规还是政府规章，在设置行政处罚方面的权限都相对有限。在这种情况下，需要绕开法律障碍，确保交易机制对纳入企业的约束力和强制性。

同时，各碳交易试点的期限一般都是到 2015 年，缺乏 2016 年后的具体规定，导致企业缺乏预期而无法做长远规划。各试点配额能否在 2016 年后乃至未来全国碳市场继续有效，直接关系到企业参与碳交易的基本策略。

（4）市场信息透明度有待提升

碳交易作为市场机制，必须遵循公正、公开、透明的市场原则，碳市场价格发现、参与方交易决策，都离不开公开、透明的市场信息。我国各试点在信息透明度方面还需进一步提升，如大部分试点都公布了碳交易实施方案和管理办法等政策性文件，但对关键信息，如控排企业名单、企业排放数据、配额总量和分配结果等关键市场信息公开不足。信息不充分，导致企业无法有效参与市场交易。

G.21
LULUCF 报告和核算规则
现状、问题及趋势

王春峰*

摘 要：

本文介绍了 LULUCF 在减缓气候变化中的作用及其碳排放或碳吸收的特点，系统总结了现行 LULUCF 报告和核算规则的要点，分析了现行 LULUCF 报告和核算规则存在分散难懂、不一致、有漏洞、难以与工业能源部门同等对待等问题，指出统一 LULUCF 报告和核算规则是德班平台谈判中难以回避的问题，虽存在难度，但确有可能。本文还进一步分析了德班平台谈判建立统一的 LULUCF 报告和核算规则的发展趋势，简要分析了统一 LULUCF 报告和核算规则对我国参与 2015 年底达成的 2020 年后全球应对气候变化新协议谈判和 2020 年后实施应对气候变化行动的影响。

关键词：

土地利用、土地利用变化和林业活动 报告 核算 趋势

一 LULUCF 在减缓气候变化中的作用及其
碳排放或碳吸收特点

土地利用、土地利用变化和林业活动（以下简称 LULUCF）通过改变森林

---

* 王春峰，国家林业局亚太森林恢复和可持续管理网络中心副主任、高级工程师，主要研究领域为林业应对气候变化、造林、森林经营。自 2004 年以来，一直参加《联合国气候变化框架公约》和《京都议定书》下涉林议题谈判，是国家林业局气候变化林业议题谈判牵头人。

植被光合和分解过程，最终导致陆地生态系统碳储量变化，对大气二氧化碳浓度产生影响。LULUCF 导致的温室气体排放量占全球总排放量的 25% 左右，对实现全球温升幅度不超过 2℃的目标有着重要影响。研究表明，《京都议定书》（以下简称"议定书"）下发达国家在第一承诺期利用 LULUCF 碳汇使其 AUU 平均增加了 45%，大大减轻了发达国家的减排压力[①]。因此，LULUCF 减排和增汇是当前和未来减缓气候变暖、实现全球温升控制目标的重要选择。

和工业、能源等活动相比，LULUCF 减排和增汇有以下特点[②]。一是碳吸收和碳排放并存，碳吸收往往慢于碳排放。二是滞后效应。如过去形成的森林结构对未来森林碳排放或碳吸收能力会产生重要影响。三是非永久性。即火灾、病虫害等干扰会导致森林等吸收储存的碳被重新释放到大气中。四是年际变化大。火灾、病虫害等自然干扰或采伐等人为活动会导致碳排放或碳吸收在年际发生很大变化。五是易受非人为因素影响。温度、降雨、风暴、二氧化碳浓度增高、自然氮沉降等非人为因素影响都会导致 LULUCF 碳排放或碳吸收发生变化，且有可能超过人为因素影响。六是饱和问题。二氧化碳浓度升高到一定程度或森林老化后，森林等碳吸收能力会达到饱和。七是存在较大泄漏风险。某地保护森林可能会导致采伐转移到其他地方。八是减缓和适应可协同增效。LULUCF 减排和增汇同时可促进保护生物多样性、保持水土、净化水质、净化空气、防风固沙、促进社区发展等。鉴于《联合国气候变化框架公约》（以下简称"公约"）旨在应对"直接或间接人类活动改变了地球大气组成而造成的气候变化"，在报告和核算 LULUCF 碳排放或碳吸收情况时，须考虑这些特点，尽可能客观地反映直接人为因素引起 LULUCF 碳排放或碳吸收的状况。

二　报告和核算的主要区别

为展示 LULUCF 对减排承诺或行动的贡献，需对 LULUCF 碳排放或碳吸收

---

① 张小全：《LULUCF 在京都议定书履约中的作用》，《气候变化研究进展》2011 年第 5 期。

② Iversen P., Lee D. and Rocha M., "Understanding Land Use in the UNFCCC", 2014.

情况进行报告和核算。报告是依据《IPCC 国家温室气体清单指南》收集、整理、加工相关数据，测算现有 LULUCF 碳排放或碳吸收情况，用通用报告表格（简称 CRF）报送到气候公约秘书处的过程。核算①是依据缔约方会议通过的特定规则，按特定要求报告某个时段内特定 LULUCF 活动引起的碳排放或碳吸收净变化量，并将报告结果和承诺目标相比较，以确定缔约方是否实现了其减排承诺的过程。为确保核算的 LULUCF 活动的真实性，对纳入核算的 LULUCF 活动应建立追踪体系。报告是核算的基础，但不能取代核算，二者都应尽可能做到完整、准确、保守、相关、连续、可比和透明。目前只在议定书下建立了较完整的核算体系。议定书下 LULUCF 核算规则和公约下 LULUCF 报告规则有较大差别，公约下 LULUCF 报告主要采用基于土地利用的方法，议定书下 LULUCF 核算主要采用基于活动的方法。公约下报告的 LULUCF 碳排放更全面，议定书下核算的 LULUCF 活动主要针对议定书下涉及的特定 LULUCF 活动，是公约下报告的 LULUCF 碳排放或碳吸收的一部分。目前，议定书下发达国家既要按公约要求，在其年度温室气体清单中报告 LULUCF 碳排放或碳吸收情况，还要按议定书下特定规则要求报告纳入核算的特定土地利用活动所导致的碳排放或碳吸收情况，以便就其纳入核算的特定土地利用活动对其减排承诺的贡献进行核算。

三 现行 LULUCF 报告和核算规则

（一）公约和议定书下的 LULUCF

公约和议定书都有相关条款涉及 LULUCF。公约 4.1 条和 12.1 条规定：所有缔约国都应采取措施减少土地利用等部门碳排放或增加 LULUCF 碳吸收，并依据缔约方会议通过的可比方法，编制、更新、报告、公布包括 LULUCF 在内的、人为引起的国家温室气体排放或吸收情况的清单，通过公约秘书处提交缔约方大会。根据公约确立的"共同但有区别的责任"原则，

---

① 核算又被称为"计量"，本文统称为"核算"。

对公约附件一国家（以下简称发达国家）和非附件一国家（以下简称发展中国家）编制、更新、公布国家温室气体清单应遵循的 IPCC 指南、报告频率和内容等要求存在区别。议定书第 3.3 条、3.4 条、3.7 条、12 条等规定，发达国家应通过其国家温室气体清单单独报告造林、再造林、毁林、森林经营、农田管理、草地管理等活动引起的碳排放或碳吸收情况，以核算这些活动可增加或减少发达国家分配数量单位（简称 AAU）的量。此外，在公约背景下，发展中国家在其国内实施减少毁林、森林退化排放以及森林保育、森林可持续经营和增加碳汇行动①（简称 REDD +②）或将保护和发展森林纳入"国家适当减缓行动"（简称 NAMAs）都可视为发展中国家实施的 LULUCF 活动。目前，各国报告和核算 LULUCF 碳排放或碳吸收情况需遵循的 IPCC 指南包括《1996 年 IPCC 国家温室气体清单指南修订本》《2000 年 IPCC 国家温室气体清单优良做法指南和不确定性管理》《2003 年土地利用、土地利用变化和林业优良做法指南》《2006 年 IPCC 国家温室气体清单指南》③《2006 年 IPCC 国家温室气体清单指南 2013 湿地补充指南》《2013 年京都议定书中经修订的补充方法和良好做法指南》。

（二）LULUCF 报告和核算现行规则的要点

发达国家和发展中国家在公约下报告 LULUCF 碳排放或碳吸收清单的要求见表 1。

议定书下发达国家需遵循谈判制定的 LULUCF 核算规则报告特定的 LULUCF 活动引起的碳排放或碳吸收变化情况，核算可用于增加或减少其 AAU 的量。议定书第一、第二承诺期 LULUCF 核算规则要点见表 2。

---

① 目前是否实施 REDD + 由发展中国家自愿决定。

② 2005 年，在巴布亚新几内亚和哥斯达黎加的积极倡议下，气候公约缔约方大会同意将"为发展中国家减少毁林排放行动提供激励政策的议题"纳入气候变化公约谈判中。2007 年，"为发展中国家减少毁林排放行动提供激励政策的议题"的讨论范围扩大到了包括森林保育、可持续经营森林和增加碳汇的行动（简称 REDD +），并被纳入"巴厘路线图"中。2013 年底，各方就 REDD + 议题达成了"华沙 REDD + 行动框架"。有关 REDD + 议题情况，可参阅 2010 年"气候变化绿皮书"中笔者的文章。

③ 此处是指《2006 年 IPCC 国家温室气体清单指南》和《2006 年 IPCC 国家温室气体清单指南》第四卷"农业、林业和其他土地利用"。

表 1 公约下报告 LULUCF 碳排放或碳吸收清单要求

公约下 LULUCF 报告		
要求	发达国家	发展中国家
频率	①2014 年前,每 4～5 年提交 1 次包括 LULUCF 的国家信息通报,每年提交 1 次包括 LULUCF 的国家温室气体清单; ②2014 年后,每 2 年提交一次国家信息通报,每年提交 1 次包括 LULUCF 的国家温室气体清单; ③议定书缔约方还需按特定规则,每年补充报告承诺期内特定 LULUCF 活动引起的碳吸收或碳排放情况	①2014 年前无要求,但需报告 1994 年包括 LULUCF 的国家信息通报,其中包括纳入 LULUCF 的国家温室气体清单; ②2014 年后,需每 4 年提交一次包括 LULUCF 的国家信息通报,每 2 年提交一次包括 LULUCF 的国家温室气体清单更新报告
指南	①2015 年前,主要遵循《1996 年 IPCC 国家温室气体清单指南修订本》《2000 年 IPCC 国家温室气体清单优良做法指南和不确定性管理》《2003 年土地利用、土地利用变化和林业优良做法指南》; ②2015 年后,遵循《2006 年 IPCC 国家温室气体清单指南》; ③议定书缔约方需遵循《2013 年京都议定书中经修订的补充方法和良好做法指南》《2006 年 IPCC 国家温室气体清单指南 2013 湿地补充指南》第二承诺期内特定土地利用活动引起的碳吸收或碳排放情况	遵循《1996 年 IPCC 国家温室气体清单指南修订本》,鼓励使用《2000 年 IPCC 国家温室气体清单优良做法指南和不确定性管理》《2003 年土地利用、土地利用变化和林业优良做法指南》《2006 年 IPCC 国家温室气体清单指南 2013 湿地补充指南》
气体	CO_2、CH_4、NO_2	CO_2、CH_4、NO_2
结果	①信息通报和年度清单要接受专家审评; ②2014 年后提交的"双年报"要接受国际评估和审评	①信息通报和年度清单不接受专家审评; ②2014 年后提交的"双年更新报"要接受国际磋商和分析

资料来源:http://unfccc.int/documentation/decisions/items/3597.php? such = j&volltext = /CP#beg。

2013 年底的缔约方大会就 REDD + 达成了"华沙 REDD + 框架",在发达国家的支持下,发展中国家实施 REDD + 中需估算和报告 REDD + 的实施成效,作为获取资金支持的依据。REDD + 成效估算和报告规则要点见表 3。

表 2　议定书下 LULUCF 核算规则要点

活动	第一承诺期(2008～2012 年)	第二承诺期(2013～2020 年)	共同规则
造林	强制,总净核算	强制,总净核算	
再造林	强制,总净核算	强制,总净核算	
毁林	强制,总净核算	强制,总净核算	
森林管理	自愿,若造林、再造林、毁林 3 个活动结果是排放,则按每年不超 900 万吨碳的限额先抵消,再按国别上限确定可用于增加或减少 AAU 的数量	强制,用参考水平核算,核算结果按不超过各国基年源排放量的 3.5%统一设置抵消上限	①要有科学基础,遵循 IPCC 指南,采用一致方法核算净变化量,尽可能剔除非人为因素影响
农田管理	自愿,净净核算	自愿,净净核算	
牧地管理	自愿,净净核算	自愿,净净核算	②自愿纳入核算的活动一旦纳入即不可退出核算②
植被恢复	自愿,净净核算	自愿,净净核算	
湿地排干与还湿	未包括	自愿,净净核算	③忽略不计的碳库不应是排放源
采伐木质林产品	未包括	自愿,瞬时氧化或一阶衰减函数法核算	
自然干扰	未包括	针对造林、再造林、森林管理活动,大于背景值加 2 倍差值时剔除或用国家特定方法	
人工林采伐	未包括	采伐 1960 年 1 月 1 日至 1989 年 12 月 31 日间人工林,并建立对等林时,可纳入森林管理活动	
清洁发展机制项目	造林、再造林。碳汇使用量最多不超过基年排放量的 1%乘以 5	造林、再造林①。碳汇使用量最多不超过基年排放量的 1%乘以 7	

注:①目前各方在议定书下还在就第二承诺期是否还应包括新的活动进行谈判。
②此时就成为强制核算。
资料来源:http://unfccc. int/documentation/decisions/items/3597. php? such = j&volltext = /CMP#beg。

表 3　REDD + 成效估算和报告规则要点

项目	规则要点
活动	减少毁林排放、减少森林退化排放、保护森林碳储量、森林可持续经营、提高森林碳储量
估算	与森林相关的人为源排放和汇清除、森林碳储量以及森林面积变化
报告	国家森林监测体系情况、以吨/年二氧化碳当量表示的评估后的森林参考水平、具体实施的 REDD + 活动、涵盖的森林面积、以吨/年二氧化碳当量表示的 REDD + 行动结果、与国家信息通报同时报告如何尊重保护生物多样性等保障原则的总结信息

资料来源:http://unfccc. int/documentation/decisions/items/3597. php? such = j&volltext = /CP#beg。

四 现行 LULUCF 报告和核算规则中的问题分析

现行 LULUCF 报告和核算规则是谈判的结果。因发达国家和发展中国家在公约和议定书下的责任和义务不同，遵循的规则不同，因此，对现行 LULUCF 报告和核算规则存在问题的看法也有所不同。现行 LULUCF 相关规则主要存在以下问题。

（1）比较零散、很不统一。公约下 LULUCF 报告规则更多基于土地利用方式，未特别强调直接人为因素引起的变化，而议定书下 LULUCF 核算规则基于活动方式，特别强调了直接人为因素引起的变化。发达国家在报告年度温室气体清单时，要单独报告议定书下 LULUCF 碳排放或碳吸收变化情况，发达国家一直主张统一规则，以减轻报告负担。

（2）虽然 LULUCF 对全球应对气候变化具有重要意义，但目前的核算规则未将其与工业、能源同等对待，特别是对森林管理活动产生的碳汇可用于增加发达国家 AAU 的量设置了上限（即 Cap），这在很大程度上限制了 LULUCF 减缓潜力。

（3）现行核算规则仍不全面，存在一定漏洞，致使一些国家仍可选择核算对其有利的活动，而避免核算对其不利的活动，扭曲了规则的激励效果。例如，将生物能源利用导致的二氧化碳排放算为零，可能会使采伐未纳入核算的森林用于生物能源时所致碳排放未纳入核算；第二承诺期森林管理碳汇抵消上限的设定方式，在某种程度上是奖励了 1990 年排放量大的国家；对清洁发展机制下造林再造林活动签发临时碳信用以解决非永久性问题致使买家稀少，而发达国家在核算造林再造林时却未考虑非永久性问题；等等。

（4）农林业都和土地利用密切相关，但目前农业和 LULUCF 未在核算规则上得到统一，易产生重复计算。

（5）土地利用涉及粮食安全、生物能源、木材利用、碳汇等多种目标，存在土地利用竞争性需求，建立更全面的报告和核算制度，可促进土地利用、生产方式的合理配置，减少市场对农林产品需求上升导致的土地利用压力和政策之间发生冲突，也可减少碳排放。

五 德班平台谈判中建立 LULUCF 共同报告和核算规则问题

（一）问题由来

鉴于 LULUCF 是 2020 年后减缓的重要选择，采用何种核算规则将对各国提出 LULUCF 相关贡献及实现 2020 年后减缓目标产生重要影响，若 LULUCF 规则不明确，则很难提出各自的 LULUCF 贡献和明确的减缓路径。因此，在德班平台谈判中，发达国家积极主张建立包括 LULUCF 在内的、适于所有国家的共同规则，促使各国相互理解各自的承诺情况，确保可比性、透明度、环境完整性和增进互信。

（二）建立 LULUCF 共同报告和核算规则的难点分析

由于 LULUCF 碳排放和碳吸收的特点，建立 LULUCF 共同规则还存在以下难点。

一是因各国 LULUCF 情况差异很大，发达国家和发展中国家能力差别大，制定一套适于所有国家的 LULUCF 共同规则相当困难。统一 LULUCF 规则意味着在技术层面忽略发达国家和发展中国家的差别，发展中国家难以支持。

二是建立 LULUCF 共同规则意味着要在现有不同规则中寻求一致性，但兼顾各国国情和能力意味着规则要有较大的灵活性，以激励更多国家参与。一致性和灵活性之间存在一定矛盾，如何平衡二者将成为各方争论的焦点。

三是一些发展中国家如玻利维亚在谈判中强烈要求建立针对森林的减缓和适应综合机制，如何建立 LULUCF 共同规则促进减缓和适应的协同也会被提出来，将进一步加大达成共识的难度。

四是很多发达国家主张用基于土地利用方法建立 LULUCF 共同规则，这将需要更多的活动数据和技术参数作为支持。因各国土地管理往往涉及多部门，需统一协调，这对许多发展中国家是个难题。此外，基于土地利用方法是假设所有发生在"有管理土地"上的碳排放或碳吸收都由直接人为引起，就不应剔除自然干扰排放。这将难以得到火灾、病虫害干扰严重国家的支持。

五是先建立规则还是后建立规则。由于 LULUCF 规则和各国提出"贡献"密切相关，2015 年第一季度各方就应提出各自的"贡献"，在 LULUCF 规则不明朗的情况下，谈判中很可能又会出现类似议定书第二承诺期谈判中的"是先有规则再提出贡献，还是先有贡献再设计规则"的争论。

（三）建立 LULUCF 共同报告和核算规则的可能性分析

尽管针对 2020 年后的新协议建立 LULUCF 共同规则存在难度，但从以下几个角度看，也存在很大的可能性。

一是目前的 LULUCF 规则确实复杂难懂，各方一直希望制定更简化、更完整的 LULUCF 规则，特别是 2011 年底启动德班平台谈判决定中提出要制定一项 2020 年后适于所有国家、具有某种法律约束力的新协议，这为建立适于所有国家的 LULUCF 共同规则提供了依据，发达国家据此正在积极推进。

二是目前发达国家和发展中国家在公约下报告国家温室气体清单的 LULUCF 碳排放或碳吸收时，虽内容有所区别，但已采用了统一的 CRF 表格，存在可比性。若将 LULUCF 纳入全经济范围承诺，可直接利用国家温室气体清单规则报告 LULUCF 碳排放或碳吸收情况，并抵消工业、能源排放 LULUCF 规则将较为简单。从发达国家和发展中国家遵循的 IPCC 指南看，差别正在缩小。发达国家在议定书下核算森林管理活动引起的碳排放或碳吸收与发展中国家估算和报告 REDD + 成效都使用了参考水平方法。

三是过去 LULUCF 谈判、各国相关实践和现行 LULUCF 规则为 2020 年后统一 LULUCF 规则提供了借鉴和基础，许多规则不需从头再谈。此外，虽然 LULUCF 报告和核算的不确定性比较大，但持续报告下去，不确定性影响会逐步减小，以不确定性大为由排除一些活动纳入 LULUCF 核算越来越难以得到支持。参考水平方法的普遍应用在很大程度上减少了年龄结构的影响，剔除自然干扰方法也得到各国的接受。特别是随着发展中国家能力的不断提高，遥感等新观测手段应用范围不断扩展，为建立 LULUCF 共同规则提供了有利条件。

六　德班平台谈判中建立 LULUCF 共同报告和
核算规则的发展趋势

将 LULUCF 作为重要减排手段纳入新协议已成普遍共识，关于统一 LULUCF 报告和核算规则的讨论将不可避免，但如何统一 LULUCF 报告和核算规则取决于 LULUCF 在新协议中的作用以及新协议将如何体现"共同但有区别责任"原则、发达国家和发展中国家的区别。从技术层面看，德班平台谈判中的 LULUCF 报告和核算规则的发展趋势有以下几种可能性。

（一）议定书 LULUCF 核算模式

欧盟、挪威等主张按议定书核算模式统一 2020 年后 LULUCF 报告和核算规则。按此模式，LULUCF 和工业、能源部门仍将独立对待，有可能将针对议定书 3.3 条和 3.4 条的相关规则进行合并。由于数据和方法仍不完善，仍会强制核算某些活动，而对某些活动自愿核算以兼顾国情和能力。该模式易于被议定书下发达国家接受，但非议定书发达国家和发展中国家都难以接受。

（二）公约下 LULUCF 报告模式

非议定书发达国家现已采用了公约下温室气体清单报告方式报告 2020 年前减缓行动，故此模式易于被非议定书下发达国家缔约方接受，这在某种程度上降低了对议定书下发达国家缔约方的要求。按此模式统一 2020 年后 LULUCF 报告和核算规则，通过清单报告，在评估各国是否实现减缓目标时，对 LULUCF 结果进行审评，以确定增加或减少源排放的量。该模式将主要依据基于土地利用的方式，发展中国家采用该模式仍然存在一定的技术障碍。在该模式下，需考虑如何剔除自然干扰和年龄结构影响等问题。

（三）REDD＋行动的技术模式

估算和报告 REDD＋成效应与公约下清单保持一致。REDD＋行动、议定书下 LULUCF 活动都可与公约下基于土地利用的方法形成对应。因此，以

REDD + 行动为出发点，结合议定书下 LULUCF 活动，采用基于土地利用方法可统一 2020 年后 LULUCF 报告和核算规则。议定书下 LULUCF 核算方法中剔除自然干扰等方法可继续应用。按此模式，在某种程度上降低了对发达国家的要求，提高了对发展中国家的要求。

（四）参考水平方法模式

目前发展中国家估算和报告 REDD + 成效以及议定书下发达国家报告和核算森林管理活动碳排放和碳吸收都采用了参考水平方法。参考水平方法可拓展到所有 LULUCF 活动。虽然发达国家和发展中国家设置参考水平方法有所不同，但参考水平方法已基本成为各国共识。该模式既可用于基于活动的方法，也可用于基于土地利用的方法，还能兼顾各国国情和能力，很可能在 2020 年后统一 LULUCF 规则中得到延续。但各方需就参考水平设置应包含的要素及应用方式达成共识。

（五）先易后难模式

本着先易后难原则，各方也可能就 2020 年后统一 LULUCF 报告和核算规则先形成最低标准，比如就 LULUCF 报告和核算原则达成共识，具体报告和核算方法则允许各国基于现有规则做出自由选择，随着 2020 年后新协议进入实施阶段，再逐步提高对 LULUCF 报告和核算的要求。

虽然从技术层面看，统一 2020 年后 LULUCF 报告和核算规则是一种趋势，但最终能否被各方接受或采取何种方式统一 2020 年后 LULUCF 报告和核算规则，将取决于各方在德班平台谈判中的博弈结果。由于统一 2020 年后 LULUCF 报告和核算规则存在诸多难点，在 2015 年底前就此达成共识几乎不太可能。

七 建立 LULUCF 共同报告和核算规则对我国的影响

发达国家在德班平台谈判中积极推进建立共同的 LULUCF 报告和核算规则，这将从两方面对我国产生影响。一是从政治层面看，这将弱化甚至抹杀

"共同但有区别责任"原则，淡化发达国家和发展中国家的差别，对我国参与2020年后全球应对气候变化新协议和实施2020年后应对气候变化行动产生负面影响。二是从技术层面看，建立LULUCF共同报告和核算规则，总体趋势将是逐渐强化适用于发展中国家的现行规则而弱化适用于发达国家的现行规则，加大发展中国家报告和核算LULUCF碳排放和碳吸收的难度，减轻发达国家报告和核算LULUCF碳排放和碳吸收的负担，对发展中国家总体不利，而对我国的影响则利弊兼有，这取决于2015年底达成的新协议将如何体现"共同但有区别责任"原则，以及我国在2020年后将采取何种应对气候变化行动。是否接受建立LULUCF共同报告和核算规则目前应重点考虑政治层面的影响。在此基础上，技术层面尽可能考虑我国国情以及土地利用、土地利用变化和林业活动的特点，积极推动建立对我国相对有利的技术规则。

推进适应规划，构建区域适应格局*

——《国家适应气候变化战略》解读

郑 艳**

摘　要：

《国家适应气候变化战略》的出台，为中国自上而下地推动适应政策和行动提供了战略框架。适应战略和规划是有计划的、系统的、前瞻性的适应政策设计，本文以国际经验为参照，对国家适应战略进行了点评，指出下一步应尽快推进适应规划工作，协同适应气候变化和防灾减灾的治理机制，构建适应气候变化的区域战略格局，并提出了城市化地区、农业发展地区和生态安全地区提升适应能力的政策建议。

关键词：

气候变化　适应　战略　规划　转型

在全球气候和环境变化背景下，国际社会和各国政府积极制定适应战略和规划，以便战略性、前瞻性、系统性地推进适应政策和行动①。战略和规划都

---

* 本文受国家自然科学基金项目"气候变化适应治理机制：中国东西部地区案例比较研究"（编号：71030231）资助。

** 郑艳，博士，中国社会科学院城市发展与环境研究所副研究员。主要研究领域为气候变化与可持续发展、气候变化对社会经济的影响分析、适应与气候风险管理、低碳经济、城市环境问题等。

① IPCC, *Climate Change 2014*: *Impacts*, *Adaptation and Vulnerability. Contribution of Working Group II to the Fifth Assessment Report of the Intergovernmental Panel on Climate Change*, Cambridge, United Kingdom and New York, USA: Cambridge University Press, 2014.

是具有前瞻性和系统性的政策设计，战略更侧重宏观尺度，主要是总体的目标设计、指导性的原则和行动的方向。规划更偏重实施与操作层面，如行动计划。一些中长期规划兼具了战略性和操作性的特点。对适应问题的属性认识不同，加之各国的政治文化体制差异，使得各国推进适应气候变化的政策路径有所不同。有的是自上而下的顶层设计，经由国家或部门适应战略的推动，有的是地方政府和社会各界自下而上的自发行动①。

2013 年 11 月，中国发布了《国家适应气候变化战略》，成为中国适应气候变化领域的行动指南。本文针对此战略出台的背景、内容及其实施过程中可能面临的挑战进行了分析，并就如何推进适应规划、落实区域适应格局提出了几点政策建议。

一 《国家适应气候变化战略》出台的背景

气候变化作为全球最重要的环境问题，需要通过适应议题的主流化纳入各国国内的可持续发展政策与实践之中②。与减缓适应气候变化相比，适应气候变化问题具有更大的复杂性。我国作为发展中国家，面临着适应赤字和发展赤字的双重挑战，同时还需要协同减排和社会发展等多重目标。2007 年，中国发布了《应对气候变化国家方案》，提出了适应气候变化的几个重点领域。2012 年，中国发布了《应对气候变化"十二五"规划》。2013 年 11 月，国家发改委发布了《国家适应气候变化战略》，成为中国在适应气候变化领域的战略指南及纲领性文件。

《国家适应气候变化战略》（以下简称适应战略）从 2010 年启动，历经 3 年多的编制过程，建立了"国家适应气候变化方案编制工作领导小组"进行组织和协调工作。经过数轮专家讨论和部门反馈，形成了最终文件，并由国家发改委、财政部、住房城乡建设部、交通运输部、水利部、农业部、林业局、气象局、海洋局 9 部门联合签署发布。战略包括前言和五大部分，具体为：①面临的形势；②总体要求；③重点任务；④区域格局；⑤保障措施。适应战

---

① 郑艳、潘家华、廖茂林：《适应规划：概念、方法学及案例》，《中国人口·资源与环境》2013 年第 3 期。

② IPCC，*Managing the Risks of Extreme Events and Disasters to Advance Climate Change Adaptation*：*Special Report of the IPCC*，New York：Cambridge University Press，2012.

略明确指出中国适应气候变化任务的艰巨性和复杂性，"我国是发展中国家，人口众多，气候条件复杂，生态环境整体脆弱，正处于工业化、城镇化和农业现代化快速发展的历史阶段，气候变化已对粮食安全、水安全、生态安全、能源安全、城镇运行安全以及人民财产安全构成严重威胁，适应气候变化的任务十分繁重，但全社会适应气候变化的意识和能力还普遍薄弱"。针对这一现状，战略提出了适应气候变化的指导思想、决策原则、主要目标和重点任务，提出了中国适应气候变化的七大重点领域（基础设施、农业、水资源、海岸带、森林、人体健康、旅游业）、三类区域布局（城市化地区、农村发展地区、生态安全地区），以及通过完善机制、能力建设、资金支持、技术支撑、国际合作等方面保障适应战略的落实①。

二 对《国家适应气候变化战略》的评价

从各国适应战略的内容及其实施效果来看，适应战略应该包括以下核心内容和要素：①在充分认识气候变化风险、影响和脆弱性的基础上，明确适应的重点领域；②评估现有的适应能力基础，分析潜在的问题和不足，尤其是如何解决气候变化及其风险的不确定性问题；③针对长期适应行动的决策原则、主要目标、优先工作；④适应战略如何与其他政策领域进行协调或整合；⑤适应战略的实施及评估，包括沟通与分享、责任与职责、实施、监督、效果评估、研究支持、激励机制等②③。为了保证适应战略的有效实施，一些国家（如欧盟及其成员国）在适应战略中突出了过程监督及效果评估的内容。例如，针对规划和决策过程的前、中、后三个阶段，明确规定了相应的任务：①如何组织适应规划的编写工作；②适应决策的内容，包括规划的目标、风险要素、影响对象以及适应的关键领域、优先行动等；③适应战略的实施、监督及效果评估，包括实

① 国家发改委气候司：《国家适应气候变化战略》，2013，http：//qhs. ndrc. gov. cn/zcfg/201312/W020131209358501374937. pdf。

② Willows, R. I. and Connell, R. K. (eds.), "Climate Adaptation: Risk, Uncertainty and Decision-making", UKCIP Technical Report, Oxford, 2003, pp. 123 – 124.

③ Biesbroeck R., Swart R., Carter T., Cowan C., et al., "Europe Adapts to Climate Change: Comparing National Adaption Strategies", Global Environmental Change, 2010 (10), pp. 440 – 450.

施的主体、谁负责监督、在什么时间、由哪些机构进行评估；等等。

从一个适应战略应当包括的内容来看，适应战略体现出较强的系统性、战略性和前瞻性，囊括的内容较为系统、全面，分析了中国适应气候变化的工作现状以及气候变化的影响、趋势和薄弱环节，明确了指导思想、决策原则和主要目标，界定了适应的重点领域和任务、区域格局、保障措施。作为一个国家层面的适应战略，还具有一些突出的亮点。

第一，将适应气候变化提升到国家安全的高度，扩展了适应气候变化的重点领域，为部门和地方开展适应行动指明了方向。适应战略在前言中即强调了气候变化对我国粮食、水、生态、能源、城镇运行、生命财产等领域的安全构成严重威胁，指出我国适应气候变化存在许多薄弱环节，包括适应能力和意识普遍薄弱，对法律法规、政策规划重视不足，适应保障机制有待健全，尤其是基础设施、敏感行业、生态保护领域等的适应能力有待提升。对此提出要加强基础设施、农业、水资源、海岸带、森林和其他生态系统、人体健康、旅游业等重点领域的适应任务，并提出了 14 个示范试点工程，为下一步地方落实适应工作提出了行动指南。

第二，提出了主动适应、协同适应等决策原则。IPCC 指出，积极主动的适应行动有助于降低未来潜在的气候变化影响[1]。适应气候变化是多目标决策的环境治理问题，需要兼顾减排、生态保护、减贫、经济发展和就业等发展目标。适应战略提出了突出重点、主动适应、合理适应、协同配合、广泛参与等决策原则，反映了国内外适应领域的一些共识和关键问题，对于制定国家和地方层面的适应规划具有很强的指导性和适用性。例如，我国在防灾救灾中经常是"不计一切代价"，不算经济账，部门之间的规划缺乏衔接性，城市化发展一哄而上，科学规划不足，重视减排甚于风险防范，导致城市地区成为高风险区域。对此，适应战略在"突出重点"原则中提出要"在战略规划和政策执行中充分考虑气候变化因素，重点针对脆弱领域、脆弱区域和脆弱人群开展适应行动"。"主动适应"提出要"充分利用有利因素，科学合理地开发利用气候资

---

① IPCC, *Managing the Risks of Extreme Events and Disasters to Advance Climate Change Adaptation*: *Special Report of the IPCC*, Cambridge, United Kingdom and New York, USA: Cambridge University Press, 2012.

源，最大限度地趋利避害"。"合理适应"提出要"基于社会经济发展水平和环境容量，充分考虑适应成本，增强针对性"。"协同"原则提出要"加强分类指导，加强部门之间、中央和地方之间的协调联动，优先采取具有减缓和适应协同效益的措施"，这一原则非常具有现实指导意义，如京津冀的大气污染治理、水资源生态补偿、南水北调等，都需要加强地区、部门之间的政策衔接与协调。

第三，针对中国适应气候变化的国情和特殊需求，在国土布局和主体功能区划的基础上，提出构建区域适应战略格局，将全国划分为三类重点适应区：城市化地区、农村发展地区、生态安全地区。区域战略格局的提出，响应了气候变化这一复杂的"社会－生态复合系统"对综合性、系统性、差别化治理的需求，有助于将适应工作纳入地区发展战略之中，避免各部门战略规划之间缺乏整体性和衔接性的问题。同时，也兼顾了适应问题和需求的多样性。

三 落实《国家适应气候变化战略》的主要问题及挑战

国内外对适应气候变化的政策研究和实践方兴未艾，国内对于各领域的成功经验和政策尚需进一步梳理，作为宏观指导性质的适应战略也很难做到面面俱到。在适应战略的指导下，国家和地方层面将积极推进我国适应气候变化的各项工作，目前来看，在机制设计、部门协调、规划管理等方面还存在一些现实的障碍和挑战，有必要加强决策协调、政策设计和实施力度，尽快落实战略要求。

第一，部门和地方的适应规划工作有待推进，决策协调有待加强。适应战略明确要求从国家到地方省市积极推进适应规划工作。继《国家应对气候变化规划（2011～2020年）》发布以来，气象局、科技部、海洋局等部门也先后发布了"十二五"专项适应规划，但是许多重要的部门和领域（如农业、能源、水资源、交通、城市规划、卫生健康等）尚未制定长期专项适应规划。地方省市也很少有专门的适应规划和工作方案。此外，规划的科学研究基础薄弱，政策落实的责任不明确，缺乏相应的监控和评估机制①。这使得相关科学研究、资

---

① 孙傅、何霄嘉：《国际气候变化适应政策发展动态及其对中国的启示》，《中国人口·资源与环境》2014年第5期。

金、技术等保障机制难以推进，从国家到部门层面的适应目标难以落实。目前一些省市也已经开始启动地方层面的适应规划。然而，由于区域间的决策协调机制缺失，难以应对气候变化背景下跨区域、复合型灾害风险，亟须加强区域间的适应决策机制，鼓励市场化的资源配置方式和生态补偿机制（如京津冀雾霾治理一体化，黄河流域上、中、下游省份的水资源交易市场机制，等等）。

第二，适应战略的具体目标和任务有待细化和完善，试点示范亟须推进。适应战略提出了三大主要目标，即适应能力显著增强、重点任务全面落实、适应区域格局基本形成，针对每个目标没有给出具体和量化的指标要求。适应战略提出的重点任务及保障措施缺乏相应的工作机制、资金保障和目标约束，对于后续实施留下了较大的灵活性和调整空间，有待各部门进一步在实施中具体把握和细化。适应战略提出的重点任务和示范工程，为典型地区和领域开展案例研究和试点示范提供了行动指南。其优势在于延续了部门管理的传统思路，便于部门分工落实，有助于解决"点"和"条"的适应治理问题（如吉林黑土地保护、江西鄱阳湖水资源保护等，都可归到具体的地方职能部门），但是"面"和"块"，比如城市、流域、区域适应规划等，国内尚缺乏可借鉴的现成经验。此外，如何实现趋利避害，发挥协同效应，促进就业、减贫、节能减排、防灾减灾与生态保护等多重可持续发展目标，也需要通过试点示范进行探索并积累经验。

第三，与顶层设计、机制创新有关的适应治理问题有待加强。推动多主体广泛参与的适应气候变化治理机制是增强社会韧性、提升适应效果的关键手段[1]。2007年以来，中国建立了由国家发改委牵头的应对气候变化决策协调机制，然而，这一机制主要致力于自上而下地推动国内减排行动，对于各部门在适应气候变化工作中的职能、权限和任务分工有待进一步界定与完善。战略虽有9部门联合签署，但是与防灾减灾、健康、国家安全等重点领域密切相关的一些重要部门并未签署或参与这一工作，如民政部、国家应急管理委员会、卫生部、国家安全委员会等。例如，传统的灾害风险管理部门对于气候变化问题重视不足，现有的政策、规划和管理工作中对未来潜在的极端天气气候事件和

---

① IPCC, *Managing the Risks of Extreme Events and Disasters to Advance Climate Change Adaptation*: *Special Report of the IPCC*, New York: Cambridge University Press, 2012.

灾害风险缺乏前瞻性，工作预案不能满足现实需求，应急管理体系仍有待完善。下一步需要在适应规划工作中逐步落实决策协调机制、适应治理机制、公众参与机制，鼓励地方开展机制创新、试点示范。

第四，落实适应战略的科学研究基础有待提升。适应战略要求各部门、各地方依据本战略编制部门和领域的工作方案，提出要研究和加强适应能力评价、健全管理和监督考核体系、成立多学科专家委员会、健全信息系统建设、加大科普宣传等以保障战略的落实。对于如何开展适应规划，国内外从研究到实践尚有许多薄弱环节，主要表现为：适应气候变化的基础性研究不足；对气候变化及其相关风险的科学认知有待进一步提升；对适应问题的理解和认识尚未在学界和决策者层面达成统一和共识；适应政策研究缺乏科学可行的理论研究和方法学支持，尤其是缺少适用于中国特殊情况的适应概念和理论。面对日益迫切的决策需求，亟须推进适应决策的理论和方法研究。

四 落实《国家适应气候变化战略》的政策建议

《国家适应气候变化战略》制度建设包括机构设置、决策过程、政策、规划、立法等相关内容。最重要的是加强部门的决策协调、推动适应和减灾在当前发展规划中的主流化以及推动资金和技术等保障机制的创新。

（一）制定国家和部门的适应规划，开展试点示范

IPCC 特别报告指出，科学合理的发展规划有助于增强灾害风险管理和适应气候变化的能力①。适应规划是政府开展的有计划的适应行动，是提升适应能力的重要决策工具。欧美等发达国家近些年来在政策和实践层面积极推动基于适应性管理理念的适应规划。目前，国内外推动适应规划主流化主要有两个途径：一是制定较高级别的综合适应规划，为各部门和领域的适应目标及任务提供指导；二是将适应需求和目标纳入部门规划。许多国家和地方的适应战略

---

① IPCC, *Managing the Risks of Extreme Events and Disasters to Advance Climate Change Adaptation*: *Special Report of the IPCC*, New York: Cambridge University Press, 2012.

或规划都存在着与其他政策领域协调或整合不足的问题。目前来看，我国气候变化决策协调机制还是以落实减排任务为主，自上而下的适应治理机制尚未真正建立，与应急管理体系的信息沟通、决策协调还远远不够，有必要加强"条"和"块"的机制协调，避免造成职责重复或缺失。我国开展适应规划可以因地制宜采取灵活的形式，可以是部门专项规划，也可以是国家和地方的综合规划，如战略、行动计划、方案等。2014 年 9 月，国家发改委发布了《国家应对气候变化规划（2014～2020 年）》，这一中长期专项规划对于部门和地方制定与实施适应规划将具有积极的推动作用。与此同时，也需要注重部门之间、不同层级之间的规划衔接问题。

（二）提升风险治理水平，应对风险社会

气候变化加剧了灾害风险的复杂性、模糊性和不确定性[1]。IPCC 第五次科学评估报告[2]指出，气候变化风险会导致"风险乘数"效应，使得灾害导致的影响被内在的脆弱性所放大，尤其是在粮食、水、土地、能源等自然资源更加脆弱的国家或地区。综合风险管理、气候风险治理等概念，强调了灾害的社会属性。充分发挥各种主体和机制的作用，制定协同战略和行动，是有效应对气候变化风险的前提和关键环节[3]。未来风险治理机制的创新，不仅要加强对突发极端事件的监测和应急，减少灾害损失，还要通过协同治理提升政府的公共管理能力和形象，借助治理创新完善相关政策，推动社会改革，优化治理结构，化解潜在风险，促进社会稳定和可持续发展。对此，需要政府转变角色，改变单一部门、政府主导的模式，将应急管理纳入国家综合风险治理的整体框架，实现系统治理、动态治理和主动治理。首先，针对突发的极端天气气候事件，以改善现有的应急管理体系为切入点，加强灾害发生前的风险管理和事后的危机管

---

① IPCC, *Managing the Risks of Extreme Events and Disasters to Advance Climate Change Adaptation*: *Special Report of the IPCC*, New York: Cambridge University Press, 2012.

② IPCC, *Climate Change 2014*: *Impacts*, *Adaptation and Vulnerability. Contribution of Working Group II to the Fifth Assessment Report of the Intergovernmental Panel on Climate Change*, Cambridge, United Kingdom and New York, USA, Cambridge University Press, 2014.

③ Willows, R. I. and Connell, R. K. (eds.), "Climate Adaptation: Risk, Uncertainty and Decision-making, UKCIP Technical Report, Oxford, 2003, pp. 123 – 124.

理，减少灾害事件导致的不确定性。其次，针对未来长期的气候变化风险，以应对气候变化的决策协调机制作为治理核心，因地制宜制定地方的中长期应对气候变化规划，推动减排和适应行动，从而减少未来极端事件发生的可能性，降低长期灾害损失和可持续发展压力。最后，加强气候风险防护，建设韧性城市（Resilient City）①。气候防护（Climate Proof）是从气候风险管理的角度提出的概念，是指通过各种政策、立法、机制，或者资金、技术的投入，或者资源的有效分配，使得脆弱部门、群体、基础设施等，具有抵御、防范气候风险的能力②。包括：①与气候风险管理相关的社会政策，如减贫、社会保障、公共卫生服务等；②气候防护基础设施，如供排水、交通、能源、电力等生命线工程，以及防洪工程、疫病监测、预报预警、应急通信、救灾物资储备库和避难场所等。

（三）加强适应规划的区域布局

《国家适应气候变化战略》按照全国主体功能区划关于国土空间开发的内容和要求，提出建立适应气候变化的区域格局。针对城市化地区、农村发展地区和生态安全地区，分别进行了界定，划分了三类适应区的重点区域，并提出了相应的任务。未来在区域适应规划方面，还需要关注一些问题。

1. 城市化地区

我国目前城市化率已达到51%，未来30年将是我国城市化快速提升的时期③。高温热浪、暴雨、台风、雾霾等极端天气气候事件增多，给城市带来了更多的风险和挑战。城市化地区可以根据不同的气候和区位条件划分为东、中、西部城市化地区，考虑气候变化对不同地区人口和资源环境承载力的影响，科学规划、合理开发、有序适应，在基础设施建设、城市发展规划、产业布局中考虑长期适应气候变化和防灾减灾需求，并结合发展水平和适应能力差异采取各有侧重的适应策略。一是东部地区城市化水平高，特大城市数量众多，防灾减灾基础设

---

① 郑艳：《适应型城市：将气候风险管理纳入城市发展规划》，《城市发展研究》2012年第1期。
② 郑艳：《推动城市适应规划，构建韧性城市——发达国家的案例与启示》，《世界环境》2013年第6期。
③ 联合国开发计划署（UNDP）、中国社会科学院城市发展与环境研究所（IUE）：《2013中国人类发展报告》，2013。

施较好，未来应当加强增量型适应投入，注重对极端天气气候灾害事件引发的增量风险的防范①；二是西部大开发政策将在未来推动西部落后地区的城市化进程，应当以减小适应赤字和发展赤字为目标，加强适应基础设施投资，对气候脆弱、生态敏感地区进行气候容量评估，推动发展型适应②；三是中部地区处于城市发展的巩固和持续提升阶段，大城市和城市群不断涌现，需要增量型和发展型适应并重，汲取发达城市"先发展后治理"的教训，在城市发展规划中适度控制人口规模，在城市土地利用和建设规划中加强对未来气候风险的防范。

2. 农村发展地区

中国的贫困地区多处于易受气候变化影响的区域，贫困人口分布与生态和环境脆弱地区的分布高度一致。目前中国农村地区的基础设施和科技力量均比较薄弱，面对自然灾害的抵抗力较弱，迫切需要加强气候防护基础设施投入，提升适应能力。农业地区适应气候变化的重点任务是保障农产品安全供给和人民安居乐业，协同战略需要统筹协调区域防灾减灾能力建设，将防灾减灾与区域发展规划、主体功能区建设、产业结构优化升级、生态环境改善紧密结合起来。一是在农业主产区开展现代设施农业、生态农业、碳汇林业、草原畜牧区等农业适应示范区建设，促进农业现代化和农村地区的可持续发展；二是加大对农村地区的发展型适应投入，推进新农村建设；三是加强农村地区的医疗、养老等社会保障体系，减少气候变化引发的贫困；四是提升和改造农田水利基础设施，建立农村自然灾害综合防护体系；五是加强农业政策保险，提升农业发展地区的防灾能力。

3. 生态安全地区

生态安全对于保障中国生态和环境、自然资源和气候系统的健康与稳定至关重要，东北森林带、北方防沙带、黄土高原－川滇生态屏障区、南方丘陵山区、青藏高原生态屏障区发挥着重要的生态功能，同时又是受到全球和区域气候变化显著影响的生态脆弱区，被《国家适应气候变化战略》纳入重点适应地区。上述地区对于保障国家和区域的生态安全具有重要意义，应该保护优

---

① 潘家华、郑艳：《适应气候变化的分析框架及政策含义》，《中国人口·资源与环境》2010 年第 10 期。

② 潘家华、郑艳、王建成、谢欣露：《气候容量：适应气候变化的测度指标》，《中国人口·资源与环境》2014 年第 2 期。

先、开展因地制宜的适应行动，以建设生态文明、促进人与自然和谐发展为目标，协同防灾减灾与生态保护，最大限度地减少气候变化对自然生态系统和人类社会的损害，确保地区生态系统的完整性和基本服务功能，充分保障这些地区对国民经济发展的资源和生态支撑作用。在适应规划中应当关注以下几点：一是加强对国家重要生态功能保护区和生态安全地区的适应投入；二是研究开发有利于生态系统稳定性的适应技术和生态保护技术；三是建立跨区域的生态补偿机制，提升主要流域水资源适应性管理能力；四是充分利用生态系统适应措施提高生态系统自适应能力及防御气候变化风险的能力。

五　结论与展望

国际社会强调"转型"对适应气候变化的重要性，指出提升创新、科技、教育和治理能力有助于推进成功的适应政策和行动①。党的十八大提出了加快经济体制改革、建设美丽中国和生态文明建设的一系列大政方针，提出"完善环境治理，用制度保护生态环境""创新社会治理体制"等创新性变革内容。适应气候变化也需要纳入这一长远战略之中。应对气候变化关系到社会安定、经济发展和国家长治久安。未来适应气候变化的一个迫切需求，是加强从国家到地方的前瞻性适应规划，提升全社会的气候变化风险意识及政府的治理能力。对此，有必要探索"适应气候变化的中国模式"，发掘我国在防灾减灾、风险应对、社会韧性等方面的独特优势、成功经验，以及传统社会中的历史文化价值，建立制度自信的同时推动创新和转型。

---

① IPCC, *Climate Change 2014: Impacts, Adaptation and Vulnerability. Contribution of Working Group II to the Fifth Assessment Report of the Intergovernmental Panel on Climate Change*, Cambridge, United Kingdom and New York, USA: Cambridge University Press, 2014.

G . 23

气候变化与健康脆弱性：国内外
研究案例及对中国的启发

王长科 赵 琳*

摘 要：

气候变化与健康脆弱性的综合评估主要包括暴露度、敏感度以及适应能力三个方面。本文通过对国内外气候变化与健康脆弱性研究案例的分析，对中国在气候变化与健康脆弱性研究方面的未来进行了展望。我国需要通过整合和完善现有监测网络，建立中国气候变化与健康监测系统，加强中国气候变化与健康脆弱性的评估与研究工作，提高中国公众对气候变化健康风险的认知水平。

关键词：

气候变化 脆弱性 健康

全球气候变化是人类迄今面临的规模最大、范围最广、影响最为深远的挑战，其中气候变化对人类健康的影响是关系社会公共安全和可持续发展的焦点。气候变化对健康的影响主要体现在三个方面：一是极端气候的直接影响加剧；二是气候通过改变环境和生态系统，从而间接影响人类健康；三是引发有害健康状况的问题，如病媒传染病、饥饿与营养不良、灾后心理调适等问题，致使经济状况及环境品质衰退[①]。在气候变化与人类健康领域，国际上关注最

---

* 王长科，国家气候中心高级工程师，研究领域为气候变化与健康；赵琳，国家气候中心助理工程师，研究领域为气象灾害应急管理。本报告得到国家重大科学研究计划项目2012CB955504课题支持。

① 朱明若等：《气候变迁与健康促进：对健康的冲击、脆弱性评估与适应策略》，《台湾医学》2014年第4期。

多的是对人类的响应和适应策略的研究。适应的目的是减少对气候变化的脆弱性，从而减轻气候变化对人类健康的危害[1]。目前对于未来气候变化影响和脆弱性的研究仍存在较大的难度[2]，特别是国内外气候变化与健康脆弱性的研究还比较少，研究方法也多种多样。本文在介绍健康脆弱性概念的基础上，通过对国内外健康脆弱性研究案例的分析，对中国在气候变化与健康脆弱性方面的未来进行了展望。

一　气候变化与健康脆弱性

联合国政府间气候变化专门委员会（IPCC）将气候变化脆弱性定义为系统易受或没有能力对付气候变化，包括气候变率和极端气候事件不利影响的程度。脆弱性是一个系统所面对的气候变率特征、变化幅度、变化速率以及系统的敏感性和适应能力的函数[3][4]。

气候变化与健康脆弱性的综合评估包括暴露度、敏感度以及适应能力三个方面。其中，暴露度的主要指标包括暴露的时间、强度和频率等，取决于降水和温度的长期变化、极端天气气候事件的频率等[5]；敏感度的主要指标包括脆弱人群的特征与分布以及地形地貌划分等，取决于人口结构、人口健康现状和当地人口对自然资源的依赖程度等；适应能力的主要指标包括医疗卫生设施状况、公众对气候变化健康风险的认知水平、当地政府应对气候变化及其对健康影响的政策和法规等，取决于暴露人口的社会经济条件，以及当地政府和私人

①　IPCC, *Climate Change 2007: Impacts, Adaptation and Vulnerability. Contributions of Working Group II to the Fourth Assessment Report of the Intergovernmental Panel on Climate Change*, Cambridge, United Kingdom and New York, USA: Cambridge University Press, 2007.

②　吴绍洪等：《气候变化风险研究的初步探讨》，《气候变化研究进展》2011 年第 5 期。

③　IPCC, *Climate Change 2001: Impacts, Adaptation and Vulnerability. Contributions of Working Group II to the Third Assessment Report of the Intergovernmental Panel on Climate Change*, Cambridge, United Kingdom and New York, USA: Cambridge University Press, 2007.

④　IPCC, *Managing the Risks of Extreme Events and Disasters to Advance Climate Change Adaptation*, Cambridge, United Kingdom: Cambridge University Press, 2007.

⑤　Malik, et al., "Mapping Vulnerability to Climate Change and Its Repercussions on Human Health in Pakistan", *Globalization and Health*, 8 (31), 2012.

机构应对气候变化的能力。

人类健康的脆弱性高低或危险程度主要取决于人群直接或间接暴露于气候变化的水平（如生态系统失调、农业破坏）、人群对暴露的敏感性以及受影响系统的适应能力。人群脆弱性是一个联合函数：其一是特定健康结局对气候变化的敏感程度；其二是人群对新的气候条件的适应能力。某一人群的脆弱性取决于人口密度、经济发展水平、粮食供给情况、收入水平及其分布、当地环境条件、本来的健康状况以及公共卫生服务的质量和供给情况等因素①。要优先考虑降低社会经济脆弱性。贫困人口是气候变化健康风险最高的人群，因为他们无法获得更好的居住条件以及改善公共卫生设施。必须改善诸如初级卫生保健、疾病控制、卫生条件以及防灾减灾等对健康有直接影响的服务。改善健康支持生态系统的环境管理可以减少对健康的不良影响。只关注个人卫生和食品安全的传统公共卫生干预措施效果有限。更加广泛的措施要考虑到气候植物、农业生产与人类活动之间的相互作用，提出实施不同公共卫生"上游"措施的时间和地点。

为了评估气候变化有关的风险，开展脆弱性评估必须考虑适应。适应是指为减少气候变化的影响所采取的行动，分级适应策略有利于保护人类健康。这些策略分为行政及立法、工程和个人行为。适应策略要么是反应性的以应对气候变化，要么是预测性的以降低脆弱性。适应可以在国际/国家、社区和个人层面，立即在宏观、中观及微观三个水平上实施②。

以澳洲为例，一般来说，主要考虑包括年龄、收入、懂不懂英语、是否与社会隔离（社会支持网络）等重要的因素，这些因素都可以用来评估其脆弱性③。例如，都市里都是高楼大厦，要做的是把地理、社会以及卫生体系三方面的脆弱性加以重叠，以便找到最有针对性的策略。

① Woodward, A. J., et al., "Protecting Human Health in a Changing World: The Role of Social and Economic Development", *Bulletin of the World Health Organization*, 78, 2000, pp. 1148 – 1155.
② McMichale, A. J., et al., *Climate Change and Human Health: Risk and Response*, WHO, 2003.
③ 朱明若等：《气候变迁与健康促进：对健康的冲击、脆弱性评估与适应策略》，《台湾医学》2014 年第 4 期。

二 气候变化与健康脆弱性评估国际研究案例

（一）高温热浪健康脆弱性评估

Preston 等在对澳大利亚悉尼沿海地区进行气候变化脆弱性制图时，研究了极端高温的健康效应[①]。在构建的气候变化的人体健康脆弱性概念模型中，暴露度受气候系统和地形之间的相互作用影响，敏感性是暴露人群的特征和生活环境的函数。暴露度和敏感性的组合形成了潜在的负面影响。适应能力是物质和社会资本的函数，可以解决潜在的影响并且改善脆弱性。

暴露度指标包括：①当前 1 月平均最高气温；②当前 1 月平均最低气温；③当前 >30℃ 的天数；④2030 年冬平均最高气温的变化；⑤土地覆盖；⑥人口密度；⑦公路密度。

敏感性指标包括：①≥65 岁的人口百分率；②≥65 岁的独居人口百分率；③≤4 岁的人口百分率；④住楼房的百分率；⑤2019 年人口增长情况。

适应能力指标包括：①12 岁以上的人口百分率；②说非英语语言的人口百分率；③房屋还贷中位数；④拥有房屋的百分率；⑤家庭收入中位数；⑥需要经济援助的家庭百分率；⑦能上网的人口百分率；⑧当前比率；⑨人均营业税率；⑩人均居住率；⑪人均社区服务支出；⑫人均环境和医疗费用。

对各影响区域来说，净脆弱性是通过整合 3 个图层而进行评估的。这 3 个图层代表脆弱性的不同组分（暴露度、敏感性和适应能力）。脆弱性每个组分的综合指标是通过计算指标总和简单实现的。由于缺乏对变量之间的相对重要性或定量关系的了解，单个指标没有加权。然后将总和按照从 1 到 9 的分值重新打分，1 代表低暴露度、低敏感性或高适应能力，9 代表高暴露度、高敏感性或低适应能力。脆弱性三个组分的分数相加得到三个组分的综合得分，然后

---

① Preston, et al., "Mapping Climate Change Vulnerability in the Sydney Coastal Councils Group", Prepared for the Sydney Coastal Councils Group by the CSIRO Climate Adaptation Flagship, Canberra, 2008.

再按照 1~9 的分值重新打分。在计算脆弱性时，3 个不同组分的权重是调查者根据其相对重要性进行专家判断而得出的。

Malik 等在研究气候变化对巴基斯坦的潜在影响时，认为气候变化脆弱性指数是一个未加权平均数[1]，可细分为三个亚指数：①各区域气候变化生态暴露度；②气候变化人群敏感性；③特定区域人群适应能力。根据指数的权重和构成将各区域排序。研究发现，适应能力敏感性高的区域是最脆弱的地区。每个地区面临的健康风险取决于各自面临的气候变化威胁的类型。该研究得出结论，在生态和地理条件上更多地暴露于气候变化的地理区域，也正好是巴基斯坦经济最贫困的地区，这表明政府需要集中力量发展这些落后地区的社会和经济，以降低其气候变化不利影响的脆弱性。

Kim 等评估了韩国的热浪健康脆弱性，与热浪有关的健康脆弱性是由三个组成部分来确定的：气候变化暴露度、敏感性和适应能力[2]。各地区的脆弱性指数是基于变量的权重来计算的，通过德尔菲法，专家对三个组成部分的权重达成共识。该脆弱性指数通过 SRES A1B 情景被映射到整个朝鲜半岛，从 2000 年代到 2100 年代。与热浪有关的气候脆弱性表现出了很大的地区差异。脆弱人群的大面积分布，导致一个地区的敏感度最高，而另一个地区的适应能力最高，因为其建立了较好的卫生设施。整体脆弱性预计会随着时间的推移而增加，目前脆弱的地区未来将会继续脆弱或更加脆弱。脆弱的地区主要分布在 2000 年代的韩国南部，未来逐渐向北移动。社会－人口统计特征和医疗保健的准入条件对于降低热浪脆弱性是非常重要的。研究结果的图形化直观地显示了相对脆弱地区的位置，有利于更好地监测气候影响、敏感亚人群分布和适应能力。

（二）暴雨洪涝健康脆弱性评估

Baum 等对澳大利亚黄金海岸的洪水脆弱性进行了详细的分析[3]，首先定

---

① Malik, et al., "Mapping Vulnerability to Climate Change and Its Repercussions on Human Health in Pakistan", *Globalization and Health*, 8 (31), 2012.

② Kim, et al., "Health Vulnerability Assessment of Heat Waves in Korea", 2006.

③ Baum S., et al., "Climate Change, Health Impacts and Urban Adaptability-case Study of Gold Coast City", 2009, http://www.griffith.edu.au/urp.

义社会脆弱性，其次绘制针对洪水的暴露度图，最后绘制针对洪水的社会健康风险图。

（1）定义社会脆弱性

使用主成分分析法和 2006 年澳大利亚人口普查数据，构建概念性"社会脆弱性"的各个组分。在第一次探索社会脆弱性的结构时用了 19 个人口普查变量。通过主成分分析，找出了 4 个主成分。第一个主成分是"年老"，包括的变量有 65 岁及以上居民百分率、年龄中位数、需要日常照顾的居民百分率、丧偶居民百分率。第二个主成分是"网络"，包括的变量有男性劳动力参与率、女性劳动力参与率、平均家庭规模、每个寝室的平均人数。第三个主成分是"隔离"，包括的变量是分居或离婚人数百分率、已婚人数百分率、单亲家庭百分率。第四个主成分是"金钱"，包括家庭收入中位数和个人收入中位数两个变量。

（2）绘制针对洪水的暴露度图

黄金海岸的洪水社会脆弱性指数（GCSVIF）如下：

$$GCSVIF_i = \frac{E_i \times (1 + \sum\limits_{j=1}^{n} S_{ji}^{\cdot})}{n} \tag{1}$$

公式（1）中，E_i 是社区 i 对洪水的暴露指标，$S_{ji}^{\cdot}$ 是社区 i 对于社会因素 j 的敏感度，n 是指数中所有成分之和。

估算 E_i（洪水风险暴露度）时，将百年一遇的洪水事件所对应的洪水水位作为测算基准。假定风暴潮 2.3 米高的 5 米网格原始数据由黄金海岸市议会提供。对每个人口普查收集区的原始暴露度取平均值，得到的结果就是每个人口普查收集区的百年风险淹水水平。所用的模型假定预估的淹没水平越大，风险越大。

（3）绘制针对洪水的社会健康风险图

通过给每个人口普查收集区设定估计的"分数"来建立社会脆弱性的轮廓。使用极化方法，将那些得分超过样本中位数的人口普查收集区变量赋值为 1，其余的（即变量分数低于中位数）赋值为 0。赋值的数学公式如下：

$$S_{ji}^{\cdot} = \frac{(S_{ji} - \min_j)}{(\max_j - \min_j)} \tag{2}$$

公式（2）中 $0 \leqslant S_{ji}^{*} \leqslant 1$，$S_{ji}$ 是区域 i 对主成分 j 的因子得分；$\max_j$ 和 $\min_j$ 是针对主成分 j 的最高和最低因子得分。

S_{ji} 的值经重新调整代入原模型得出 $GCSVIF_i$。

数学操作的效果是在洪水风险结构上叠加社会健康风险。GCSVIF 指数评分，反映相对社会－自然脆弱性。

三 中国气候变化与健康脆弱性评估研究案例

（一）高温热浪健康脆弱性评估

张永慧等采用层次分析法对广东省 124 个县区的热浪健康脆弱性进行评估[①]，经过查阅文献以及专家咨询确立了各个维度的指标，随后分别用主观（专家打分法）和客观（主成分分析法）两种方法对各个指标的权重进行赋值，计算脆弱性指数，最后对两种权重赋值法的结果进行一致性比较。

脆弱性指标由敏感性指标、适应性指标和暴露性指标三个维度构成，筛选后的指标构成具体如下。敏感性指标（反映区域人群在应对热浪时的不利因素）包括 65 岁及以上人口比例、4 岁及以下人口比例、外来人口比例、无业人口比例、农业人口比例和婴儿死亡率 6 个指标；适应性指标（反映区域人群对热浪的适应能力）包括每千人卫生技术人员比例、人均 GDP、人均住房面积小于 8 平方米的家庭比例、农村无害化卫生厕所普及率和文盲占 15 岁以上人口比例 5 个指标；暴露性指标（反映区域人群对热浪的暴露情况）包括 1975～2005 年年平均气温增长率和日最高气温高于 35 度的天数 2 个指标。

通过主观权重赋值法（专家打分法）得出，广东省 124 个县区对于热浪的脆弱性指数呈现自南向北的梯状分布，南部沿海地区和经济发达地区对于热浪的脆弱性较低，其中深圳市盐田区的脆弱性最低；而内陆经济欠发达地区对热浪的脆弱性较高，其中连州市和连南瑶族自治区对热浪的脆弱性最高。

---

① 张永慧等：《广东省气候变化健康风险评估和适应政策研究报告》，2012。

客观权重赋值法（主成分分析法）的结果是，广东省124个县区对于热浪的脆弱性指数同样呈现自南向北的梯状分布，南部沿海地区和经济发达地区对热浪的脆弱性较低，其中深圳市盐田区和汕尾市城区的脆弱性最低；而内陆经济欠发达地区对于热浪的脆弱性较高，其中连州市对热浪的脆弱性最高。

该研究最后得出结论，广东省对热浪的健康脆弱性自南向北而增加，南部沿海地区和珠江三角洲地区对热浪的脆弱性较低，而粤西、粤北和粤东等经济欠发达地区对于热浪的脆弱性较高。

（二）人群健康对洪灾的脆弱性评估

朱琦等采用层次分析法对广东省124个县区的洪灾健康脆弱性进行评估[①]，脆弱性指标由敏感性指标、适应性指标和暴露性指标三个维度构成，筛选后的指标构成具体如下：敏感性指标包括65岁及以上人口比例、4岁及以下人口比例、外来人口比例、无业人口比例、农业人口比例和婴儿死亡率6个指标；适应性指标包括每千人卫生技术人员比例、人均GDP、人均住房面积小于8平方米的家庭比例、农村无害化卫生厕所普及率和文盲占15岁以上人口比例5个指标；暴露性指标包括各区县年最大24小时点降雨量和各区县历史洪灾发生频次2个指标。

通过主观权重赋值法和客观权重赋值法研究发现，广东省各地区对洪灾的健康脆弱性分布趋势不明显，北部韶关地区、东部梅州地区以及南部茂名地区的洪灾脆弱性较高，河源地区和肇庆地区对洪灾的脆弱性较低。

四　中国气候变化与健康脆弱性研究未来展望

我国在21世纪初开始关注气候变化对健康的影响，2007年在国家层面上出台了《中国应对气候变化国家方案》；从2008年开始，每年公布《中国应对气候变化的政策与行动》；2009年，卫生部发布了《全国自然灾害卫生应急

---

① 朱琦等：《广东省各区县洪灾脆弱性评估》，《中华预防医学杂志》2012年第11期。

预案（试行）》和《国家环境与健康行动计划（2007～2015 年）》。但目前对我国不同地区气候变化脆弱人群的特征掌握有限，这对我国顺利贯彻应对气候变化措施带来了不利影响，妨碍了我国适应气候变化的进程。因此，提出以下建议。

（一）整合现有监测网络，建立中国气候变化与健康监测系统

全球许多地区的监测系统目前都无法提供可靠的气候敏感疾病的标准化数据，因此难以进行长期的和地域间的比较[1]。我国气候数据比较容易获取，但健康数据和决定脆弱性的相关因素的信息很难获取。

目前，我国已经初步建立了各种极端天气气候事件监测系统和数据库。但与大多数国家一样，我国虽然可以获得期望寿命等人群健康状况指标数据，但疾病监测数据却会因地点和疾病的不同而变化。为了监测疾病发病率，可以以较低的成本在监测点收集来自初级保健机构的数据。

如果想探讨复杂生态变化过程引起的发病或者健康效应，数据将更具挑战性。在这种情况下，由于疾病诊断在时间和地理方面的差异，病例定义、发现和及时报告成为关键问题。未来的监测必须以解决这些局限性为目标。在某些情况下，这个问题可以通过修订现有的健康数据库并与气候记录数据相结合来实现。然而，对许多气候敏感性疾病，现有数据的覆盖面或质量问题阻碍了此方法的应用，因此需要完善疾病监测系统以监测疾病的气候依赖性趋势和独立性趋势。

（二）加强中国气候变化与健康脆弱性的评估与研究工作

目前，已有一些发展中国家开展了气候变化对健康影响的国家级评估研究。发展中国家研究得到的总体结论是：由于缺乏数据，需要对评估方法进行创新[2]。相关研究还建议，有必要制定脆弱性的基本指标。与其他发展中国家一样，我国针对气候变化和极端天气气候事件造成的疾病负担的研究还比较薄

① McMichale, A. J. , et al. , *Climate Change and Human Health: Risk and Response*, WHO, 2003.

② McMichale, A. J. , et al. , *Climate Change and Human Health: Risk and Response*, WHO, 2003.

弱，在气候变化与健康脆弱性方面的研究还比较少，需要加强气候变化与健康脆弱性的评估与研究工作。建议在全国范围内从沿海、内陆和高原地区，选择极端天气事件和气候敏感疾病频发的典型区域，开展中国气候与健康脆弱性的综合评估，找出适合中国国情的气候与健康脆弱性评估方法，研究制定中国气候与健康脆弱性指数，建立中国气候与健康可视化动态决策支持系统，制定政府、社区和个人不同层次适应气候变化的策略和措施，为我国应对气候变化提供决策依据。

（三）提高中国公众对气候变化健康风险的认知水平

早在 2009 年，Costello 等就提出了应对气候变化的四项优先行动，包括提高对气候变化引起的健康风险的认知水平、提高卫生保健系统的效率、实施"双赢"干预、在发展中国家建设低碳城市[①]。目前，我国公众对气候变化健康风险的认知水平总体来说还比较低。因此，我国急需选择典型地区对全国各地公众对气候变化及其对健康的影响的认识水平进行调查，各地科普基地建设要充实有关气候变化与人类健康方面的科学知识内容，组织气候变化与人类健康科学知识进农村、进学校、进社区、进公交等活动，组织面向地方政府官员、大中小学师生、管理和专业技术人员、社会公众的气候变化与人类健康科普论坛和专题讲座，争取在各类教育和培训内容中纳入气候变化与人类健康方面的科学知识，从而提高中国公众对气候变化健康风险的认知水平。

---

① Costello A. , et al. , "Managing the Health Effects of Climate Change: Lancet and University College London Institute for Global Health Commission", *Lancet*, 373, 2009, pp. 1693 – 1733.

G.24

气候新形势下温室气体与
局域污染物的协同治理[*]

刘 哲 冯相昭 田春秀 张毅强 赵 卫[**]

摘 要：

国际气候变化谈判将在 2015 年达成新协议，中国面临做出有法律约束力的减排承诺的国际压力。中国应对气候变化工作将走向一个新的纪元。在这个大背景下，全球应对气候变化的势力格局发生着深刻的变化，体现在经济发展格局的变化、主要温室气体排放趋势的变化、国际合作新形势等方面。与此同时，国内应对气候变化工作也愈加紧密地结合环境保护工作和生态文明建设深入开展，包括雾霾治理、工业领域的温室气体控制、短寿命气候污染物控制等。考虑到应对气候变化工作在一定程度上能够实现污染减排的协同效应，因此温室气体和局域污染物的协同控制应受到充分重视和肯定。

关键词：

气候变化新形势 协同控制 污染治理

* 本文受环境保护部科技标准司应对气候变化处"应对气候变化制度与能力建设"项目（项目编号：2110199）支持。

** 刘哲，博士，环境保护部环境与经济政策研究中心副研究员，研究领域为气候政策、能源政策与环境政策等，参与《联合国气候变化框架公约》谈判；冯相昭，经济学博士，副研究员，主要研究领域为能源与气候变化经济学、工业和交通部门温室气体与大气污染物协同减排分析等；田春秀，环境保护部环境与经济政策研究中心研究员、办公室主任，近年来，除负责管理工作外，主要负责气候变化领域相关研究和技术支持工作；张毅强，博士，环境保护部华南环境科学研究所工程师，研究方向为大气环境学；赵卫，博士，环境保护部南京环境科学研究所副研究员，主要研究方向为生态承载力、生态安全、适应气候变化等。

引　言

《联合国气候变化框架公约》（以下简称"公约"）下德班平台的谈判将在 2015 年完成，届时，各缔约方将对 2020 年后的国际气候制度做出相应的承诺，而作为温室气体排放大国，我国也将面临做出有法律约束力的国际承诺的压力。我国已经承诺到 2020 年单位国内生产总值二氧化碳排放比 2005 年下降 40%~45%，这一减排目标已经纳入我国"十二五"规划纲要，未来还将作为约束性指标推动我国社会经济的低碳发展。新的减排承诺形式尚未确定，可能是相对量（排放强度）目标，也可能是绝对量（排放总量）目标；可能涵盖所有温室气体，也可能仅仅针对二氧化碳。无论新承诺的形式如何，中国应对气候变化工作都将走向一个新的纪元。在这个大背景下，全球应对气候变化的势力格局发生着深刻的变化，体现在经济发展格局的变化、主要温室气体排放趋势的变化、国际合作新形势等方面。与此同时，国内应对气候变化工作也愈加紧密地结合环境保护工作和生态文明建设深入开展。考虑到应对气候变化工作在一定程度上能够实现环境保护工作的协同效应，因此温室气体和局域污染物的协同控制应受到充分重视和肯定。

一　国际气候新形势

（一）国际经济和排放格局的新变化

世界银行 2014 年 4 月 30 日发布的《购买力平价与实际经济规模——2011年国际比较项目结果摘要报告》① 显示，以购买力平价法（PPP）计算，中国的经济规模在 2011 年已经达到美国的 86.9%，比 2005 年的 43.1% 提高 1 倍多。据此，该报告做出预测称，2014 年中国可能超越美国，一跃成为全球头

---

① WB, OECD, "Purchasing Power Parities and Real Expenditures of World Economies-Summary of Results and Findings of the 2011 International Comparison Program", 2014.

号经济体。尽管该报告并未得到中国国家统计局的承认，但是它的发布意味着国际社会对中国经济体量发展的肯定。同时，由于中国具有异于西方社会的意识形态，这种肯定也可解读为一种担忧，这无疑会加重国际社会对中国的防范心理，使中国处在新一轮气候变化国际谈判中的不利地位。

谈及温室气体和局域污染物排放，中国更是众矢之的。根据国际能源署2013年发布的数据，中国化石燃料燃烧导致的二氧化碳排放自2007年以来超越美国稳居世界第一，且排放增长势头强劲。比较而言，美国的绝对排放虽高，但有下降趋势（见图1）。廷德尔中心（Tyndall Centre）等来自14个国家46所科研机构的77位气候变化领域的学者在2013年11月25日联合发布的全球碳预算报告中指出，2011～2012年美国和欧盟的绝对排放都已经下降，而中国和印度的排放还在快速增长，增势并未放缓（见图2）。

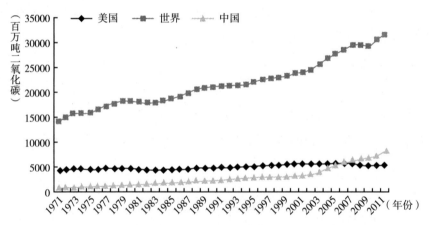

图1　中美化石燃料燃烧导致的二氧化碳排放占世界排放格局

资料来源：IEA，"CO$_2$ Emission from Fuel Combustion"，2013，http：//www. iea. org/statistics /CO$_2$emissions/。

同时，我国以煤炭为主的能源消费结构加上粗放型的经济增长方式导致了局域污染物的高排放。自20世纪90年代起，各项污染物排放迅速增加：1990年二氧化硫排放居世界第一；2001年化学需氧量排放居世界第一；2008年氮氧化物排放居世界第一。这样造成了我国在目前的气候变化国际谈判中面临着日益严峻的减排压力。纵观国际发现，在实践中，应对气候变化与环境治理工

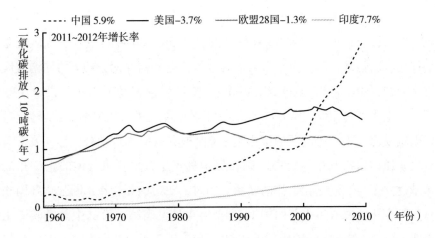

图2　中国、美国、欧盟、印度成为化石燃料燃烧排放
二氧化碳量最大的四个经济体

注: 2012 年排放增长率分别为: 中国 5.6%、美国 - 4.0%、欧盟 - 1.6%、印度 7.4%。
2012 年, 这四个经济体二氧化碳排放量占全球排放总量的 58%, 其中中国占 27%、美国占
14%、欧盟占 10%、印度占 6%。

资料来源: CDIAC Data; Le Quéré et al., "Global Carbon Project 2013", http://www.
globalcarbonproject.org/carbonbudget/13/files/GCP_ budget_ 2013.pdf。

作密不可分, 应对气候变化工作归根结底要落实到节能和提高能源资源利用效
率以及保障人们环境健康的根本上来。

总之, 国际经济发展和排放格局的变动, 不仅是对各国应对气候变化工作
的挑战, 也是对各国环境保护工作的挑战。

(二)全球治理结构的新动向

随着世界经济和排放格局的变动, 国际地缘政治格局也在发生着深刻的变化。
在公约授权的气候变化谈判领域, 原有的欧盟、伞形集团、发展中国家三边争霸的
格局一步步地被瓦解和碎片化。如今, 在德班平台单轨谈判下, 欧盟受经济危机影
响内部难以协调统一立场; 发展中国家更是出现小岛国联盟、最不发达国家联盟、
非洲联盟、石油输出国集团、玻利瓦尔联盟、立场相近国家等不同立场集团; 伞形
国家则缺乏承诺意愿, 纷纷退出《京都议定书》, 并在德班平台谈判下坚持强硬立场。
在谈判的议题中, 适应和损失损害议题在近几年逐渐受到更多的关注。气候变化对环
境健康的影响及其带来的损失损害的经济性评估在很大程度上分散了谈判的资源。

而在公约外，随着全球经济合作在各个领域的延伸，应对气候变化工作渗透到多个国际公约下。《生物多样性公约》（CBD）中专门设置了气候变化相关的议题，就地球工程、可持续发展林业等问题如何在两公约下协同增效展开专门研究和讨论。世界粮农组织（FAO）将"气候智慧型农业"设立了专门的议题。世界贸易组织（WTO）也设立了讨论碳关税、碳泄漏、边境调节税、气候型贸易保护主义等问题的工作组。《保护臭氧层维也纳公约》《关于消耗臭氧层物质的蒙特利尔议定书》则在保护臭氧层减少含氟气体的生产和消费等领域建立了与气候变化工作的联系。同时，双边国际合作不断强化各国联合应对气候变化的决心。中美两国于2013年4月发表第一份《中美气候变化联合声明》，并宣布成立气候变化工作组；2013年7月，"第五轮中美战略与经济对话"决定合作削减氢氟碳化物（HFCs）的生产和消费[①]。2014年2月15日，两国发表了第二份《中美气候变化联合声明》，决定开展"关于减少温室气体和其他空气污染物排放的务实合作行动"，并就工作组下启动的五个合作领域实施计划达成一致[②]。中法两国于2014年3月27日发表的《中法联合声明》，也将合作应对气候变化问题作为独立的一段写进联合倡议中[③]。

可见，无论公约内外，气候变化的全球治理都与全球环境问题的国际治理密不可分。如果说气候变化谈判前20年的核心问题是如何减少化石能源燃烧带来的温室气体排放，那么未来谈判的重点将是如何减少气候变化带来的全球环境系统风险。

二 国内环保新需求

（一）环保工作重点从污染物总量控制转向环境质量管理

当前，我国大气污染物排放总量大，传统煤烟污染尚未得到控制，以

---

① 《中美气候变化联合声明》，新华网，2013年4月13日，http://news.xinhuanet.com/politics/2013-04/13/c_115377227.htm。

② 《中美气候变化联合声明》，外交部网站，2014年2月15日，http://www.fmprc.gov.cn/mfa_chn/zyxw_602251/t1128903.shtml。

③ 《中法联合声明：开创紧密持久全面战略伙伴关系新时代》，中国驻法使馆网站，2007年11月26日，http://www.amb-chine.fr/chn/zfgx/zzgx/t384507.htm。

PM2.5 为特征的区域性复合型大气环境问题日益突出。自 2011 年以来，京津冀、长三角、珠三角等区域每年出现灰霾污染的天数达到 100 天以上。特别是 2013 年，我国雾霾天气波及 25 个省份的 100 多个大中型城市，全国平均雾霾日数为 4.7 天，较常年同期（2.4 天）多 2.3 天，平均雾霾天数为 52 年来最多，河北等 13 省份的雾霾天数均为历史同期最多[1]。为此，我国的国际形象再次遭遇了来自国际社会的挑战。之前外媒披露过中国海外投资贸易过程中的环境污染行为，并已经在其他发展中国家引起了普遍的不满情绪，甚至波及我国参与治理国际事务话语权的权重。而此次国家形象危机，不仅影响我国参与国际事务，也获得了国内公众的普遍共鸣。为改善大气环境质量状况，推进区域大气污染治理，我国自 2012 年以来陆续发布了新的《环境空气质量标准》，颁布了《重点区域大气污染防治"十二五"规划》，制定了《大气污染防治行动计划》，构建了区域大气污染联防联控机制，并以移动源为突破点推进污染防治工作，所有这些政策措施的密集出台，标志着我国环保工作重点正从污染物总量控制向环境质量管理转变。

我国 30 多年的快速工业化和城市化，以及环境污染导致人体健康损害的积累效应，已使我国步入各类群体性环境与健康事件的高发或爆发期。同时，由于环境管理体系和信息公开制度日渐完备，各地对环境质量的动态监测和信息披露的能力和水平有了较大的提高，目前我国公众对环境污染问题的敏感度较高，环境目标在社会发展目标中的重要性日益凸显，全面改善环境质量业已成为重要的民生问题，并日益紧迫[2]。

传统的污染物总量控制已经无法满足人们对环境质量的要求，单纯的能效技术改进也不足以将快速的经济增长带来的环境代价内部化。2013 年 8 月 2 日，联合国环境署发布报告——《中国资源效率：经济学与展望》称，中国能源效率的提高本身不足以稳定环境压力，如果中国最近的政策措施不能进一步提升当前资源效率改善速度，那么环境压力将可能快速增大。为此，应着手

---

① 《2013 中国的事：雾霾波及 25 个省份 100 多个城市》，中国新闻网，2013 年 12 月 25 日，http：//big5. chinanews. com. cn：89/gate/big5/www. chinanews。com/sh/2013/12 – 25/5663056. shtml。

② 安彤：《浅论大气环境管理重心由总量控制向质量改善转型》，《环境与可持续发展》2013 年第 1 期。

多污染物协同治理，综合考虑能源结构调整，合理布局城镇化进程，规避发展中的锁定效应，推进环境管理的市场化改革，协同管控温室气体和局域污染物的排放，将环保工作的落脚点放在环境质量改善上来。

（二）生态文明体制改革对环保工作的要求

我国的政府和领导人都充分意识到了环境质量管理的必要性和紧迫性，并及时提出了深化生态文明体制改革的要求。面对资源约束趋紧、环境污染严重、生态系统退化的严峻形势，必须树立尊重自然、顺应自然、保护自然的生态文明理念，走可持续发展的道路。2012 年 11 月，党的十八大从新的历史起点出发，做出"大力推进生态文明建设"的战略决策，从 10 个方面绘出生态文明建设的宏伟蓝图。习近平总书记还就"正确处理经济发展和环境保护的关系""探索环境保护新路""着力解决损害群众健康的突出环境问题"等方面做出了明确的指示。环境保护部部长周生贤也明确指出，要在进一步强化污染控制的基础上，积极探索污染控制与质量改善兼顾的中国环境管理新模式，坚持"在保护中发展，在发展中保护"，以环境质量管理"倒逼"经济发展方式转变，推进经济社会的长期平稳较快发展①。环保部门应积极调整工作思路，从治理主体多元化发展、治理措施之间相互协调和完善、治理能力的建设和提升、治理对象的细分等方面，协调考虑温室气体和局域污染物的治理。

三 温室气体减排和局域污染物治理的协同效应

（一）减少二氧化碳的局域污染物减排协同效应

鉴于局域大气污染物和二氧化碳等温室气体排放主要源于化石燃料的燃烧使用，具有一定的同源性，局域污染物减排与温室气体减排具有协同效应。

以水泥行业为例，水泥生产的主要工艺过程是水泥熟料煅烧，即煤粉喷入水泥窑炉中燃烧，将生料煅烧成水泥熟料。窑炉中煤粉燃烧会产生大量的烟气

---

① 环境保护部部长周生贤在第二次全国环保科技大会上的讲话，2012 年 3 月 31 日。

及一定量的粉尘颗粒物、SO_2、NOx 和 CO_2，生料中碳酸盐矿物在高温条件下分解，也会释放出大量的 CO_2。水泥生产中大气污染物与温室气体 CO_2 排放具有同源性。我国水泥行业是仅次于火电的氮氧化物第二大工业排放源，CO_2 排放量约占全国 CO_2 总排放量的 18%（包括电力消耗的间接排放），而水泥工业产值仅占全国 GDP 的 1.5% 左右。

从钢铁工业的生产过程来看，CO_2 的排放与 SO_2、NOx、烟粉尘等大多相伴而生，主要来源于焦化、烧结、炼铁等环节中燃料的直接燃烧或工艺过程排放。钢铁工业是典型的高污染、高排放行业。2010 年，钢铁行业 SO_2、NOx、工业烟尘和粉尘的排放量分别占全国总排放量的 7.69%、4.09%、10.25% 和 22.86%；据测算，同年 CO_2 排放量约占全国 CO_2 总排放量的 18.25%。

对道路交通部门而言，产生温室气体与污染物的主要环节为机动车。机动车排放的尾气中主要含有燃油燃烧不充分时生成的一氧化碳（CO）、碳氢化合物（HC）和煤烟，而燃烧室内的高温、高压环境则易生成 NOx。CO_2 则是机动车排放的主要温室气体，其排放与燃料消耗量成正比。在相同条件下，减少燃料消耗将降低 CO_2 排放量，同时也能减少 CO、HC、PM 和 NOx 等大气污染物排放。2011 年，机动车 NOx 排放较 2010 年增加 6.3%，减排形势不容乐观。道路交通也是我国 CO_2 排放增长最快的领域之一，1990～2010 年，该部门 CO_2 排放增长了 547.6%。

在电力、钢铁、水泥和交通等重点行业实施以淘汰落后产能为主要内容的结构减排政策减碳效果明显。"十一五"期间，我国水泥行业通过淘汰落后产能和推广新型干法水泥，吨水泥标准煤耗减少 33.8 千克，减少 SO_2 1.5 万吨和 NOx 11.7 万吨，同时 CO_2 排放减少 2500 多万吨。同样，节能和能效改善技术推广在一定程度上促进了污染减排。2006～2010 年，通过实施节能措施，我国分别累计减排了 CO_2 和 SO_2 约 15 亿吨和 470 万吨。

（二）减少短寿命气候污染物等温升物质的环境健康协同效应

非二氧化碳温室气体的协同减排对环境健康的改善具有极大的正向影响，减少非二氧化碳温室气体的排放也能够在相当程度上减缓气候变化带来的负面影响。IPCC 第五次评估报告援引了 2011 年联合国环境署和世界卫生组织联合发布的关于黑炭和对流层臭氧的研究报告，指出如果现存的 400 多项黑炭和甲烷减缓手段都能够加以利用，预计将极大地减少 PM2.5 的排放，从而避免 70 万～460 万人过早死亡，受益地区主要是亚洲。北京大学团队研究 2010～2011 年上海地区 34 位老年人的临床表现得出，黑炭与肺病存在正相关关系[1]。甲烷作为对流层臭氧的前体物，会加重慢性疾病，并导致人类过早死亡，特别是患有心血管疾病和呼吸道疾病的患者，其作用更为显著[2]。

四 局域污染物与温室气体管控存在的主要问题

在国内，目前在局域污染与温室气体排放协同控制方面存在机制障碍。气候变化是环境问题，但关于二氧化碳等温室气体是不是污染物的问题，在学术界和管理部门尚存在争议。现阶段，我国尚未将二氧化碳纳入污染物范畴。但除二氧化碳外，《京都议定书》规定的其他五种温室气体（甲烷、氧化亚氮、全氟碳化物、氢氟碳化物、六氟化硫），包括已纳入公约监管范畴的三氟化氮均属于环境污染物，二氧化碳的管理可以参照污染物管理。经过多年的发展，我国已建立起了比较完善的环境监管体系，在环境监测统计、污染物防治、生态保护等方面已积累了丰富的国内经验，在控制臭氧层破坏物质（ODS）、持久性有机污染物（POPs）、保护生物多样性和国际环境公约履约合作等方面也积累了大量的国际经验。从这些方面看，与应对气候变化相关的工作可以和已有工作充分结合。

发达国家往往将温室气体和局域污染物协同管控。如美国将温室气体界定为污染物，与其他污染物一样进行监管；日本提出"有害于人"或"有害于环境"的污染物定义标准，将温室气体纳入污染物监管范畴。各国应对气候变化体制安排多为一部门主管、多部门配合，且部门间职责分工明确，一般是

---

[1] Zhu Tong, Han Yiqun, Huang Wei, Lu Huimin, Ji Yunfang, Guan Tianjia, Zhu Yi, Liu Jun, "The Effect of Urban Air Pollutants on Pulmonary Inflammation and Systemic Oxidative Stress in Diabetic and Prediabetic Patients in Shanghai", ISEE Conference, http://doi: 10.1097/01.ede.0000416615.21487.e4 September 2012 – Volume 23 – Issue 5S -ppg.

[2] Dennekamp M., Carey M., "Air Quality and Chronic Disease: Why Action on Climate Change is also Good for Health", *New South Wales Public Health Bulletin*, 2010, 21 (6), pp. 115 – 121.

基于部门管理优势牵头负责某些专门政策措施。如美国环保署主要负责温室气体清单和信息公开，并主导废弃物管理、社区发展、交通和工业等领域的温室气体监管事务；日本环境省负责温室气体监测统计及低碳社会领域的温室气体减排；韩国环境部牵头负责气候与大气质量的控制。

我国现行管理体制下，对节能和温室气体排放控制工作与污染物减排工作实行分头管理。相关政策、标准和采取的措施等方面尚缺乏统筹兼顾，导致减少污染物和温室气体排放控制的一致性较差。如有些节能补贴政策被一些地方或企业错误地利用，用申请到的资金建造可能带来污染的设施。相反，有些污染物减排措施也会增加温室气体排放，如一些末端脱硫、脱氮设施。还有些措施既增加碳的排放，又可能会带来环境灾难，如煤制合成气。相关研究表明，中国煤制合成气计划虽然有助于替换发电所用的煤，减少一些污染物排放，但较传统天然气可能多产生数倍碳排放，还会带来巨大的水资源消耗，结果很可能造成环境灾难。

此外，科技支撑和引领是大气污染物与温室气体协同控制的关键要素。但由于研发投入不足，客观上造成了协同控制新技术储备不足、乏善可陈的尴尬局面。同时，对现有一些可商业化应用的协同控制技术缺乏系统性的科学评估，加上推广支持和宣传力度不够，致使当前钢铁、水泥和交通等重点行业的许多企业尽管对协同控制有所认知，但在遴选应用协同控制技术时仍无所适从。

五　实现局域污染物与温室气体的协同管控

（一）通过构建和完善最严格环境保护制度为节能减排工作设置绿色屏障

从宏观层面来看，节能、优化能源结构和保障生态系统可持续发展是改善环境质量的根本，也是最严格环境保护制度体系建设的重要内容。坚持节约能源、提高能源利用效率和大力发展非化石能源等减缓气候变化的措施有利于温室气体与局域污染物的协同控制；适应气候变化工作有利于促进环保生态红线的动态化、规范化和科学化，有助于完成生态保护与生态修复。在现有的以煤

炭等化石燃料为主的能源结构下，单纯通过终端治理来实现温室气体与局域污染物的协同控制尚未发现可行的技术路线。环保工作应不断地划定标准，设置环保生态红线，并对环保生态红线进行动态化修订。这样，也能够在能源结构的不断调整过程中，实现一定阶段、一定程度上的温室气体和局域污染物的协同控制。

（二）将温室气体排放纳入环境监管体系

我国环保部门也应将包括二氧化碳在内的温室气体排放统计纳入环境监测统计体系。为此，建议聚焦工业过程中污染物排放行业的温室气体排放，完善统计、监测、报告、核查体系。推动电力、钢铁和水泥等重点行业污染物和温室气体的统一监管，将局域污染物与温室气体的统计核算、监测、监管等职能合并，为绿色低碳发展提供制度保障。从近期看，要充分利用环保部门在环境监测和监管方面的基础设施能力和人员队伍建设等方面的优势资源，结合《大气污染防治行动计划》展开温室气体与局域污染物的协同控制。加强部门联勤联动，减少国家行政管理成本和企业负担，提高综合管理效率。从长远看，建立单独的监管机构，统一监管节能、减污和减碳工作。

（三）加强协同控制技术的研发和推广

首先，加大电力、钢铁、水泥和交通等重点行业局域污染物与二氧化碳协同控制新技术的研发投入，充分发挥科技的先导性和支撑作用，制定相关政策措施推动企业将现有协同控制技术转化为生产力，积极探索构建企业协同监管综合示范平台，努力推动重点行业技术升级和绿色低碳发展进程。筛选电力、钢铁、水泥等重点行业的协同控制技术，并出台相应的技术孵育政策。其次，加强对非二氧化碳温室气体减排涉及的行业技术研发的支持。特别是在电解铝、制冷、己二酸、硝酸、电力和煤炭开采行业，加强"非二"温室气体减排的技术筛选和成本收益分析，设计非二氧化碳温室气体减排的路径安排，并将其融入环保"十三五"规划。

中国霾污染的气候监测及其
形成机理分析[*]

周兵 崔童 李多[**]

摘　要：

利用中国气象局和国家环保部提供的环境监测资料，基于大气探测和 NCAR/NCEP 再分析资料，结合国内外霾污染源解析和成分分析研究，展示中国霾气候与气候变化特征及气候监测进展，剖析霾气溶胶成分贡献和污染来源，分析大城市和邻近小城镇空气质量的差异，从大气污染动力学角度解读近期三次重大霾污染事件的可能机理。研究发现：中国东部霾日数呈快速上升趋势，尤以 2013 年最为显著；大城市霾污染明显重于邻近的小城镇。国内霾污染源的增加主要来自机动车、工业排放、燃煤等因素。由此提出了减缓、联防和控制等相结合的去霾化思考与措施。霾气溶胶浓度局地变化主要来自内因（污染源）和外因（气象条件）两个部分。在外因中，水平输送是重要因素，持续的霾污染事件与静稳大气的垂直结构、湿沉降及平均风速的低值区密切相关。

关键词：

霾监测　PM2.5　污染事件　气象条件　机理研究

一　引言

霾是自然界的一种天气现象，是气溶胶和光化学烟雾的混合物。一般公众

---

[*] 本文受"国家重大科学研究计划"课题（编号：2012CB955901）资助。

[**] 周兵，国家气候中心研究员、气候监测室首席专家，主要研究领域为气候变化及气候诊断分析；崔童，国家气候中心助理工程师；李多，国家气候中心助理工程师。

感到的雾霾天气过程是一种重要的气象灾害，大都是霾和雾同时存在，其发生和演变离不开适合的气象条件[①②]。地面气象观测规范中规定的灰霾（霾）是指大量极细微的颗粒物均匀地浮游在空中使水平能见度小于 10 千米的空气普遍混浊现象[③]。极细微颗粒物是指干气溶胶粒子，主要来自自然界以及人类活动排放。霾能使远处光亮的物体微带黄、红色，使黑暗物体微带蓝色。气象行业标准中对霾的技术性判识条件为：当能见度小于 10 千米，在排除了降水、沙尘暴、扬沙、浮尘等其他天气现象造成的视程障碍，空气相对湿度小于 80% 时，判识为霾[④]。在一定气象条件下，霾和雾随着相对湿度的变化有时会相互转化。霾的厚度可达 1 ~ 3 千米，且其日变化不明显。霾粒子的分布比较均匀，灰霾粒子的尺度比较小，从 10^{-3} 微米到 10 微米，平均直径为 1 ~ 2 微米。霾污染发生时，细粒子浓度增加，能见度下降显著，空气质量恶化。细粒子可通过呼吸道直接吸入肺部，并进入血液循环，对人体构成严重危害[⑤]。近年来，我国中东部霾出现的频数大幅增大，尤其是 2013 年 1 月京津冀地区持续遭遇雾霾笼罩，敲响了治理大气污染环境的警钟。由于形成霾天气的气溶胶组成非常复杂，霾引发的环境效应问题和气溶胶辐射强迫引发的气候效应问题引起科学界、政府部门和社会公众的广泛关注而成为热门话题[⑥]。

中国霾观测/监测业务在 20 世纪 50 年代就已开始，而 2002 年 5 月气溶胶研究第 183 次香山科学会议、2002 年 12 月国家区域性灰霾形成机理及气候影响科学研讨会在霾研究领域具有划时代和里程碑标志意义[⑦]。在此之前，我国东部霾年平均日数不足 8 天，霾天气气候学研究相对薄弱，主要研究集中在气

① 曹伟华、梁旭东、李青春：《北京一次持续性雾霾过程的阶段性特征及影响因子分析》，《气象学报》2013 年第 5 期。
② 穆穆、张人禾：《应对雾霾天气：气象科学与技术大有可为》，《中国科学：地球科学》2014年第 44 期。
③ 中国气象局：《地面气象观测规范》，气象出版社，2003。
④ 《中华人民共和国气象行业标准：霾的观测和预报等级》（QX/T 113 - 2010），气象出版社，2010。
⑤ 姚焕英、张秀芹：《灰霾天气对人体健康的危害》，《榆林学院学报》2008 年第 2 期。
⑥ 吴兑：《灰霾天气的形成与演化》，《环境科学与技术》2011 年第 3 期。
⑦ 吴兑：《近十年中国灰霾天气研究综述》，《环境科学学报》2012 年第 2 期。

溶胶光学特性和大气物理理论研究方面①②③。随着霾日数的快速增长和霾气象环境灾害的加剧，霾气候长期变化特征研究和霾气候影响研究已取得重要成果④⑤⑥⑦⑧⑨。2006年，我国专家围绕中国气溶胶物理、化学特性及区域灰霾的观测，中国气溶胶光学特性的观测，气溶胶生成、输送与清除过程及区域灰霾形成机制，气溶胶直接辐射效应、气溶胶间接辐射效应、气溶胶气候效应及未来的情景预估等内容展开深入研究⑩。黑炭气溶胶既可污染空气，又具增温效应；硫酸盐和硝酸盐气溶胶虽然可以污染空气，但能冷却大气，减少温室效应。监测表明：PM2.5是雾霾天气形成的根本原因，而导致PM2.5的主要因素是二次粒子，即由可挥发的物质经过氧化变成的小粒子。目前，我国存在4个霾天气现象相对比较严重地区：京津冀地区、长江三角洲、四川盆地和珠江三角洲。

　　本文基于中国气象局和国家环境监测总站的大气环境资料和气象资料，结合霾解析和成分监测结果，利用气溶胶密度变化的理论方程和全球再分析资料，研究了霾气候变化特征，分析比较了城市化对大气环境质量的可能影响，并通过对京津冀冬季3次重大污染事件进行动力诊断和机理分析，最后提出霾治理的对策和相关建议。

二　霾气候与气候变化监测

　　中国气象局建立常规雾和霾天气网络化监测体系，主要包括能见度、相对

① 吕达仁、魏重：《大气气溶胶对激光的消光的理论计算》，《大气科学》1978年第1期。
② 赵柏林、俞小鼎：《海洋大气气溶胶光学厚度的卫星遥感研究》，《科学通报》1986年第21期。
③ 吴兑：《南海北部大气气溶胶水溶性成分谱分布特征》，《大气科学》1995年第5期。
④ 丁一汇、柳艳菊：《近50年我国雾和霾的长期变化特征及其与大气湿度的关系》，《中国科学：地球科学》2014年第44期。
⑤ 宋连春、高荣、李莹、王国复：《1961~2012年中国冬半年霾日数的变化特征及气候成因分析》，《气候变化研究进展》2013年第5期。
⑥ 孙彧、马振峰、牛涛等：《最近40年中国雾日数和霾日数的气候特征》，《气候与环境研究》2013年第18期。
⑦ 吴兑、吴晓京、李菲等：《1951~2005年中国大陆霾的时空变化》，《气象学报》2010年第68期。
⑧ 胡亚旦、周自江：《中国霾天气的气候特征分析》，《气象》2009年第35期。
⑨ 高歌：《1961~2005年中国霾日气候特征及变化分析》，《地理学报》2008年第63期。
⑩ 张小曳：《中国大气气溶胶及其气候效应的研究》，《地球科学进展》2007年第1期。

湿度、雾和霾天气现象等观测，近些年来也开展对雾霾有重要影响的大气气溶胶的观测和大气环境质量 PM2.5 等的监测，基于风云 3 气象卫星的霾监测和面积估计等产品得到广泛应用。图 1 给出了 2013 年中国气象局霾和 PM2.5 观测站空间分布概况，目前有 2419 个国家气象观测站可提供霾的实时观测和 112 个 PM2.5 监测站可提供空气污染监测。国家环保总局于 2013 年提供京津冀、长三角、珠三角等重点区域以及直辖市和省会城市总计 74 个城市共 496 个国家环境空气监测网站监测点。从气象部门和环保部门 PM2.5 观测覆盖情况的对比分析发现，二者具有互补性，目前气象系统大气环境质量观测站有 43% 以上为国家级观测站；环保系统的观测主要反映城市大气环境质量的真实情况，以及城市化和人类活动的影响，因此，两者的资源互补和数据共享对大气环境质量监测具有深远意义。

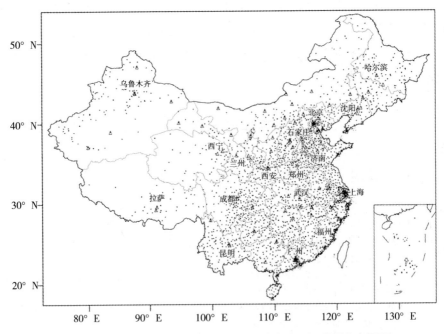

图 1　中国气象局霾监测站和 PM2.5 观测站（△）空间分布概况

2013 年是对中国大气环境质量监测和关注度具有特殊意义的一年。一方面，霾严重程度和出现频次显著增加；另一方面，霾污染问题和治理关注度加大。从霾空间分布（图略）可以发现：2013 年仍以我国中东部为霾日数大值区，其中最为显著的区域在南京以东、杭州以北和山东以南的长三角地区，以及河南与山西交界地区，中心值超过120天。而京津冀、珠三角为霾日数分布的次高值中心，成渝地区是有别于中东部高值区的另一个西部区的相对高值中心。通过与气候态的霾日数距平分布比较（见图2a）发现：2013年霾日数在长三角、京津冀、河套以东的晋豫等地为连成片的显著偏多区域，普遍偏多30天以上，其中长三角江苏等地为高值中心，偏多60天以上。霾日数在珠三角和成渝地区分别为异常偏多的次高值中心，较常年偏多15天左右。华南北部到江西大部一带霾日数较常年略偏多，而内蒙古中东部和东北地区中部、西藏和青海东部等地为正常略偏少区域。

气候变化背景下全球变暖和极端气候事件增多是重要的事实，气候环境尤其是大气环境质量（AQI）也发生了重要的变化。我国雾霾天气主要集中在秋冬季，冬季霾日数占全年的比例高达42.3%。中国气象局气候变化中心的监测结果显示：1961~2013年，中国100°E以东地区平均年霾日数呈显著增加趋势，平均每10年增加2.9天；20世纪60~70年代中期，年霾日数较常年偏少；70年代后期~90年代，接近常年；21世纪以来，年霾日数呈加速增长趋势。2013年，中国100°E以东地区平均霾日数为36天，比常年偏多29.2天，为1961年以来最多（见图2b）。近50年来我国雾和霾的时空变化特征为：霾增雾减、东增西减趋势；霾所占比例东南增、西北减；持续性霾过程显著增加；大城市比小城镇霾日数增加明显。

选取我国东部地区的北京、石家庄、郑州、南京、杭州、广州6个典型大城市站和附近的遵化、饶阳、西华、高邮、慈溪、增城6个小城镇站进行对比分析年霾日数变化情况（见图3）。从图中可以看出，20世纪70年代中期以前，大城市和小城镇年霾日数差别不大，但自20世纪70年代末期以来，大城市霾日数明显较小城镇偏多，大部分年份偏多超过50天，而小城镇基本上是在21世纪初才开始有明显增加的。2013年，六大城市霾日数进一步攀高，平均霾日数达161天，与小城镇的差异超过100天，大城市霾污染严重的现象十分显著。20世纪40年代的美国洛杉矶、50年代的英国伦敦，均出现过雾霾，但只是出现在某一个城市。而在中国，雾霾在城市群之间弥漫和移动，并且互相影响，对整个中国沿海城市带都造成了很大的危害。京津冀、长三角、珠三角等重点区域可以出现一周以上成片的霾污染，城市环境堪忧。

从常年各月霾日数分布看，深秋到冬季为霾多发时段，只要外部气象条件处于静风或微风状态，没有降水天气出现，同时又具有较大的相对湿度，极易

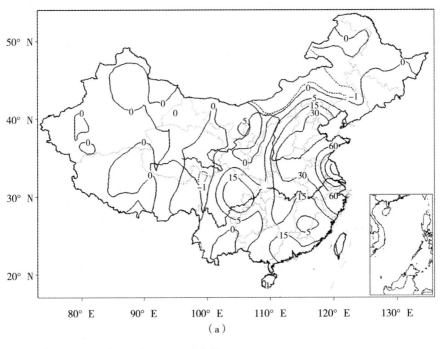

（a）

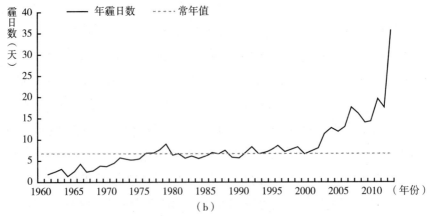

（b）

图2　2013年霾日数距平分布（a）和中国东部霾日数（b）气候变化特征

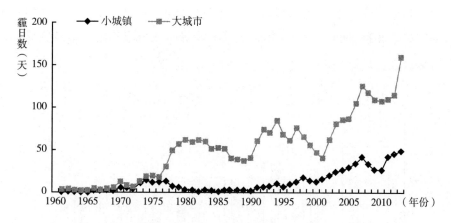

图 3　典型大城市和各自附近小城镇年平均霾日数变化特征

出现霾。如果大气环流系统相对稳定，霾过程会持续多天，或反复多次出现霾污染现象。随着污染源的增多和外源输送，其他季节也经常有霾出现。霾的核心物质是空气中悬浮的气溶胶颗粒，一般将气溶胶粒子根据其空气动力学直径划分为以下几类：总悬浮粒子、飘尘、降尘、可吸入粒子。研究表明，霾天气中细粒子与能见度呈明显的负相关关系（细粒子多，则能见度低；细粒子少，则能见度高）。霾天气状况与细颗粒物浓度密切相关，颗粒物浓度增加是除气象条件以外，霾产生的重要因素之一。

　　气候变化背景下霾天气现象和霾污染事件的增多是一个重要的事实，尤其是在大城市中这一程度更加显著，因此人类活动对雾霾的影响值得探讨。为了分辨城市气溶胶的增长是受人类活动影响还是气候变化影响，图4给出了远离市中心的 3 个 PM2.5 代表性测站（分别是北京上甸子区域本底站、上海东滩站和广州番禺站）的近十年间年平均观测事实。结果显示：2005 ~ 2013 年，北京上甸子和上海东滩 PM2.5 年平均浓度总体维持平稳（分别为40.1 微克/立方米和27.2 微克/立方米），广州番禺地区年平均浓度呈略微下降趋势，由 2006 年的 52.9 微克/立方米下降为 2013 年的 40.1 微克/立方米。国家环保局提供的 2013 年北京城市平均 PM2.5 为 89.5 微克/立方米，而中国气象局大气探测中心提供的北京上甸子平均 PM2.5 为 41.9 微克/立方米，较城市平均偏低 53.2%。从 3 个代表性测站证实大城市郊区 PM2.5

年变化趋势与霾日数变化不同，同时表明大城市年平均 PM2.5 的增加存在特别的原因和特定的污染源，气候变化并未导致大城市郊区气溶胶物质的同步增长。

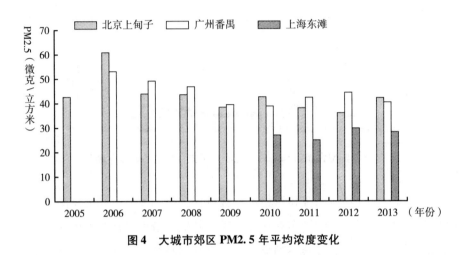

图 4　大城市郊区 PM2.5 年平均浓度变化

三　霾污染源及成分解析

近 20 年来，我国中东部区域霾问题的日益严重，主要是由人类活动排放的大气气溶胶显著增加所致。在一定的气象条件下，大量气溶胶粒子还可以活化成为凝结核。中国的霾污染问题比伦敦雾霾事件和洛杉矶光化学烟雾事件更为复杂和严重，全年空气污染事件接踵而至。其影响也超出了单一学科领域，并进入社会各个方面。霾的生成和发展的核心问题来自外部气象条件和内部物质积累，而不同季节、不同年份、不同年代等不同的时间尺度气象条件具有自身的变化规律，在不同时空尺度上，气溶胶和光化学烟雾的混合物的主要成分有很大差异，因此，脱离了气象条件谈霾污染，或不顾霾物质条件谈气象因素均是不切实际的。由于影响霾的内外因条件的不确定性，霾污染源及其成分需要建立在大样本、大数据的统计基础上，从而破解霾治理之路的困惑。

PM2.5 来源非常复杂，既包括一次排放，也包括二次反应，但大部分的

PM2.5 都不是直接排放形成的，都需要通过二次转化。源解析包含成分和来源两方面，其结论在不同时间段和不同区域，与各个城市具体发展阶段的特征相关。北京市环保局于 2014 年 4 月通过对 2012 年 6 月～2013 年 12 月数据的采集，给出了最新的 PM2.5 源解析结果（见表 1）。

表 1　可吸入颗粒和细颗粒气溶胶物质来源解析

类别	机动车排放	工业	燃煤/油/气	扬尘	餐饮等	外来输送	二次气溶胶	生物质燃烧	其他	备注
PM2.5	31.1	18.1	22.4	14.3	14.1	28.0～36.0	—	—		(1)
PM2.5	4	25	18	15	—	—	26	12		(2)
PM2.5	25	8	19	6	13	19	—	—	10	(3)
PM2.5	16	15	34	7	6	9	—	—	13	(4)
PM2.5	7.7	11.0	3.2	38.2	3.8	—	—	16.7	5.5	(5)
PM2.5	14	—	29	42	—	—	8	4	3	(6)
PM1	23	26	14	7	9	—	—	4	17	(7)
PM10	34	6	22	31	—	—	—	—	7	(8)
PM10	5～20	20	15～30	20～60	—	—	20～40	10	—	(9)

资料来源：①北京市环保局，http://www.bjepb.gov.cn/bjepb/323265/340674/396253/index.html；②Zhang, et al., 2013；③～④王跃思等，2013；⑤Youjun Qin, et al., 2006；⑥Puja K., et al., 2010；⑦张小曳等，2012；⑧X. Querol, et al., 2004；⑨胡敏等，2011。

北京市外来污染的贡献占 28%～36%，本地污染源排放贡献占 64%～72%。在本地污染源贡献中，机动车、燃煤、工业生产、扬尘为主要来源，分别占 31.1%、22.4%、18.1% 和 14.3%，餐饮、汽车修理、畜禽养殖、建筑涂装等其他排放约占 14.1%。北京重污染分为三类：传输型污染、积累型污染、特殊型污染。表 1 同时给出了不同研究者在不同时间段、不同区域、不同气象条件等背景下的北京 PM2.5 解析结果。张仁健等基于观测实验和数据分析，指出机动车对 PM2.5 的贡献不足 4%，其研究结果未包含机动车排放的气体污染物形成二次颗粒物对 PM2.5 的贡献，中国科学院认定这一数字被严重低估。北京市环保局的研究成果显示：北京市除机动车贡献外，燃煤、工业生产和扬尘是 PM2.5 来源的另外三个主要方面，累计达 54.8%，而餐饮、汽车修理、畜禽养殖、建筑涂装等其他排放约占 PM2.5 的 14.1%，同样具有不可忽视性。王跃思等对北京和京津冀的污染源解析与北京市环保局的结论大致相同，但在机动车排放、工业、燃煤及外来输送上两者存在一定的差异，也反映了城市发展程度的差异。张小曳等对PM1的解析结果显示机动车排放和工业因素最为显著，而在马德里，机动车排放和扬尘作用占65%。值得注意的是，印度东北部、美国纽约等机动车贡献明显低于扬尘等的影响，而餐饮等的贡献约占4%。胡敏等人对PM10源解析的结果表明，中国城市主要有六类主要源，并且不同区域的结果存在很大差异。

表2给出了细颗粒物成分解析结果。细颗粒物主要包括有机物、硝酸盐、硫酸盐、铵盐、矿物气溶胶、黑炭、微量元素等成分。北京市环保局对北京地区2012~2013年PM2.5主要成分质量百分比的统计数据显示：有机物占26%、硝酸盐占17%、硫酸盐占16%、矿物气溶胶占12%、铵盐占11%，微量元素、黑炭及其他分别占5%、3%和10%。北京市PM2.5成分和来源呈现两个突出特点。一是二次粒子影响大。PM2.5中的有机物、硝酸盐、硫酸盐和铵盐主要由气态污染物二次转化生成，累计占PM2.5的70%，是重污染情

表2 可吸入颗粒和细颗粒气溶胶物质成分解析

类别	有机物	黑炭	硝酸盐	硫酸盐	铵盐	地壳物质	微量元素	氯盐	其他	备注
PM2.5	26	3	17	16	11	12	5	—	10	(1)
PM2.5	21.1	3.5	7.4	9.0	4.4	23.5	1.1	1.4	28.6	(2)
PM2.5	28.2	3.6	16	30.3	15	—	—	1.4	5.5	(3)
PM2.5	29.2	10.6	8.55	23.6	9.72	—	2.13	—	16.2	(4)
PM2.5	34[*]		9	16	5	16			20	(5)
PM2.5	18.2	7.3	15.7	32.9	13.9	—	6.6	—	5.4	(6)
PM2.5	20	12	16	21	10	9			12	(7)
PM1	41	11	13	16	8			3	7	(8)
PM1	45[*]		8	17	6	5			19	(9)
PM10	15	5	6	17	6	35			16	(10)

注：*表示研究中该项包含黑炭的总比例。

资料来源：①北京市环保局，http://www.bjepb.gov.cn/bjepb/323265/340674/396253/index.html；②Zhang, et al., 2013；③Yang, et al., 2005；④B. Ye, et al., 2003；⑤、⑨N. Pe'rez, et al., 2008；⑥Youjun Qin, et al., 2006；⑦M. Morishita, et al., 2006；⑧张小曳等，2012；⑩张小曳等，2013。

况下 PM2.5 浓度升高的主导因素。二是机动车对 PM2.5 产生综合性贡献。首先，机动车直接排放 PM2.5，包括有机物和黑炭等；其次，机动车排放的气态污染物包括挥发性有机物（VOCs）、氮氧化物（NOx）等是 PM2.5 中二次有机物和硝酸盐的"原材料"，同时也是使大气氧化性增强的重要"催化剂"。

国内不同研究者对北京、成都、上海、南京等不同城市气溶胶成分的解析结果总体一致，有机物和黑炭占 2～5 成，硫酸盐占 1.5～3 成，硝酸盐占 1～1.5 成，铵盐一般不足 1 成。中国气象局大气成分观测网在我国不同区域的站点 PM10 中测得各化学组分包括黑炭、有机碳、硫酸盐、硝酸盐、铵盐、矿物气溶胶等。图5 给出了 2013 年 1 月北京致霾粒子主要化学成分组成比例逐日变化情况，可以发现在 1 个月的时间内，北京经历了 4 次主要霾污染过程，有机物和黑炭占 50%，硝酸盐、硫酸盐和铵盐占 45%，其他成分约占 5%。王跃思等利用源解析技术专门对有机物进行分析，识别出 2013 年北京霾气溶胶中的 4 类有机组分分别为：①氧化型有机颗粒物（OOA），主要来自北京周边；②油烟型有机物（COA），主要由局地烹饪源排放；③氮富集有机物（NOA）、（光）化学产物；④烃类有机颗粒物（HOA），主要来自汽车尾气和燃煤。

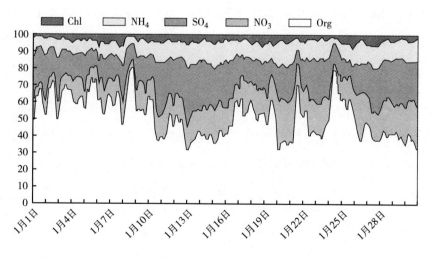

图5　2013 年 1 月北京致霾粒子主要化学成分组成比例逐日变化情况

四 霾动力诊断及成因比较研究

霾形成的主要原因可以从内部因素和外部因素来综合考虑，霾气溶胶物质的增加或减少是内在的根本条件，可以用源强迫来表达积聚过程；霾天气气候背景条件是重要的外部因素，包括近地面水汽条件（相对湿度）、大气逆温层（层结稳定度）、风力条件和降水湿沉降过程等多个关键因子，天气系统的持续稳定可以加重霾污染程度，造成重大影响。上述表述可以用霾气溶胶密度连续方程分析：

$$\frac{\partial \rho_a}{\partial t} = F_0 + \sum_{k=1}^{n} S_k - R_0 - u\frac{\partial \rho_a}{\partial x} - v\frac{\partial \rho_a}{\partial y} - \omega\frac{\partial \rho_a}{\partial T} \cdot \frac{\partial T}{\partial p} \cdots\cdots \tag{1}$$

由公式（1）可知，某一区域霾事件气溶胶浓度（以 PM2.5 为例）的增加与减少，与两类因素密切相关，主要是气象条件和污染源 S_k。对于不同的污染源，可以是成分解析中的机动车排放、工业因素和燃煤等，在其他条件不变的情况下，污染源的增加与减少，与气溶胶浓度的增加与减少有直接的影响；降水的作用 R_0 主要是湿沉降原理，与污染源的贡献相反，使得气溶胶浓度快速下降，空气质量明显好转。以北京市 2014 年 2 月 26 日下午一次不足 5 毫米的小阵雨为例，在 16 时空气质量指数（AQI）高达 500，随着 17 时前后降水的开始，空气质量指数快速下降到 200 以下，并于 22 时后转为良好到优等级。由于气候态下不同季节平均污染源 F_0 的外强迫作用，因此不同的城市空气质量背景差异是十分显著的，其取值也不相同。

就气象条件而言，公式（1）中水平方向的平流输送（可表示为辐合辐散）、对流活动抑制或发展、层结稳定度条件都是重要因素，要在个例诊断中进一步加以分析。霾在气候变化的时间尺度上，与气候因子的关系明确，从而可从宏观层面解释霾日数不断增加的原因。具体表现为：中国东部地区冬季平均风速持续减小，趋势为每 10 年减小 0.19 米/秒；静风（微风）日数增多，静稳天气增加；全国降雨日数减少明显，50 年来减少了 10%。随着气象条件的变化，水平风速减小使得风力对污染物的搬运作用减弱，静稳天气使得污染物在垂直方向更不容易扩散，而雨日数较少导致气溶胶的湿沉降作用减弱。在污染源总量不变的情况下，气象条件的气候变化作用对霾天气的增加是有利的；在污染源总量不断增加的条件下，霾天气对气象条件更加敏感。因此，需要密切关注雾霾天气所产生的气候变化背景条件，人类观测到的一半以上的全球地表平均气温升高，有大于95%以上的可能性是由人类活动导致的，霾的增加与人类无序活动和非环保意识行为有直接关联。

2013年1月以来，我国霾污染的严重性得到社会各方面的高度关注，选取3个持续时间在7天的重要事件进一步剖析成因（见表3）。

表3　三次霾污染事件特点及其影响范围

出现时段	主要特点	影响范围（万平方公里）	涉及省（区、市）	备注
事件A：2013年1月7~13日	风速小、湿度大、大气稳定、冷空气弱，区域输送显著，强烈刺鼻	210	京津冀、东三省、江浙闽等17个省（区、市）	多城市PM2.5爆表、日霾覆盖71.6万平方公里、45%的区域被严重污染
事件B：2013年12月2~8日	强度大、范围广、风速小、湿度大、大气稳定	245	京津冀、鲁豫皖、江浙沪等20个省（区、市）	京津冀与长三角雾霾连成片，大雾和重霾双重污染灾害
事件C：2014年2月20~26日	来势猛、范围广、程度重、时间长、影响大	181	北京、天津、河北、山西、黑龙江、山东、安徽等15个省（区、市）	北京5天严重污染、2天重度污染，石家庄6天严重污染、1天重度污染

从表3可以看到，2013年1月7~13日霾污染（事件A）的主要特点为：风速小、湿度大、大气稳定、冷空气弱，区域输送显著，强烈刺鼻。影响范围达210万平方公里，涉及京津冀等17个省（区、市），多个城市PM2.5指数出现爆表现象，日霾覆盖达71.6万平方公里，霾区45%的区域为严重污染。2013年12月2~8日霾污染（事件B）的主要特点为：强度大、范围广、风速小、湿度大、大气稳定。影响范围达245万平方公里，有1/4的国土受到霾的影响，涉及20个省（区、市），使得京津冀与长三角雾霾连成片，出现大雾和重霾双重污染。2014年2月20~26日霾污染（事件C）的主要特点为：

来势猛、范围广、程度重、时间长、影响大。影响范围达 181 万平方公里，空气污染较重的面积超过了 98 万平方公里，涉及京津冀等 15 个省（区、市），北京 5 天严重污染、2 天重度污染，石家庄 6 天严重污染、1 天重度污染，多地发布霾预警信号。3 次事件均发生在冬季，气象背景条件既有一致性，又有一定的差异性，下面从对流层低层风场、稳定度条件等加以分析比较。

霾天气现象的持续加剧了霾污染的严重程度。从气候背景的分析发现：事件 A 和事件 B 与事件 C 所出现的东亚冬季风状态是完全不同的，2012～2013 年冬季风强度指数为 0.78，属东亚冬季风偏强年份；而 2013～2014 年冬季风强度指数为 –0.60，属东亚冬季风偏弱年份。为什么强弱冬季风年份均出现长时间严重霾污染？尤其是强冬季风背景下 2013 年 1 月京津冀出现 4 次严重霾污染？对逐日监测的结果进一步分析表明：强东亚冬季风背景并不代表每天或每月均处于偏强状态，上述 3 次霾污染事件与东亚冬季风偏弱阶段对应非常好。2013 年 1 月上旬末开始，东亚冬季风强度由强转弱，且长时间持续偏弱（见图 6a），表明 2012～2013 年冬季盛期，中高纬度西伯利亚冷性高压强度出现阶段性偏弱特征，我国北方京津冀一带偏北风偏弱，冷空气影响作用偏弱，在污染源强迫等其他因素的共同配置下，气象条件有利于霾的发生和持续，事件 A 就出现在此背景下；而事件 B 与事件 C 处于弱东亚冬季风指数的逐日偏弱的天气气候背景下（见图 6b），因此具体气象条件和大气环流系统是霾污染产生的重要外部条件。

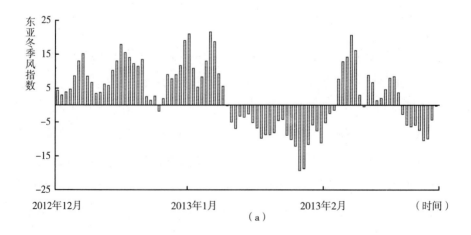

（a）

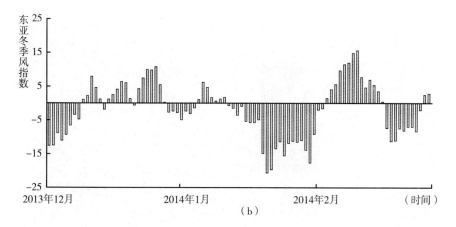

图 6 2012～2013 年（a）和 2013～2014 年（b）东亚冬季风逐日监测

图 7 给出了对流层低层全风速场及对流层低层风速切变矢量的空间分布，从图中可以发现：3 次过程均位于低风速区，地面到 700 百帕垂直风切变较小，在其右侧有显著的辐合气流。事件 A（见图 7a）中 925 百帕上黄河流域以南为 2 米/秒的低值中心，京津冀位于低风速区，依据风速垂直结构分布特点，可以推知近地面风速更小。事件 B 低层风速特点（见图 7b）与 2013 年 1 月 7～13 日的情况一致，而事件 C 略有不同（见图 7c），低风速区位置偏东，呈 L 形分布。总之，可以认为，霾污染事件与环境静（微）风密切相关。

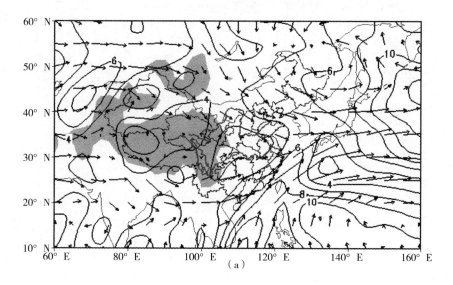

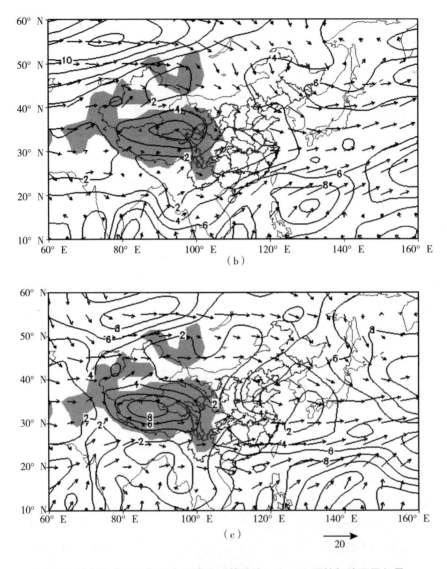

图7　霾事件中 925 百帕全风速场（等值线）和 700 百帕与地面风矢量
差场（箭头）（a）事件 A；（b）事件 B；（c）事件 C

　　公式（1）右端项的分析显示，对流层低层稳定度条件可以直接影响霾气溶胶浓度的局地变化，因此，大气层结稳定不利于大气扩散，使得霾污染加重。图 8 为 850 百帕假相当位温场和对流层低层 700 百帕与地面的差值（阴影）分布，从图中可以看到：3 次霾事件均出现在稳定层结或中性层结的大气环流背景下，事件 A（见图 8a）中从华南到京津冀一带出现大范围稳定层结区域，逆温层最为显著；而事件 B（见图 8b）和事件 C（见图 8c）的垂直层结为中性，弱逆温结构没有外部冷空气等的影响不易被破坏，因此，在持续 1 周的污染过程中，一直维持稳定状态是霾生成和发展的重要因素。

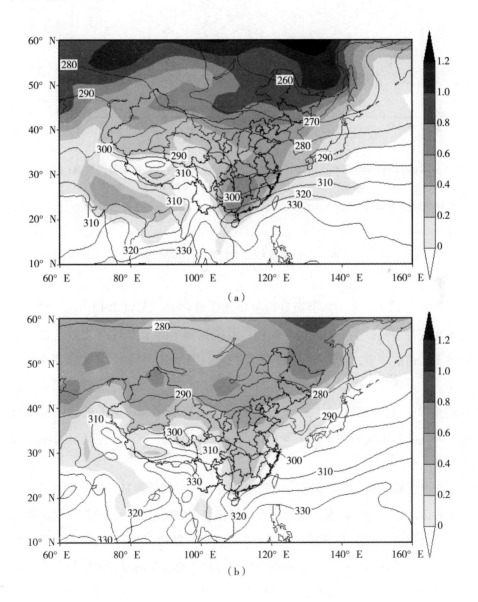

（a）

（b）

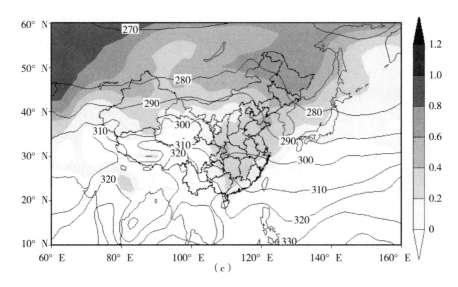

图8　霾事件中850百帕假相当位温场和对流层低层700百帕与地面θse的差值（阴影）（a）事件A；（b）事件B；（c）事件C

五　主要结论与霾治理对策

1961年以来，中国东部霾日数呈快速上升趋势，尤以2013年最为显著；大城市霾污染明显重于邻近的小城镇，北京远郊上甸子PM2.5指数不足北京市区平均值的一半，且能维持相对平稳态势。国内霾污染源的增加主要来自机动车、工业排放、燃煤等因素，不利的气象条件和水平输送也是重要因素，持续的霾污染事件与静稳大气的垂直结构、湿沉降和平均风速的低值区密切相关。霾气溶胶浓度局地变化主要来自内因（污染源）和外因（气象条件）两个部分。

因此，霾治理对策也需要在外部和内在因素方面采取措施，气象条件的变化主要采取适应对策，霾污染源主要从减排等低碳行动着手，治理空气污染关键在于加强以下五个方面的工作。①政府引导、结构调整、减控防治相结合。建立城市间治霾污染协同行动和协同减排计划，落实联防联控的措施方案，加快发展方式转型和经济结构调整，减少大气中有害凝结核的总量。②一体化监测、滚动化预警、科学化决策。霾污染监测需要突破国家与地方的界限、行业与行业的界限，重视气候变化中霾气溶胶气候效应。③强化保护意识、实施论证制度、法制化先行。合理利用气候资源，树立法制观念，实现以法治霾。④全民参与、科普倡导、低碳绿色。倡导和普及科学理念，实现全民参与，选择绿色出行，享受低碳生活的美好环境。⑤直面复杂局面、尊重自然规律、和谐协调发展。面对大气污染治理的长期性和复杂性，需要充分认识和尊重气候变化背景下气象条件出现改变的事实和不利因素，选择适应是极其明智的策略，人与自然、东部与西部、南方与北方和谐协调发展是基本原则和框架，在此基础上创造美好大气质量。

（国家卫星气象中心、中国气象局大气探测中心、中国科学院大气物理研究所、北京市气象局等提供相关资料）

G.26

中国公众气候变化认知分析及政策启示[*]

郑保卫　李玉洁[**]

摘　要：

　本文对国内外机构对中国公众气候变化认知状况的调查情况进行了概述，并基于调查数据，分析中国公众对气候变化的了解程度、对气候变化影响的认知和担忧程度、个人应对气候变化的信心和意愿，以及对减排责任和国际合作的态度。在此基础上探索提升中国公众气候变化意识、促进公众参与气候变化应对的相关政策启示。

关键词：

　公众气候变化认知　民意调查　政策启示

如今，高温、热浪和冻雨等极端天气事件日益频繁地影响着公众的生产生活，气候变化问题已成为 21 世纪全球共同面对的重大挑战，事关人类社会的生存与可持续发展。

科学家研究发现，公众的风险认知直接影响着人们应对自然灾害和社会风险的行为方式，因此，公众的气候变化意识自然也会影响到他们对气候变化政策（如国际谈判、法律法规、税收、补贴等）的态度[①]。

另外，公众个体的日常生活方式及行为对应对气候变化也会产生重大影响，因此，若想有效地减缓与适应气候变化，就需要公众增强气候变化意识，

---

* 本文受中国博士后基金特别资助（编号：2014T70159）。

** 郑保卫，中国人民大学新闻与发展研究中心主任，中国气候传播项目中心主任，中国人民大学新闻学院教授、博士生导师；李玉洁，中国人民大学统计学院博士后/讲师，中国气候传播项目中心副主任。

① Bord, R. J., Fisher, A., & O'Connor, R. E., "Public Perceptions of Global Warming: United States and International Perspectives", *Climate Research*, 11, 1998, pp. 75 – 84.

自觉地改变自己的生活方式及行为。而要让公众增强气候变化意识，政府需要借助民意调查来了解公众的气候变化认知状况，将公众关于气候变化的认识作为相关决策的重要依据，从而更好地制定和实施应对气候变化的政策。

本文将总结国内外机构对中国公众气候变化认知专项调查的情况，并根据调查数据对我国气候变化相关政策的制定提供启示。

一 国内外机构对中国公众气候变化认知调查情况

20 世纪 80 年代中后期，在国际科学理事会、联合国环境规划署、世界气象组织机构的推动下，国际气候变化政策开始成型，相关气候变化议题开始不断出现在公共议程之中，与此同时，针对公众的气候变化认知调查也开始出现。

关于全球变暖公众认知的调查出现于 20 世纪 80 年代早期，到了中后期相关调查开始大量涌现，调查的内容主要是关注公众意识水平、公众气候变化知识、担忧程度、风险认知以及公众应对气候变化的经济支付或行动意愿等。然而这些调查大多局限于一个国家，很少有全球性的多国比较研究①。Anthony Leiserowitz 认为 1988 年以来的多项民意调查表明，美国、欧洲与日本的公众越来越多地认识到气候变化问题，并且支持世界性的减缓与适应政策②。

1990 年之后，关于全球多国公众的气候变化意识调查才逐渐兴起。在全球公众气候变化认知调查中，大都将中国纳入了比较视野。除此之外，国内一些机构如气候酷派项目、零点研究咨询集团和中国气候传播项目中心等也进行了一系列的调查，以反映中国公众气候变化认知的状况。

表 1 详细列举了国内外机构对中国公众气候变化认知状况调查的总体情况，具体的调查机构、调查年份、调查国家、总样本/中国样本数、中国样本取样地和调查方式见表 1。

---

① Bord, R. J., Fisher, A., & O'Connor, R. E., "Public Perceptions of Global Warming: United States and International Perspectives", *Climate Research*, 11, 1998, pp. 75 - 84.

② Anthony Leiserowitz, "International Public Opinion, Perception, and Understanding of Global Climate Change", In *Human Development Report 2007/2008*, http://hdr.undp.org/en/reports/global/hdr2007 - 2008/papers/leiserowitz_ anthony6.pdf.

表1　国内外机构对中国公众气候变化认知的调查数据

调查机构	调查年份	调查国家	总样本数/中国样本数(个)	中国样本取样地	调查方式
环球扫描	1997~2001	30+	30000左右/1000左右	未明确	电话/面访
环球扫描	2005	35	41856/1000左右	城市	电话/面访
环球扫描	2006	33	33237/1863	城市(北京、成都、广州、杭州、沈阳、武汉、西安、郑州)	电话
环球扫描英国广播公司世界公共舆论	2007	21	22182/1800	城市(北京、成都、杭州、上海、沈阳、武汉、西安、郑州)	电话
环球扫描英国广播公司世界公共舆论	2009	23	24071/1000	城市(北京、成都、都江堰等18个城市)	面访/电话
英国广播公司	2013	7	33500/5062	四川、北京、广东三地区	面访
盖洛普	2007~2008	128	127207/1000左右	城市和农村	面访/电话
盖洛普	2011	111	111000左右/1000左右	城市和农村	面访或电话
皮尤	2006	15	16710/2180	上海、北京、广州、新疆、晋中和泸州	面访
皮尤	2007	37	36768/3142	城市	面访
皮尤	2009	25	26397/3169	城市	面访
皮尤	2010	22	24790/3262	城市	面访
皮尤	2013	39	37653/3226	12个城市、12个城镇和12个乡镇	面访
芝加哥全球事务委员会/世界公共舆论	2006	17	22884/1964	城市和农村地区	面访
世界银行/世界公共舆论	2009	15	13518/1010	城市(安徽、河北、黑龙江、湖北、江苏、陕西、上海、四川、云南)	电话
汇丰银行	2007	9	9000/1000	—	网上问卷
汇丰银行	2008	12	12000/1000	—	网上问卷
汇丰银行	2009	12	12000/1000	—	网上问卷
汇丰银行	2010	15	15000/1000	—	网上问卷
气候酷派项目	2008~2009	1	22000	—	网上问卷
零点研究咨询集团	2009	1	3785	7个城市、7个城镇及周边农村地区	面访
中国气候传播项目中心	2012	1	4169	全国随机抽样	电话

从表 1 关于国内外机构对中国公众气候变化认知的调查数据中可以发现，在调查方法上有以下两个特点。

一是实施中国公众气候变化认知调查的机构主要来自发达国家，且调查具有一定持续性，但样本代表性不够。最具代表性的是加拿大民意调查公司环球扫描（GlobeScan）、美国皮尤研究中心（Pew Research Center）、美国马里兰大学世界公共舆论（World Public Opinion）、美国市场调查公司盖洛普（Gallup）、英国广播公司（BBC）和汇丰银行（HSBC），它们都进行了多年的全球公众气候变化认知调查，其中包含中国公众部分。但这些样本选取都有着地理上的局限，绝大多数调查只关注城市而忽略了农村样本，不属于全国随机抽样的调查，因此样本的代表性受到一定的限制。

二是国内机构对中国公众气候变化认知调查较少，全国范围内的随机调查更是零星。正如社会学家洪大用所说，由于缺乏大规模的科学的社会调查数据，国内学者关于公众气候变化认知和行为的研究起步较晚，为数不多的研究成果主要是基于小范围的调查研究①。

除了上述几个大型调查外，国内一些学者还有些零星的小规模调查。比如谢宏佐等基于国内网民的调查，研究我国公众应对气候变化行动意愿影响因素；彭黎明基于广州城市居民的调查，研究气候变化公众风险认知；吕亚荣、陈淑芬通过对山东德州 296 名农民的调查，研究农民对气候变化的认知及适应性行为；谭英等对内蒙古农牧交错地区 4 个盟市 522 家农户的气候变化认知及应对行为进行调查；云雅如等以黑龙江省漠河县为例，分析乡村人群气候变化感知；常ս应等在甘肃会宁县和山东单县开展乡村居民对全球气候变化的认知研究；刘华民等对鄂尔多斯农牧民进行气候变化适应性研究；等等②。这些调查大都样本较小，因而不具有全国代表性，并且主要从气象学观测的角度来研究公众气候变化的感知。

---

① 洪大用、范叶超：《公众对气候变化认知和行为表现的国际比较》，《社会学评论》2013 年第 4 期。

② 李玉洁：《我国城乡公众气候变化认知差异分析及传播策略的建构——基于 4169 位公众调查的实证研究》，《东岳论丛》2013 年第 10 期。

二 调查主要结论和发现

纵观国内外机构对中国公众气候变化认知的调查，可以发现主要关注如下议题：公众对气候变化的了解程度、对气候变化影响的认知和担忧程度、个人应对气候变化的信心和意愿，以及对减排责任和国际合作的态度。

1. 对气候变化的了解程度

皮尤2006年的调查显示，78%的中国受访者"听说过"全球变暖[①]；环球扫描/英国广播公司/世界公共舆论2007年的调查中，72%的中国受访者声称了解气候变化，其中30%的人"非常了解"，42%的人"了解一些"；盖洛普2007~2008年的调查中，62%的中国受访者称了解全球变暖（包括"非常了解"和"了解一些"），2010年这一占比为65%[②]；2012年中国气候传播项目中心的调查中，93.4%的受访者表示了解气候变化，其中认为自己"非常了解"的占11.4%，"了解一些"的占53.7%，"只了解一点"的占28.4%，而"从没听说过"的占比为6.6%[③]；英国广播公司2013年的调查中，70%的中国受访者"听说过"气候变化，16%的受访者"听说过，但不知道什么意思"，11%的受访者表示"没听说过"[④]。

在问及导致气候变化的主要原因时，环球扫描/英国广播公司/世界公共舆论2007年的调查中，87%的中国受访者同意"人类活动（包括工业和交通）是造成气候变化的一个主要原因"这一说法[⑤]；盖洛普2007~2008年的调查

---

① Pew Research Global Attitudes Project, "No Global Warming Alarm in the U. S., China America's Image Slips, But Allies Share U. S. Concerns Over Iran, Hamas", http://www.pewglobal.org/files/pdf/252.pdf.

② BBC Climate Poll, http://news.bbc.co.uk/2/shared/bsp/hi/pdfs/25_09_07climatepoll.pdf.

③ 中国气候传播项目中心：《中国公众气候变化与气候传播认知状况调研报告》，2014年5月3日，http://www.oxfam.org.cn/uploads/soft/20130428/1367146889.pdf。

④ Tan Copsey, et al., "How the People of China Live with Climate Change and What Communication Can Do", http://downloads.bbc.co.uk/rmhttp/mediaaction/pdf/climateasia/reports/ClimateAsia_ChinaReport.pdf.

⑤ BBC Climate Poll, http://news.bbc.co.uk/2/shared/bsp/hi/pdfs/25_09_07climatepoll.pdf.

中，58%的中国受访者认为全球变暖是人类活动导致的结果，而2011年的调查中，这一占比下降为31%，另有13%的受访者认为是自然原因导致的一个结果，18%的受访者认为是两者共同作用的结果，还有35%的受访者没意识到全球变暖[1]；2012年中国气候传播项目中心的调查则发现，55.3%的受访者认为气候变化主要由人类活动引起，38.1%的受访者认为气候变化主要由环境自发变化引起，4.9%的受访者认为气候变化是由其他一些因素引起的[2]；英国广播公司2013年对气候变化原因的调查中（多选），75%的受访者认为是"人口增长"，72%的受访者认为是"人类活动导致各种温室气体的排放"，62%的受访者认为是"树木减少"，53%的受访者认为是"包裹地球的臭氧保护层出现空洞"，44%的受访者认为是"人口涌入城市"以及42%的受访者认为是"自然力量"[3]。

2. 对气候变化影响的认知

2006年芝加哥全球事务委员会与世界公共舆论联合调查公众对全球变暖未来10年影响的评估，其中47%的中国受访者认为全球变暖是一个紧迫的威胁，33%的受访者认为是一个重大但不紧迫的威胁，还有12%的受访者不认为是一个重大的威胁[4]。

世界银行2009年的调查数据显示，71%的中国受访者认为"现在"已经受到了气候变化的影响，而认为严重危害在10年后、25年后、50年后、100年后出现以及不会出现的比例分别为9%、5%、5%、2%和3%[5]。

中国气候传播项目中心2012年的调查中，68.7%的受访者认为中国"已

[1] Brett W. Pelham, "Awareness, Opinions about Global Warming vary Worldwide Many Unaware, Do not Necessarily Blame Human Activities", http：//www. gallup. com/poll/117772/awareness-opinions-global-warming-vary-worldwide. aspx#1.

[2] 中国气候传播项目中心：《中国公众气候变化与气候传播认知状况调研报告》，2014年5月3日，http：//www. oxfam. org. cn/uploads/soft/20130428/1367146889. pdf。

[3] BBC Climate Poll, http：//news. bbc. co. uk/2/shared/bsp/hi/pdfs/25_ 09_ 07climatepoll. pdf.

[4] The Chicago Council on Global Affairs, "Poll Finds Worldwide Agreement that Climate Change is a Threat Publics Divide over Whether Costly Steps are Needed", http：//www. worldpublicopinion. org/pipa/pdf/mar07/CCGA +_ ClimateChange_ article. pdf.

[5] The World Bank, "Public Attitudes toward Climate Change：Findings from a Multi-country Poll", http：//siteresources. worldbank. org/INTWDR2010/Resources/Background-report. pdf.

经受到气候变化的危害",认为 10 年内、25 年内、50 年内、100 年内和永远不会出现的比例分别为 7.5%、7.8%、6.9%、3.1% 和 6.0%①。

英国广播公司 2013 年的调查显示，20% 的中国受访者认为目前气候变化已经带来很大影响，而 1/3 的人认为将来会造成很大影响。当问及影响程度时，在认为当前已经感受到气候变化影响的受访者中，高、中、低三个程度影响的占比分别为 20%、31% 和 48%。而在认为将来会受到影响的受访者中，高、中、低三个程度影响的占比分别为 34%、29% 和 33%②。

3. 担忧程度

环球扫描 2003 年的调查中，37% 的中国受访者认为全球变暖是一个"非常严重"的问题，42% 的受访者认为是一个"有些严重"的问题，17% 的受访者认为"不太严重"，1% 的受访者认为"完全不严重"；而 2006 年的调查显示，39% 的中国受访者认为全球变暖是一个"非常严重"的问题，41% 的受访者认为是一个"有些严重"的问题，15% 的受访者认为"不太严重"，3% 的受访者认为"完全不严重"③。

2006 年芝加哥全球事务委员会与世界公共舆论的联合调查中，80% 的中国受访者认为未来十年全球变暖可能是对该国"核心利益"的一个重大威胁④。

皮尤 2006 年的调查中，在听说过全球变暖的人群中，20% 的中国受访者称"非常担忧"全球变暖问题，41% 的受访者"有些担忧"；在 2007 年的调查中，42% 的中国受访者将全球变暖看作一个"非常严重"的问题，2009 年这一比例为 30%，2010 年这一比例为 41%，而在皮尤 2013 年的调查中，39% 的中国受访者将"气候变化"列为三大主要威胁之一，其他两个则是"美国

① 中国气候传播项目中心：《中国公众气候变化与气候传播认知状况调研报告》，2014 年 5 月 3 日，http：//www. oxfam. org. cn/uploads/soft/20130428/1367146889. pdf。
② BBC Climate Poll，http：//news. bbc. co. uk/2/shared/bsp/hi/pdfs/25_09_07climatepoll. pdf.
③ Globe Scan Poll，"Global Views on Climate Change Questionnaire and Methodology"，http：//www. worldpublicopinion. org/pipa/pdf/apr06/ClimateChange_ Apr06_ quaire. pdf.
④ 中国气候传播项目中心：《中国公众气候变化与气候传播认知状况调研报告》，2014 年 5 月 3 日，http：//www. oxfam. org. cn/uploads/soft/20130428/1367146889. pdf。

的实力与影响"和"国际金融的不稳定"①。

环球扫描/英国广播公司/世界公共舆论 2006 年的调查中，80%的中国受访者认为气候变化是一个"严重"问题，而 2009 年的调查中，认为气候变化"非常严重"者的占比为 57%②。

汇丰银行 2007～2010 年实施的"气候信心指数"调查中，中国对气候变化表示担忧的受访者比例分别为 47%、52%、39%和 57%③。

盖洛普 2007～2008 年和 2010 年的两次调查中，均有 21%的中国受访者认为全球变暖对自己和家庭是一个"非常严重"和"有些严重"的威胁④。

世界银行 2009 年的调查中，中国受访者认为气候变化"非常严重"和"有些严重"的比例分别为 28%和 48%⑤。

2009 年零点研究咨询集团的调查中，69.8%的受访者表示自己"关注"气候变化问题。而 2012 年中国气候传播项目中心的调查结果显示，77.7%的受访者对气候变化表示担忧，其中 23.0%的受访者"非常担忧"，54.7%的受访者"有些担忧"，对气候变化"不太担心"或"完全不担心"的受访者占比分别为 14.1%和 8.2%⑥。

4. 应对气候变化的信心和意愿

2006 年芝加哥全球事务委员会与世界公共舆论的联合调查中，83%的中

① Pew Research Center，"Climate Change and Financial Instability Seen as Top Global Threats"，http：//www. pewglobal. org/files/2013/06/Pew-Research-Center-Global-Attitudes-Project-Global-Threats-Report-FINAL-June – 24 – 2013. pdf.

② BBC Climate Poll, http：//news. bbc. co. uk/2/shared/bsp/hi/pdfs/25 _ 09 _ 07climatepoll. pdf.

③ HSBC，"Climate Confidence Monitor 2010"，http：//www. hsbc. co. za/Downloads/101026_ hsbc_ climate_ confidence_ monitor_ 2010. pdf.

④ Gallup，"World Public Opinion on Climate Chang"，http：//www. climateaccess. org/sites/default/files/Pugliese_ World%20Public%20Opinion%20on%20Climate%20Change. pdf.

⑤ The World Bank，"Public Attitudes toward Climate Change：Findings from a Multi – country Poll"，http：//siteresources. worldbank. org/INTWDR2010/Resources/Background – report. pdf，http：//siteresources. worldbank. org/INTWDR2010/Resources/Background-report. pdf.

⑥ 《应对气候变化：中国公众怎么看?》，2014 年 5 月 3 日，http：//www. ftchinese. com/story/001030390/？ print = y。

国受访者认为应该采取措施应对全球变暖。其中，42%的受访者认为这是一个"严重而紧迫的问题"，需要立即行动即使付出高成本；41%的受访者认为全球变暖需要应对，但这是一个"逐步"的过程，因此需要采取低成本的措施①。

环球扫描/英国广播公司/世界公共舆论2007年的调查中，59%的中国受访者认为减少温室气体排放"绝对有必要"改变生活方式和行为，28%的受访者认为"可能必要"。而2009年的调查中，89%的中国受访者支持政府即使影响到经济也要投入资金应对气候变化，只有8%的受访者反对这么做②。

世界银行2009年的调查中，38%的中国受访者"非常赞同"应对气候变化应放在优先位置，即使可能带来经济放缓和失业率增加，40%的受访者"部分赞同"这个观点。而询问受访者是否愿意接受为了限制温室气体排放而使得生活成本每年提高所在国人均GDP的1%时，结果是68%的中国受访者愿意，只有29%的受访者不愿意③。

皮尤2009年的调查显示，82%的中国受访者赞同保护环境，即使带来经济减速和减少就业，88%的中国受访者愿意为应对气候变化支付更高的价格。而2010年的调查中，91%的中国受访者愿意为应对气候变化支付高价格④。

汇丰2007~2010年关于"气候信心指数"的调查中，持有"气候变化将被阻止"乐观态度的中国受访者占比分别是39%、47%、38%和29%，而"承诺将转变个人生活方式以应对气候变化"的占比分别为44%、56%、61%和64%。2007年、2008年和2010年的调查结果显示，对"相关各方都有各

---

① The Chicago Council on Global Affairs, "Poll Finds Worldwide Agreement that Climate Change is a Threat Publics Divide over Whether Costly Steps are Needed", http: //www. worldpublicopinion. org/pipa/pdf/mar07/CCGA + _ ClimateChange_ article. pdf.

② BBC Detailed Findings, http: //www. bbc. co. uk/pressoffice/pressreleases/stories/2009/12 _ december/07/detailed_ findings. pdf.

③ The World Bank, "Public Attitudes toward Climate Change: Findings from a Multi - country Poll", http: //siteresources. worldbank. org/INTWDR2010/Resources/Background - report. pdf.

④ Pew Research Center, "What do other Countries Think about Climate Change?", http: //www. pewresearch. org/2010/10/12/what-do-other-countries-think-about-climate-change/.

尽其责"抱有信心的中国受访者占比分别是 46%、55% 和 58%①。

2009 年零点研究咨询集团实施的"气候变化公众意识调查"中，当问及是否愿意为改善气候环境而付出实际行动时，83% 的受访者表示"愿意"，表现出了较高的意愿度②。

中国气候传播项目中信 2012 年的调查发现，有近 53.7% 的受访者同意"人类能够应对气候变化带来的挑战"，20.3% 的受访者比较同意这种说法。有 77.0% 的受访者同意"人们如果不改变自己的行为，将很难应对气候变化带来的挑战"。45.9% 的受访者同意"单个人的行为能对解决气候变化问题发生作用"，15.4% 的受访者比较同意这种说法。而在支付意愿方面，83.0% 的受访者愿意为购买环保产品花更多的钱。其中，约有 26.2% 的受访者愿意多支付一成的成本购买环保产品；其次是多支付二成的成本，约有 26.6%；不愿多支付价格购买环保产品的受访者占 17.0%③。

5. 关于减排责任和国际谈判

2006 年芝加哥全球事务委员会与世界公共舆论的联合调查中，79% 的中国受访者认为"如果发达国家愿意提供实质上的援助，不发达国家应该做出减排承诺"，而 85% 的受访者认为"改善全球环境应该是外交政策的一个重要目标"，同样有 85% 的受访者认为国际贸易协议应该包含"环境保护的最低标准"④。

环球扫描/英国广播公司/世界公共舆论 2007 年的调查显示，90% 的中国受访者赞同"富裕国家为较贫穷国家提供资金和技术支持，而较贫穷国家同富裕国家一道减排"；68% 的中国受访者赞同"由于不富裕国家的排放量实际上在增长，这些国家应该同富裕国家一起限制排放"，只有 27% 的受访者支持

---

① Pew Research Center, "What do other Countries Think about Climate Change?", http://www. pewresearch. org/2010/10/12/what-do-other-countries-think-about-climate-change/.

② 《应对气候变化：中国公众怎么看?》，2014 年 5 月 3 日，http://www. ftchinese. com/story/001030390/? print = y。

③ 中国气候传播项目中心：《中国公众气候变化与气候传播认知状况调研报告》，2014 年 5 月 3 日，http://www. oxfam. org. cn/uploads/soft/20130428/1367146889. pdf。

④ The Chicago Council on Global Affairs, "Poll Finds Worldwide Agreement that Climate Change is a Threat Publics Divide over Whether Costly Steps are Needed", http://www. worldpublicopinion. org/pipa/pdf/mar07/CCGA + _ ClimateChange_ article. pdf。

"不富裕国家人均排放量相对较少，不应该被期望要求减排"。而三家机构2009年的调查显示，中国受访者不太支持中国政府在设置全球减排清晰量化目标中扮演领导角色，只有37%的受访者支持这种做法，49%的受访者倾向于采取其他更循序渐进的方式来应对气候变化①。

世界银行2009年的调查中，30%的中国受访者认为气候变化对贫穷国家更有害，54%的受访者认为对富裕国家和贫穷国家同等有害，3%的受访者认为对两者都有害但程度不同，10%的受访者认为对富裕国家更有害。98%的中国受访者认为我国政府有责任采取措施应对气候变化，77%的受访者认为政府在应对气候变化方面做得还不够②。

三　基于我国气候变化公众认知状况调查的思考与建议

政策制定者在处理气候变化问题时需关注公众气候变化的认知状况，因为公众气候变化意识在很大程度上决定了气候变化政策的实施效果。公众在应对气候变化方面可以发挥两方面的作用：一是通过节能和改变生活方式等途径减少温室气体排放；二是通过改变消费方式来引导和鼓励企业研发低碳产品。因此，提升公众的气候变化意识、促使公众的积极参与尤为重要。

综上国内外相关机构对我国公众气候变化认知状况的调查，我们提出如下建议。

1. 加强气候变化科学知识传播，提升公众气候变化素养

气候变化科学知识的传播是气候变化意识提升的基础，而意识的高低决定了公众是否愿意为应对气候变化采取行动或改变习惯。特别是从调查数据可知，当前我国公众自我表示对气候变化了解程度较高，但实际上对造成气候变化的原因、气候变化的影响、如何适应和应对气候变化等相关科学知识还比较陌生。因此，对这方面科学知识的传播尤为重要，政府需要抓好青少年气候变

---

① BBC Detailed Findings, http：//www.bbc.co.uk/pressoffice/pressreleases/stories/2009/12_december/07/detailed_findings.pdf.

② The World Bank, "Public Attitudes toward Climate Change：Findings from a Multi - country Poll", http：//siteresources.worldbank.org/INTWDR2010/Resources/Background - report.pdf.

化教育，同时通过各种教育培训系统来渗透气候变化的科学知识。此外，还要注意发挥大众传媒在传播气候变化科学知识中的重要作用，加强对媒体传播者气候传播能力的建设，让媒体能够报道科学的气候变化知识，以真正提升我国公众的气候变化素养和气候变化应对能力。

2. 实施气候变化科学的舆情监控，实现气候决策的科学化

从调查数据可知，我国公众对气候变化的担忧程度较高。此外，从我国公众对气候变化影响的认知来看，也表明大多数公众已经意识到气候变化是一个紧迫的现实问题。特别是遭遇热浪、干旱、雨雪、冰冻、海啸等极端灾害之时，公众的担心程度会更加突出，容易引发气候变化危机或公众事件。因此，政府部门需要通过各种手段对气候变化舆情信息主动地进行汇集、监测、调查、分析、控制、干预、研判与引导，监测我国公众对气候变化危机的忧虑或担心程度，反映我国气候变化信息中的社情民意，进而积极引导社会舆论，并在此舆情基础上实现气候变化决策的科学化与民主化。

3. 保护公众节能减排意愿，促使低碳行动实现

调查数据显示，我国公众大都具有较高的节能减排意愿，愿意为气候变化支付更高的成本，甚至认为宁可为此而减缓经济增长和导致失业率增加。这一信息给政府的启示是，鉴于国内公众对于低碳产品较高的支付意愿，政府一方面要积极保护国内公众的高支付意愿，引导更多的公众具有这种节能减排意识。同时，要创造各种条件，促进公众低碳行动的实现，比如政府可加大对购买节能产品的消费者减免税收的额度，也可加大推广节能环保产品的力度，鼓励企业生产节能标识产品以满足消费者需求，用市场的机制来撬动公众的节能减排意愿。

4. 加大我国气候变化国际谈判信息传播力度，提升国内公众关注度

国际气候谈判离国内公众的生活较远，因此国内公众不太了解。从调查数据可以看出，尽管我国公众大多数支持政府在应对气候变化问题上采取的立场和自主行动，并且认为发达国家应该承担更多的减排责任。但还有部分受访者对"共同但有区别的责任"原则、公平原则和各自能力原则等我国长期坚持的气候变化谈判立场不熟悉，对富裕国家和贫穷国家的碳排放历史和各自减排责任如何分配也没法做出客观的判断。因此，我国政府应该加大气候变化国际

谈判，以及节能减排成就等信息的传播力度，提升国内公众的关注度，将国内的声音带到国际谈判舞台，以实现国内公众的气候变化认知对国际谈判的重要支撑，从而达到缓解政府谈判压力的目的。

总之，鉴于气候变化是一个重要的公共议题，因此政府在政策行动过程中必须高度关注公众的气候变化认知状况，与公众形成有效的、广泛的信息传播和沟通协商机制，在了解公众气候变化认知的基础上制定更加合理的政策组合，从而推动应对气候变化工作的开展。就此而言，应对气候变化是一个长期的行动过程，而对公众气候变化意识与认知的民意调查也是主流趋势所在。

页岩气发展对中国的借鉴意义和启发

王思丹 *

摘 要：

美国页岩气产量的大幅增长，使页岩气在全球得到广泛关注。勘探和开采页岩气技术的革新大大推动了美国页岩气产量的提升，美国丰富的储量及其经济可行度也加快了页岩气的商业化步伐。同时，出于应对气候变化和降低碳排放的考虑，大力开发页岩气可以降低对于高碳排放的煤和石油的高度依赖。中国的经济发展离不开稳定的能源供应，需要优化能源结构。作为页岩气储量大国，中国应该借鉴美国已有的经验，根据本国的国情，制定一套适合中国页岩气发展的战略宏图。本文首先介绍页岩气的发展，其次从科技、经济、环境、减排四个维度来分析页岩气开发中面临的问题，并提出相应的对于中国的启示与建议。

关键词：

页岩气 开采技术 产量 减排效果 中国

一 受到关注的页岩气

自 2000 年以后，页岩气的开采技术得到迅猛的发展，水力压裂技术的应用以及水平开采技术的进步使得页岩气的产量大幅提高，为页岩气的商业化提供了技术可行性。美国页岩气革命也正在改变着世界对于未来能源格局的思

---

* 王思丹，英国埃克塞特大学在读博士，研究方向为国际气候治理及各国气候变化与能源政策。

考。页岩气产量的大幅增长远远超过了以往的期待，美国 2012 年的天然气产量中有 40% 来自页岩气的贡献。随着页岩气革命推动天然气产量上升，美国将会从一个天然气进口国转变为天然气出口国。强劲的页岩气开发会进一步改变美国的能源格局，甚至影响美国长远的能源政策。

中国同样也受到了美国页岩气革命的鼓舞，期待页岩气也可以实现快速发展。中国在页岩气储量方面具有绝对优势。中国页岩气的储量大约为 134 万亿立方米。其中，页岩气可开采量大约为 31 万亿立方米，位居世界第一①。目前，中国的页岩气资源主要分布在四川盆地、塔里木盆地、准噶尔盆地、松辽盆地、江汉盆地，以及中国南方等页岩气储量较丰富的地区②。

中国也已经迈出了开发页岩气的第一步。2009 年，中美两国签署了《中美关于在页岩气领域开展合作的谅解备忘录》，进一步推进了中国页岩气的勘探和研究工作。"十二五"规划中也明确提出了"推进页岩气等非常规油气资源开发利用"。2012 年 3 月，国家发改委、财政部、国土资源局、国家能源局发布了《页岩气发展规划（2011～2015 年）》，提出到 2015 年探明页岩气地质储量 6000 亿立方米，可采储量 2000 亿立方米，页岩气产量达到 65 亿立方米。2014 年 3 月 24 日，中国石化宣布将在 2017 年建成国内首个年产量达百亿立方米的涪陵页岩气田。这意味着我国实现了页岩气开发的重大战略性突破，也使我国提前进入页岩气商业化时代。

二 页岩气开发中面临的机遇与挑战

页岩气的开发需要考虑技术、产量、环境与减排效果四个方面。美国页岩气发展中既有机遇又面临挑战，也为未来各国"追寻"页岩气提供了经验借鉴。

---

① EIA/ARI, "World Shale Gas and Shale Oil Resource Assessment", U.S.: Energy Information Administration, 2014, http://www.eia.gov/analysis/studies/worldshalegas/.
② EIA/ARI, "World Shale Gas and Shale Oil Resource Assessment", U.S.: Energy Information Administration, 2014, http://www.eia.gov/analysis/studies/worldshalegas/.

（一）勘探与开采的技术要求

美国页岩气革命在很大程度上是来自开采页岩气技术方面的突破和广泛运用。尽管页岩气储量丰富，但是开采页岩气的难度始终受制于技术的发展程度，其页岩气的产量也相对较低。大体来讲，水力压裂以及水平钻井技术的进步与发展使得大规模开采页岩气得以实现，大大提高了页岩气的产量。任何技术的革命都不是由单一因素所促成的。水力压裂技术并不是一个非常新的技术，早在20世纪40年代就已经被使用。水平钻井技术是于20世纪70年代在石油开采工业中被使用的，直到90年代对其进行了技术改进，才得以进一步帮助提高页岩气的产量。以美国巴内特的页岩气田为例，2004年在920口井中有490口井采用的是垂直钻井技术，而到了2008年，2710口页岩气井中有多达2600口井都采用了水平钻井技术。一方面，页岩气井的数量在几年之内就可以成倍增长；另一方面，也可以看到水平钻井技术的进一步广泛运用。值得一提的是，进入21世纪后，复杂的3D模拟岩石技术的发展使得页岩气的勘探技术再上一层楼①。这几项技术的共同发展与进步在过去十年的时间里推动了美国页岩气产量大幅提高，页岩气在美国的商业化成功也带来了震撼世界的页岩气革命。

尽管勘探及开采技术的迅猛发展大幅提高了页岩气的产量，但页岩气的可开采量比例依然是有限的。1997年，全世界范围内页岩气储量预估有456万亿立方米，其中10%～40%是可以开采的。然而，这一预估数字在2011年则上升到716万亿立方米，其中可开采量为188万亿立方米②。技术因素将继续影响有关可开采量的预估。

（二）页岩气的产量与经济价值

美国页岩气革命的成功从一定程度上来讲支持了页岩气开采与发展的经济

---

① Ridley, Matt, "The Shale Gas Shock", 2011, http：//www. marcellus. psu. edu/resources/PDFs/shalegas_ GWPF. pdf.

② World Energy Council, "Natural Gas", *World Energy Resource*, 2013, http：//www. worldenergy. org/wp-content/uploads/2013/09/Complete_ WER_ 2013_ Survey. pdf.

价值。通过美国页岩气革命的经验来探讨页岩气开发的经济可行性，还要从页岩气的产量、开采成本、市场等方面进行讨论。

美国 2012 年天然气的总产量是 6813.07 亿立方米。根据美国能源信息署的预测，预计到 2040 年，美国天然气总产量将达到 10630.20 亿立方米[①]。由于美国天然气产量的大幅增长，其对天然气进口的需求大幅降低，最终美国将会从一个天然气进口国变为天然气出口国。根据该署的相关数据，美国 2012 年天然气进口量为 428.59 亿立方米，预计到 2025 年，美国天然气进口量将为负值，下降至 -965.61 亿立方米。其后的 2035 年和 2040 年，美国天然气进口量将分别是 -1565.93 亿立方米和 -1642.37 亿立方米。这也意味着由于天然气产量的大幅增长，美国未来将从天然气进口国彻底转变为天然气出口国。同时，天然气能源消费继续增长，但其增长幅度低于天然气产量的增长幅度。2012 年，美国的天然气消费总量达到 7260.48 亿立方米，预计到 2025 年、2035 年和 2040 年，其消费总量将分别达到 8027.88 亿立方米、8619.69 亿立方米、8956.67 亿立方米[②]（见图 1）。从图 1 中可以看出，到 2040 年天然气产量将比 2012 年产量增长 56%，同时，天然气生产量的增速快于天然气消费量的增速。

美国天然气产量增加的最大"功臣"是页岩气。在 2012 年的天然气产量中，页岩气产量占了 40%，而这一比例预计将在 2040 年达到 53%。从图 2 中可以看出，美国页岩气的产量 2012 年是 2746.75 亿立方米，预计到 2020 年、2025 年、2030 年、2035 年和 2040 年其产量分别为 3774.66 亿立方米、4527.89 亿立方米、4791.24 亿立方米、5238.65 亿立方米和 5612.43 亿立方米[③]。从中可以看出美国从天然气进口国变身成为天然气出口国背后很重要的推手便是页岩气产量的大幅增长。

从美国的一次能源消费结构来看，预计到 2040 年，其能源所占比例为：

① EIA, "Annual Energy Outlook", U.S.: Energy Information Administration, 2014, http://www.eia.gov/forecasts/aeo/er/.

② EIA, "Annual Energy Outlook", U.S.: Energy Information Administration, 2014, http://www.eia.gov/forecasts/aeo/er/.

③ EIA, "Annual Energy Outlook", U.S.: Energy Information Administration, 2014, http://www.eia.gov/forecasts/aeo/er/.

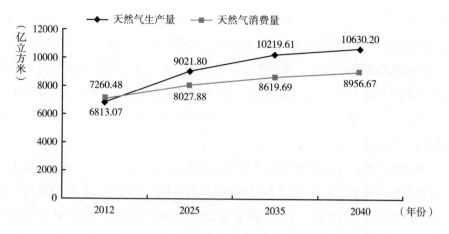

图1　美国 2012 年天然气生产量和消费量及未来趋势

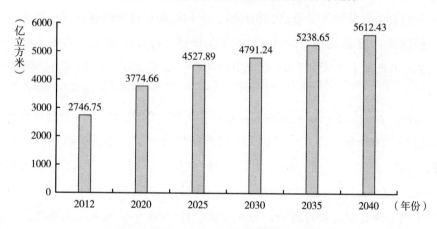

图2　美国 2012 年页岩气产量和未来趋势

石油 31%、天然气 30%、煤 18%、可再生能源 10%、核能 8%、生物能 2%①。从该预测数据中可以看出，由于天然气中的 53% 将由页岩气提供，这也意味着页岩气将占美国一次能源消费结构的 15.9% 左右。

　　然而，页岩气生产与投资还需要考虑的一个因素是产量下降率。页岩气井的产量下降率非常高，从而导致生产者从一开始便高估了页岩气井的储量。许多页岩气井的页岩气流动率低于生产者之前的期待值。而更重要的是，页岩气

---

① EIA，"Annual Energy Outlook"，U. S.：Energy Information Administration，2014，http：//www. eia. gov/forecasts/aeo/er/.

的产量在不同的页岩气井之间会有非常大的区别。在美国的一些页岩气井中,第一年的生产下降率就高达60%～80%[1]。但是,这一高速的产量下降率会随着时间的推移而逐步缓和。美国历史比较长的巴内特页岩在四五年之后,每年产量下降率达10%。巴内特页岩气的产量在前两年下降39%,在第三年时下降50%,直到第十年时将下降50%。相比传统天然气井30～40年的寿命,页岩气井的寿命只有8～12年[2]。

美国麻省理工学院的研究报告指出,2005～2010年,美国有超过11.1万口页岩气井的初始产量中位数为每天0.42亿立方米。其中,20%的页岩气井每天的产量高达0.72亿立方米,而另有20%的页岩气井每天的产量只有0.20亿立方米[3]。从中可见,页岩气的产量与之前所预期的产量并不完全相符。同时,每口页岩气井的开采量也大相径庭。美国能源信息署的数据也支持这一结论。根据其2013年的报告,页岩气的平均产量为每口0.28亿立方米,其产量幅度从0.003亿立方米到3.21亿立方米不等。数据显示,页岩气井之间的产量悬殊。

另外,页岩气的产量大幅增长也提高了天然气的供应量,势必会影响天然气的价格。2009年,许多国家的天然气价格相较于前一年的价格都有较大程度的下降。英国、美国、加拿大的天然气价格分别下降了55%、56%和58%[4]。一方面,天然气产量的增长以及页岩气革命所带来的市场预期都对天然气价格下降有很重要的影响;另一方面,自2008年秋以来的全球性经济危机所带来的市场疲软导致能源需求大幅下降,因此引发了天然气价格的大幅缩水。从短期来看,天然气价格的下降对于投资者来说并不是一个利好消息。因为笼罩在经济危机的阴影中,投资者难以准确地判断天然气投资的回报率。如

① Jacoby, Henry D., Francis M. O'Sullivan & Sergey Paltsev, "The Influence of Shale Gas on U. S. Energy and Environmental Policy", 2011, http://globalchange.mit.edu/files/document/MITJPSPGC_ Reprint_ 12 - 1. pdf.

② Stevens, Paul, "The Shale Gas Revolution Hype and Reality", UK: Chatham House, 2010, http://www.chathamhouse.org/publications/papers/view/178865.

③ Jacoby, Henry D., Francis M. O'Sullivan & Sergey Paltsev, "The Influence of Shale Gas on U. S. Energy and Environmental Policy", 2011, http://globalchange.mit.edu/files/document/MITJPSPGC_ Reprint_ 12 - 1. pdf.

④ BP, "BP Statistical Review of World Energy", 2010.

果市场需求和天然气产品价格持续低迷，将会影响开发者的投资信心。同时，开发者还要考虑勘探与开采技术投资及成本是否过高。但是，从长期来看，一个便宜而又高效的能源产品更易受到市场的青睐。在当前应对气候变化和能源结构调整等因素的影响下，一个既具有价格优势又能带来相对较低碳排放的能源产品会更具有市场前景。

（三）环境因素的担忧

页岩气的开发对于环境因素的影响也是一个重要的考虑因素。地下水污染、地表水污染，对于水资源的大量消耗等都是影响页岩气开发的重要因素。环境方面的考量也是页岩气在欧洲以及在美国许多地区被禁止的重要因素之一。

水力压裂技术的广泛应用是提高页岩气产量和实现页岩气革命的重要技术因素之一。水力压裂技术所需要的压裂液不仅包括水和砂，还包括其他化学添加剂。这些化学剂占压裂液整体的比重不到1%，包括减阻剂、抗菌剂、防垢剂等①。这些含有化学添加剂的压裂液在通过地下蓄水层部分时如果泄漏，就有可能污染地下水。这种水污染的可能性也一直是环境因素中重要的考虑因素。但是，并不是只有页岩气会污染地下水，其他能源的开采同样也有污染环境的风险。因此，科学、严格的环境管理制度与体系是至关重要的。

地表水污染及污水处理是页岩气开采的另一个可能导致环境污染的问题。水力压裂技术所需要的压裂液中99%的物质是水和砂，其中水的比例超过了90%。尽管水会被重复利用，但是依然会有废水产生。因此，废水处理必须得到有效的管理，制定科学的方案和措施。从美国的经验来看，只要废水处理得当，页岩气的开采可以像其他行业一样，将可能的环境风险降到最低②。但是前提是必须有科学、高效的废水处理设施和严格的管理系统。

---

① Ridley, Matt, "The Shale Gas Shock", 2011, http：//www. marcellus. psu. edu/resources/PDFs/ shalegas_ GWPF. pdf.

② Ridley, Matt, "The Shale Gas Shock", 2011, http：//www. marcellus. psu. edu/resources/PDFs/ shalegas_ GWPF. pdf.

另一个环境方面的担忧是对于水资源的消耗过大。以宾夕法尼亚州的页岩气开采为例，每口井需要 100 万~500 万加仑的水，宾夕法尼亚州平均每天消耗不超过 6000 万加仑的水用于开采页岩气[1]。尽管水资源消耗量大，但相比美国其他产业对于水的消耗来说，页岩气的水资源消耗量并不高。

（四）页岩气开采与减排效果

天然气被视为从传统能源向可再生能源转变的一种桥梁能源，就是因为它的碳排放量要低于使用煤和石油所带来的碳排放量。燃烧天然气所贡献的碳排放量要比石油的碳排放量大约低 30%，而比煤的碳排放量大约低 50%[2]。

在减排效果方面，有学者也对于页岩气的发展可以降低碳排放量的观点持不同意见。尽管页岩气作为非常规天然气在使用过程中的碳排放量低于其他化石能源的碳排放量，但其开采过程中可能产生的页岩气泄漏会造成甲烷排放的增加，并且可能会影响整体减排效果。在温室气体中，20 年内，甲烷的碳排放量是二氧化碳的 72 倍，100 年内则是 25 倍。根据测算，页岩气的开采过程所造成的甲烷排放量比传统天然气开采所带来的排放量要高将近 1.9%[3]。尽管比例不大，但考虑到甲烷会带来很高的碳排放量，因此在开采页岩气过程中潜在的温室气体泄漏则更加令人关注。

但是，这一观点受到了其他各方面的挑战。其他学者认为这样的结论有严重的缺陷以及高估了泄漏的排放量，并且认为这种泄漏只有在人为的错误以及技术应用不当的情况下才会出现[4]。在有效的监管和管理体系下，这种风险是可以避免和控制的。

① Ridley, Matt, "The Shale Gas Shock", 2011, http://www.marcellus.psu.edu/resources/PDFs/shalegas_GWPF.pdf.
② Stevens, Paul, "The Shale Gas Revolution Hype and Reality", UK: Chatham House, 2010, http://www.chathamhouse.org/publications/papers/view/178865.
③ Howarth, Robert W., Renee, Santoro & Anthony, Ingraffea, "Methane and the Greenhouse-gas Footprint of Natural Gas from Shale Formations", *Climate Change*, 2011, 106 (4).
④ Boersma, Tim & Corey, Johnson, "The Shale Gas Revolution: U.S. and EU Policy and Research Agendas", *Review of Policy Research*, 2012, 29 (4).

三　对于中国页岩气发展的启示与建议

中国有必要通过美国的页岩气发展经验，结合本国国情进行页岩气的开发。在思考页岩气发展的同时，也要从科技、产量、环境和减排效果等方面来考虑中国页岩气的未来之路。

（一）加强开发页岩气的技术合作与自主创新

正是科学技术的进步才使得页岩气的产量得以迅速提高。水力压裂技术的改进与水平钻井技术的结合，以及复杂的3D模拟岩石技术的发展都是实现美国页岩气革命以及商业化的重要技术因素。中国的页岩气发展固然离不开技术的支持，没有先进的勘探及开采技术，页岩气的产量是难以实现突破性增长的。

水力压裂技术以及水平钻井技术在我国已经有所应用。2013年3月，中国成功研制出3000型压裂车，达到了世界压裂装备技术的最高水平。由中国研发的裸眼封隔器、桥塞等井下压裂工具也已经达到世界先进水平①。但是与美国相比，中国的地质条件复杂，页岩气埋藏较深，达到5000～7000米。同时，地面较多的山地及丘陵，都会加大页岩气的勘探及开采难度②。特别是水力压裂技术需要消耗大量的水资源，这对于位于西部地区的页岩气开发形成技术困难和挑战。除了我国自主创新及研发的相关技术应用，与美国的技术合作和引进也是实现中国页岩气大踏步前进的重要途径。特别是过去十年的美国页岩气商业化经验，不仅给我国未来的页岩气发展提供了重要的市场参考，也对于技术运用、勘探及开采管理，以及相应的技术标准及管理体系都具有极高的参考和学习价值。2009年11月，中美两国签署了《中美关于在页岩气领域开展合作的谅解备忘录》，进一步促进中国页岩气的勘探工作。2010年5月，中

---

① 中国石化：《中国首个大型页岩气田提前进入商业开发》，2014，http：//www. sinopecgroup. com/group/Resource/Topic/yeyanqi/shale_ gas_ news. html。
② 邹才能、董大忠等：《中国页岩气形成机理、地质特征及资源潜力》，《石油勘探与开发》2010年第6期。

美两国又签署了《中美页岩气资源工作组工作计划》。因此，在当前我国正处于页岩气开发初级阶段，一方面，中国必须在维护国家利益的前提下，大力推动页岩气的开发，实现美方的技术与中方的开采相结合；另一方面，技术创新与自主研发需要进一步获得国家的支持与鼓励。随着中国经济的发展、技术创新能力的提高，中国勘探、开采、管理页岩气的能力也会不断增长。同时，要鼓励民营企业投资相关技术的开发，促进市场的公平竞争。这不仅需要国家在政策层面给予引导、支持与鼓励，还需要完善配套的基础设施、产业环境以及对知识产权的保护。

（二）清楚意识到中国开发页岩气所处阶段

中国和美国在页岩气开发阶段有着本质的不同，因此在探讨经济可行性时要从不同角度去思考。美国页岩气开发已经走过了最初的起步阶段，随着技术运用的扩展，页岩气产量已经大幅增长，其产量预估值也不断地提高。美国2012年的页岩气总产量高达2746.75亿立方米，占美国全部天然气产量的40%。天然气在美国能源结构中占27%的比例[1]。中国的能源结构与美国不同，中国的能源消费高度依赖煤炭。2012年底，煤炭占一次能源消费总量的比重比前一年下降了1.3个百分点，但依然高达67.1%。天然气和石油占一次能源消费总量的比重分别为5.5%和18.9%，比前一年分别提高了0.5个和0.3个百分点[2]。根据《天然气发展"十二五"规划》，到2015年中国天然气供应能力将达到1760亿立方米左右。然而，美国在2012年的天然气总产量就已经达到6813.07亿立方米。两国在天然气产量上的差距还是非常大的。就页岩气而言，根据《页岩气发展规划（2011~2015年）》，到2015年页岩气年产量将达到65亿立方米，力争在2020年年产量达到600亿~1000亿立方米[3]。以这一产量目标与美国2012年页岩气总产量相比，中国在2015年的页岩气产

---

[1] EIA，"Annual Energy Outlook"，U. S.：Energy Information Administration，2014，http：//www.eia. gov/forecasts/aeo/er/.

[2] 国家发改委：《中国应对气候变化政策和行动2013年度报告》，2013年11月。

[3] 国家发改委、财政部、国土资源局、国家能源局：《页岩气发展规划（2011~2015年）》，2012年3月。

量只能达到美国 2012 年水平的 2.4% 左右。即便到 2020 年中国实现了 1000 亿立方米的产量，与美国相比，届时中国页岩气产量也只占到美国的 26%。目前，页岩气占美国天然气总产量的 40%，而中国到 2015 年，预计页岩气占天然气的比重也就只有 3.7% 左右。从产量规模来看，中美两国在页岩气的开发上不可同日而语，中国距离大规模开发页岩气以及页岩气市场的成熟化还有很长的距离。

另一个方面就是开发页岩气的成本问题。中国页岩气的产量低不仅受制于目前掌握相关技术的能力，还因为其开发过程中的高成本。水力压裂技术以及水平钻井技术的研发，以及要适应中国的地质特点，需要很大的投资。同时，由于中国页岩气的地质特点加大了开采难度，其开采技术要求高、难度大，成本自然也就高。除了技术运用和生产过程本身的巨大投资外，对于环境的保护也需要很大的成本投入，科学的污水处理系统，以及先进的环境监测管理体系都需要巨大的投资。当然，每个页岩气田的投资额度会因地而不同，但也有估计，如果 2020 年要达到 600 亿～1000 亿立方米的页岩气产量，总投入要达到 4000 亿～6000 亿元[①]。

但是，发展页岩气的经济优势是不言而喻的。随着天然气在能源消费中所占比重的提高，以及产量的增长，天然气将成为一种价格相对便宜的能源。对于中国这样的发展中大国，能源消费水平的上升、能源需求的快速增长，都进一步提高了对天然气开发的热情。作为页岩气储量的大国来说，中国开发页岩气具有储量优势，如果从长期战略角度上讲，中国页岩气产量的大幅增长将会对世界天然气市场产生影响。

（三）需要建立严格的环境管理制度

水平钻井技术可以通过一个井场向不同方向挖掘多个水平页岩气井，因此对于地表环境及地表植被的破坏程度比较小。水力压裂技术中所需要的水资源通过循环用水系统和污水处理系统都可以得到良好的安排。以美国的经验来

---

① 王淏童：《中国"页岩气革命"的喜与忧》，金融时报中文网，2012 年 7 月 27 日，http://www.ftchinese.com/story/001045713。

看，这些环境上的担忧都已经得到了解决。

但是，与美国相比，中国仍然需要考虑两个因素。在中国西部等页岩气储量丰富的地区本身就面临严重的缺水局面。中国的水资源缺乏情况就比较严重，在一些高度缺水的地区开发页岩气，势必会与其他日常生产生活所需要的水资源产生相互争抢。特别是受气候变化的影响，中国虽然整体降水量没有发生巨大变化，但是降水的时空分布却有了很大的变化。因此，局部地区的缺水情况可能会影响该地区页岩气的开发。同样，页岩气的开采也会加剧该地区的严重缺水局面。

另一个方面是环境保护措施及管理的有效性。美国的经验固然对中国未来的页岩气开发有着极其重要的示范作用。但是，美国的页岩气发展是在严格的法律监督、科学的管理体系、高效的环境管控及监督的情况下展开的。美国环境保护署及其他相关政府职能部门拥有严格的环境指标和监管力度。因此，页岩气的开发、开采以及运输都要受到严格的监管和控制。但是，页岩气对于中国来说还处于起步阶段，环境保护的有效性要求监管力度更大、法律条文更细化、政府职能部门的职责更清晰。

（四）制定长远规划，优化能源结构，提升减排效果

页岩气得以广泛关注，除了它的巨大储量以及潜在的巨大产量外，还由于消费天然气的碳排放要低于消费煤所带来的碳排放，因此天然气也被看作有良好开发前景的能源。也因为其较低的碳排放，页岩气被看作从煤和石油等传统能源向可再生能源过渡的桥梁能源。根据《页岩气发展规划（2011～2015年）》的估计，以页岩气年产量65亿立方米来计算，在发电过程中，相比煤炭排放量，可降低1400万吨二氧化碳、11.5万吨二氧化硫、4.3万吨氮氧化合物以及5.8万吨烟尘①。因此，要制定页岩气发展的长期规划，优化能源结构，提升减排效果。

---

① 国家发改委、财政部、国土资源局、国家能源局：《页岩气发展规划（2011～2015年）》，2012年3月。

无锡市低碳城市综合发展战略[*]

苏布达　翟建青　李修仓　占明锦　曹丽格　姜　彤[**]

摘　要：

在国家发改委确定的 36 个国家级低碳试点城市以外，无锡市利用国际合作项目的平台，借鉴德国杜塞尔多夫等地低碳发展的成功经验和具体范例，对本地气象灾害发生发展趋势、温室气体排放清单、能源系统、重要行业资源利用现状和低碳发展的现有制度进行了详细分析，并运用情景分析的方法探索了若干城市未来低碳发展路径，结合实际制定了一套以减排为重点，同时兼顾资源高效利用、适应气候变化措施的低碳城市综合发展战略，对我国沿海城市具有很好的借鉴意义。

关键词：

低碳城市　节能减排　发展战略　无锡

一　引言

气候变暖是全人类面临的共同挑战，建设低碳城市是发展低碳经济、建设低碳社会的重要组成部分。自 2008 年以来，"低碳城市"开始成为我国城市

---

[*]　本文受德国 Mercator 基金会 "Low Carbon Future Cities" 和中组部 "千人计划" 项目资助。

[**]　苏布达，国家气候中心副研究员，中国科学院大学教授、博士生导师，中组部 "千人计划" 特聘教授，研究领域为气候变化影响和区域适应；翟建青，国家气候中心副研究员；李修仓，国家气候中心助理研究员；占明锦，中国气象科学研究院博士研究生；曹丽格，国家气候中心助理研究员；姜彤，国家气候中心研究员，南京信息工程大学气象灾害预报预警与评估协同创新中心首席科学家。

规划、城市运营、城市品牌的新标准。国家发改委于 2010 年提出开展低碳省区和低碳城市试点，确定广东、辽宁、湖北、陕西、云南五省和天津、重庆、深圳、厦门、杭州、南昌、贵阳、保定八市为第一批试点，2012 年确定包括北京、上海、海南和石家庄等 29 个城市和省区为第二批试点省区和城市[①]，低碳试点在全国全面铺开。

2009 年 11 月，国务院提出到 2020 年我国单位国内生产总值二氧化碳排放比 2005 年下降 40% ~45%。低碳发展是未来城市发展的必经之路，但低碳城市的发展过程面临许多挑战。当前我国的大部分城市正处于工业化、城市化、现代化加快推进的阶段，基础设施建设规模庞大，能源需求快速增长，能源消费总量随着 GDP 的增长不断增加，而新兴工业化、区域城市化、人民生活水平不断提高，使得能耗总需求呈持续增长态势，减排压力不断增大。城市能源结构较单一，效益效低，能源市场体系还不够健全，而区域内产业发展准入条件不一致，缺乏区域内统筹发展的产业政策，因此，低碳城市的建设是个长期的过程。

包括无锡在内的一大批城市，通过对自身资源、环境容量和生态承载力的分析，汲取国外低碳城市发展的先进经验和已有范例，考虑未来气候承受力，转变发展理念，创新发展模式，建立符合当地资源禀赋和特点的低碳城市发展战略。南昌成为英国战略方案基金"低碳城市试点项目"，成都创城乡统筹"四位一体"低碳经济模式，大连积极打造低碳示范产业园，深圳、德州等地纷纷抢跑"中国第一低碳城"，保定市成为我国第一个"国家可再生能源产业化基地"，上海市在建筑节能方面取得成就，各城市努力赢得一张"低碳城市"的新名片。

在国家级试点城市以外，自 2011 年起，在德国墨卡托基金会"中德低碳未来城市"项目的支持下，作者团队承担了无锡市未来极端气候事件预估及

---

① 2012 年 11 月 26 日，《国家发展改革委关于开展第二批低碳省区和低碳城市试点工作的通知》确定了北京市、上海市、海南省、石家庄市、秦皇岛市、晋城市、呼伦贝尔市、吉林市、大兴安岭地区、苏州市、淮安市、镇江市、宁波市、温州市、池州市、南平市、景德镇市、赣州市、青岛市、济源市、武汉市、广州市、桂林市、广元市、遵义市、昆明市、延安市、金昌市、乌鲁木齐市共 29 个城市和省份为我国第二批低碳试点。

其对行业的影响和适应研究，通过深入的现状调查、科学的情景分析，对重点行业及跨行业的碳排放需求进行了详细测算，积极借鉴德国杜塞尔多夫产业转型和低碳发展的成功经验，针对本地高耗能行业集中、电力需求持续增长、燃煤是二氧化碳排放的主要来源等发展现状和趋势，集减缓温室气体排放、资源高效利用和适应气候变化于一体，探索建立气候与资源友好型的低碳城市综合发展战略。

二　无锡低碳发展的基础与目标

（一）无锡温室气体排放现状

"中德低碳未来城市"项目组根据政府间气候变化专门委员会（IPCC）的定义，对能源行业的二氧化碳排放按照燃料燃烧（热电、石油加工等）、制造业、交通、商业用房及住宅等领域开展统计。结果显示无锡能源行业二氧化碳排放超过7000万吨，其中热电和工业部门占90%，交通和住宅相关排放量正处于迅速增长中[①]。2010年无锡人均二氧化碳排放为12吨，与全国平均值6吨和德国平均值10吨相比，排放偏高。

在确立低碳发展目标之前，无锡市经济发展已经取得了较大成绩，为低碳发展方式奠定了基础。无锡致力于发展创新型经济，推进先进制造业高新化、现代服务业高端化、现代农业高效化，基本建立起了布局科学、分工合理的建设以服务经济为主导的现代产业体系，并在新能源产业发展方面具有先发优势，在2008年初步形成了研发、制造、组装完整的"千亿元级"光伏太阳能和"百亿元级"风能产业链和产业集群。无锡鼓励科技创新创业，为低碳技术研发和产业化提供了优越的创新环境，并在发展循环经济、推进节能减排等方面制定了一系列政策法规，为低碳经济发展创造了良好的法制环境。

---

① 单个城市的温室气体排放清单方法比较复杂，此处及后文中的排放清单计算依据国家发改委2011年下发的《省级温室期间清单编制指南（试行）》制作，并使用了世界资源研究所与中国社会科学院等共同开发的"城市温室气体核算工具"。

（二）无锡低碳发展目标

无锡市发展和改革委员会 2011 年发布了《无锡市"十二五"低碳城市建设规划》，提出到 2015 年，初步形成政府主导、企业主体、社会参与的低碳城市。通过发展太阳能、风能和生物质能等新能源，调整能源结构；通过调整产业结构、加快低碳技术开发与应用、推行低碳生产模式等节约能源和减少碳排放；通过植树造林、保护湿地等提高城市区绿化覆盖率、人均公共绿地面积和森林覆盖率，吸收经济活动所排放的二氧化碳。力争到 2015 年，全市单位 GDP 二氧化碳排放比 2005 年下降 35%，森林覆盖率达到 27%，城市建成区绿化覆盖率大于 45%；到 2020 年，全市单位 GDP 二氧化碳排放比 2005 年下降超过 50%，力争使无锡市成为全国低碳经济示范城市。在此基础上，无锡市确定了未来低碳城市发展目标，特别是确定了"十二五"期间低碳城市建设主要指标（见表 1）。

表 1　无锡市"十二五"低碳城市建设主要指标

类别	指标名称	单位	2010 年	2015 年
低碳经济	单位 GDP 水耗	立方米/万元 GDP	31.7	≤30
	第三产业增加值占比	%	42.5	49.5
	万元 GDP 能耗下降率	%	累计 20 以上	累计 20
	单位 GDP 二氧化碳排放减少率	%	—	20
	非化石能源占一次能源消耗比重	%	—	5
	高新技术产业增加值占规模以上工业增加值比重	%	45.7	55.0
	工业固体废弃物综合处置利用率	%	99	100
	主要污染物排放下降率	%		20
	工业用水重复利用率	%	—	≥80
低碳社会	城市化率	%	68	75
	可再生能源的使用占建筑总能耗的比例	%	—	≥15
	公交设施可达范围	米	—	500 ~ 800
	公交清洁燃料汽车拥有率	%	—	≥90
	市区公共交通分担率	%	25	30
	城市生活垃圾无害化处理率	%	100	100
	城镇生活污水集中处理率	%	91.3	98.0
	人均住房面积	平方米	—	35

续表

类别	指标名称	单位	2010 年	2015 年
低碳生态环境	空气质量好于或等于二级标准的天数	天/年	—	≥350
	生活垃圾分类收集率	%	50	65
	建成区绿化覆盖率	%	43.4	45.0
	人工湿地水质	—	—	透明度 0.8～1.0 米
	人均公共绿地面积	平方米	14	15
	区域噪声平均值	分贝	—	≤50
	水面积率	%	7.4	10.0

资料来源：无锡市发展和改革委员会：《无锡市"十二五"低碳城市建设规划》，2011。

（三）对 2010～2050 年排放情景的模拟[①]

项目组为无锡重点行业模拟了到 2050 年低碳路径的长期情景，即"超低碳情景"。该情景假设，2050 年无锡经济将仍然繁荣，拥有现代化的基础设施，达到较高技术标准，能够为企业提供良好的发展环境，居民生活达到较高的水平。无锡的经济将减少对高耗能行业的依赖，加快高技术、服务业的发展，特别是物联网、低碳能源技术、软件设备等。结果显示，无锡二氧化碳排放将于 2020～2030 年达到峰值 1 亿吨，2050 年排放量与高峰年相比有大幅下降。

同时，项目组依据无锡当前的政策环境和发展规划，按照 2010 年无锡 GDP 是 2005 年的 2 倍多、年均增长率约 14% 的发展速度，对无锡未来的排放情况进行推测，形成"当前政策情景"。二氧化碳排放量模拟结果显示：未来几十年中，无锡经济发展将逐渐放缓，但依然保持明显增长，二氧化碳排放量将持续上升，在 2050 年达到高峰值 1.4 亿吨。

在当前政策情景和超低碳情景下，无锡各重点行业二氧化碳排放量对比见图 1。

"超低碳情景"设定了比无锡当前规划更加低碳的发展路径。在 2020 年后，可再生能源供应（包括从外地购入和当地生产）将迅速增加，各行业将应用更高效的减排技术，居民行为习惯也将更趋于节能。因此，二氧化碳排放

[①] Vallentin, Daniel, Xia-Bauer, Chun, Dienst, Carmen, *Lessons Learnt from a Sino-German Low Carbon City Project：A Manual*, Wuppertal, 2014.

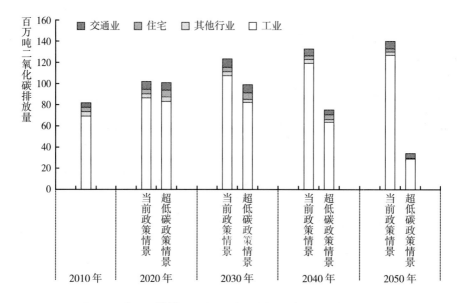

图1　两种不同情景下2010～2050年无锡市二氧化碳排放量

逐渐降低，目标是到2050年减少至3600万吨，相比2010年下降56%。减排主要集中于工业，其他行业贡献相对较小。

三　无锡低碳发展需求与潜在解决方案分析

无锡市作为江苏省南部的重要工业中心，拥有600余万人口，而杜塞尔多夫位于德国的制造业心脏地带，面积和人口均是无锡的1/4。杜塞尔多夫经济发展程度较高，自20世纪60年代开始了大规模的产业结构转型进程，已经摆脱了重工业基地的沉重躯壳，实现了服务导向经济的华丽转身，在产业转型和低碳发展方面积累了经验。

在欧盟和国家层面的减排、适应和资源高效利用制度框架下，杜塞尔多夫制定了长远的减排目标，并针对不同的目标群体制定了一系列低碳政策和措施，取得了显著的成就。例如，2000年以来杜塞尔多夫市先后投入140万欧元推广屋顶绿化，实现绿化面积9万余平方米，有效应对强降水，缓解城市热岛效应，帮助城市适应气候变化。Rheinbahn公司在杜塞尔多夫行政区内实行了混合动力和轻量化公交车系统，有效减少燃料消耗，通过优化公共交通系统和提供混合动力车及轻量化汽车，减少交通领域的二氧化碳排放。诺伊斯港和杜塞尔多夫港口作为行政区的主要港口，在 2003 年合并成为莱茵－鲁尔区的货运中枢，通过与铁路、公路进行有效连接，年吞吐量增加了16%～17%（2011～2012 年），有效分流了公路运输，燃料、资源消耗和二氧化碳排放显著减少。杜塞尔多夫与周边县市紧密联系形成都市圈，对当地的人口居住结构、交通方式和基础设施产生了重要影响，区域内的合作对于能源转型起到了重要作用。杜塞尔多夫及其周边地区的发展经验为无锡制订低碳发展方案提供了范例支持。

城市低碳发展的长期战略需要综合考虑未来排放情景、经济结构和居民日常生活[1]，无锡制定的低碳发展战略综合考虑了减缓温室气体排放、资源高效利用和适应气候变化，在测算当前的排放现状及资源利用率基础上，项目组对无锡市未来低碳发展的需求与潜在解决方案进行了详细分析，重点给出了无锡市二氧化碳排放的关键领域即热电、工业、建筑、交通等行业的发展策略。

在热电行业，挖掘可再生能源潜力，建立可再生能源项目一站式审批机制，促进可再生能源的综合利用，参考学习德国污水处理厂利用废水污泥制造沼气和氢气等技术和经验；在工业领域，参考科伦塔工业园的低碳发展经验，通过在线工具"虚拟企业"和"生态效益"节能学习网络的应用，提高对节能潜力的认识，加强节能潜力的学习交流，特别是开发工业园的节能潜力；在建筑行业，鼓励节能领域投资，推广建筑工业化，建立适应气候变化的建筑范例，可以参考德国杜塞尔多夫市屋顶绿化、德国建筑工业化质量保障机制和柏林节能伙伴；在交通业领域，可以学习德国杜塞尔多夫混合动力和轻量化公交车、铁路公路水路三联运输、汽车共享试点项目等经验，鼓励多种交通方式出行，推广节能低碳车辆和实践综合物流理念（见图2）。

对杜塞尔多夫及其周边地区区域社会经济发展趋势分析和制度分析表明，增强合作将推动区域低碳发展。例如，德国北威州通过设立地方能源署，为低碳技术的潜在投资者提供支持和咨询，并系统性地将低碳项目纳入相关政策。对于无锡来说，不仅需要提高能源和资源效率的创新和综合技术使用技术，还需要建立能够促使这些技术创新和应用的政策框架。在解决方案中，提出无锡

---

① 陈蔚镇、卢源:《低碳城市发展的框架、路径与愿景：以上海为例》，科学出版社，2010。

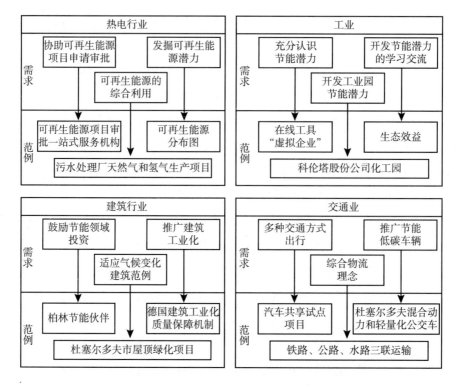

图2 无锡市关键行业的低碳发展的需求与潜在解决方案*

资料来源：Vallentin, D., Dienst, C., Xia-Bauer, C., "From Scenarios to Action-Facilitating a Low Carbon Pathway for Wuxi: Needs -Possible Solutions -Measures", Low Carbon Future Cities Report, 2013。

市参考北威州能源署和产业集群战略，建立跨行业的支持机构和知识中心，推动能源转型和产业配置优化。

通过深入的现状调查、科学的情景分析，在明确重点行业以及跨行业的需求后，项目组选取了一系列德国的优秀实践范例帮助无锡决策者了解战略的可操作性，并建议了实施这些战略的具体行动和涉及的关键部门和机构，形成了无锡近期和中长期发展的战略建议（见表2）。

无锡市低碳发展策略与实施建议大多可以在短期内实施，特别是对一些成熟可行的制度方案和技术措施的学习和参考。然而，为了实现低碳情景所描绘的资源与气候友好型发展路线，还需要更为高效的中长期技术措施。既包括可以立即应用诸如节能家用电器、电动车等技术，也包括需要在国家层面上推动

表 2　无锡市低碳发展策略与实施建议

领域	需求	措施	后续建议	涉及部门
跨行业整体建议	为利益相关者建立跨行业能源知识中心	建立地方能源机构,为投资商和消费者提供专业技术支持	市政府成立特别工作组筹建能源机构	特别工作组应下设在市政府办公室,由多部门组成,包括发展与改革委员会、经济信息化委员会、环境保护局。可参考北威州能源署
	加强组织机构建设,促进战略市场创新	针对未来主要市场制定集群战略	确定战略市场和产业集群;指定有关政府部门管理、协调相应集群;将集群战略纳入五年规划	项目由市政府办公厅负责、发改委协助完成。各政府职能部门负责对应产业集群;可联系咨询北威州能源机构
热电	展示可再生能源分布情况	加快绘制可再生能源分布图	在发改委领导下,由地方政府部门和科研机构联合成立专门委员会,负责数据收集;评估数据,建立数据库;委员会还负责与其他市县或省级部门开展交流合作	数据委员会由发改委领导,包括农业局、林业局、城市规划局、地方电网和江南大学;江南大学负责建设、管理数据库;实施建议可联系咨询北威州能源署和巴登 – 符腾堡州政府
	协助可再生能源项目申请审批	针对可再生能源项目,成立一站式服务机构	建议在新建能源机构下设立一站式服务机构;建议能源机构特别工作组探索服务机构设置方案	能源署特别工作组
	可再生能源综合利用	将污水处理流程与沼气生产相结合;生物气可用于发电或制造氢气、沼气	开展示范项目可行性研究	经济信息化委员会、污水处理厂经营者、科研机构;实施建议可联系咨询 Emschergenossenschaft 公司
建筑	鼓励节能领域投资	建立节能伙伴模式	选择合适政府办公楼结成联营建筑,由有资质的服务商协调项目运行,实施节能措施	由经信委和建设局牵头、新设能源机构提供支持;与协调项目实施的服务供应商签订合同;实施建议可咨询柏林能源署
	推广建筑工业化(场外预制)模式	在无锡推广场外预制模式	制定支持性政策框架,鼓励、支持场外预制投资商,地方建筑项目应用场外预制模式;与建筑公司和供应链相关方开展对话;推动国家有关部门将建立场外预制质量保障体系提上日程	项目由建设局牵头;与上级有关部门、建筑公司及供应链相关方(如预制装配式房屋构件制造商)交换意见

续表

领域	需求	措施	后续建议	涉及部门
建筑	适应气候变化的建筑	在无锡推广屋顶绿化	建立公共建筑屋顶绿化示范项目;宣传屋顶绿化优点,提高公众意识;为屋顶绿化提供补贴	项目由建设局和市政园林局协助完成;征询房地产商意见;实施建议可联系咨询杜塞尔多夫市政府
交通	灵活出行概念	在无锡推广汽车共享	开展汽车共享可行性研究,先进行试点,与宾馆、建筑群进行合作;与上海汽车共享项目、德国汽车共享服务商进行经验交流	可行性研究由地方交通局完成;试点项目可与汽车制造商(如大众)、出租车公司、宾馆、房地产项目或国际汽车共享服务商合作
	推广节能低碳车辆	与杜塞尔多夫行政区就混合动力、轻量化公交车进行经验交流	建议无锡市政府、公交公司与 Rheinbahn 公司和杜塞尔多夫行政区政府交流经验	交流参与者:交通局、无锡交通公司、Rheinbahn 公司、技术供应商以及杜塞尔多夫行政区有关地市
	灵活的综合货运理念	优化三式联运港口建设方案	无锡市政府成立特别工作组,联合政府有关部门、各运输方式代表优化多式货运联运方案	特别工作组下设于市政府办公室,交通局提供支持;另外,还应有港口经营者、各运输方式代表和有关专家参与
工业	充分认识节能潜力	开发在线工具,使企业充分了解自身节能潜力	在市政府的支持下,由地方科研机构开发在线工具;根据目标群体需求制定专业的市场战略对该工具进行推广	经济信息化委员会监督、协调项目实施;由江南大学等地方科研机构完成工具开发;公关机构负责制定市场推广战略
	开发节能潜力的学习交流活动	集合无锡有关企业,建立首个能源和资源效率网	无锡市政府可与苏州就能效交流经验,向其运营商 Arqum 进行咨询;随后,建立首个试点网络	经济信息化委员会协调项目进程,探索试点网络建设方案;苏州政府有关部门和企业;Arqum 可作为试点网络运营商;无锡企业需要了解自身需求及关心的问题
	开发工业园节能潜力	选择工业园试点综合性气候保护计划	无锡市政府选取一个工业园试点综合性节能计划,并为园区经营者提供资金支持	经济信息化委员会选定工业园,协调整个项目进程;工业园经营者制订综合性节能方案;邀请工业园各企业参与,以便其认可方案、协助实施

资料来源: Vallentin, D., Dienst, C., Xia-Bauer, C., "From Scenarios to Action-Facilitating a Low Carbon Pathway for Wuxi: Needs -Possible Solutions -Measures", Low Carbon Future Cities Report, 2013。

的长期技术路线的转变,如工业生产中碳捕获和存储技术、电弧炼钢、工业薄膜改造等新技术实施(见图3)。

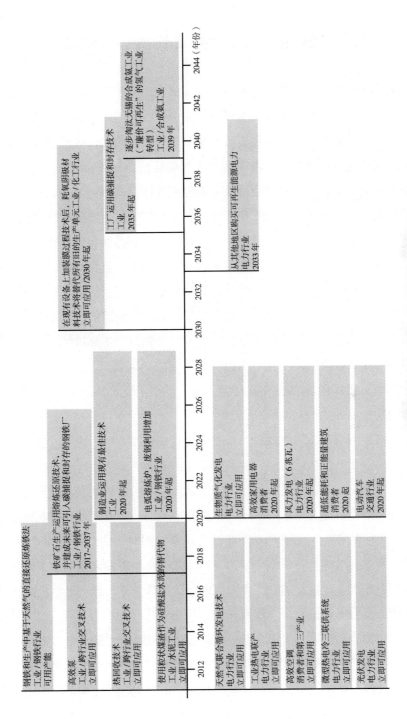

图 3 无锡市实现超低碳情景所需的中长期高效技术方案

四　适应和低碳协同的城市综合发展战略

无论减排工作多么有效，气候变化已成事实。由于高密度的基础设施和人口，城市应对气候变化的影响相当脆弱。在全球变化的趋势下，对无锡周边七个气象站的监测数据显示，无锡变暖趋势明显。气候模式的模拟结果显示，未来无锡的寒冷天气将减少，夏季和高温天气会延长，这将会增加空调的使用，从而增加电力需求，因此可能会排放更多温室气体。

一般来说，城市适应气候变化战略的制定和实施需要遵循系统性原则，评估经济、社会和经济系统对于气候变化潜在风险的敏感性和脆弱性，从而明确适应气候变化的措施，然后进行分析和实施这些措施，监测和评估这些措施的有效性，不断改进适应措施。即使在超低碳情景中，无锡的热电行业通过淘汰落后产能，增加天然气和可再生能源发电量，导致能源需求大幅减少。但是未来城市化水平的上升，将导致城市住宅建筑材料总量和建筑垃圾增加，如果不采取节能措施和适应气候变化的措施，夏季制冷的能耗开支将由 2010 年的每年 5 亿元增加到 2050 年的每年 9 亿元。由气候变化带来的能源需求影响显著，从而影响减排成效。

减排措施不与资源的高效利用和适应气候变化相矛盾，因此，低碳发展战略要考虑同步提高气候适应能力和资源效率与减排战略的结合。在城市层面，将应对气候变化列入重点发展领域，特别是将跨部门的气候变化应对领导小组机制进行制度化，综合考虑气候风险，在城市规划、工业领域和商业区建设中考虑极端天气的影响，支持企业降低自身风险。同时，应加强资源效率评估，特别是开展减排措施的资源利用评估，避免减排产生资源利用效率下降的负面效应，利用好产业政策，加强工业园区的基础设施共享、循环经济发展，加强对企业低碳发展的知识共享和技术支持。

通过中德经验学习，无锡在低碳城市战略中综合考虑适应气候变化，城市需制定和实施适应气候变化的战略，并同现行的减排战略结合起来，即促进减排和适应气候变化的协同效应。在城市层面，项目组建议无锡的决策者在城市战略中综合考虑气候变化的长期影响并制定相应的规划和措施。特别是在城市规划时需综合考虑适应气候变化，如新建基础设施和建筑应考虑缓解热浪或城市热岛效应的设计（诸如绿色基础设施、建筑朝向以及高反射率的人行道和屋顶）。在消费者层面，鼓励购买更为高效的空调或制冷设备，同时新建建筑需符合低能耗或超低能耗标准，以降低能耗和相应的支出。同时，为应对气候变暖背景下的极端天气气候事件，无锡需要加强气象灾害预警系统建设，加密监测站网，更有效地应对灾害天气的影响，减少可能的损失。

当前，无锡市正积极推进"低碳示范"建设，发挥太湖新城低碳生态城的示范带动作用，促进新建城镇低碳化建设，同时推进建成区低碳化改造。推进太湖新城–国家低碳生态城示范区建设，加快推进蠡湖新城、锡东新城、江阴、宜兴中心城低碳化建设。大力推进企业的低碳化改造，重点推进企业提高清洁能源使用率和节能降耗，促进企业实现清洁生产。包括大力推进公共交通低碳化发展，有效提高建成区公共交通分担率，重点提高清洁能源和新能源公共交通工具数量，控制机动车行驶范围。大力推广新能源应用，重点推广太阳能等新能源在交通信号灯、公园、景区、小区照明、建筑节能改造等方面的应用。

五　资源与气候友好型城市发展展望

我国幅员辽阔，东、中、西部地区发展阶段都不一样，不同地区的资源禀赋、工作重点和实现路径也不一样。在国家级的低碳试点城市建设中，核心思路为降低能源消耗、减少二氧化碳排放，构建途径包括新能源技术应用、清洁技术应用、绿色规划、绿色建筑和低碳消费[1]。无锡市发展战略的重点是如何建立好的机制以应对气候变化和能源转型的挑战，同步提高气候适应能力和资源效率。总体来说，与国内的低碳试点城市相比，无锡的综合发展策略综合考虑了资源禀赋和气候变化适应能力，发展战略和具体的措施更为灵活和具体。

通过适应和低碳协同发展策略，无锡市将在 2050 年建成低碳发展的产业结构，其中：在热电领域，预计 2050 年无锡电力需求将由 2010 年的 40000 吉瓦时增至 120000 吉瓦时，技术、能源供应多元化程度都会显著提高；无锡还

---

① 辛章平、张银太：《低碳经济与低碳城市》，《城市发展研究》2008 年第 4 期。

将进一步推广可再生能源的使用，并增加可再生能源电力外购。在工业领域，无锡市现有工厂在 2030～2040 年将利用先进技术进行改造，提高能源利用率水平，主要依赖能源由煤炭向天然气转变；钢铁行业等将需进行大刀阔斧的技术盖章，采取新的减排技术，使得 2050 年工业领域的二氧化碳排放相比 2010 年减少 58%。交通领域在 2030 年后推广电动汽车作为重要的减排措施，非机动车的比例在未来将会下降，机动车的比例呈缓慢上升趋势，人均汽车保有量控制在 30% 左右，地铁这一交通工具的重要性将日益增大。在建筑领域，到 2050 年，无锡将兴建大量低能耗和超低能耗建筑，多数家庭都会配备节能型现代电器。

　　无锡市的气候与资源友好型的城市综合发展战略，详细分析了当前和未来的二氧化碳排放量。在建立低碳发展路径上，综合参考了德国的先进经验；在明确低碳城市建设指标的基础上，将建设太湖保护区、国家可持续发展试验区和生态文明先驱城市作为城市发展的重大目标，努力打造低碳环境、低碳产业、低碳交通、低碳建筑、低碳生活。该战略中的具体范例和经验，包括北威州能源署架构、产业集群战略，巴登符腾堡州可再生能源发展策略，杜塞尔多夫屋顶绿化项目、行政区混合动力和轻量化公交车、铁路公路水路衔接港口，以及德国节能政策、建筑工业化质量保障机制，"生态效益"节能认证、科伦塔工业园气候保护计划等，对于我国经济发达城市，特别是东部沿海城市发展低碳城市具有很好的借鉴意义。

附　　录

Appendix

G.29

世界各地与中国社会经济及能源、碳排放数据（2013 年）

朱守先 *

表 1　世界主要国家或地区人类发展指数及其构成（2013 年）

HDI 位次	国家/地区	人类发展指数（HDI）	出生时预期寿命（岁）	平均受教育年限（年）	预期受教育年限（年）	人均国民总收入（GNI）（2011 年购买力平价美元）
		2013 年	2013 年	2012 年[a]	2012 年[a]	2013 年
极高人类发展水平						
1	挪威	0.944	81.5	12.6	17.6	63909
2	澳大利亚	0.933	82.5	12.8	19.9	41524
3	瑞士	0.917	82.6	12.2	15.7	53762
4	荷兰	0.915	81.0	11.9	17.9	42397

---

* 朱守先，中国社会科学院城市发展与环境研究所副研究员，主要从事城市发展与气候变化经济学研究。

续表

HDI 位次	国家/地区	人类发展指数（HDI）	出生时预期寿命（岁）	平均受教育年限（年）	预期受教育年限（年）	人均国民总收入（GNI）（2011 年购买力平价美元）
		2013 年	2013 年	2012 年[a]	2012 年[a]	2013 年
5	美国	0.914	78.9	12.9	16.5	52308
6	德国	0.911	80.7	12.9	16.3	43049
7	新西兰	0.910	81.1	12.5	19.4	32569
8	加拿大	0.902	81.5	12.3	15.9	41887
9	新加坡	0.901	82.3	10.2[b]	15.4[e]	72371
10	丹麦	0.900	79.4	12.1	16.9	42880
11	爱尔兰	0.899	80.7	11.6	18.6	33414
12	瑞典	0.898	81.8	11.7[b]	15.8	43201
13	冰岛	0.895	82.1	10.4	18.7	35116
14	英国	0.892	80.5	12.3	16.2	35002
15	中国香港	0.891	83.4	10.0	15.6	52383
16	韩国	0.891	81.5	11.8	17.0	30345
17	日本	0.890	83.6	11.5	15.3	36747
18	列支敦士登	0.889	79.9[d]	10.3[e]	15.1	87085[f,g]
19	以色列	0.888	81.8	12.5	15.7	29966
20	法国	0.884	81.8	11.1	16.0	36629
21	奥地利	0.881	81.1	10.8[b]	15.6	42930
21	比利时	0.881	80.5	10.9[b]	16.2	39471
21	卢森堡	0.881	80.5	11.3	13.9	58695
24	芬兰	0.879	80.5	10.3	17.0	37366
25	斯洛文尼亚	0.874	79.6	11.9	16.8	26809
26	意大利	0.872	82.4	10.1[b]	16.3	32669
27	西班牙	0.869	82.1	9.6	17.1	30561
28	捷克	0.861	77.7	12.3	16.4	24535
29	希腊	0.853	80.8	10.2	16.5	24658
30	文莱	0.852	78.5	8.7	14.5	70883[h]
31	卡塔尔	0.851	78.4	9.1	13.8	119029[g]
32	塞浦路斯	0.845	79.8	11.6	14.0	26771
33	爱沙尼亚	0.840	74.4	12.0	16.5	23387
34	沙特阿拉伯	0.836	75.5	8.7	15.6	52109
35	立陶宛	0.834	72.1	12.4	16.7	23740
35	波兰	0.834	76.4	11.8	15.5	21487
37	安道尔	0.830	81.2[d]	10.4[i]	11.7	40597[j]
37	斯洛伐克	0.830	75.4	11.6	15.0	25336
39	马耳他	0.829	79.8	9.9	14.5	27022
40	阿拉伯联合酋长国	0.827	76.8	9.1	13.3[k]	58068

续表

HDI 位次	国家/地区	人类发展指数（HDI）	出生时预期寿命（岁）	平均受教育年限（年）	预期受教育年限（年）	人均国民总收入（GNI）（2011 年购买力平价美元）
		2013 年	2013 年	2012 年[a]	2012 年[a]	2013 年
41	智利	0.822	80.0	9.8	15.1	20804
41	葡萄牙	0.822	79.9	8.2	16.3	24130
43	匈牙利	0.818	74.6	11.3 [b]	15.4	21239
44	巴林	0.815	76.6	9.4	14.4[l]	32072[h]
44	古巴	0.815	79.3	10.2	14.5	19844 [m]
46	科威特	0.814	74.3	7.2	14.6	85820 [g]
47	克罗地亚	0.812	77.0	11.0	14.5	19025
48	拉脱维亚	0.810	72.2	11.5 [b]	15.5	22186
49	阿根廷	0.808	76.3	9.8	16.4	17297 [h]
高人类发展水平						
50	乌拉圭	0.790	77.2	8.5	15.5	18108
51	巴哈马	0.789	75.2	10.9	12.6[n]	21414
51	黑山	0.789	74.8	10.5 [o]	15.2	14710
53	白俄罗斯	0.786	69.9	11.5 [o]	15.7	16403
54	罗马尼亚	0.785	73.8	10.7	14.1	17433
55	利比亚	0.784	75.3	7.5	16.1	21666 [h]
56	阿曼	0.783	76.6	6.8	13.6	42191 [h]
57	俄罗斯联邦	0.778	68.0	11.7	14.0	22617
58	保加利亚	0.777	73.5	10.6 [b]	14.3	15402
59	巴巴古斯	0.776	75.4	9.4	15.4	13604
60	帕劳	0.775	72.4 [d]	12.2 [p]	13.7	12823
61	安提瓜和巴布达	0.774	76.0	8.9 [p]	13.8	18800
62	马来西亚	0.773	75.0	9.5	12.7	21824
63	毛里求斯	0.771	73.6	8.5	15.6	16777
64	特立尼达和多巴哥	0.766	69.9	10.8	12.3	25325
65	黎巴嫩	0.765	80	7.9 [o]	13.2	16263
65	巴拿马	0.765	77.6	9.4	12.4	16379
67	委内瑞拉	0.764	74.6	8.6	14.2	17067
68	哥斯达黎加	0.763	79.9	8.4	13.5	13012
69	土耳其	0.759	75.3	7.6	14.4	18391
70	哈萨克斯坦	0.757	66.5	10.4	15.0	19441
71	墨西哥	0.756	77.5	8.5	12.8	15854
71	塞舌尔	0.756	73.2	9.4 [o]	11.6	24632
73	圣基茨和尼维斯	0.750	73.6 [d]	8.4 [p]	12.9	20150
73	斯里兰卡	0.750	74.3	10.8	13.6	9250

续表

HDI 位次	国家/地区	人类发展指数（HDI）	出生时预期寿命（岁）	平均受教育年限（年）	预期受教育年限（年）	人均国民总收入（GNI）（2011年购买力平价美元）
		2013 年	2013 年	2012 年[a]	2012 年[a]	2013 年
75	伊朗	0.749	74	7.8	15.2	13451[h]
76	阿塞拜疆	0.747	70.8	11.2[o]	11.8	15725
77	约旦	0.745	73.9	9.9	13.3	11337
77	塞尔维亚	0.745	74.1	9.5	13.6	11301
79	巴西	0.744	73.9	7.2	15.2[q]	14275
79	格鲁吉亚	0.744	74.3	12.1[r]	13.2	6890
79	格林纳达	0.744	72.8	8.6[p]	15.8	10339
82	秘鲁	0.737	74.8	9.0	13.1	11280
83	乌克兰	0.734	68.5	11.3	15.1	8215
84	伯利兹	0.732	73.9	9.3	13.7	9364
84	马其顿	0.732	75.2	8.2[r]	13.3	11745
86	波斯尼亚和黑塞哥维那	0.731	76.4	8.3[o]	13.6	9431
87	亚美尼亚	0.730	74.6	10.8	12.3	7952
88	斐济	0.724	69.8	9.9	15.7	7214
89	泰国	0.722	74.4	7.3	13.1	13364
90	突尼斯	0.721	75.9	6.5	14.6	10440
91	中国	0.719	75.3	7.5	12.9	11477
91	圣文森特和格林纳丁斯	0.719	72.5	8.6[p]	13.3	10339
93	阿尔及利亚	0.717	71.0	7.6	14.0	12555
93	多米尼克	0.717	77.7[d]	7.7[p]	12.7[n]	9235
95	阿尔巴尼	0.716	77.4	9.3	10.8	9225
96	牙买加	0.715	73.5	9.6	12.5	8170
97	圣卢西亚	0.714	74.8	8.3[p]	12.8	9251
98	哥伦比亚	0.711	74.0	7.1	13.2	11527
98	厄瓜多尔	0.711	76.5	7.6	12.3[n]	9998
100	苏里南	0.705	71.0	7.7	12.0	15113
100	汤加	0.705	72.7	9.4[b]	14.7	5316
102	多米尼加	0.700	73.4	7.5	12.3[l]	10844
中等人类发展水平						
103	马尔代夫	0.698	77.9	5.8[b]	12.7	10074
103	蒙古	0.698	67.5	8.3	15.0	8466
103	土库曼斯坦	0.698	65.5	9.9[s]	12.6[p]	11533
106	萨摩亚	0.694	73.2	10.3	12.9[t]	4708
107	巴勒斯坦	0.686	73.2	8.9[o]	13.2	5168[h,u]
108	印度尼西亚	0.684	70.8	7.5	12.7	8970

续表

HDI 位次	国家/地区	人类发展指数（HDI）	出生时预期寿命（岁）	平均受教育年限（年）	预期受教育年限（年）	人均国民总收入（GNI）（2011 年购买力平价美元）
		2013 年	2013 年	2012 年[a]	2012 年[a]	2013 年
109	博茨瓦纳	0.683	64.4 [v]	8.8	11.7	14792
110	埃及	0.682	71.2	6.4	13.0	10400
111	巴拉圭	0.676	72.3	7.7	11.9	7580
112	加蓬	0.674	63.5	7.4	12.3	16977
113	玻利维亚	0.667	67.3	9.2	13.2	5552
114	摩尔多瓦	0.663	68.9	9.8	11.8	5041
115	萨尔瓦多	0.662	72.6	6.5	12.1	7240
116	乌兹别克斯坦	0.661	68.2	10.0 [r]	11.5	5227
117	菲律宾	0.660	68.7	8.9[b]	11.3	6381
118	南非	0.658	56.9	9.9	13.1 [p]	11788
118	叙利亚	0.658	74.6	6.6	12.0	5771 [h,u]
120	伊拉克	0.642	69.4	5.6	10.1	14007
121	圭亚那	0.638	66.3	8.5	10.7	6341
121	越南	0.638	75.9	5.5	11.9 [n]	4892
123	佛得角	0.636	75.1	3.5 [p]	13.2	6365
124	密克罗尼西亚	0.630	69.0	8.8 [s]	11.4 [p]	3662
125	危地马拉	0.628	72.1	5.6	10.7	6866
125	吉尔吉斯斯坦	0.628	67.5	9.3	12.5	3021
127	纳米比亚	0.624	64.5	6.2	11.3	9185
128	东帝汶	0.620	67.5	4.4 [w]	11.7	9674
129	洪都拉斯	0.617	73.8	5.5	11.6	4138
129	摩洛哥	0.617	70.9	4.4	11.6	6905
131	瓦努阿图	0.616	71.6	9.0 [o]	10.6	2652
132	尼加拉瓜	0.614	74.8	5.8	10.5	4266
133	基里巴斯	0.607	68.9	7.8 [p]	12.3	2645
133	塔吉克斯坦	0.607	67.2	9.9	11.2	2424
135	印度	0.586	66.4	4.4	11.7	5150
136	不丹	0.584	68.3	2.3 [w]	12.4	6775
136	柬埔寨	0.584	71.9	5.8	10.9	2805
138	加纳	0.573	61.1	7.0	11.5	3532
139	老挝	0.569	68.3	4.6	10.2	4351
140	刚果	0.564	58.8	6.1	11.1	4909
141	赞比亚	0.561	58.1	6.5	13.5	2898
142	孟加拉国	0.558	70.7	5.1	10.0	2713
142	圣多美和普林西比	0.558	66.3	4.7 [w]	11.3	3111
144	赤道几内亚	0.556	53.1	5.4 [p]	8.5	21972

续表

HDI 位次	国家/地区	人类发展 指数（HDI）	出生时 预期寿命 （岁）	平均受 教育年限 （年）	预期受 教育年限 （年）	人均国民总 收入（GNI） （2011 年购买 力平价美元）
		2013 年	2013 年	2012 年[a]	2012 年[a]	2013 年
	低人类发展水平					
145	尼泊尔	0.540	68.4	3.2	12.4	2194
146	巴基斯坦	0.537	66.6	4.7	7.7	4652
147	肯尼亚	0.535	61.7	6.3	11.0	2158
148	斯威士兰	0.530	49.0	7.1	11.3	5536
149	安哥拉	0.526	51.9	4.7 [w]	11.4	6323
150	缅甸	0.524	65.2	4.0	8.6	3998 [h]
151	卢旺达	0.506	64.1	3.3	13.2	1403
152	喀麦隆	0.504	55.1	5.9	10.4	2557
152	尼日利亚	0.504	52.5	5.2 [w]	9.0	5353
154	也门	0.500	63.1	2.5	9.2	3945
155	马达加斯加	0.498	64.7	5.2 [p]	10.3	1333
156	津巴布韦	0.492	59.9	7.2	9.3	1307
157	巴布亚新几内亚	0.491	62.4	3.9	8.9 [p]	2453
157	所罗门群岛	0.491	67.7	4.5 [p]	9.2	1385
159	科摩罗	0.488	60.9	2.8	12.8	1505
159	坦桑尼亚	0.488	61.5	5.1	9.2	1702
161	毛里塔尼亚	0.487	61.6	3.7	8.2	2988
162	莱索托	0.486	49.4	5.9 [b]	11.1	2798
163	塞内加尔	0.485	63.5	4.5	7.9	2169
164	乌干达	0.484	59.2	5.4	10.8	1335
165	贝宁	0.476	59.3	3.2	11.0	1726
166	苏丹	0.473	62.1	3.1	7.3 [p]	3428
166	多哥	0.473	56.5	5.3	12.2	1129
168	海地	0.471	63.1	4.9	7.6 [p]	1636
169	阿富汗	0.468	60.9	3.2	9.3	1904
170	吉布提	0.467	61.8	3.8 [r]	6.4	3109 [h]
171	科特迪瓦	0.452	50.7	4.3	8.9 [p]	2774
172	冈比亚	0.441	58.8	2.8	9.1	1557
173	埃塞俄比亚	0.435	63.6	2.4 [w]	8.5	1303
174	马拉维	0.414	55.3	4.2	10.8	715
175	利比里亚	0.412	60.6	3.9	8.5 [p]	752
176	马里	0.407	55.0	2.0 [b]	8.6	1499
177	几内亚比绍	0.396	54.3	2.3 [r]	9.0	1090
178	莫桑比克	0.393	50.3	3.2 [w]	9.5	1011

续表

HDI 位次	国家/地区	人类发展指数（HDI）	出生时预期寿命（岁）	平均受教育年限（年）	预期受教育年限（年）	人均国民总收入（GNI）（2011 年购买力平价美元）
		2013 年	2013 年	2012 年[a]	2012 年[a]	2013 年
179	几内亚	0.392	56.1	1.6 [w]	8.7	1142
180	布隆迪	0.389	54.1	2.7	10.1	749
181	布基纳法索	0.388	56.3	1.3 [r]	7.5	1602
182	厄立特里亚	0.381	62.9	3.4 [p]	4.1	1147
183	塞拉利昂	0.374	45.6	2.9	7.5 [p]	1815
184	乍得	0.372	51.2	1.5 [s]	7.4	1622
185	中非	0.341	50.2	3.5	7.2	588
186	民主刚果	0.338	50.0	3.1	9.7	444
187	尼日尔	0.337	58.4	1.4	5.4	873
其他国家或地区						
	朝鲜	—	70.0	—	—	—
	马绍尔群岛	—	72.6	—	—	4206
	摩纳哥	—	—	—	—	—
	瑙鲁	—	—	—	9.3	—
	圣马力诺	—	—	—	15.3	—
	索马里	—	55.1	—	—	—
	南苏丹	—	55.3	—	—	1450
	图瓦卢	—	—	—	10.8	5151
人类发展指数组别						
	极高人类发展水平	0.890	80.2	11.7	16.3	40046
	高人类发展水平	0.735	74.5	8.1	13.4	13231
	中等人类发展水平	0.614	67.9	5.5	11.7	5960
	低人类发展水平	0.493	59.4	4.2	9.0	2904
区域						
	阿拉伯国家	0.682	70.2	6.3	11.8	15817
	东亚和太平洋地区	0.703	74.0	7.4	12.5	10499
	欧洲和中亚	0.738	71.3	9.6	13.6	12415
	拉丁美洲和加勒比地区	0.74	74.9	7.9	13.7	13767
	南亚	0.588	67.2	4.7	11.2	5195

续表

HDI 位次	国家/地区	人类发展指数(HDI)	出生时预期寿命(岁)	平均受教育年限(年)	预期受教育年限(年)	人均国民总收入(GNI)(2011 年购买力平价美元)
		2013 年	2013 年	2012 年[a]	2012 年[a]	2013 年
最不发达国家		0.487	61.5	3.9	9.4	2126
小岛屿发展中国家		0.665	70.0	7.5	11.0	9471
世界		0.702	70.8	7.7	12.2	13723

注释:

a 为 2012 年或可以获得的最近年份的数据。b 为人类发展报告研究处根据联合国教科文组织统计研究所的最新数据(2013)进行更新。c 由新加坡教育部计算。d 为联合国经济和社会事务部(2011)的值。e 假定与最近更新之前的瑞士成年人平均受教育年限相同。f 使用购买力平价(PPP)比率和瑞士预计增长率估算。g 为方便计算人类发展指数,人均国民总收入取上限为 75000 美元。h 基于世界银行 GDP 购买力平价(PPP)换算率(2014)以及来自联合国统计司(2014)的联合国国家账户合计数据库披露的 GDP 减缩指数和以该国货币计值的人均国民总收入。i 假设与最近更新之前的西班牙成年人平均受教育年限相同。j 使用购买力平价(PPP)比率和西班牙预计增长率估算。k 基于联合国教科文组织统计研究所(2011)反映的数据。l 基于联合国教科文组织统计研究数据中心反映的受教育年限数据。2013 年 5 月。m 据联合国拉美和加勒比经济事务委员会(2013)预期的增长率。n 基于联合国教科文组织统计研究所(2012)得出的受教育年限数据。o 基于联合国教科文组织统计研究所(2013)对教育程度分布的估测数据。p 基于全国回归计算。q 为人类发展报告研究处根据巴西国家教育科学研究院(2013)的数据计算。r 基于联合国儿童基金会 2005~2012 年多指标类集调查数据。s 基于世界银行国际收入分配数据库中列出的家庭调查数据计算而出。t 为人类发展报告研究处根据萨摩亚统计局的数据计算。u 基于联合国西亚经济社会委员会(2013)预测的增长率。v 为联合国人口司未经发表的暂估数据,2013 年 10 月。w 基于 ICF Macro 得出的人口统计与健康调数据。

定义:

人类发展指数(HDI):评估人类发展三大基本维度(即健康长寿的生活、知识以及体面的生活水平)所取得的平均值核算的综合指数。

出生时预期寿命:在新生儿出生时的各年龄组别死亡率经其一生保持不变的情况下,该新生儿的预计寿命。

平均受教育年限:使用每种教育水平所规定的期限将受教育程度换算为 25 岁及以上年龄人口获得的平均受教育年限。

预期受教育年限:如果特定年龄的入学率现行模式经其一生保持不变,一名学龄儿童预计将接受教育的年限。

人均国民总收入(GNI):国内生产总值加上由于拥有生产要素而获得的收入减去对使用国外生产要素的支出,采用购买力平价比率换算成国际美元,除以年中的总人口。

主要数据来源:

第 1 列:人类发展报告研究处根据联合国经济和社会事务部(2013a)、Barro 和 Lee(2013)、联合国教科文组织统计研究所(2013)、世界银行(2013a)以及国际货币基金组织(2013)的数据计算得出。

第 2 列:联合国经济和社会事务部(2013)。

第 3 列:Barro 和 Lee(2013)、联合国教科文组织统计研究所(2013),以及人类发展报告研究处根据联合国教科文组织统计研究所关于教育程度的数据采用 Barro 和 Lee 的方法进行的估算。

第 4 列:联合国教科文组织统计研究所(2013)。

第 5 列:人类发展报告研究处根据世界银行(2014)、国际货币基金组织(2014)以及联合国统计司(2014)的数据计算得出。

资料来源:http://hdr.undp.org/en/2014 - report/download。

表 2　世界各国及地区生产总值（GDP）数据（2013 年）

单位：百万美元

位次	国家/地区	GDP	位次	国家/地区	GDP
1	美国	16800000	31	哥伦比亚	378148
2	中国	9240270	32	伊朗	368904
3	日本	4901530	33	南非	350630
4	德国	3634823	34	丹麦	330814
5	法国	2734949	35	马来西亚	312435
6	英国	2522261	36	新加坡	297941
7	巴西	2245673	37	以色列	291357
8	俄罗斯	2096777	38	智利	277199
9	意大利	2071307	39	中国香港	274013
10	印度	1876797	40	菲律宾	272017
11	加拿大	1825096	41	埃及	271973
12	澳大利亚	1560597	42	芬兰	256842
13	西班牙	1358263	43	希腊	241721
14	韩国	1304554	44	巴基斯坦	236625
15	墨西哥	1260915	45	哈萨克斯坦	224415
16	印尼	868346	46	伊拉克	222879
17	土耳其	820207	47	葡萄牙	219962
18	荷兰	800173	48	爱尔兰	217816
19	沙特阿拉伯	745273	49	阿尔及利亚	210183
20	瑞士	650782	50	卡塔尔	202450
21	阿根廷	611755	51	秘鲁	202296
22	瑞典	557938	52	捷克	198450
23	尼日利亚	522638	53	罗马尼亚	189638
24	波兰	517543	54	科威特	183219
25	挪威	512580	55	新西兰	182594
26	比利时	508116	56	乌克兰	177431
27	委内瑞拉	438284	57	越南	171392
28	奥地利	415844	58	孟加拉国	129857
29	泰国	387252	59	匈牙利	*124600*
30	阿联酋	383799	60	安哥拉	121704

续表

位次	国家/地区	GDP	位次	国家/地区	GDP
61	摩洛哥	104374[1]	97	玻利维亚	30601
62	波多黎各	101496	98	巴拉圭	29949
63	斯洛伐克	91348	99	喀麦隆	29275
64	厄瓜多尔	90023	100	拉脱维亚	28373
65	阿曼	80570	101	特立尼达和多巴哥	24641
66	利比亚	75456	102	爱沙尼亚	24477
67	阿塞拜疆	73560	103	萨尔瓦多	24259
68	白俄罗斯	71710	104	塞浦路斯	22767[4]
69	古巴	68234	105	赞比亚	22384
70	斯里兰卡	67182	106	乌干达	21483
71	苏丹	66548[2]	107	阿富汗	20725
72	多米尼加	60614	108	加蓬	19344
73	卢森堡	60383	109	尼泊尔	19294
74	克罗地亚	57539	110	洪都拉斯	18550
75	乌兹别克斯坦	56796	111	波斯尼亚和黑塞哥维那	17828
76	乌拉圭	55708	112	格鲁吉亚	16127[5]
77	危地马拉	53797	113	文莱	16111
78	保加利亚	53010	114	赤道几内亚	15574
79	中国澳门	51753	115	莫桑比克	15319
80	哥斯达黎加	49621	116	巴布亚新几内亚	15289
81	加纳	47929	117	柬埔寨	15250
82	突尼斯	47129	118	塞内加尔	15150
83	埃塞俄比亚	46869	119	博茨瓦纳	14788
84	斯洛文尼亚	45378	120	冰岛	14620
85	黎巴嫩	44352	121	牙买加	14362
86	肯尼亚	44101	122	刚果(布)	14108
87	巴拿马	42648	123	南苏丹	13797
88	塞尔维亚	42521	124	乍得	13414
89	立陶宛	42344	125	阿尔巴尼亚	12904
90	土库曼斯坦	41851	126	津巴布韦	12802
91	也门	35955	127	纳米比亚	12580
92	约旦	33678	128	毛里求斯	11938
93	坦桑尼亚	33225[3]	129	布基纳法索	11583
94	巴林	32788	130	蒙古	11516
95	科特迪瓦	30905	131	尼加拉瓜	11256
96	刚果(金)	30629	132	老挝	11141

续表

位次	国家/地区	GDP	位次	国家/地区	GDP
133	马里	10943	169	伯利兹	1605
134	马达加斯加	10797	170	中非	1538
135	亚美尼亚	10432	171	吉布提	1456
136	马其顿	10221	172	圣卢西亚	1332
137	马耳他	*8741*	173	塞舌尔	1268
138	塔吉克斯坦	8508	174	安提瓜和巴布达	1230
139	海地	8459	175	所罗门群岛	1096
140	贝宁	8307	176	冈比亚	914
141	巴哈马	*8149*	177	几内亚比绍	859
142	摩尔多瓦	7935[6]	178	瓦努阿图	835
143	卢旺达	7452	179	格林纳达	834
144	尼日尔	7356	180	圣基茨和尼维斯	743
145	吉尔吉斯	7226	181	圣文森特和格林纳丁斯	726
146	科索沃	6960	182	萨摩亚	694
147	几内亚	6193	183	科摩罗	657
148	摩纳哥	6075	184	多米尼加	505
149	百慕大	*5474*	185	汤加	466
150	苏里南	5231	186	密克罗尼西亚	335
151	塞拉利昂	4929	187	圣多美和普林西比	311
152	黑山	4428	188	帕劳	247
153	多哥	4339	189	马绍尔群岛	175
154	巴巴多斯	4225	190	基里巴斯	169
155	毛里塔尼亚	4163	191	图瓦卢	38
156	斐济	4028		世界	74899882
157	斯威士兰	3791		低收入	574456
158	马拉维	3705		中等收入	23900063
159	厄立特里亚	3444		中等偏下收入	5235720
160	圭亚那	3076		中高收入	18660668
161	布隆迪	2718		低和中等收入	24487857
162	阿鲁巴	2584		东亚及太平洋地区	11413001
163	马尔代夫	2300		欧洲和中亚	1986214
164	莱索托	2230		拉丁美洲和加勒比地区	5654890
165	利比里亚	1951		中东和北非	1489944
166	佛得角	1888		南亚	2354663
167	不丹	1884		撒哈拉以南非洲	1592241
168	东帝汶	1615		高收入	50447020
				欧元区	12749928

注：斜体字为 2011 年或 2012 年数据。

[1] 包括原西属撒哈拉。[2] 不包括南苏丹。[3] 仅包括坦桑尼亚大陆。[4] 仅包括塞浦路斯政府控制区。[5] 不包括阿布哈兹和南奥塞梯。[6] 不包括德涅斯特河沿岸地区。

资料来源：http://datacatalog.worldbank.org/。

表3　世界各国及地区人均收入（GNI）数据（2013 年）

位次	国家/地区	人均收入（Atlas，美元）	位次	国家/地区	人均收入（PPP，国际元）
1	摩纳哥	—[1]	1	卡塔尔	123860
2	列支敦士登	—[1]	3	中国澳门	112180[1]
3	百慕大	104610[1]	5	科威特	88170[1]
4	挪威	102610	6	新加坡	76850
5	卡塔尔	85550	7	百慕大	66390[1]
6	瑞士	80950[1]	8	挪威	66520
7	卢森堡	71810[1]	10	卢森堡	59750[1]
8	马恩岛	—	11	阿联酋	58090[1]
9	澳大利亚	65520	14	瑞士	53920[1]
10	中国澳门	64050[1]	16	中国香港	54260
11	丹麦	61110	17	美国	53960
12	海峡群岛	—	19	沙特阿拉伯	53780
13	瑞典	59130	20	阿曼	52170[1]
14	圣马力诺	—	23	瑞典	44660
15	开曼群岛	—	24	德国	44540
16	新加坡	54040	25	丹麦	44440
17	美国	53670	28	奥地利	43810
18	法罗群岛	—	29	荷兰	43210
19	科威特	44940[1]	30	加拿大	42590
20	加拿大	52200	31	澳大利亚	42540
21	奥地利	48590	33	比利时	40280
22	荷兰	47440	34	冰岛	38870
23	芬兰	47110	35	芬兰	38480
24	日本	46140	36	日本	37630
25	德国	46100	37	法国	37580
26	比利时	45210	38	巴林	36140[1]
28	冰岛	43930	39	英国	35760
30	法国	42250	40	爱尔兰	35090[1]
33	爱尔兰	39110[1]	42	意大利	34100
34	英国	39110	43	韩国	33440
35	阿联酋	38620	46	以色列	32140
36	中国香港	38420	47	西班牙	31850

续表

位次	国家/地区	人均收入 （Atlas，美元）	位次	国家/地区	人均收入 （PPP，国际元）
38	新西兰	35520	48	新西兰	30750[1]
39	意大利	34400	50	塞浦路斯	29570[1][2]
40	以色列	34120	54	斯洛文尼亚	27680[1]
41	西班牙	29180	55	马耳他	26400[1]
43	塞浦路斯	26390[1][2]	56	特立尼达和多巴哥	26210
45	沙特阿拉伯	26200	57	希腊	25630
46	韩国	25920	58	捷克	25530
47	阿曼	25250[1]	59	葡萄牙	25350
50	斯洛文尼亚	22830[1]	60	斯洛伐克	24930
51	希腊	22530	61	爱沙尼亚	24230
55	巴哈马	20600[1]	62	立陶宛	23080
56	葡萄牙	20670	63	塞舌尔	23270
57	马耳他	19730[1]	64	赤道几内亚	23240
58	巴林	19560[1]	65	俄罗斯联邦	23200
59	波多黎各	18080[1]	66	波多黎各	22730[1][3]
60	捷克	18060	68	马来西亚	22460
61	爱沙尼亚	17370	69	波兰	22300
61	斯洛伐克	17200[1]	70	巴哈马	21540[1]
63	特立尼达和多巴哥	15760	71	拉脱维亚	21390[1]
64	巴巴多斯	15080[1]	72	匈牙利	20930[1]
64	智利	15230	73	智利	21030
66	乌拉圭	15180	75	哈萨克斯坦	20570
67	赤道几内亚	14320	76	圣基茨和尼维斯	20400
68	拉脱维亚	14060[1]	77	克罗地亚	20370
69	立陶宛	13820[1]	78	安提瓜和巴布达	20070
70	俄罗斯联邦	13860	79	巴拿马	19290
71	圣基茨和尼维斯	13460	80	乌拉圭	18930
72	克罗地亚	13330	81	古巴	18520[1]
74	波兰	12960	82	土耳其	18760
75	安提瓜和巴布达	12910	83	罗马尼亚	18060

续表

位次	国家/地区	人均收入 （Atlas，美元）	位次	国家/地区	人均收入 （PPP，国际元）
77	委内瑞拉	12550	84	委内瑞拉	17890
78	匈牙利	12410[1]	85	黎巴嫩	17390[3]
79	塞舌尔	12530	86	加蓬	17220
80	巴西	11690	86	毛里求斯	17220
81	哈萨克斯坦	11380	89	白俄罗斯	16940
83	帕劳	10970	90	阿塞拜疆	16180
84	土耳其	10950	91	墨西哥	16110
86	巴拿马	10700	92	苏里南	15860
87	加蓬	10650	93	伊朗	15600
88	马来西亚	10400	94	博茨瓦纳	15500
89	墨西哥	9940	95	巴巴多斯	15080[1]
90	黎巴嫩	9870	96	伊拉克	15220
91	哥斯达黎加	9550	97	保加利亚	15200
92	毛里求斯	9300	98	巴西	14750
93	苏里南	9260	99	黑山	14600
94	罗马尼亚	9060	100	帕劳	14540[3]
95	博茨瓦纳	7730	102	哥斯达黎加	13570
96	哥伦比亚	7560	103	泰国	13510
97	格林纳达	7460	104	阿尔及利亚	12990
98	阿塞拜疆	7350	105	土库曼斯坦	12920[3]
99	黑山	7260	106	南非	12240
100	南非	7190	107	塞尔维亚	12020
101	圣卢西亚	7090	108	哥伦比亚	11890
102	保加利亚	7030	109	中国	11850
103	土库曼斯坦	6880	110	约旦	11660
104	多米尼加	6760	111	马其顿	11520
105	白俄罗斯	6720	112	秘鲁	11360
106	伊拉克	6710	113	多米尼加	11150
107	图瓦卢	6630	114	格林纳达	11120
108	圣文森特和格林纳丁斯	6580	115	突尼斯	10960

续表

位次	国家/地区	人均收入 （Atlas，美元）	位次	国家/地区	人均收入 （PPP，国际元）
109	中国	6560	116	埃及	10850
110	秘鲁	6390	117	圣文森特和格林纳丁斯	10610
111	古巴	5890[1]	118	阿尔巴尼亚	10520
112	纳米比亚	5840	119	圣卢西亚	10350
113	伊朗	5780	120	厄瓜多尔	10310
114	塞尔维亚	5730	121	马尔代夫	9890
115	多米尼加	5620	122	波斯尼亚和黑塞哥维那	9820
116	马尔代夫	5600	123	多米尼加	9800
117	厄瓜多尔	5510	124	纳米比亚	9590
118	泰国	5370	125	斯里兰卡	9470
119	阿尔及利亚	5290	126	印尼	9260
120	牙买加	5220	127	乌克兰	8960
121	安哥拉	5010	128	科索沃	8940[3]
122	约旦	4950	129	蒙古	8810
123	马其顿	4800	130	牙买加	8480
124	波斯尼亚和黑塞哥维那	4740	131	伯利兹	8160
125	阿尔巴尼亚	4700	132	亚美尼亚	8140
126	伯利兹	4660	133	菲律宾	7820
127	汤加	4490	134	巴拉圭	7640
128	斐济	4430	135	斐济	7610
129	突尼斯	4360	136	萨尔瓦多	7490
130	马绍尔群岛	4200	137	不丹	7210
131	巴拉圭	4040	138	危地马拉	7130
132	乌克兰	3960	139	格鲁吉亚	7040[4]
133	科索沃	3890	140	摩洛哥	7000[5]
134	亚美尼亚	3790	141	安哥拉	6770
135	蒙古	3770	143	圭亚那	6550[3]
136	圭亚那	3750	144	东帝汶	6410[3]
137	萨尔瓦多	3720	145	佛得角	6220
138	佛得角	3630	145	斯威士兰	6220

续表

位次	国家/地区	人均收入 (Atlas, 美元)	位次	国家/地区	人均收入 (PPP, 国际元)
139	印尼	3580	147	图瓦卢	5990[3]
139	东帝汶	3580	148	玻利维亚	5750
141	格鲁吉亚	3570[4]	149	尼日利亚	5600
142	密克罗尼西亚	3430	150	汤加	5450[3]
142	萨摩亚	3430	151	印度	5350
144	危地马拉	3340	152	乌兹别克斯坦	5340[3]
145	菲律宾	3270	153	摩尔多瓦	5190[6]
146	斯里兰卡	3170	154	越南	5030
147	埃及	3160	155	西岸和加沙	4900[1]
148	瓦努阿图	3130	156	巴基斯坦	4920
150	斯威士兰	3080	157	萨摩亚	4840[3]
151	摩洛哥	3030[5]	158	刚果(布)	4720
152	西岸和加沙	2810[1]	159	马绍尔群岛	4620[3]
153	尼日利亚	2760	160	老挝	4570
154	刚果(布)	2660	161	尼加拉瓜	4440
155	基里巴斯	2620	162	洪都拉斯	4270
156	玻利维亚	2550	163	加纳	3880
157	不丹	2460	164	密克罗尼西亚	3840[3]
157	摩尔多瓦	2460[6]	165	也门	3820
159	洪都拉斯	2180	166	莱索托	3320
160	巴布亚新几内亚	2010	168	吉尔吉斯	3070
161	乌兹别克斯坦	1900	168	赞比亚	3070
162	尼加拉瓜	1780	170	圣多美和普林西比	2950
163	加纳	1760	171	科特迪瓦	2900
164	越南	1730	172	柬埔寨	2890
166	所罗门群岛	1610	173	毛里塔尼亚	2850
167	印度	1570	174	瓦努阿图	2840[3]
168	莱索托	1550	175	孟加拉国	2810
169	赞比亚	1480	176	基里巴斯	2780[3]
170	圣多美和普林西比	1470	177	喀麦隆	2660

续表

位次	国家/地区	人均收入 （Atlas，美元）	位次	国家/地区	人均收入 （PPP，国际元）
171	老挝	1460	179	塔吉克斯坦	2500
172	科特迪瓦	1380	180	巴布亚新几内亚	2430[3]
172	巴基斯坦	1380	181	苏丹	2370[7]
174	也门	1330	182	尼泊尔	2260
175	喀麦隆	1270	183	肯尼亚	2250
176	吉尔吉斯	1200	184	塞内加尔	2240
177	苏丹	1130[7]	185	南苏丹	2190[3]
178	南苏丹	1120	186	阿富汗	2000[3]
179	塞内加尔	1070	186	乍得	2000
180	毛里塔尼亚	1060	188	所罗门群岛	1810[3]
181	乍得	1020	189	贝宁	1780
183	塔吉克斯坦	990	190	塞拉利昂	1750
184	柬埔寨	950	190	坦桑尼亚	1750[8]
185	肯尼亚	930	192	海地	1710
186	孟加拉国	900	193	冈比亚	1620
187	科摩罗	880	195	布基纳法索	1560
188	津巴布韦	820	195	科摩罗	1560
189	海地	810	195	津巴布韦	1560
190	贝宁	790	198	马里	1540
191	尼泊尔	730	199	卢旺达	1430
192	阿富汗	700	200	乌干达	1370
193	塞拉利昂	680	201	埃塞俄比亚	1350
194	布基纳法索	670	201	马达加斯加	1350
194	马里	670	203	几内亚比绍	1240
196	坦桑尼亚	630[8]	204	厄立特里亚	1180[3]
197	卢旺达	620	204	多哥	1180
199	莫桑比克	590	206	几内亚	1160
200	多哥	530	207	莫桑比克	1040
201	几内亚比绍	520	208	尼日尔	910
202	冈比亚	510	209	布隆迪	820

续表

位次	国家/地区	人均收入 （Atlas，美元）	位次	国家/地区	人均收入 （PPP，国际元）
202	乌干达	510	210	利比里亚	790
204	厄立特里亚	490	211	马拉维	760
205	埃塞俄比亚	470	212	刚果（金）	680
206	几内亚	460	213	中非	600
207	马达加斯加	440			
208	利比里亚	410			
208	尼日尔	410			
210	刚果（金）	400			
211	中非	320			
212	布隆迪	280			
213	马拉维	270			
	世界	10563.57		世界	14211.390
	低收入	663.9079		低收入	1779.710
	中等收入	4721.052		中等收入	9517.121
	中等偏下收入	2067.966		中等偏下收入	5969.557
	中高收入	7539.758		中高收入	13318.420
	低和中等收入	4131.27		低和中等收入	8385.837
	东亚及太平洋地区	5535.582		东亚及太平洋地区	10724.190
	欧洲和中亚	7085.506		欧洲和中亚	13632.710
	拉丁美洲和加勒比地区	9313.977		拉丁美洲和加勒比地区	13848.120
	南亚	1473.544		南亚	5005.146
	撒哈拉以南非洲	1624.284		撒哈拉以南非洲	3206.138
	高收入	39311.84		高收入	40323.540
	欧元区	38333.36		欧元区	37153.440

注：斜体字为 2011 年或 2012 年数据。

［1］"—"表示 2013 年数据不详，估计排名。

［2］仅包括塞浦路斯政府控制区。

［3］基于回归，其他购买力平价计算从 2011 年国际比较项目基准估计推算。

［4］不包括阿布哈兹和南奥塞梯。

［5］包括原西属撒哈拉。

［6］不包括德涅斯特河沿岸地区。

［7］不包括南苏丹。

［8］仅包括坦桑尼亚大陆。

资料来源：http：//datacatalog.worldbank.org/。

表 4　世界各国及地区人口数据（2013 年）

单位：千人

位次	国家/地区	总人口	位次	国家/地区	总人口
1	中国	1357380	36	乌干达	37578.88
2	印度	1252140	37	加拿大	35158.3
3	美国	316128.8	38	伊拉克	33417.48
4	印尼	249865.6	39	摩洛哥	33008.15
5	巴西	200361.9	40	阿富汗	30551.67
6	巴基斯坦	182142.6	41	委内瑞拉	30405.21
7	尼日利亚	173615.3	42	秘鲁	30375.6
8	孟加拉国	156595	43	乌兹别克斯坦	30241.1
9	俄罗斯	143499.9	44	马来西亚	29716.97
10	日本	127338.6	45	沙特阿拉伯	28828.87
11	墨西哥	122332.4	46	尼泊尔	27797.46
12	菲律宾	98393.57	47	加纳	25904.6
13	埃塞俄比亚	94100.76	48	莫桑比克	25833.75
14	越南	89708.9	49	朝鲜	24895.48
15	埃及	82056.38	50	也门	24407.38
16	德国	80621.79	51	澳大利亚	23130.9
17	伊朗	77447.17	52	马达加斯加	22924.85
18	土耳其	74932.64	53	叙利亚	22845.55
19	刚果（金）	67513.68	54	喀麦隆	22253.96
20	泰国	67010.5	55	安哥拉	21471.62
21	法国	66028.47	56	斯里兰卡	20483
22	英国	64097.09	57	科特迪瓦	20316.09
23	意大利	59831.09	58	罗马尼亚	19963.58
24	缅甸	53259.02	59	尼日尔	17831.27
25	南非	52981.99	60	智利	17619.71
26	韩国	50219.67	61	哈萨克斯坦	17037.51
27	坦桑尼亚	49253.13	62	布基纳法索	16934.84
28	哥伦比亚	48321.41	63	荷兰	16804.22
29	西班牙	46647.42	64	马拉维	16362.57
30	乌克兰	45489.6	65	厄瓜多尔	15737.88
31	肯尼亚	44353.69	66	危地马拉	15468.2
32	阿根廷	41446.25	67	马里	15301.65
33	阿尔及利亚	39208.19	68	柬埔寨	15135.17
34	波兰	38530.73	69	赞比亚	14538.64
35	苏丹	37964.31	70	津巴布韦	14149.65

位次	国家/地区	总人口	位次	国家/地区	总人口
71	塞内加尔	14133.28	107	厄立特里亚	6333.135
72	乍得	12825.31	108	利比亚	6201.521
73	卢旺达	11776.52	109	塞拉利昂	6092.075
74	几内亚	11745.19	110	尼加拉瓜	6080.478
75	南苏丹	11296.17	111	吉尔吉斯	5719.5
76	古巴	11265.63	112	丹麦	5613.706
77	比利时	11195.14	113	芬兰	5439.407
78	希腊	11032.33	114	斯洛伐克	5414.095
79	突尼斯	10886.5	115	新加坡	5399.2
80	玻利维亚	10671.2	116	土库曼斯坦	5240.072
81	捷克	10521.47	117	挪威	5084.19
82	索马里	10495.58	118	哥斯达黎加	4872.166
83	葡萄牙	10459.81	119	中非	4616.417
84	多米尼加	10403.76	120	爱尔兰	4595.281
85	贝宁	10323.47	121	格鲁吉亚	4476.9[1]
86	海地	10317.46	122	新西兰	4470.8
87	布隆迪	10162.53	123	黎巴嫩	4467.39
88	匈牙利	9897.247	124	刚果（布）	4447.632
89	瑞典	9592.552	125	利比里亚	4294.077
90	白俄罗斯	9466	126	克罗地亚	4252.7
91	阿塞拜疆	9416.598	127	西岸和加沙	4169.506
92	阿联酋	9346.129	128	毛里塔尼亚	3889.88
93	奥地利	8473.786	129	巴拿马	3864.17
94	塔吉克斯坦	8207.834	130	波斯尼亚和黑塞哥维那	3829.307
95	洪都拉斯	8097.688	131	阿曼	3632.444
96	瑞士	8081.482	132	波多黎各	3615.086
97	以色列	8059.4	133	摩尔多瓦	3559[2]
98	巴布亚新几内亚	7321.262	134	乌拉圭	3407.062
99	保加利亚	7265.115	135	科威特	3368.572
100	中国香港	7187.5	136	亚美尼亚	2976.566
101	塞尔维亚	7163.976	137	立陶宛	2956.121
102	多哥	6816.982	138	蒙古	2839.073
103	巴拉圭	6802.295	139	阿尔巴尼亚	2773.62
104	老挝	6769.727	140	牙买加	2715
105	约旦	6459	141	纳米比亚	2303.315
106	萨尔瓦多	6340.454	142	卡塔尔	2168.673

续表

位次	国家/地区	总人口	位次	国家/地区	总人口
143	马其顿	2107.158	179	新喀里多尼亚	262
144	莱索托	2074.465	180	瓦努阿图	252.763
145	斯洛文尼亚	2060.484	181	圣多美和普林西比	192.993
146	博茨瓦纳	2021.144	182	萨摩亚	190.372
147	拉脱维亚	2013.385	183	圣卢西亚	182.273
148	冈比亚	1849.285	184	关岛	165.124
149	科索沃	1824	185	海峡群岛	162.018
150	几内亚比绍	1704.255	186	库拉索岛	153.5
151	加蓬	1671.711	187	圣文森特和格林纳丁斯	109.373
152	特立尼达和多巴哥	1341.151	188	格林纳达	105.897
153	巴林	1332.171	189	汤加	105.323
154	爱沙尼亚	1324.612	190	维尔京群岛（美属）	104.737
155	毛里求斯	1296.303	191	密克罗尼西亚	103.549
156	斯威士兰	1249.514	192	阿鲁巴	102.911
157	东帝汶	1178.252	193	基里巴斯	102.351
158	塞浦路斯	1141.166	194	安提瓜和巴布达	89.985
159	斐济	881.065	195	塞舌尔	89.173
160	吉布提	872.932	196	马恩岛	85.888
161	圭亚那	799.613	197	安道尔	79.218
162	赤道几内亚	757.014	198	多米尼加	72.003
163	不丹	753.947	199	百慕大	65.024
164	科摩罗	734.917	200	开曼群岛	58.435
165	黑山	621.383	201	格陵兰	56.483
166	中国澳门	566.375	202	美属萨摩亚	55.165
167	所罗门群岛	561.231	203	圣基茨和尼维斯	54.191
168	卢森堡	543.202	204	北马里亚纳群岛	53.855
169	苏里南	539.276	205	马绍尔群岛	52.634
170	佛得角	498.897	206	法罗群岛	49.469
171	马耳他	423.282	207	圣马丁岛（荷属）	39.689
172	文莱	417.784	208	摩纳哥	37.831
173	巴哈马	377.374	209	列支敦士登	36.925
174	马尔代夫	345.023	210	特克斯和凯科斯群岛	33.098
175	伯利兹	331.9	211	圣马力诺	31.448
176	冰岛	323.002	212	圣马丁（法属）	31.264
177	巴巴多斯	284.644	213	帕劳	20.918
178	法属波利尼西亚	276.831	214	图瓦卢	9.876

续表

位次	国家/地区	总人口	位次	国家/地区	总人口
	世界	7124544		欧洲和中亚	272208.7
	低收入	848667.5		拉丁美洲和加勒比地区	588019.5
	中等收入	4969744		中东和北非	345447.1
	中等偏下收入	2561088		南亚	1670808
	中高收入	2408656		撒哈拉以南非洲	936119.5
	低和中等收入	5818412		高收入	1306132
	东亚及太平洋地区	2005809		欧元区	334049

注：[1] 不包括阿布哈兹和南奥塞梯；[2] 不包括德涅斯特河沿岸地区。

资料来源：http://datacatalog.worldbank.org/。

表5 世界各国及地区城市化率（2013年）

单位：%

位次	国家/地区	城市化率	位次	国家/地区	城市化率
1	百慕大	100.00	24	智利	89.55
1	开曼群岛	100.00	25	澳大利亚	89.48
1	中国香港	100.00	26	巴林	88.83
1	中国澳门	100.00	27	黎巴嫩	87.47
1	摩纳哥	100.00	28	丹麦	87.20
1	新加坡	100.00	29	法国	86.77
7	波多黎各	99.05	30	加蓬	86.77
8	卡塔尔	99.01	31	新西兰	86.33
9	科威特	98.28	32	安道尔	86.22
10	比利时	97.54	33	卢森堡	85.87
11	维尔京群岛（美属）	95.72	34	帕劳	85.61
12	马耳他	95.13	35	瑞典	85.51
13	特克斯和凯科斯群岛	94.48	36	格陵兰	85.21
14	圣马力诺	94.17	37	巴西	85.14
15	冰岛	93.94	38	阿联酋	84.91
16	委内瑞拉	93.89	39	巴哈马	84.64
17	美属萨摩亚	93.66	40	芬兰	83.95
18	关岛	93.27	41	荷兰	83.90
19	阿根廷	92.79	42	韩国	83.74
20	乌拉圭	92.73	43	约旦	83.19
21	日本	92.32	44	美国	82.87
22	以色列	92.00	45	沙特阿拉伯	82.70
23	北马里亚纳群岛	91.68	46	加拿大	80.88

位次	国家/地区	城市化率	位次	国家/地区	城市化率
47	挪威	79.92	83	多米尼加	67.42
48	英国	79.89	84	立陶宛	67.34
49	墨西哥	78.67	85	突尼斯	66.75
50	利比亚	78.08	86	伊拉克	66.44
51	秘鲁	77.91	87	萨尔瓦多	65.73
52	西班牙	77.72	88	哥斯达黎加	65.56
53	吉布提	77.24	89	刚果（布）	64.50
54	文莱	76.69	90	亚美尼亚	64.21
55	巴拿马	76.37	91	佛得角	64.07
56	哥伦比亚	75.84	92	圣多美和普林西比	63.97
57	白俄罗斯	75.83	93	黑山	63.67
58	古巴	75.15	94	巴拉圭	62.97
59	西岸和加沙	74.79	95	博茨瓦纳	62.89
60	阿尔及利亚	74.55	96	南非	62.87
61	德国	74.20	97	爱尔兰	62.82
62	保加利亚	74.20	98	葡萄牙	62.11
63	俄罗斯	74.17	99	希腊	61.95
64	马来西亚	74.04	100	新喀里多尼亚	61.47
65	阿曼	73.95	101	波兰	60.79
66	瑞士	73.85	102	安哥拉	60.67
67	捷克	73.40	103	朝鲜	60.61
68	土耳其	73.25	104	马其顿	59.57
69	马绍尔群岛	72.45	105	克罗地亚	58.40
70	塞浦路斯	70.90	106	冈比亚	58.31
71	多米尼加	70.77	107	尼加拉瓜	58.17
72	苏里南	70.52	108	摩洛哥	57.77
73	匈牙利	70.38	109	塞尔维亚	57.07
74	蒙古	70.24	110	叙利亚	56.86
75	爱沙尼亚	69.63	111	海地	55.96
76	伊朗	69.37	112	阿尔巴尼亚	55.51
77	乌克兰	69.28	113	斯洛伐克	54.68
78	意大利	68.76	114	塞舌尔	54.40
79	厄瓜多尔	68.54	115	阿塞拜疆	54.13
80	奥地利	68.09	116	哈萨克斯坦	53.45
81	拉脱维亚	67.71	117	洪都拉斯	53.30
82	玻利维亚	67.64	118	喀麦隆	53.23

续表

位次	国家/地区	城市化率	位次	国家/地区	城市化率
119	加纳	53.18	155	中非	39.60
120	格鲁吉亚	53.10	156	津巴布韦	39.60
121	中国	53.05	157	纳米比亚	39.54
122	斐济	53.02	158	多哥	38.99
123	罗马尼亚	52.88	159	索马里	38.70
124	科特迪瓦	52.73	160	不丹	37.11
125	牙买加	52.24	161	巴基斯坦	36.88
126	印尼	52.21	162	几内亚	36.43
127	法属波利尼西亚	51.46	163	老挝	36.43
128	图瓦卢	51.39	164	乌兹别克斯坦	36.34
129	尼日利亚	50.84	165	马里	36.22
130	危地马拉	50.69	166	吉尔吉斯	35.56
131	马恩岛	50.47	167	刚果（金）	35.38
132	圣文森特和格林纳丁斯	50.09	168	泰国	34.87
133	斯洛文尼亚	49.87	169	马达加斯加	33.85
134	土库曼斯坦	49.40	170	缅甸	33.79
135	菲律宾	49.36	171	苏丹	33.54
136	波斯尼亚和黑塞哥维那	49.35	172	也门	33.49
137	摩尔多瓦	49.09	173	越南	32.32
138	利比里亚	48.94	174	圣基茨和尼维斯	32.19
139	阿鲁巴	47.06	175	印度	32.03
140	贝宁	46.21	176	莫桑比克	31.73
141	巴巴多斯	45.42	177	南亚	31.72
142	几内亚比绍	45.25	178	海峡群岛	31.50
143	伯利兹	44.40	179	安提瓜和巴布达	29.86
144	基里巴斯	44.20	180	孟加拉国	29.38
145	埃及	43.87	181	东帝汶	29.11
146	马尔代夫	43.35	182	莱索托	29.03
147	塞内加尔	43.18	183	圭亚那	28.58
148	毛里塔尼亚	42.07	184	科摩罗	28.27
149	毛里求斯	41.83	185	布基纳法索	28.19
150	法罗群岛	41.57	186	坦桑尼亚	27.67
151	赞比亚	40.05	187	塔吉克斯坦	26.66
152	塞拉利昂	40.02	188	瓦努阿图	25.53
153	赤道几内亚	39.86	189	肯尼亚	24.81
154	格林纳达	39.83	190	阿富汗	24.16

续表

位次	国家/地区	城市化率	国家/地区	城市化率
191	汤加	23.66	中高收入	61.58
192	密克罗尼西亚	22.81	中等收入	50.09
193	厄立特里亚	22.29	低和中等收入	46.96
194	乍得	22.01	中等偏下收入	39.27
195	所罗门群岛	21.37	低收入	28.67
196	斯威士兰	21.21	重债穷国（HIPC）	32.42
197	柬埔寨	20.38	最不发达国家（联合国分类）	29.39
198	卢旺达	19.74	北美	82.67
199	萨摩亚	19.50	拉丁美洲和加勒比地区	79.63
200	南苏丹	18.45	拉丁美洲和加勒比地区（发展中地区）	79.31
201	尼日尔	18.37	欧洲和中亚	70.71
202	尼泊尔	17.68	欧洲和中亚（发展中地区）	60.55
203	埃塞俄比亚	17.54	中东和北非	63.46
204	乌干达	16.42	中东和北非（发展中地区）	59.8
205	圣卢西亚	16.29	中欧和波罗的海国家	62.2
206	马拉维	16.00	阿拉伯世界	57.49
207	斯里兰卡	15.30	东亚与太平洋地区	54.57
208	列支敦士登	14.35	东亚与太平洋地区（发展中地区）	50.67
209	特立尼达和多巴哥	14.25	加勒比海小国	43.32
210	巴布亚新几内亚	12.64	撒哈拉以南非洲	37.24
211	布隆迪	11.50	撒哈拉以南非洲（发展中地区）	37.24
世界		53.01	太平洋岛屿小国	37
高收入		80.46	经合组织成员	80.3
高收入：经合组织		81.09	欧元区	76.05
高收入：非经合组织		77.55	欧洲联盟	74.37

资料来源：http：//datacatalog.worldbank.org/。

表 6　世界各国及地区能源和碳排放数据（2013 年）

国家/地区	二氧化碳排放（百万吨 CO_2）	一次能源消费总量（百万吨标准油）	一次能源消费结构（%）					
			石油	天然气	煤炭	核能	水电	其他可再生能源
美国	5931.4	2265.8	36.68	29.61	20.11	8.29	2.71	2.59
加拿大	616.7	332.9	31.09	27.98	6.09	6.94	26.61	1.29
墨西哥	499.4	188.0	47.72	39.62	6.62	1.42	3.30	1.32
北美洲	7047.5	2786.7	36.75	30.09	17.53	7.67	5.61	2.35

续表

国家/地区	二氧化碳排放（百万吨 CO_2）	一次能源消费总量（百万吨标准油）	一次能源消费结构（%）					
			石油	天然气	煤炭	核能	水电	其他可再生能源
阿根廷	194.5	84.5	34.77	51.11	0.84	1.61	10.89	0.77
巴西	541.1	284.0	46.73	11.92	4.82	1.17	30.70	4.66
智利	92.2	34.6	50.66	11.28	21.26	0.00	12.77	4.03
哥伦比亚	82.2	38.0	36.50	25.37	11.31	0.00	26.43	0.39
厄瓜多尔	36.8	14.7	78.78	3.67	0.00	0.00	17.01	0.55
秘鲁	47.9	21.8	46.02	27.15	3.78	0.00	21.94	1.11
特立尼达和多巴哥	53.0	22.0	8.38	91.60	0.00	0.00	0.00	0.02
委内瑞拉	176.6	82.9	43.70	33.15	0.26	0.00	22.88	0.00
拉丁美洲其他地区	203.9	91.0	64.17	7.76	2.27	0.00	23.03	2.76
拉丁美洲	1428.2	673.5	46.26	22.53	4.33	0.69	23.47	2.72
奥地利	70.6	34.0	36.77	22.45	10.55	0.00	24.66	5.56
阿塞拜疆	32.3	12.7	35.97	61.35	0.02	0.00	2.66	0.00
白俄罗斯	65.6	25.3	34.32	65.21	0.22	0.00	0.05	0.20
比利时	142.4	61.7	50.31	24.55	4.76	15.65	0.13	4.61
保加利亚	41.4	17.1	23.77	13.86	34.54	18.76	5.39	3.68
捷克	109.4	41.9	20.41	18.09	39.35	16.60	2.04	3.51
丹麦	44.6	18.1	43.40	18.60	17.70	0.00	0.02	20.29
芬兰	47.9	26.1	33.95	9.79	14.18	20.70	11.13	10.25
法国	385.6	248.4	32.34	15.52	4.93	38.60	6.23	2.38
德国	842.8	325.0	34.48	23.16	25.01	6.77	1.43	9.14
希腊	78.8	27.2	51.54	11.82	26.12	0.00	5.34	5.17
匈牙利	47.0	20.4	29.37	37.74	12.99	17.03	0.24	2.63
爱尔兰	35.4	13.3	50.59	30.05	9.92	0.00	0.99	8.46
意大利	383.1	158.8	38.89	36.41	9.19	0.00	7.34	8.18
哈萨克斯坦	209.5	62.0	22.28	16.56	58.20	0.00	2.96	0.00
立陶宛	14.8	5.7	47.90	42.95	3.39	0.00	2.06	3.71
荷兰	238.5	86.8	47.74	38.44	9.60	0.71	0.03	3.48
挪威	44.5	45.0	23.58	8.84	1.47	0.00	64.90	1.21
波兰	331.1	99.9	24.05	15.03	56.15	0.00	0.55	4.21
葡萄牙	52.3	23.8	45.37	15.37	11.28	0.00	12.86	15.13
罗马尼亚	76.2	33.0	27.32	34.01	16.90	7.96	10.37	3.43
俄罗斯	1714.2	699.0	21.90	53.24	13.38	5.60	5.87	0.02

续表

国家/地区	二氧化碳排放（百万吨 CO_2）	一次能源消费总量（百万吨标准油）	一次能源消费结构（%）					
			石油	天然气	煤炭	核能	水电	其他可再生能源
斯洛伐克	34.7	16.6	21.39	29.32	18.95	21.49	7.01	1.85
西班牙	284.3	133.7	44.37	19.51	7.74	9.60	6.23	12.55
瑞典	52.9	51.0	28.02	1.90	3.33	29.70	27.25	9.80
瑞士	44.3	30.2	39.06	10.88	0.41	19.65	28.40	1.61
土耳其	328.8	122.8	26.97	33.45	26.87	0.00	10.92	1.79
土库曼斯坦	66.4	26.3	23.91	76.09	0.00	0.00	0.00	0.00
乌克兰	301.1	117.5	10.35	34.47	36.26	16.03	2.67	0.23
英国	513.4	200.0	34.88	32.89	18.27	7.99	0.53	5.44
乌兹别克斯坦	110.5	47.8	6.99	85.12	2.48	0.00	5.42	0.00
欧洲及欧亚大陆其他地区	217.6	94.3	34.43	14.24	23.17	1.84	24.40	1.92
欧洲及欧亚大陆总计	6961.9	2925.3	30.03	32.76	17.39	8.99	6.88	3.95
伊朗	630.6	243.9	38.08	59.85	0.29	0.38	1.38	0.03
以色列	76.1	24.2	43.65	25.47	30.30	0.00	0.03	0.55
科威特	104.5	37.8	57.71	42.29	0.00	0.00	0.00	0.00
卡塔尔	80.7	31.8	26.75	73.25	0.00	0.00	0.00	0.00
沙特阿拉伯	632.0	227.7	59.28	40.72	0.00	0.00	0.00	0.00
阿联酋	253.7	97.1	36.68	63.32	0.00	0.00	0.00	0.00
中东其他地区	341.4	122.9	65.48	32.46	0.16	0.00	1.90	0.00
中东	2118.9	785.3	49.00	49.08	1.05	0.12	0.73	0.03
阿尔及利亚	121.9	46.6	37.49	62.35	0.00	0.00	0.05	0.11
埃及	224.0	86.8	41.11	53.35	1.70	0.00	3.37	0.47
南非	441.1	122.4	22.24	2.87	72.05	2.56	0.21	0.06
非洲其他地区	377.0	152.3	59.44	21.10	3.91	0.00	14.78	0.77
非洲	1164.0	408.1	41.88	27.20	23.43	0.77	6.30	0.42
澳大利亚	360.1	116.0	40.47	13.87	38.78	0.00	3.92	2.96
孟加拉国	67.9	26.7	21.48	73.81	3.84	0.00	0.74	0.13
中国	9524.3	2852.4	17.79	5.10	67.50	0.88	7.23	1.50
中国香港	90.8	27.9	63.60	8.54	27.86	0.00	0.00	0.00

续表

国家/地区	二氧化碳排放（百万吨CO₂）	一次能源消费总量（百万吨标准油）	一次能源消费结构（%）					
			石油	天然气	煤炭	核能	水电	其他可再生能源
印度	1931.1	595.0	29.46	7.78	54.51	1.27	5.01	1.97
印尼	523.3	168.7	43.77	20.50	32.25	0.00	2.10	1.38
日本	1397.4	474.0	44.07	22.19	27.12	0.70	3.92	1.99
马来西亚	234.7	81.1	38.45	37.68	20.91	0.00	2.58	0.38
新西兰	37.1	19.8	35.68	20.15	7.60	0.00	26.29	10.28
巴基斯坦	166.4	69.6	31.63	49.86	6.30	1.55	10.66	0.01
菲律宾	90.8	31.8	43.02	9.57	33.14	0.00	6.86	7.41
新加坡	224.6	75.7	87.11	12.52	0.00	0.00	0.00	0.37
韩国	768.1	271.3	39.97	17.42	30.17	11.57	0.49	0.37
中国台湾	330.0	110.9	39.13	13.26	36.94	8.50	1.06	1.11
泰国	328.4	115.6	43.61	40.67	13.81	0.00	1.09	0.82
越南	137.1	54.4	32.08	16.14	29.24	0.00	22.49	0.06
亚太其他地区	162.0	60.7	32.35	9.92	36.44	0.00	21.08	0.21
亚太地区	16373.9	5151.5	27.47	11.17	52.35	1.51	5.99	1.52
世界总计	35094.4	12730.4	32.87	23.73	30.06	4.42	6.72	2.19
其中：经合组织	13940.0	5533.1	37.23	26.10	19.28	8.08	5.77	3.53
非经合组织	21154.5	7197.3	29.53	21.90	38.35	1.61	7.45	1.16
欧洲联盟	3913.7	1675.9	36.11	23.53	17.03	11.85	4.89	6.60
苏联	2575.9	1027.7	20.65	50.40	17.39	5.69	5.77	0.09

资料来源：http://www.bp.com/en/global/corporate/about-bp/energy-economics/statistical-review-of-world-energy.html。

表7　全国各省（自治区、直辖市）节能目标完成情况（2013年）

地区	2013年万元GDP能耗	2013年万元GDP能耗降低率	2013年万元GDP能耗降低目标	"十二五"节能目标	"十二五"节能目标完成进度
	吨标准煤/万元	%			
全　国	0.7370	3.7	3.7	16	55.82
北　京	0.4155	4.86	2	17	91.01
天　津	0.6418	4.41	4	18	71.25
河　北	1.1581	4.73	3	17	82.02
山　西	1.6253	3.74	3.5	16	66.9
内蒙古	1.2697	4.57	3.2	15	78.19
辽　宁	0.9901	4.53	3.9	17	73.46

续表

地区	2013 年万元GDP 能耗	2013 年万元GDP 能耗降低率	2013 年万元GDP 能耗降低目标	"十二五"节能目标	"十二五"节能目标完成进度
	吨标准煤/万元	%			
吉　林	0.8034	6.03	3	16	100.49
黑龙江	0.9529	4.31	3.5	16	70.61
上　海	0.5447	4.32	4.5	18	81.94
江　苏	0.5460	4.16	3.5	18	65.21
浙　江	0.5333	3.74	3.5	18	66.64
安　徽	0.6950	3.78	3.5	16	70.18
福　建	0.5837	3.76	2.5	16	74.83
江　西	0.5909	3.62	3	16	74.09
山　东	0.7793	4.48	3.66	17	70.21
河　南	0.7983	3.92	2.5	16	86.27
湖　北	0.8382	4.13	3	16	71.56
湖　南	0.7927	4.71	3	16	90
广　东	0.5082	4.55	3.5	18	70.75
广　西	0.7414	3.16	3	15	67.57
海　南	0.6411	4.16	2	10	24.48
重　庆	0.8403	5.13	3.5	16	94.48
四　川	0.8795	4.92	2.5	16	96.46
贵　州	1.5793	3.91	3.12	15	72.03
云　南	1.0884	3.21	3.2	15	60.48
陕　西	0.7876	3.55	3.5	16	62.19
甘　肃	1.2814	4.56	3.18	15	70.83
青　海	2.0032	2.2	2	10	-49.68
宁　夏	2.0908	3.22	3.2	15	25.32
新　疆	1.8876	-8.78	2.1	10	-203.24

注：①2013 年万元 GDP（地区生产总值）能耗降低目标依据各省（自治区、直辖市）人民政府确认函。

②2013 年万元 GDP 能耗降低率依据国家统计局核定数（西藏自治区数据暂缺）。

③节能目标一栏负号表示 2013 年单位 GDP 能耗上升，进度一栏负号表示前三年单位 GDP 能耗累计上升。

④全国平均数据根据《中国统计年鉴 2013》和《中华人民共和国 2013 年国民经济和社会发展统计公报》计算。

⑤各省（自治区、直辖市）万元 GDP 能耗数据根据《中国统计年鉴 2013》《中国能源统计年鉴2013》《中华人民共和国 2013 年国民经济和社会发展统计公报》计算。

⑥GDP 按照 2010 年价格计算。

⑦数据不含香港特别行政区、澳门特别行政区和台湾省。

资料来源：http：//www.ndrc.gov.cn/zcfb/zcfbgg/201408/t20140808_621799.html。

《中国统计年鉴 2013》，http：//www.stats.gov.cn/tjsj/ndsj/2013/indexch.htm。

《中华人民共和国 2013 年国民经济和社会发展统计公报》。

http：//www.stats.gov.cn/tjsj/zxfb/201402/t20140224_514970.html。

《国家发展改革委关于加大工作力度确保实现 2013 年节能减排目标任务的通知》（发改环资〔2013〕1585 号），http：//www.sdpc.gov.cn/zcfb/zcfbtz/201308/t20130827_555124.html。

G.30
全球气候灾害历史统计

翟建青 高 蓓 朱娴韵*

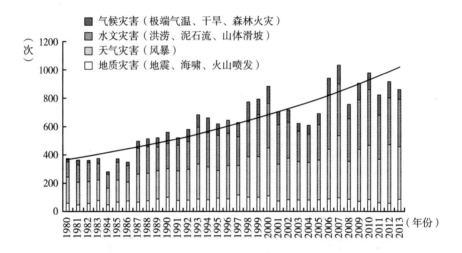

图1 1980～2013年全球重大自然灾害发生次数

资料来源：慕尼黑再保险公司和国家气候中心。

表1 1901～2010年六大洲大规模干旱统计

区域	干旱数量(次)及所占比例	≤6个月的干旱数量(次)	≥12个月的干旱数量(次)	最长持续时间(月)	最大影响范围(平方公里)
非 洲	76(13%)	46	8	21(1992～1993年)	9.9(33%,1983年4月)
亚 洲	185(32%)	121	19	42(1986～1990年)	9.8(22%,1987年6月)
欧 洲	81(14%)	45	9	25(1975～1977年)	5.1(51%,1921年12月)
北 美	104(18%)	65	15	41(1954～1957年)	7.5(31%,1956年10月)
大洋洲	45(8%)	27	7	24(1928～1930年)	5.9(77%,1965年2月)
南 非	85(15%)	58	10	19(1982～1983年)	10.8(61%,1963年10月)
世 界	576	362	68	42(1986～1990年)	9.9(33%,1983年4月)

---

* 翟建青，国家气候中心副研究员，研究领域为气候变化影响、灾害风险评估与管理；高蓓，南京信息工程大学硕士研究生；朱娴韵，南京信息工程大学硕士研究生。

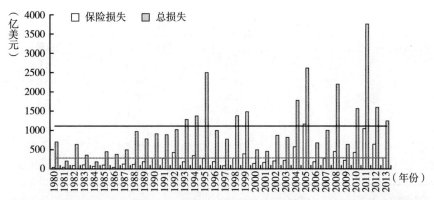

图2　1980～2013年全球重大自然灾害总损失和保险损失（以2012年市值计算）

资料来源：慕尼黑再保险公司和国家气候中心。

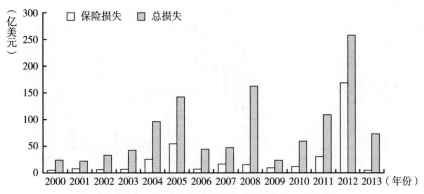

图3　2000～2013年全球干旱灾害总损失及保险损失

资料来源：慕尼黑再保险公司和国家气候中心。

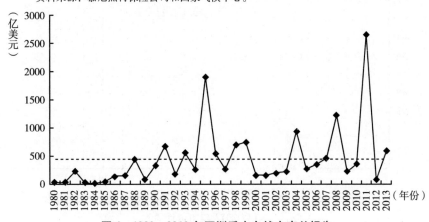

图4　1980～2013年亚洲重大自然灾害总损失

资料来源：慕尼黑再保险公司和国家气候中心。

表 2　1980～2013 年美国重大气象有关灾害综述

灾害类型	发生次数(次)	发生频率(%)	损失(十亿美元)	损失占总数比例(%)
强风暴	50	33.1	110.9	11.1
台风/飓风	38	25.2	490.2	49.0
干旱	18	11.9	241.1	24.1
洪水	17	11.3	86.1	8.6
火灾	12	7.9	23.2	2.3
暴风雪	10	6.6	29.3	2.9
冰冻天气	6	4.0	20.5	2.0
总计	151	100	1001.3	100

资料来源：NCDC，http：//www. ncdc. noaa. gov/billions/。

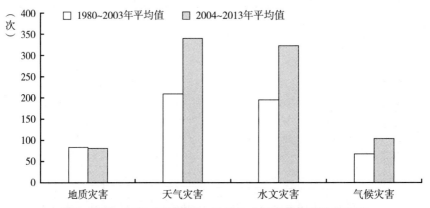

图 5　1980～2003 年和 2004～2013 年全球自然灾害发生次数

资料来源：慕尼黑再保险公司和国家气候中心。

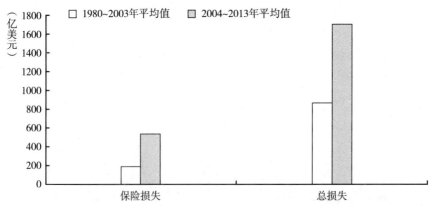

图 6　1980～2003 年和 2004～2013 年全球重大自然灾害总损失和保险损失
（以 2013 年市值计算）

资料来源：慕尼黑再保险公司和国家气候中心。

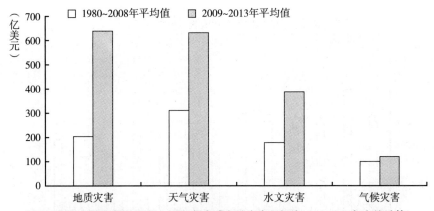

图7　1980～2008年和2009～2013年全球自然灾害总损失（以2013年市值计算）

资料来源：慕尼黑再保险公司和国家气候中心。

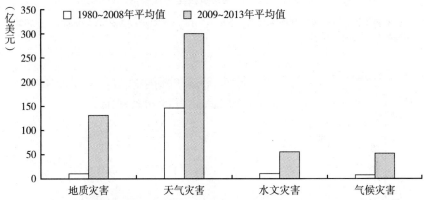

图8　1980～2008年和2009～2013年全球自然灾害保险损失（以2013年市值计算）

资料来源：慕尼黑再保险公司和国家气候中心。

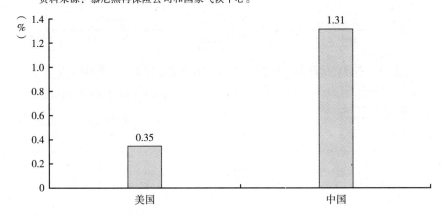

图9　美国和中国的气象灾害直接经济损失与GDP比较（1990～2010年）

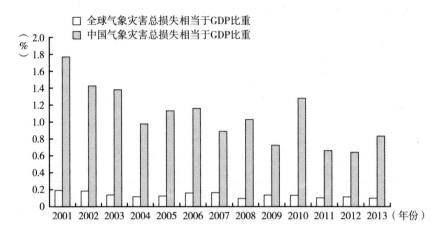

图 10　全球和中国气象灾害直接经济损失与 GDP 比较

资料来源：世界银行 WDI 数据库，http：//data. worldbank. Org/ data-catalog；慕尼黑再保险公司和国家气候中心。

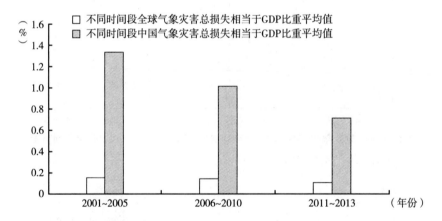

图 11　不同时间段全球和中国气象灾害直接经济损失相当于 GDP 比重

资料来源：世界银行 WDI 数据库，http：//data. worldbank. Org/ data-catalog；慕尼黑再保险公司和国家气候中心。

中国气候灾害历史统计

翟建青　高蓓　朱娴韵*

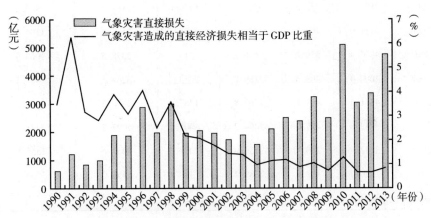

图1　1990~2013年中国气象灾害直接经济损失及其与GDP比较

资料来源：《中国气象灾害年鉴》《中国气候公报》。

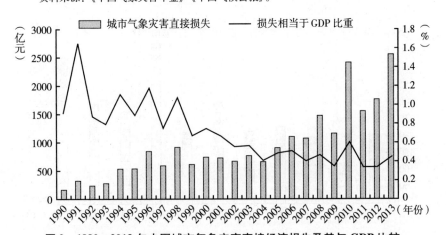

图2　1990~2013年中国城市气象灾害直接经济损失及其与GDP比较

资料来源：《中国气象灾害年鉴》《中国气候公报》，以及国家统计局的相关资料。

---

* 翟建青，国家气候中心副研究员，研究领域为气候变化影响、灾害风险评估与管理；高蓓，南京信息工程大学硕士研究生；朱娴韵，南京信息工程大学硕士研究生。

表 1　中国气象灾害灾情统计

年份	农作物灾情		人口灾情		直接经济损失（亿元）	城市气象灾害直接经济损失（亿元）
	受灾面积（万公顷）	绝收面积（万公顷）	受灾人口（万人）	死亡人口（人）		
2004	3765.0	433.3	34049.2	2457	1565.9	653.9
2005	3875.5	418.8	39503.2	2710	2101.3	903.3
2006	4111.0	494.2	43332.3	3485	2516.9	1104.9
2007	4961.4	579.8	39656.3	2713	2378.5	1068.9
2008	4000.4	403.3	43189.0	2018	3244.5	1482.1
2009	4721.4	491.8	47760.8	1367	2490.5	1160.3
2010	3742.6	487.0	42494.8	4005	5097.5	2421.3
2011	3252.5	290.7	43150.9	1087	3034.6	1555.8
2012	2496.0	182.6	27389.4	1390	3358.0	1766.3
2013	3123.4	383.8	38288.0	1925	4766.0	2560.8

资料来源：《中国气象灾害年鉴》《中国气候公报》，以及国家统计局的相关资料。

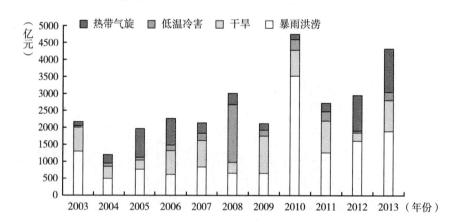

图 3　2003～2013 年各类灾害直接经济损失

资料来源：《中国气象灾害年鉴》及国家统计局的相关资料。

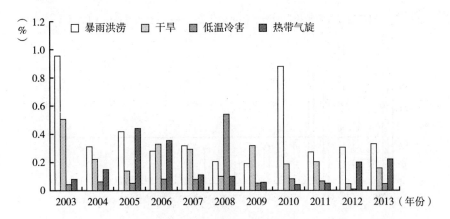

图4 2003～2013年各类灾害直接经济损失相当于GDP比重

资料来源：《中国气象灾害年鉴》及国家统计局的相关资料。

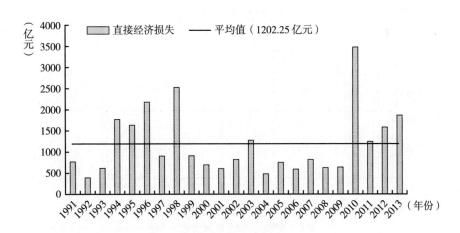

图5 1991～2013年暴雨洪涝灾害直接经济损失

资料来源：《中国气象灾害年鉴》《中国气候公报》。

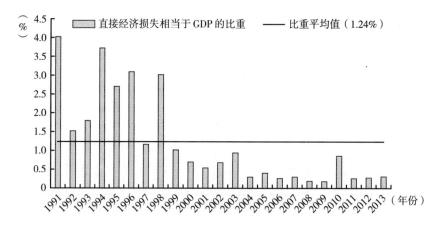

图6　1991~2013年暴雨洪涝灾害直接经济损失相当于GDP比重

资料来源：《中国气象灾害年鉴》《中国气候公报》。

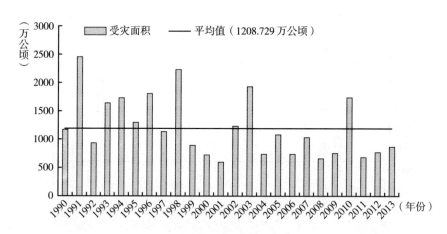

图7　1990~2013年暴雨洪涝面积

资料来源：《中国气象灾害年鉴》《中国气候公报》。

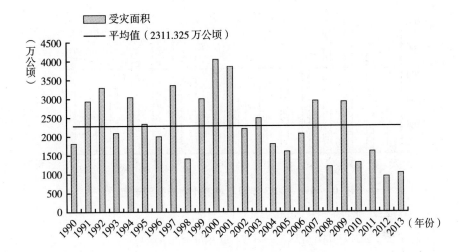

图8　1990～2013年干旱受灾面积

资料来源：《中国气象灾害年鉴》《中国气候公报》。

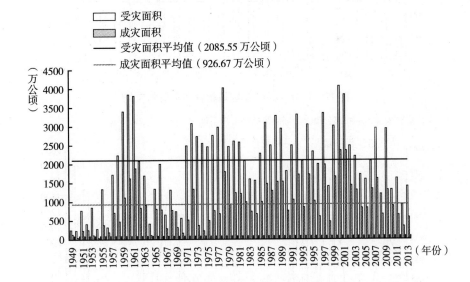

**图9　1949～2013年中国历年农作物受灾和
成灾面积变化（干旱灾害）**

资料来源：中国种植业信息网、全国防汛抗旱工作会议。

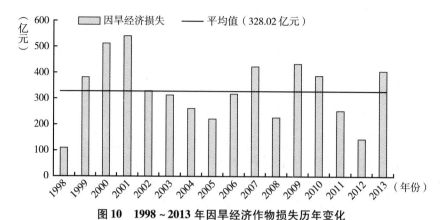

图10 1998~2013年因旱经济作物损失历年变化

资料来源：水利部公报、全国防汛抗旱工作会议。

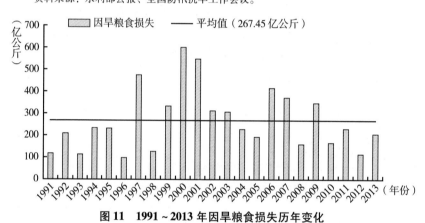

图11 1991~2013年因旱粮食损失历年变化

资料来源：水利部公报、全国防汛抗旱工作会议。

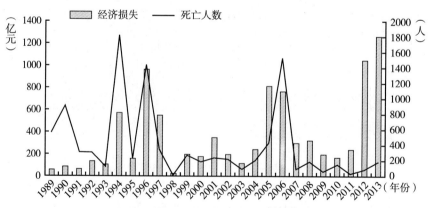

图12 1989~2013年台风灾害损失情况

资料来源：《中国气象灾害年鉴》。

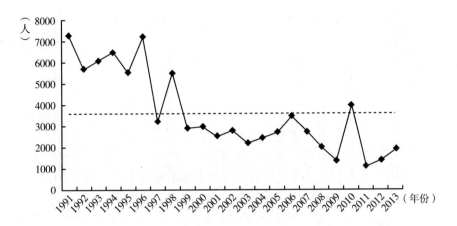

图13 1991～2013 年全国气象灾害造成死亡人数

资料来源:《中国气象灾害年鉴》及国家气候中心的相关资料。

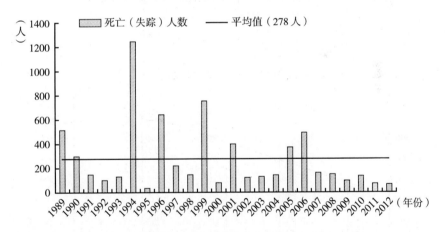

图14 1989～2012 年中国海洋灾害造成死亡(失踪)人数

注:海洋灾害包括风暴潮、海浪、海冰、海啸、赤潮、绿潮、海平面变化、海岸侵蚀、海水入侵与土壤盐渍化以及咸潮入侵灾害。

资料来源:国家海洋局网站,http://www. soa. gov. cn/zwgk/hygb/zghyzhgb/。

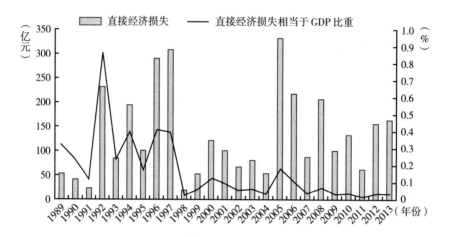

图15 1989～2013年中国海洋灾害造成直接经济损失及其与GDP比较

注：海洋灾害包括风暴潮、海浪、海冰、海啸、赤潮、绿潮、海平面变化、海岸侵蚀、海水入侵与土壤盐渍化以及咸潮入侵灾害。

资料来源：国家海洋局网站，http：//www.soa.gov.cn/zwgk/hygb/zghyzhgb/。

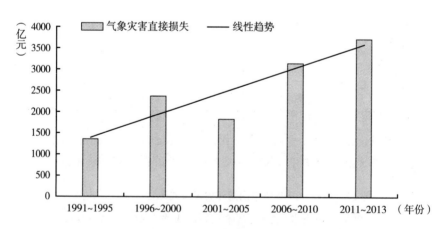

图16 不同时间段中国气象灾害直接经济损失及其线性趋势

资料来源：《中国气象灾害年鉴》《中国气候公报》。

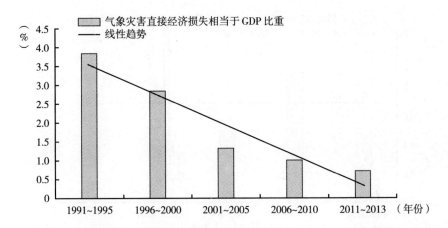

图17 不同时间段中国气象灾害直接经济损失相当于GDP比重及其线性趋势

资料来源:《中国气象灾害年鉴》《中国气候公报》。

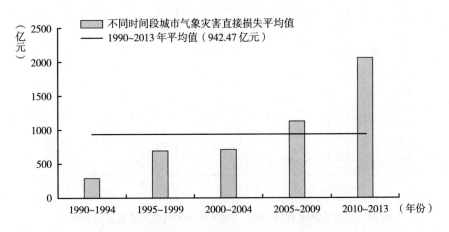

图18 不同时间段中国城市气象灾害直接经济损失

资料来源:《中国气象灾害年鉴》《中国气候公报》,以及国家统计局的相关资料。

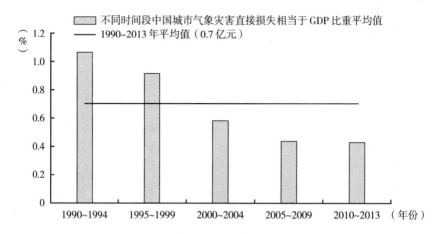

图19 不同时间段中国城市气象灾害直接经济损失相当于 GDP 比重

资料来源：《中国气象灾害年鉴》《中国气候公报》，以及国家统计局的相关资料。

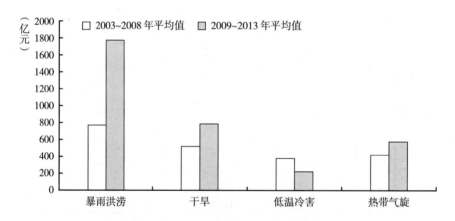

图20 2003～2008 年和 2009～2013 年中国气象灾害直接经济损失

资料来源：《中国气象灾害年鉴》及国家统计局的相关资料。

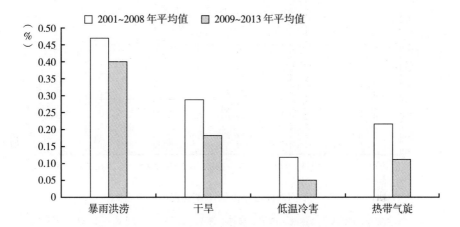

**图 21　2001～2008 年和 2009～2013 年中国气象灾害直接经济损失
相当于 GDP 比重**

资料来源:《中国气象灾害年鉴》及国家统计局的相关资料。

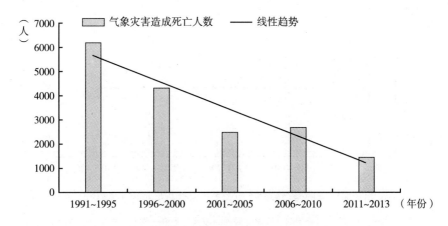

图 22　不同时间段中国气象灾害造成死亡人数

资料来源:《中国气象灾害年鉴》及国家气候中心的相关资料。

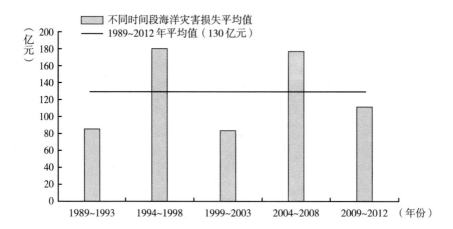

图23 不同时间段中国海洋灾害直接经济损失

注：海洋灾害包括：风暴潮、海浪、海冰、海啸、赤潮、绿潮、海平面变化、海岸侵蚀、海水入侵与土壤盐渍化以及咸潮入侵灾害。

资料来源：国家海洋局网站，http://www.soa.gov.cn/zwgk/hygb/zghyzhgb/。

图24 不同时间段中国海洋灾害直接经济损失相当于 GDP 比重

注：海洋灾害包括：风暴潮、海浪、海冰、海啸、赤潮、绿潮、海平面变化、海岸侵蚀、海水入侵与土壤盐渍化以及咸潮入侵灾害。

资料来源：国家海洋局网站，http://www.soa.gov.cn/zwgk/hygb/zghyzhgb/。

ACCA——Advance Climate Change Adaptation，管理极端事件和灾害风险推进气候变化适应特别报告（IPCC 特别报告）

ADP——The Ad Hoc Working Group on the Durban Platform for Enhanced Action，加强行动德班平台特设工作组，简称"德班平台"

AQI——Air Quality Index，空气质量指数

AR5——the Fifth Assessment Report，第五次评估报告

ARI——Advanced Resources International，先进资源国际公司

AUD——Australian Dollar，澳大利亚元

AWG – LCA——The Ad Hoc Working Group on Long – term Cooperative Action under the Convention，公约长期合作行动特设工作组

BBC——British Broadcasting Corporation，英国广播公司

BECCS——Bio – Energy with Carbon Capture and Storage，生物质结合碳捕获与封存技术

BP——British Petroleum，英国石油公司

BR——Biennial Report，双年报告

BTU——British Thermal Unit，英国热量单位

BUR——Biennially Updated Report，双年更新报告

CAD——Canadian Dollar，加拿大元

CAIT——Climate Analysis Indicators Tool，气候分析指标工具数据库（世界资源研究所）

CBD——Convention on Biological Diversity，生物多样性公约

CCER——China Certified Emission Reduction，中国核查减排量

CCS——Carbon Capture and Storage，碳捕获与封存

CDIAC——Carbon Dioxide Information Analysis Center，二氧化碳信息分析

中心

    CDM——Clean Development Mechanism，清洁发展机制

    CDMF——Clean Development Mechanism Fund，清洁发展机制基金

    CDR——Carbon Dioxide Removal，二氧化碳去除

    CGE——Consultation Group of Experts，专家咨询组

    CHF——Confederation Helvetica Franc，瑞士法郎

    CMIP5——the Coupled Model Intercomparison Project Phase 5 耦合模式比较计划第五阶段

    CNC – FE——Chinese National Committee for Future Earth，"未来地球计划"中国国家委员会

    CO——Carbonic Oxide，一氧化碳

    CO_2——Carbon Dioxide，二氧化碳

    CO_2e——Carbon Dioxide emissions，二氧化碳排放量

    CO_2eq——Carbon Dioxide equivalent，二氧化碳当量

    COP1——the First Conference of the Parties，第一次缔约方大会

    COP2——the Second Conference of the Parties，第二次缔约方大会

    COP3——the Third Conference of the Parties，第三次缔约方大会

    COP4——the Fourth Conference of the Parties，第四次缔约方大会

    COP5——the Fifth Conference of the Parties，第五次缔约方大会

    COP6. 1——the First Session of the Sixth Conference of the Parties，第六次缔约方大会第一次会议

    COP6. 2——the Second Session of the Sixth Conference of the Parties，第六次次缔约方大会第二次会议

    COP7——the Seventh Conference of the Parties，第七次缔约方大会

    COP8——the Eighth Conference of the Parties，第八次缔约方大会

    COP9——the Ninth Conference of the Parties，第九次缔约方大会

    COP10——the Tenth Conference of the Parties，第十次缔约方大会

    COP11——the Eleventh Conference of the Parties，第十一次缔约方大会

    COP12——the Twelfth Conference of the Parties，第十二次缔约方大会

COP13——the Thirteenth Conference of the Parties，第十三次缔约方大会

COP14——the Fourteenth Conference of the Parties，第十四次缔约方大会

COP15——the Fifteenth Conference of the Parties，第十五次缔约方大会

COP16——the Sixteenth Conference of the Parties，第十六次缔约方大会

COP17——the Seventeenth Conference of the Parties，第十七次缔约方大会

COP18——the Eighteenth Conference of the Parties，第十八次缔约方大会

COP19——the Nineteenth Conference of the Parties，第十九次缔约方大会

CTC——Climate Technology Center，气候技术中心

CTC&N——Climate Technology Center and Network，气候技术中心与网络

CTI——Climate Technology Initiative，气候技术倡议组织

CTN——Climate Technology Network，气候技术网络

DDPP——Deep Decarbonization Pathways Project，深度脱碳道路项目

DESA——Department for Economic and Social Affairs，经济和社会事务部

DIVERSITAS——An International Programme of Biodiversity Science，国际生物多样性计划

DOI——Digital Object Identifier，数字对象标识

EBA——Ecosystem – based Adaptation，生态系统适应措施

EDF——Equipment Data Form，设备数据表格

EEX——European Energy Exchange，欧洲能源交易所

EGTT——Expert Group on Technology Transfer，技术转让专家组

EIA——Energy Information Administration，美国能源信息署

ESM——Earth System Model，地球系统模型

ET——Emission Trading，排放交易机制

EU——European Union，欧盟

EUA——European Union Allowance，欧盟排放配额

EU ETS——European Union Emission Trading System，欧盟碳排放交易体系

FAO——Food and Agriculture Organization，世界粮农组织

FCCC——Framework Convention on Climate Change，气候变化框架公约

FE—— Future Earth，未来地球计划

GCF——Green Climate Fund，绿色气候基金

GCP——Global Carbon Project，全球碳项目

GDP——Gross Domestic Product，国内生产总值

GEF——Global Environment Facility，全球环境基金

GHG——Green House Gas，温室气体

GNI——Gross National Income，国民总收入

GWPF——the Global Warming Policy Foundation，全球变暖政策基金会

HC——Hydrocarbon Compounds，碳氢化合物

HDI——Human Development Index，人类发展指数

HFCs——Hydrofluorocarbons，氢氟化合物

HSBC——Hong Kong and Shanghai Banking Corporation，汇丰银行

IAM——Integrated Assessment Models，综合评估模型

IAR——International Assessment and Review，国际评估与审评

ICA——International Consultation and Analysis，国际磋商与分析

ICCAI——International Climate Change Adaptation Initiative，国际气候变化适应倡议

IEA——International Energy Agency，国际能源署

IETA——International Emission Trading Association，国际排放交易协会

IFCI——International Forest Carbon Initiative，国际森林碳倡议

IGBP——International Geosphere - Biosphere Program，国际地圈生物圈计划

IHDP——International Human Dimensions Programme on Global Environmental Change，国际全球环境变化人文因素计划

IHP——International Hydrological Programme，国际水文计划

IIED——International Institute for Environment and Development，国家环境发展研究所

ILO——International Labour Organization，国际劳工组织

IPCC——Intergovernmental Panel on Climate Change，联合国政府间气候变化专门委员会

IPR——Intellectual Property Right，知识产权

ISEE——International Society for Environmental Epidemiology，国际环境流行病协会

IUE——Institute of Urban Development and Environment，中国社会科学院城市发展与环境研究所

JCM——Joint Crediting Mechanism，共同额度机制

JI——Joint Implementation，联合履约

JISC——Joint Implementation Supervisory Committee，联合国联合履约监督委员会

KP——Kyoto Protocol，《京都议定书》

KP2——Kyoto Protocol II，2012 年延长版《京都议定书》

KT——Kilo Ton，千吨

LEDs——Low Emission Developments，低排放发展战略

LULUCF——Land‐use，Land‐use Change and Forestry，土地利用、土地利用变化和林业活动

MER——Market Exchange Rate，市场汇率

MRP——Market Readiness Plan，市场准备计划

MRV——Measure，Report，Verify，数据的监测、报告和核查

NAMAs——National Adaptation Mitigation Actions，国家适应减缓行动

NAPs——National Adaptation Plans，国家适应计划

NCAR——the National Center for Atmospheric Research，美国国家大气研究中心

NCEP——National Centers for Environmental Prediction，美国国家环境预报中心

NDEs——Nation‐designated Entities，国家指定实体

N_2O——Nitrous Oxide，一氧化二氮

NO_x——Nitric Oxide，氮氧化物

NY——New York，纽约州

NZD——New Zealand Dollar，新西兰元

NZ ETS——New Zealand Emissions Trading System，新西兰碳排放交易体系

NZUs——New Zealand Units，新西兰减排单位

ODA——Official Development Assistance，官方发展援助资金

ODI——Overseas Development Institute，海外发展研究所

ODS——Ozone Depleting Substance，臭氧层破坏物质

OECD——Organization for Economic Cooperation and Development，经济合作与发展组织

OPIC——Overseas Private Investing Corporation，海外私人投资公司

PA——Partner Assembly，伙伴大会

PM——Particulate Matter，颗粒物

PM2.5——PM2.5 refers to particulate matter with a diameter of less than 2.5 micro – metres，a measure of aerosol concentration，空气中直径≤2.5微米的颗粒物

PMR——Partnership for Market Readiness，市场准备伙伴

POPs——Persistent Organic Pollutants，持久性有机污染物

PPP——Purchasing Price Parity，购买力平价法

PTW8.0——Permit to Work 8.0，佩恩表

RCPs——the Representative Concentration Pathways，典型浓度路径

REDD——Reducing Emission from Deforestation and Forest Degradation，减少砍伐森林和森林退化而造成的碳排放

REEEP——Renewable Energy and Energy Efficiency Partnership，可再生能源和能源效率伙伴关系计划

REN21——Renewable Energy Network，再生能源政策网络21世纪

RGGI——Regional Greenhouse Gas Initiative，区域温室气体计划

SBI——the Subsidiary Board of Implementation，公约附属履行机构

SBSTA——Subsidiary Body for Scientific and Technological Advice，《联合国气候变化框架公约》科学与技术咨询附属机构

SCP——Sustainable Consumption and Production，可持续消费与生产

SDSN——Sustainable Development Solutions Network，可持续发展网络

SFs——Sulphur Fluorides，氟化硫

SO$_2$——Sulphur Dioxide，二氧化硫

SPM——Summary for Policy Makers，决策者摘要

SREX——Special Report on Managing the Risks of Extreme Events and Disasters to Advance Climate Change Adaptation 管理极端事件和灾害风险推进气候变化适应特别报告（IPCC 特别报告）

STIRPAT——Stochastic Impacts by Regression on Population, Affluence and Technology，随机性的环境影响评估模型

SYR——Synthesis Report，综合报告

TEC——Technology Execution Committee，技术执行委员会

TFP——Total Factor Productivity，全要素生产率

TNAs——Technology Needs Assessments，技术需求评估

TNAs – TAPs——Technology Needs Assessments, Technology Action Plans，技术需求评估 – 技术行动计划

TRIPS——Agreement on Trade – related Aspects of Intellectual Property Right，知识产权协定

TRMs——Technology Roadmaps，技术路线图

TS——Technical Summary，技术摘要

UK——United Kingdom，英国

UKCIP——United Kingdom Climate Impacts Programme，英国气候影响计划

U. N. ——United Nations，联合国

UNDP——United Nations Development Programme，联合国发展计划署

UNEP——United Nations Environment Programme，联合国环境规划署

UNFCCC——United Nations Framework Convention on Climate Change，《联合国气候变化框架公约》

U. S. ——United States，美国

USA——the United States of America，美国

WB——World Bank，世界银行

WCI——Western Climate Initiative，西部气候行动

WDI——World Development Indicators，世界发展指标

WIPO——World Intellectual Property Organization，世界知识产权组织

WIPO – GREEN——World Intellectual Property Organization – Green，世界知识产权组织"WIPO – GREEN"数据库

WMO——World Meteorological Organization，世界气象组织

WTO——World Trade Organization，世界贸易组织

WSSD——the World Summit of Sustainable Development，世界可持续发展峰会

中国皮书网

www.pishu.cn

发布皮书研创资讯，传播皮书精彩内容
引领皮书出版潮流，打造皮书服务平台

栏目设置：

- □ 资讯：皮书动态、皮书观点、皮书数据、 皮书报道、皮书新书发布会、电子期刊
- □ 标准：皮书评价、皮书研究、皮书规范、皮书专家、编撰团队
- □ 服务：最新皮书、皮书书目、重点推荐、在线购书
- □ 链接：皮书数据库、皮书博客、皮书微博、出版社首页、在线书城
- □ 搜索：资讯、图书、研究动态
- □ 互动：皮书论坛

中国皮书网依托皮书系列"权威、前沿、原创"的优质内容资源，通过文字、图片、音频、视频等多种元素，在皮书研创者、使用者之间搭建了一个成果展示、资源共享的互动平台。

自2005年12月正式上线以来，中国皮书网的IP访问量、PV浏览量与日俱增，受到海内外研究者、公务人员、商务人士以及专业读者的广泛关注。

2008年、2011年中国皮书网均在全国新闻出版业网站荣誉评选中获得"最具商业价值网站"称号。

2012年，中国皮书网在全国新闻出版业网站系列荣誉评选中获得"出版业网站百强"称号。

权威报告 热点资讯 海量资源

当代中国与世界发展的高端智库平台

皮书数据库 www.pishu.com.cn

皮书数据库是专业的人文社会科学综合学术资源总库，以大型连续性图书——皮书系列为基础，整合国内外相关资讯构建而成。该数据库包含七大子库，涵盖两百多个主题，囊括了近十几年间中国与世界经济社会发展报告，覆盖经济、社会、政治、文化、教育、国际问题等多个领域。

皮书数据库以篇章为基本单位，方便用户对皮书内容的阅读需求。用户可进行全文检索，也可对文献题目、内容提要、作者名称、作者单位、关键字等基本信息进行检索，还可对检索到的篇章再作二次筛选，进行在线阅读或下载阅读。智能多维度导航，可使用户根据自己熟知的分类标准进行分类导航筛选，使查找和检索更高效、便捷。

权威的研究报告、独特的调研数据、前沿的热点资讯，皮书数据库已发展成为国内最具影响力的关于中国与世界现实问题研究的成果库和资讯库。

皮书俱乐部会员服务指南

1. 谁能成为皮书俱乐部成员？

- 皮书作者自动成为俱乐部会员
- 购买了皮书产品（纸质皮书、电子书）的个人用户

2. 会员可以享受的增值服务

- 加入皮书俱乐部，免费获赠该纸质图书的电子书
- 免费获赠皮书数据库100元充值卡
- 免费定期获赠皮书电子期刊
- 优先参与各类皮书学术活动
- 优先享受皮书产品的最新优惠

社会科学文献出版社 皮书系列
SOCIAL SCIENCES ACADEMIC PRESS (CHINA)
卡号： 206022131133
密码：

3. 如何享受增值服务？

（1）加入皮书俱乐部，获赠该书的电子书

第1步 登录我社官网（www.ssap.com.cn），注册账号；

第2步 登录并进入"会员中心"—"皮书俱乐部"，提交加入皮书俱乐部申请；

第3步 审核通过后，自动进入俱乐部服务环节，填写相关购书信息即可自动兑换相应电子书。

（2）免费获赠皮书数据库100元充值卡

100元充值卡只能在皮书数据库中充值和使用

第1步 刮开附赠充值的涂层（左下）；

第2步 登录皮书数据库网站（www.pishu.com.cn），注册账号；

第3步 登录并进入"会员中心"—"在线充值"—"充值卡充值"，充值成功后即可使用。

4. 声明

解释权归社会科学文献出版社所有

皮书俱乐部会员可享受社会科学文献出版社其他相关免费增值服务，有任何疑问，均可与我们联系
联系电话：010-59367227 企业QQ：800045692 邮箱：pishuclub@ssap.cn
欢迎登录社会科学文献出版社官网（www.ssap.com.cn）和中国皮书网（www.pishu.cn）了解更多信息

社会科学文献出版社　　皮书系列

"皮书"起源于十七、十八世纪的英国，主要指官方或社会组织正式发表的重要文件或报告，多以"白皮书"命名。在中国，"皮书"这一概念被社会广泛接受，并被成功运作、发展成为一种全新的出版形态，则源于中国社会科学院社会科学文献出版社。

皮书是对中国与世界发展状况和热点问题进行年度监测，以专业的角度、专家的视野和实证研究方法，针对某一领域或区域现状与发展态势展开分析和预测，具备权威性、前沿性、原创性、实证性、时效性等特点的连续性公开出版物，由一系列权威研究报告组成。皮书系列是社会科学文献出版社编辑出版的蓝皮书、绿皮书、黄皮书等的统称。

皮书系列的作者以中国社会科学院、著名高校、地方社会科学院的研究人员为主，多为国内一流研究机构的权威专家学者，他们的看法和观点代表了学界对中国与世界的现实和未来最高水平的解读与分析。

自 20 世纪 90 年代末推出以《经济蓝皮书》为开端的皮书系列以来，社会科学文献出版社至今已累计出版皮书千余部，内容涵盖经济、社会、政法、文化传媒、行业、地方发展、国际形势等领域。皮书系列已成为社会科学文献出版社的著名图书品牌和中国社会科学院的知名学术品牌。

皮书系列在数字出版和国际出版方面成就斐然。皮书数据库被评为"2008~2009 年度数字出版知名品牌"；《经济蓝皮书》《社会蓝皮书》等十几种皮书每年还由国外知名学术出版机构出版英文版、俄文版、韩文版和日文版，面向全球发行。

2011 年，皮书系列正式列入"十二五"国家重点出版规划项目；2012 年，部分重点皮书列入中国社会科学院承担的国家哲学社会科学创新工程项目；2014 年，35 种院外皮书使用"中国社会科学院创新工程学术出版项目"标识。

法律声明